J. C. POGGENDORFF

BIOGRAPHISCH-LITERARISCHES HANDWÖRTERBUCH DER EXAKTEN NATURWISSENSCHAFTEN

Herausgegeben von der

Sächsischen Akademie der Wissenschaften zu Leipzig

Band VIIb · Teil 5

5. Lieferung

Leitung der Redaktion

DR. LEBRECHT WEICHSEL

AKADEMIE-VERLAG · BERLIN

1976

Dieser Lieferung liegt das Titelblatt
für den Teil 5: L—M bei.

Redaktionsschluß: 30. 9. 1974
Erschienen im Akademie-Verlag, 108 Berlin Leipziger Straße 3—4

Lizenznummer: 202 · 100/420/76
Gesamtherstellung: VEB Druckerei „Thomas Müntzer", 582 Bad Langensalza
Bestellnummer: 762 209 3 (3050/V/5) · LSV 1007
Printed in GDR
DDR 24,— M

J. C. POGGENDORFF

Biographisch-literarisches Handwörterbuch
der exakten Naturwissenschaften

J. C. POGGENDORFF

BIOGRAPHISCH-LITERARISCHES HANDWÖRTERBUCH DER EXAKTEN NATURWISSENSCHAFTEN

Herausgegeben von der
Sächsischen Akademie der Wissenschaften zu Leipzig

Band VII b · Teil 5: L–M

Berichtsjahre 1932 bis 1962

Leitung der Redaktion

PROF. DR. HANS SALIÉ
DR. LEBRECHT WEICHSEL

AKADEMIE-VERLAG · BERLIN
1976

Erschienen im Akademie-Verlag, 108 Berlin, Leipziger Straße 3—4

Lizenznummer: 202 . 100/550/76
Gesamtherstellung: VEB Druckerei „Thomas Müntzer", 582 Bad Langensalza
Bestellnummer: 762 209 3 (3050/V) · LSV 1007
Printed in GDR

1935, 1 (Roma '36) 402f.: Der Raman-Effekt von einigen Isonitrosoketonen [italien.]. – Atti X Congresso internazionale di chimica, Roma 1938, 2 (Roma '38) 346–52: Röntgenographische Analyse der Komplexsalze der Glyoxime mit Ni(II) [,1] [italien.]; 352–57: Elektrische Momente von heterozyklischen Verbindungen mit kondensierten Kernen, 1[22]) [~]; 3 (Roma '39) 250–55: Über die Lösungen der Zellulose in den Mono- und Polyhalogenessigsäuren [~]. – Atti I Congresso internazionale delle materie plastiche, Torino 1949 (Torino '49): Resine aminoplastiche[26]); I polistireni[26]). – Proc. 11th International congress of pure and applied chemistry, London 1947, 1 (London '50) 231–33: Sulle relazioni tra tensione superficiale e habitus cristallino [;1]. – Manuale del chimico (Rifacimento completo del "Manuale del chimico industriale" di Gabba-Molinari) 2 (Milano '49) 1369–85: Stato colloidale. – Proc. 2nd International congress of surface activity, London 1957, 3 (New York-London '57) 469–71: Variation of surface activity and the growth of modified crystals in aqueous solution[6]) []. – Proc. 2nd United Nations international conference on the peaceful uses of atomic energy, Geneva 1958, 18: Waste treatment and environmental aspects of atomic energy (Genève '58) 133–37: Elimination of traces of radioactive elements from aqueous solutions[6])[18]). – Contributi teorici e sperimentali di polarografia 5 (– '60) 147–73: Strutturistica in biochimica fisica. – Sostanze naturali. III Corso estivo di chimica, Varenna 1958 (Roma '61) 231–59: Struttura e proprietà dei lipidi serici e tissurali (Lipidi con reattività immunochimica). – Trattato di chimica industriale (M. Giua) 2 (Torino '61) 625–797: Aria atmosferica (Inquinamento), 2: Il problema industriale e dei centri abitati. – Il mondo della tecnica (G. Colonnetti) 3 (Torino '63) 3–100: Le industrie derivate dalla chimica. – Atti del Convegno Mendeleeviano. Periodicità e simmetrie nella struttura elementare della materia, Torino–Roma 1969 (Torino '71) 7–15: Da Avogadro a Mendeleev.

W. Lezioni di chimica fisica 1: 1936–37 (Torino '37) 240 S.; 2: 1937-38 ('37) 430 S. – Complementi di chimica generale e inorganica 1: Regola delle fasi e diagrammi di stato (Torino '46) 203 S.; 2('49) 198 S.; 3. Aufl. m. G. Lanfranco 3('60) 6+156 S. – Lezioni di chimica fisica con esercizi, problemi ed esercitazioni pratiche 1 (Torino '54) 4+708 S.

Annali Accad. Agric. Torino Sulla determinazione quantitativa dell'isomero gamma nell'esaclorocicloesano tecnico[3]): **94** ('51/52) 37–52. – Ulteriore sviluppo del metodo di analisi dell'esaclorocicloesano tecnico con la spettroscopia nell'infrarosso[3]): **95** ('52/53) 101–11.

Annali Chim. appl. Di un nuovo metodo di determinazione dell'umidità nei materiali cellulosici[9]): **29** ('39) 130–34. – Sull'azione orticante delle cloroossime: 360–66.

Annali Chim. Dispositivo elettrico per il calcolo rapido delle serie di Fourier e Patterson[12]): **40** ('50) 673–76. – L'acqua minerale di Citrun [23]): **41** ('51) 127–29. – Sul momento elettrico dei complessi del nichel delle gliossime. Nota preliminare[3]): 320–22. – Sulle relazioni tra tensione superficiale e habitus cristallino, 5[6]): 323–25. – Influenza delle sostanze tensioattive sulla formazione di sali dei metalli alcalino terrosi da soluzioni acquose[6]): 326–28. – Misure dell'attività superficiale dei polimetafosfati. Nota preliminare[6])[20]): 329–32. – Sul momento elettrico dei composti eterociclici a nuclei condensati, 5[22])[3]): 333–39. – Studio delle alternazioni degli olii minerali lubrificanti durante l'impiego, mediante la spettroscopia infrarossa[3]): **43** ('53) 315–22. – Separazioni di cationi inorganici mediante precipitazione per diffusione in geli, 1[6]): 648–51. – Cromatografia di "precipitazione" su carta di ioni inorganici, 1[6])[18]): 652–58; Cromatografia di precipitazione per diffusione in geli di ioni inorganici, 2[6])[18]): 659–69; Cromatografia di precipitazione di ioni inorganici per diffusione in geli, 3[6])[18]): **45** ('55) 1018–25.

Atti (reale) Accad. Sci. Torino Sul calore di combustione di alcune miscele di composti organici[19]): **67** ('32) 140–52. – Sullo spettro Raman di alcuni composti organici eterociclici[15]): **68** ('33) 337–43. – Sullo spettro Raman di perossidi delle gliossime alifatiche: **71** ('36) 340–43. – Sullo spettro Raman di alcuni solfati dialchilici: 344–47. – Sullo spettro Raman di alcuni borati trialchilici: 391–94. – Sui calori molecolari di combustione delle gliossime[25]): 395–401. – Sulla struttura molecolare del perossido della difenilgliossima: 530–37. – Un nuovo modello semplificato di roentgenfotogoniometro: **72** ('37) 378–85. – Sull'effetto Raman di alcune monossime alifatiche: 421–24. – Studio roentgenografico dei diacilperossidi: 425–30. – Analisi roentgenografica dei sali complessi delle gliossime con il Ni^{II}, 2: Analisi strutturale secondo Patterson[22]): **75** ('40) 445–53; Sulla struttura dei sali complessi delle gliossime, 3: I sali verdi delle forme α con il nichel[17]): **77** ('42) 251–57. – Sui momenti elettrici dei composti eterociclici a nuclei condensati, 2[22]): **75** ('40) 454–60. – Sulla separazione della metilisopropilgliossima in due isomeri[3]): **87**, 1 ('53) 294–301. – Studi sul fenomeno della precipitazione ritmica (anelli di Liesegang), coll'ausilio degli isotopi radioattivi, 1[6]): **89**, 1 ('55) 170–79. – Cromatografia di ioni inorganici su silicagel basico[6]): **90**, 1 ('56) 3–12. – Su nuovi metodi di indagine chimico-fisica nel campo delle reazioni immunologiche (anemia infettiva degli equini, afta epizootica, tumori maligni umani)[21][1][10][11]: 243–69. — L'isomeria cis-trans nei sali di nichel delle gliossime[3]): 91, 1 ('57) 226–38. — Giuseppe Antonio Barbieri †: 92, 1 ('58) 696–98. — Angelo Castiglioni. Cenni commemorativi: 97,1 ('63) 542–55. — Antonio Giuseppe Nasini. Commemorazione: 99, 1 ('65) 577–83.

Atti Soc. ital. Progr. Sci. Sull'isomerizzazione delle diossime a mezzo dei raggi ultravioletti: 22.1933, II ('34) 288f.

Chimica e Industria Studio roentgenografico di alcuni tipi di raion nazionale: 21 ('39) 567–71. — Sulle reazioni tra tensione superficiale e habitus cristallino, 3 [6]): 32 ('50) 180; ~ 4 [6]): 181. — Nuovo tipo di macchina calcolatrice par le serie di Fourier-Patterson [12]): 181. — Sull'adsorbimento cromatografico sul glicolato di cellulosa [6]): 181. — A. G. Nasini: 45 ('63) 739f. — Carlo Mensio (1878–1968): 50 ('68) 1270.

Chimie analyt. Influence des impuretés sur l'analyse spectroscopique infrarouge de l'hexachlorocyclohexane technique[3]): 34 ('52) 189–92.

Gazz. chim. ital. Studio spettrografico di alcuni composti eterociclici: 62 ('32) 154–58. — Ricerche sulle diossime, 90: 432–35; ~ 95: 868–73; ~ 101: 63 ('33) 744–46; ~ 107: 65 ('35) 94–102; ~ 118[25]): 66 ('36) 808–12. — Sul calore di combustione di alcune miscele di composti organici[19]): 62 ('32) 644–55. — Sul comportamento dei composti eterociclici verso l'ozono: 63 ('33) 329–33. — Sullo spettro Raman di alcuni composti organici eterociclici, 1[15]): 334–38; ~ 2: 456–63. — Sull'effetto Raman del tetranitrometano: 453–56. — Sullo spettro Raman degli esteri di alcuni derivati dell'acido β-chetobutirrico [,1]: 64 ('34) 868–75; ~ 2: 65 ('35) 339–49. — Sull'effetto Raman di alcuni etilchetoni alifatici: 64 ('34) 876–82. — Sul momento elettrico di alcuni derivati dell'eterociclo (C_2N_2O): 65 ('35) 152–58. — Sulla costituzione dell'eterociclo (C_2N_2O)[15]): 241–49. — Sull'effetto Raman di alcune monossime alifatiche: 67 ('37) 527–29. — A proposito dello spettro Raman dei borati trialchilici: 68 ('38) 582f. — Su un nuovo isomero del tritolo[14]): 70 ('40) 196–201. — Sull'effetto Raman di alcuni derivati dell'isossiazolo[22]): 359–62. — Relazioni tra tensione superficiale e habitus cristallino, 2[8]): 77 ('47) 348–52; ~ 6[6]): 84 ('54) 133–42. — Sulla struttura dei sali di nichel delle gliossime[22]): 77 ('47) 359–61; ~[22][2][7]): 78 ('48) 43f. — Sugli spettri di assorbimento nell'infrarosso dei derivati dell'eterociclo (C_2N_2O)[3]) [,1]: 81 ('51) 368–79; ~ 2: 677–85. — Calcolo teorico delle frequenze normali di vibrazione per il nucleo furazanico[3][16]): 896–905. — Spettri d'assorbimento nell'infrarosso di alcuni eptacloro- ed ottoclorocicloesani isomeri[3]): 82 ('52) 79–85. — A proposito degli spettri di assorbimento infrarosso dell'ottacloro- e dell'eptaclorocicloesano[3]): 83 ('53) 153f. — Il metodo spettrografico nell'infrarosso per l'analisi dei componenti clorurati dell'esaclorocicloesano tecnico[3]): 255–63. — Sugli isonitrosoderivati del metil-n-propilchetone[3]): 85 ('55) 490–94. — Sulla separazione della metilisopropilgliossima e della metiletilgliossima in due isomeri[3]): 495–99. — Studio spettrografico delle gliossime alifatiche[3]): 500–09.

Giorn. R. Accad. Med. Torino Cause d'inquinamento dell'aria in prossimità di stabilimenti per la produzione di raion[4]): 103 ('40) Nr. 4/6, 58–72.

J. Chim. physique Précipités rythmiques sur papier[6][18]): 55 ('58) 320–22.

J. inorg. and nuclear Chem. A study of some isomeric glyoximes and their nickel complexes by means of unimolecular layers[3][1]): 8 ('58) 496–503.

Minerva pediatr. [Torino] Alimenti dolciari industriali nell'alimentazione infantile: 18 ('66) 646.

Mondo Latte Ricerche di elettroforesi in fase libera e di immuno-elettroforesi sul latte vaccino[13][1][24][11]): 16 ('62) 29–32.

Nuovo Cimento Sulla struttura della gliossima allo stato solido[3]): (10) 5 ('57) 562–71 [m. engl. Zusammenfassg.].

Proc. chem. Soc., London Antonio Giuseppe Nasini †: **1963**, 321–23.

Ricerca sci. Ricerche su particolari problemi relativi alle proprietà chimico-fisiche di macromolecole animali e vegetali[1][3][5][6]): 25 ('55) Suppl. A, 792–811. — Strutturistica in biochimica fisica: 30 ('60) Suppl. No. 5, 147–73.

Z. Kristallogr., Kristallgeom., Kristallphysik, Kristallchem. An x-ray study of the structure of some dibenzyl derivatives: 93 ('36) 113–15.

Mit: [1]) C. Ambrosino; [2]) S. Bezzi; [3]) E. Borello; [4]) C. F. Cerruti; [5]) A. Ceruti; [6]) G. Cetini; [7]) E. Croatto; [8]) F. Ferrero; [9]) E. Grandis; [10]) G. Guarini; [11]) J. Liberatori; [12]) G. Lovera; [13]) P. Masoero; [14]) A. Massa; [15]) G. Müller; [16]) S. Nocilla; [17]) V. Rava; [18]) F. Ricca; [19]) P. Rossignoli; [20]) G. Saini; [21]) A. Serra; [22]) G. Tappi; [23]) G. Tavola; [24]) A. Ubertallo; [25]) G. Venturello; [26]) G. Di Modica.

V, VI **MINAEV,** Vasilij Ivanovič. Textil- u. Farbstoffchem. — 1930 Prof. u. Leiter d. org.-techn. Abteilg., Chem.-Technol. Inst., Ivanovo(-Voznesensk). (⊠)

*1878, Jan. 2 (n.St.), Otradnoe Nikolaevsk, Gouv. Samara;
†1943, Apr. 11.

S. Trudy VI Vsesojuznogo Mendeleevskogo s-ezda po teoretičeskoj i prikladnoj chimii [Arbeiten des VI. Mendeleev-Unionskongresses für theoretische und angewandte Chemie], Char'kov 1932, **2**, 1 (Char'kov–Kiev '35) 934–51: Fortschritte auf dem Gebiet der Synthese von Küpenfarbstoffen der Anthrachinonfarbstoffe [russ.].

W. Chimija indigo i indigoidnych krasitelej [Die Chemie des Indigo und der Indigofarbstoffe] (Moskva–Leningrad '34) 280 S.

Anilinokrasočnaja Promyšl. Fortschritte in der Chemie der Küpenfarbstoffe: **2** ('32) Nr. 11, 4–14 [russ.]; Nr. 12, 4–9 [~]. – Brilliantrosa aus der Klasse der Thioindigoidfarbstoffe[7]): **3** ('33) 258–62 [~].

Iskusstvennoe Volokno Zur Frage der Festigkeitserhöhung von Viscoseseide in trokkenem und feuchtem Zustand[8]): **1934**, Nr. 1, 31f. [russ.].

Legkaja Promyšl. Über das Bleichen von Baumwollgeweben mit Natriumhypochloritlösungen in Gegenwart von Natriumbicarbonat[6])[5]): **16** ('37) Nr. 6, 67–78 [russ.].

L'no-pen'ko-džutovaja Promyšl. Über die Peroxidbleichung von Leinengeweben[6])[1]): **7** ('37) Nr. 3, 42–56 [russ.].

Melliand Textilber. Die Verwertung der Reaktion zwischen Natriumhydrosulfit und Azofarbstoffen zur quantitativen Bestimmung beider Reaktive[3]): **13** ('32) 311–14. – Untersuchungen über Adsorption des verküpten Indigoblaus von der Baumwollfaser[6]): **14** ('33) 188–90. – Studien über Chlorbleiche, 1: Zur Theorie der Chlorbleiche[10]): **15** ('34) 221–24, 226–69; Studien über Chlorbleiche: **17** ('36) 219f., 326–28.

Promyšlennost' org. Chim. Über die Gewinnung von p-Chlorphenol aus p-Dichlorbenzol[2])[9]): **4** ('37) 19–22 [russ.].

Trudy ivanovsk. chim.-technol. Inst. Hydrosulfitmethode zur Analyse von Azofarbstoffen[4]): **1** ('35) 59–65 [russ.].

Mit: [1]) A. I. Davydova; [2]) B. Fedorov; [3]) S. Frolov; [4]) V. N. Kizel'nikov; [5]) N. G. Klemin; [6]) P. V. Moryganov; [7]) A. N. Nikolaeva; [8]) G. S. Pomeranc; [9]) G. Sarnit; [10]) E. Šilov.

V, VI **MINEO,** Corradino Augusto. Geod., Math., Astron. – 1922–48 Prof. ord. Geod., Prof. incar. Mecc. super., '32– Prof. incar. Mat. complement. e Astron., '48–51 Prof. ord. Astron., '51 Prof. emer., Univ. di Palermo; '31–36, '38–48 Dir., Specola del Palazzo Reale, Palermo; '45–49 Pres., Accad. Sci., Lettere ed Arti di Palermo; Vice Pres., Soc. Sci. natur. ed econ. di Palermo. – '24 Premio Reina (Soc. Ital. Progr. Sci.); '51 Diploma I Classe con Medaglia d'Oro (Repubbl. Ital.).

*1875, Juli 26, Palermo;

†1960, März 15, Palermo.

Nekr. G. Boaga, Atti Accad. nazion. Lincei, Rend. (8) **30** ('61) 576–91 (m. Schr.verz. 101 Nrn.). – L. Chiara, B. Gulotta, Boll. Unione mat ital. (3) **15** ('60) 460–66 (m. Schr.verz.).

S. Enciclopedia italiana di scienze, lettere ed arti **14** (Roma '32): Errori d'osservazione; **16** ('32): Geodesia.

W. Conferenze sulla geometria non euclidea (Palermo '37) 81 S.; ²('60) 90+6 S. – Lezioni di geodesia (Palermo '52) 4+119 S.

Annali Mat. pura ed appl. Sulla geometria d'una superficie poco differente da un ellissoide con applicazione al caso della Terra: **14** ('35/36) 255–73. – Il potenziale terrestre e la riduzione dei valori osservati della gravità a una superficie di riferimento: **16** ('37) 299–313.

Astronomische Nachr. Über die Bestimmung der Form eines Planeten durch Schwerkraftmessungen bei nicht langsamer Achsendrehung: **256** ('35) 215–20.

Atti (reale) Accad. nazion. Lincei, Rend. Sulla impossibilità d'una stratificazione d'equilibrio omotetica per gli astri fluidi rotanti: (6) **26** ('37) 260–62. – Forma d'un pianeta dedotta dai valori della gravità in superficie, 1: **29** ('39) 529–35; ~ 2: (7) **1** ('39/40) 109–13; ~3: **4** ('43/44) 143–45. – Sul passaggio da uno a un altro degli ellissoidi locali relativi a una data regione del geoide e sulle conseguenti variazioni delle coordinate ellissoidiche dei vertici della rete geodetica: **2** ('40/41) 333–37. – Su una formula integro-differenziale relativa alle funzioni di Laplace: 944–47. – Superficie dotate di ∞^1 geodetiche che sono eliche su cilindri ortogonali a una direzione fissa: **3** ('41/42) 175–82. – Su una condizione necessaria per la stratificazione d'un astro fluido rotante in equilibrio relativo: (8) **1** ('46) 21–27. – Superficie sulle quali il triangolo geodetico ha un semplice grado di mobilità: **9** ('50) 213–16. – Teoria idrostatica delle configurazioni d'equilibrio dei pianeti fluidi rotanti e teoria di Stokes nel caso particolare della Terra: **12** ('52) 635–42. – Sul modo di risolvere una indeterminazione nel problema di Clairaut generalizzato delle configurazioni degli astri fluidi rotanti in equilibrio relativo: **14** ('53) 724–27. – Superficie delle quali una semplice infinità di geodetiche sono eliche su cilindri ortogonali a una direzione fissa: **16** ('54) 165–70. – Geodesia intrinseca e proprietà generali delle rappresentazioni cartografiche: **18** ('55) 569–76. – Ancora sulla geodesia intrinseca: **20** ('56) 552–55. – Sulle rappresentazioni isodromiche di una superficie sopra un'altra: **24** ('58) 227–30.

Atti R. Accad. Sci., Lettere e Arti Palermo Commemorazione di Filippo Angelitti: (3) **17** ('32). – Sui limiti di validità d'un teorema relativo alla forma della Terra: **18** ('33). – Su una dimostrazione del Darboux intorno alle leggi di forza per le quali tutte le traiettorie sono coniche: (4) **2** ('41) 10 S. – Stratificazione e linee di forza degli astri fluidi rotanti in equilibrio relativo: **6** ('45).

Atti Soc. ital. Progr. Sci. Potenziale newtoniano all'esterno d'un astro e stratificazioni d'equilibrio: **22**.1933, 2 ('34) 179–81.

Boll., Soc. ital. Fotogrammetria e Topografia Adolfo Venturi, astronomo e geodeta: **1952**.

Boll. Soc. Sci. natur. ed econ. Palermo Emanuele Soler (1867-1940): (N.S.) **22** ('39/40) 26–33.

Boll. Unione mat. ital. Sul moto dei sistemi soggetti a vincoli unilaterali senza attrito, esprimibili per mezzo di inequazioni in forma finita: **11** ('32) 18–22.

Giorn. Sci. natur. ed econ. Palermo Commemorazione del socio Michele Gebbia: **36** ('32/35[?]) 3–14. – Commemorazione di Filippo Angelitti: 29–40. – Sulla riduzione dei valori osservati della gravità al livello del mare: **39** ('37/38) Nr. 5, 9 S. – Sul trasporto d'una rete di triangoli geodetici da uno a un altro degli ellissoidi locali di una data regione del geoide: **41**('40). – Sulla determinazione della forma d'un pianeta per mezzo di misure di gravità nel caso di rotazioni non lente: **43** ('42) Nr. 3.

Matematiche In memoria di Gaspare Mignosi (1875-1951): **7** ('52) III–XII.

Pubbl., Osservat. astron. Palermo Sullo stato dell'Osservatorio astronomico di Palermo e sui lavori in esso eseguiti dal 1931 al 1936: (N.S.) **7** ('37). – Sulla possibilità di sostituire un unico ellissoide a due o più ellissoidi di riferimento e sulla determinazione del geoide: **9** ('40) Nr. 3.

Quarterly J. Math., Oxford Ser. On the limits of validity of a theorem of Stokes regarding the figure of the earth: **4** ('33) 184–92.

VI **MINETTI,** Silvio. Math. – 1928–39 Assist. Analisi infinites., Univ. di Roma; poi Prof. ord., Univ. di Bari. – Weitere Daten nicht bekannt. (⊠)

†1951, Juli 11.

Todesanzeige Nachr. österr. math. Ges. **17/18** ('52) 34.

S. Verhandlungen des Internationalen Mathematikerkongresses, Zürich 1932 (W. Saxer) **2** (Zürich–Leipzig '33) 68f.: Su alcuni teoremi delle famiglie normali di funzioni analitiche anche in relazione al postulato di Zermelo; 69–71: Metricizzazione dello spazio funzionale delle funzioni olomorfe in un medesimo campo; gli olospazi in generale e i loro rapporti con la teoria delle equazioni differenziali.

W. Esercitazioni di analisi infinitesimale. Appunti di lezioni. Anno accademico 1936–37 (Roma '37) 345 S. – La matematica per la scuola media **1–3** (m. F. Flores D'Arcais) (Padova '42/46) 220, 116, 138 S. – Guida utile per superare l'esame di meccanica razionale nell'Università di Bari secondo il corso diretto da S. Minetti (Bari–Napoli '48) 203 S. – Appunti di meccanica razionale **1**: Cinematica. Nozioni generali e complementi (Bari ['50]) 20+529 S.

Atti (reale) Accad. nazion. Lincei, Rend. Un teorema generale sulle successioni di funzioni convergenti verso una funzione olomorfa: (6) **17** ('33) 58–61. – Sull'equazione differenziale di Riccati e su qualche risultato di geometria differenziale: **19** ('34) 65–74. – Sulla struttura topologica dello spazio funzionale (A) costituito dalla totalità delle funzioni analitiche nel senso di Weierstrass: **21** ('35) 645–50. – Sulle funzioni olomorfe ammettenti due valori eccezionali finiti e sull'andamento di una funzione olomorfa in prossimità di un punto singolare essenziale isolato, 1: **23** ('36) 488–92. – Sull'operazione di derivazione: (8) 8 ('50) 27–31.

Bull. Sci. math. Sur le concept de coordonnées homogènes dans la géométrie des holoespaces: (2) **58** ('34) 112–17. – Sur les familles normales de fonctions analytiques: **59** ('35) 199–204. – Sur la condition nécessaire et suffisante pour qu'une famille de fonctions soit normale et sur le rôle du critère de normalité d'Arzelà-Montel dans la théorie des familles normales de fonctions analytiques: 324–28.

Commentationes, Pontificia Acad. Sci. Sur l'allure des fonctions analytiques au voisinage d'une singularité essentielle: **9** ('45) 169–86.

C.R. hebd. Séances Acad. Sci., Paris Sur la géométrie de l'holoespace des fonctions holomorphes dans un même domaine et sur ses liens avec la théorie des équations différentielles ordinaires: **197** ('33) 221–23, 474–76, 637–39. – Intégration avec une seule quadrature du mouvement de précession régulière: 1584–86. – Sur quelques points de la théorie des fonctions: **199** ('34) 1570–72. – Sur la recherche des valeurs exceptionnelles d'une suite de fonctions analytiques et sur un nouveau critérium de normalité d'une famille de telles fonctions: **200** ('35) 290f. – Sur l'allure d'une fonction uniforme dans le voisinage d'un point singulier essentiel isolé: 1281–83.

J. Math. pures et appl. Sur quelques points de la théorie des fonctions et sur un nouveau critérium de normalité d'une famille de fonctions analytiques: (9) **16** ('37) 155–78.

Mathematical Gaz. On the operation of derivation: **34** ('50) 303f.

Mémorial Sci. math. Sur quelques espaces fonctionnels et sur la géométrie de certains holoespaces en rapport avec la théorie des équations différentielles ordinaires: **79** ('36) 68 S.

Memorie Cl. Sci. fisiche, mat. e natur., Reale Accad. Italia La geometria degli olospazii e i suoi legami colle equazioni differenziali ordinarie: **4** ('33) 483–587. — Sulle famiglie di funzioni analitiche ammettenti valori eccezionali e sul comportamento di una funzione uniforme in prossimità di un punto singolare essenziale isolato: **6** ('35) 1293–307. — Sul movimento di un corpo solido intorno ad un punto fisso e sull'integrazione con una sola quadratura del movimento di precessione regolare: 1335–53.

Rend. Circolo mat. Palermo Sulla struttura topologica dello spazio F delle funzioni olomorfe all'interno d'un medesimo campo, e su quella dello spazio A delle funzioni analitiche, nel senso di Weierstrass: **59** ('35) 97–146.

VI **MINEUR,** Adolphe. Math. — 1887–92 Stud., 1893 Dr. en Sci. physiques et math., 1895–97 Chargé de Cours, 1897–1902 Prof. extraord., '02–37 Prof. ord., '37 Prof. hon., Univ. Libre de Bruxelles.
*1867, Juli 6, Havelange;
†1950, Febr. 4, Uccle, Bruxelles.

Nekr. R. Godeau, Bull. Soc. math. Belgique **1948/49** ('50) 10–14; Bull. techn. Assoc. Ing. sortis Ecole polytechn. Bruxelles **1950,** 68f.; Mathesis **59** ('50) 5–9 (m. Bildn.). — Bull. Union anciens Etudiants Univ. libre Bruxelles **1950,** März-Nr., 9–11.

Zur Biogr. L. Godeaux, Annuaire Acad. roy. Belgique **134** ('68) 9–18 (m. Bildn.).

HZ. (Dir.) Mathesis 1922–1950.

W. Leerboek der driehoeksmeting (Bruxelles '32) 155 S., ('38) 235 S. — Géométrie plane [12](Bruxelles '32) 176 S., [13](['52 ?]) 176 S. — Géométrie dans l'espace [8](Bruxelles ['35 ?]) 112 S. — Algèbre élémentaire. Limites; dérivées; différentielles; variations des fonctions [3](Bruxelles ['35 ?]) 67 S. — Géométrie vectorielle **1**: Algèbre vectorielle [4](Bruxelles '37) 126 S. — Mécanique rationnelle **5**: Dynamique des systèmes. Neuaufl. (Bruxelles ['37 ?]) 131 S. — Beginselen der vlakke meetkunde **1** (Bruxelles '38) 75 S., [2]('44) 78 S.; **2** ('39) 168 S.; **3** ('40) 94 S. — Meetkunde der ruimte (Bruxelles '41) 180 S. — Elementaire driehoeksmeting (Bruxelles '41) 60 S. — Complement der meetkunde (Bruxelles '41) 152 S.

Bull. Cl. Sci., Acad. roy. Belgique De la géométrie grecque: (5) **31** ('46) 683–710.

Mathesis Des réciprocités entre deux espaces superposées à trois dimensions: **46** ('32) 83f., 218–22, 306–13. — Exercices de géométrie projective: 121–23. — Sur les changements d'axes coordonnés en géométrie analytique plane: 153–55. — Sur l'hexagone de Pascal: 161f. — Le théorème de Stewart et les moments d'inertie: 232. — Circonférence et hyperbole équilatère: 234f. — Sur les nombres de Pythagore: 235f. — Sur les points φ, φ_a, φ_b, φ_c de Feuerbach: 315. — Des droites de Simson et de l'orthopôle: 357–60, 450–53. — Exercices de géométrie vectorielle: **47** ('33) 20–26, 301–03. — Sur une démonstration spatiale inexacte des théorèmes de Pascal et de Brianchon: 28f. — Sur une propriété des cercles exinscrits: 31f. — Sur les moyennes: 64–66. — Principe de Lanée et la décomposition des lieux d'un faisceau en lieux d'ordre moins élevé appartenant à un second faisceau: 143–53. — Surfaces réglées associées à une courbe gauche: 241–46. — Exercice de géométrie analytique: 285–88. — Sur l'aire du triangle OIH[4]): 309–11. — Sur le point de Steiner: 360f., 1187. — Sur des cercles remarquables du faisceau [(0),(0₉)]: 408–10. — Sur la strophoïde: 415f. — A propos d'un théorème de M. V. Thébault: **48** ('34) 30–32. — Sur le théorème de Carnot et les coordonnées ternaires: 38–40. — Exercices sur les coordonnées ternaires: 52–56, 126–29, 197–200. — Différentiation d'une fonction $F(x,y,z)$ sur une surface $S \equiv f(x,y,z) = 0$: 92–96, 164–67, 221–25. — Le problème de Délos: 113–16. — Notes d'algèbre élémentaire, 11: Sur la formule dite du radical double: 421f. — Notes de géométrie analytique plane: Sur les coniques dégénérées: **49** ('35) 20–23, 92–95. — Sur les asymptotes de l'hyperbole de Kiepert: 30–33. — Généralisation d'un théorème connu: 237f. — Sur la cubique des dix-sept points: 364. — Sur le développement en fraction continue de la racine carrée d'un nombre entier non carré parfait[2]): 370f. — Généralisation d'un théorème de M. V. Thébault[1]): 424f. — Cubiques gauches projectives dont quatre points communs sont des points unis: Nr. 3/4, Suppl., 15 S. — Invariants des fonctions linéaires vectorielles: **51** ('37) 64–68. — Sur le point de Feuerbach: 333f. — Les cercles de Chasles et la question 2971: 357–60, 441 f. — Sur les hyperboles équilatères circonscrits à un triangle[3]): 413f. — Géométrie du triangle: 414–16. — Note de trigonométrie: 479. — Sur le point de Feuerbach[4]): 479–81. — A propos des points jumeaux: **52** ('38) 14–22. — Quadrilatère simple circonscrit à une parabole et inscrit à un cercle: 247f. — Géométrie du triangle: Révision de propriétés connues: **53** ('39) 96–99, 152–55; **54** ('40/45) 19. — Sur le théorème de Stewart: 641. — Invariants simultanés de deux coniques proprement dites: 409–22.

Mit: [1]) R. Bouvaist; [2]) E. Heuchamps; [3]) J. Leemans; [4]) V. Thébault.

VI **MINEUR,** Henri. Math., Astron. — 1925–54 Astronome, Observat. de Paris; '36–40, '46–54 Dir. de l'Inst. d'Astrophysique et Secrétaire gén. du Service d'astrophysique, Centre Nation. de la Recherche Sci., Paris. — '44 Prix Damoiseau, '50 Prix Montyon de Statistique (Acad. Sci. Paris).
*1899, März 7, Lille;
†1954, Mai 7, Paris.

Nekr. D. Barbier, Annales Astrophysique **17** ('54) 239–42 = Contributions Inst. Astrophysique, Sér. B, Nr. **110** (m. Bildn.); Monthly Notices roy. astron. Soc. **115** ('55) 129–. — J. Dufay, L'Astronomie (BSAF) **70** ('56) 235–38. — A. Hunter, Nature [London] **174** ('54) 338. — M. du Martheray, Orion [Schaffhausen] **4** ('54) 331. — Gazette astron. **36** ('54) 10. — J. roy. astron. Soc. Canada **49** ('55) 36. — Publ. astron. Soc. Pacific **67** ('55) 53. — Sky and Telescope **14** ('54) 14.

Zur Bibliogr. Titres et travaux scientifiques de H. Mineur (Paris '37, '39) 67 S.

S. Science et loi (Paris '34) (Semaine internationale de synthèse, 5): [Beitrag]. — Problems of cosmical aerodynamics. Proc. Symposium on the motion of gaseous masses of cosmical dimensions, Paris 1949 (International Union of Theoretical and Applied Mechanics and International Astronomical Union) (Dayton, O. '51) 210–17: Discussion on the importance of compressibility and gravitation for the turbulence in the interstellar gas; 218–21: Discussion on the influence of magnetic fields on turbulence.

W. Galilée, le tricentenaire de sa condemnation. Conférence [mit einer weiteren Ansprache von H. Hauser] (Paris '33) [insgesamt] 32 S. (Bibliothèque rationaliste). — L'univers en expansion (Paris '33) 41 S. (Actualités scientifiques et industrielles, 63. Exposés de physique théorique, 8). — Histoire de l'astronomie stellaire jusqu'à l'époque contemporaine (Paris '34) 57 S. (∼ 115. Exposés d'astronomie stellaire, 1). — Eléments de statistique mathématique applicables à l'étude de l'astronomie stellaire (Paris '34) 40 S. (∼ 116. ≈ 2). — Photographie stellaire. Mesure photographique des positions et des magnitudes des étoiles (Paris '34) 67 S. (∼ 141. ≈ 3). — Dénombrements d'étoiles. Catalogues d'étoiles. Comparaison des séquences photométriques (Paris '35) 56 S. (∼ 225. ≈ 4). — Technique de la méthode des moindres carrés (Paris '38) 8+92 S. (Monographies des probabilités, 2). — L'espace interstellaire (Paris '47) 276 S. (La science vivante, 7). — Techniques de calcul numérique à l'usage des mathématiciens, astronomes, physiciens et ingénieurs. Suivi de quatre notes par Mme Henri Berthod-Zaborowski, M. Jean Bouzitat et M. Marcel Mayot (Paris '52) 19+605 S.; Neudruck ('66) 17+605 S.

Annales Astrophysique Première Conférence internationale d'astrophysique, Paris 12–17 juillet 1937, Discours: **1** ('38) 13–20. — Recherches sur la distribution de la matière absorbante par des dénombrements de nébuleuses extragalactiques: 97–128. — Rapports sur l'activité du Service d'Astrophysique de la Caisse Nationale de la Recherche Scientifique en 1937: 261–68; ∼ 1938: **2** ('39) 245–53; ∼ 1939/1940: **4** ('41) 1–12. — Sur la rotation galactique des amas ouverts et la distance du centre galactique: **1** ('38) 269–81. — Equilibre des nuages galactiques et des amas ouverts dans la voie lactée. Evolution des amas: **2** ('39) 1–244. — Nouvelle méthode de lissage et méthode pour déterminer avec précision la période d'un phénomène: **6** ('43) 136–58. — Sur la meilleure représentation d'une variable aléatoire par fonction linéaire de variables à choisir parmi des variables aléatoires données: **7** ('44) 17–30. — Extension de la méthode des moindres carrés. Application à la détermination de l'apex au moyen des mouvements propres: 121–32. — Note sur la détermination de l'apex au moyen des mouvements propres: 133f. — Zéro de la relation période-luminosité et absorption de la lumière dans l'espace interstellaire: 160–86. — Recherches théoriques sur les accélérations stellaires: **13** ('50) 219–42. — Tentatives de calcul numérique des intégrales doubles: **15** ('52) 54–70. — Exploitation numérique de l'équation intégrale d'assombrissement au bord solaire pour obtenir la fonction source[8]): 383–401.

Annales franç. Chronométrie La réforme du calendrier: **7** ('37) 15–25.

Annales Géophysique Recherche d'une influence possible de la lune sur les précipitations atmosphériques: **8** ('52) 294–308.

Annales sci. Ecole norm. sup. La mécanique des masses variables. Le problème des deux corps: **50** ('33) 1–32, 33–64, 65–69.

L'Astronomie (BSAF) Mises au point d'astronomie stellaire: Les univers-îles; conclusions sur la voie lactée: **46** ('32) 17–36; Mises au point d'astronomie stellaire: 404–26, 465–75; ∼: La rotation de la voie lactée: **49** ('35) 544–51, 572–86; **50** ('36) 15–26; ∼: La dynamique stellaire: **53** ('39) 392–406; ∼: ≈: La théorie de Lindblad: **55** ('41) 5–14; ∼: ≈: Recherches récentes sur la dynamique de la galaxie: 123–33; ∼: Théories des amas stellaires: **57** ('43) 8–11. — Création d'un Service National de Recherches d'Astrophysique: **51** ('37) 83–85. — Première Conférence internationale d'astrophysique tenue à Paris en juillet 1937: **52** ('38) 36–38.

Astrophysical J. The age of the milky way: **84** ('36) 113–31.

Bull. astron. [Paris] Recherches sur les vitesses radiales résiduelles des étoiles. Ellipsoïdes de vitesses, gradient de température de la voie lactée: (2) **7** ('32/33) 321–52. – Une méthode nouvelle pour l'étude de la rotation galactique: 383–413. – Etude des vitesses spatiales des étoiles B[5]): **8** ('33/34) 227–70. – Recherches complémentaires sur les mouvements des étoiles B: **9** ('35/37) 41–85. – Sur les étoiles B à raies d'émission: 455–69. – Recherches complémentaires sur les mouvements des amas globulaires: **10** ('37) 91–107. – Etude théorique du mouvement séculaire de l'axe terrestre: **13** ('47/48) 197–252. – Quelques propriétés générales des équations de la mécanique: 309–28. – Réduction d'une forme quadratique dans le groupe linéaire canonique: **15** ('51) 107–41.

Cahiers rationalistes L'univers tel que le révèle l'astronomie moderne: **11** ('32) 341–81. – L'expansion de l'univers: **62** ('37) 215–34. – Le temps. Etude d'un concept fondamental de la science: **123** ('52) 40 S.

C.R. hebd. Séances Acad. Sci., Paris Etude analytique des mouvements d'ensemble des étoiles à hélium[5]): **194** ('32) 61–63. – Sur les vitesses résiduelles des étoiles et le problème de la température de la voie lactée: **195** ('32) 30–32. – Sur la corrélation entre la vitesse d'ensemble des étoiles et leur distance au plan galactique[3])[4]): 208–10. – Sur la distribution de la matière absorbante galactique[6]): 1234–36. – Application aux étoiles B de deux méthodes d'étude de la rotation galactique: **198** ('34) 1389–91. – Recherches sur les mouvements des étoiles B: 1578–80. – Sur les variations de l'ellipsoïde des vitesses dans le plan galactique[2]): **199** ('34) 262f. – Sur les systèmes mécaniques dans lesquels les paramètres sont fonctions du temps: 1572–74. – Sur les systèmes mécaniques admettant n intégrales premières uniformes et l'extension à ces systèmes de la méthode de quantification de Sommerfeld: **200** ('35) 1571–73. – La magnitude absolue des étoiles B à raies d'émission: 2145–47. – L'âge de la voie lactée: **201** ('35) 710f. – Sur la rotation galactique des amas globulaires: **202** ('36) 2132–34. – Sur les amas d'étoiles en équilibre cinétique: **204** ('37) 1620–22. – Détermination de la distance du centre de la voie lactée et des constantes de la rotation galactique au moyen des amas ouverts: **205** ('37) 721–23. – Sur l'équilibre des amas d'étoiles lorsqu'on néglige la rotation différentielle: 1213f. – Sur l'équilibre dynamique des nuages galactiques: **206** ('38) 166–69. – Sur le potentiel de gravitation de la galaxie: 1618–20. – L'équilibre statistique des amas d'étoiles à trois axes inégaux: **207** ('38) 775–77. – L'évolution des amas galactiques: **208** ('39) 631f. – Sur une anomalie de la période solaire 1923–1933: 733f. – Sur la position du pôle galactique: **212** ('41) 528–30. – Sur la chaîne de Markoff constituée par la succession des jours avec et sans pluie: **219** ('44) 686f. – Sur la détermination de l'apex au moyen des mouvements propres: **220** ('45) 80f. – Etude théorique du mouvement séculaire de l'axe terrestre: 107–09. – Le zéro de la relation période–luminosité et la constante d'absorption dans l'espace interstellaire: 445–47. – Etude du mouvement séculaire du pôle terrestre dans le cas de résonance: **221** ('45) 462f. – Sur les systèmes mécaniques dont les intégrales premières sont définies par des équations implicites: **224** ('47) 26f. – Réduction d'une forme quadratique dans le groupe canonique linéaire: **225** ('47) 1254–56. – Extension de la méthode d'intégration de Gauss aux fonctions présentant des singularités[7]): **229** ('49) 741f. – Sur le calcul numérique des intégrales doubles[1]): 919–21. – Etude théorique des accélérations stellaires: **230** ('50) 512f. – Tentatives de calcul numérique des intégrales doubles: **233** ('51) 1166–68. – Recherche d'une influence possible de la lune sur les précipitations atmosphériques: 1426–28. – Exploitation numérique de l'équation intégrale d'assombrissement au bord solaire[8]): **234** ('52) 813–15. – Sur les points singuliers des systèmes canoniques admettant un nombre d'intégrales premières uniformes en involution égal à celui des degrés de liberté: 1844–46. – Etude numérique du mouvement séculaire de l'axe terrestre[1])[7]): **235** ('52) 232–34. – Sur les zéros des relations période–luminosité des céphéides et des RR Lyrae: 1607f.

J. Ecole polytechn., Paris Sur les systèmes mécaniques dans lesquels figurent des paramétres fonctions du temps. Etude des systèmes admettant n intégrales premières uniformes en involution. Extension à ces systèmes des conditions de quantification de Bohr-Sommerfeld: (3) **143** ('37) 173–91, 237–70.

J. Math. pures et appl. Réduction des systèmes mécaniques à n degrés de liberté admettant n intégrales premières uniformes en involution aux systèmes à variables séparées: (9) **15** ('36) 385–89.

J. Physique et Radium A propos de la détermination de la densité de l'ozone atmosphérique: (7) **3** ('32) 145–49. – Sur la mécanique des masses variables: **4** ('33) 27S–29S.

Monthly Notices roy. astron. Soc. On the galactic rotation of the globular clusters: **96** ('35/36) 61–67; ∼: Some comments on F. K. Edmondson's paper: **97** ('36/37) 150–53.

Nature [Paris] Un pas nouveau dans la conception einsteinienne de l'univers: L'univers en expansion: **61** I ('33) 161–66 u. Fortsetzungen. – Que'est-ce le que temps ? La position métaphysique et la position scientifique du problème: 62 II ('34) 53–60, 106–11, 157–66, 245–50.

Mit: [1]) H. Berthod-Zaborowski; [2]) H. Camichel; [3]) R. Canavaggia; [4]) M.-L. Fribourg; [5]) P. Guintini; [6]) A. Machiels; [7]) M. Mayot; [8]) R. Peyturaux.

VI **MINGOIA,** Quintino. Chem. (org., pharm.). — 1927–34 Libero Doc. Chim. farm. e tossicol., '28–34 Prof. incar. Chim. analit., '31–32 Prof. incar. Chim. org., Univ. di Pavia; '35–45 [?] Chimico, Labor. Paulista de Biol., São Paulo; '45–69 Prof. contratado, Univ. de São Paulo; '69– a riposo, Milano; '70–73 Membro, Commissione di revisione della Farmacopea Ufficiale Italiana. — '53 Prof. h.c. (Univ. de Montevideo); '56 Prof. h.c. (Univ. do Recife); '62 Dr.h.c. (Univ. de São Paulo); '64 Prof. h.c. (Univ. da Bahia, São Salvador, Bahia). — '33 Premio Zanetti (Ist. di Sci. e Lettere di Milano); '60 Medaglia d'oro come Benemerito della Scuola (Pres. della Repubbl. Ital.).

*1902, Nov. 1, Caltanissetta.

HZ. (Redakt.) Cronache farm. **1970**–.

MHZ. Farmaco [Pavia], Ediz. prat. **1971**–.

S. Atti del IV Congresso nazionale di chimica pura ed applicata, Roma 1932 (Roma '33) 506–17: Sintesi di alcooli pirrolici ed indolici. — Trabajos IX Congreso internacional de química pura y aplicada, Madrid 1934, 5 (Madrid '36) 174–80: Sulla sintesi dell'efedrina pirrolidinica. — Proc. 3rd International pharmacological meeting, São Paulo 1966, 1 (Oxford–London '68) 3–28: Chemical structure and mode of action of antiparasites.

W. Tecnica farmaceutica e medicamenti galenici (Messina–Milano '32) 23+583 S. — Quimioterapia antibacteriana (São Paulo '41) 169 S. — Química farmacêutica (São Paulo '67) 787 S.

Anais Fac. Farm. e Odontol. Univ. São Paulo Derivados biguanídicos des sulfas e sulfonas[5]): **7** ('49) 43–50. — Novas sinteses de ésteres com função amônica poliquaternária[5]): **10** ('52) 35–39. — Pesquisas sôbre formilação direta da piridina[5]): **11** ('53) 9–16.

Anais Fac. Farm. Univ. Recife Medicamentos antiaterogenos: **1** ('58) 105–24.

Anais Farm. e Quím. São Paulo Hidrazidas antituberculosas: **6** ('53) Nr. 2, 24–40. — Compostos salicílicos quimioterapicamente ativos: Nr. 5, 9–24. — De rerum chimicarum babelica denominatione: **6** ('53). — Die Chemotherapie der Amöbenruhr: **7** ('55) Nr. [?], 21–30 [portugies.]. — Medicamentos ataráxicos: **8** ('57). — Medicamentos antiaterogenos: **9** ('58). — Classificação química dos antibióticos: **12** ('61). — Exitos e malogros da quimioterapia: **15** ('54).

Anales Clín. méd. [Montevideo] Recientes orientaciones en el campo de los medicamentos orgánicos sintéticos: **6** ('51) 45–.

Annaes Soc. Pharm. e Chím. de São Paulo Sínteses de compostos pirrólicos e indólicos mediante emprego dos magnesilderivados: **3** ('38) 49–73. — Chemotherapie der Streptokokkeninfektionen: 74–90 [portugies.]. — Wasserlösliche Derivate des p-Amidophenylsulfamids: 136–51 [~].

Annali Chim. appl. Su alcuni nuovi sali di basi ammoniche quaternarie: **23** ('33) 104–14. — Applicazione dei raggi UV di varia frequenza su alcune soluzioni alcaloidee: 318–30. — Sull'essenza ricavata dai galbuli di cipresso: **24** ('34) 247–57. — Sui metodi di sintesi della benzedrina: **30** ('40) 187–98.

Annali Chim. farm. Wasser-Glycol-Lösungen des Sulfanilamids und Methode der Analyse: **1939,** 48–58 [italien.]. — Metodi di sintesi della benzedrina: **1940,** 11–23. — Caratteri farmacologici e usi terapeutici della benzedrina: 198–211.

Archivio Farmacol. sperim. e Sci. affini Caratteri farmacologici e usi terapeutici della benzedrina: **69** ('40) 235–48.

Arquivos Biol. Novos métodos da análise de soluções hidroglicólicas de sulfanilamida: **23** ('39) 50–. — Carácteres farmacológicos e usos terapêuticos da benzedrina: **24** ('40) 84–. — Difenilhidantoina e tratamento da epilepsia: 233–. — Estrutura da vitamina K: **25** ('41) 53–61. — Synthetische östrogene therapeutische Substanzen: 150–62 [portugies.]. — Utilizações terapêuticas recentes de compostos antigos: 217–37. — Die Darstellung von Bismutyljodid[1]): **26** ('42) 182–85 [portugies.]. — Moderne Probleme der Antimalariadrogen: 197–204 [portugies.]. — Pesquisas químicas sôbre novos diuréticos mercuriais: 231–. — Novas sulfonas quimioterapicamente ativas: **27** ('43) 4–7 [m. engl. Zusammenfassg.]. — Novos derivados da 4-nitro-4'-aminodifenilsulfona, 1[2]): 55–63; ~ 2[2]): **28** ('44) 84–89. — Penicillin oder Sulfanilamid ?: **27** ('43) 129–35 [portugies.]. — Novos derivados sulfamídicos do ácido estibanílico [,1][12]): 137–42; ~ 2[12]): **29** ('45) 12–14. — Progressos na quimioterapia das leishmanioses: 63–71. — Evolução da química orgânica aplicada à farmacia: 85–92. — Sintese de ácidos p-halogenofenilarsônicos mediante a reação de Bart[14]): 119–24. — Frühere und gegenwärtige Bedeutung der p-Aminobenzoesäure: **32** ('48) 1–8 [portugies.]. — Processos de preparação do ácido p-aminosalicílico[16]): 55–60. — Novidades médicas e farmacêuticas: **33** ('49) 2–11; **34** ('50) 29–41; **35** ('51) 21–35; **36** ('52) 21–40;

37 ('53) 21–45; **38** ('54) 21–38; **39** ('55) 21–44; **40** ('56) 1–20; **41** ('57) 3–24. — Novos métodos de dosagem de tiosemicarbazonas[9]): **34** ('50) 128–32. — Die Behandlung der Tuberkulose mit Isonicotinhydrazid: **36** ('52) 61–68 [portugies.]. — Die Nomenklatur der organischen Chemie für die Neuausgabe der Brasilianischen Pharmakopöe[10])[4]): **37** ('53) 6–10 [~]. — Zusammenhang zwischen chemischer Konstitution und depressiver Wirkung auf das Zentralnervensystem: 103–10 [~]. — 25 anos de quimioterapia antibacteriana: **43** ('59) 1–. — Estrutura molecular e atividade antiaterogena: **44** ('60) 76–. — — Weitere Aufsätze in dieser Zeitschrift, insbesondere Halbjahresberichte über antibakterielle Chemotherapie 1937–1940, die auch in einem Sammelband ('41) erschienen sind.

Arquivos Inst. biol. Dep. Defesa sanit. Agric. [São Paulo] Especificidade sorológica de azoproteinas sulfanilamídicas[15]): **10** ('39) 249–57 [m. engl. Zusammenfassg.]. — Estrutura química e atividade antibacteriana: **11** ('40) 269–82 [m. deutscher Zusammenfassg.].

Atti reale Accad. Italia, Rend. Un nuovo metodo di preparazione delle azoproteine. Anticorpi alla morfina e alla stricnina[3]): (7) 2 ('40/41) 1103–06.

Boletim Acad. nacion. Farm. Synthetische östrogene Arzneimittel: **4** ('42) 107–32 [portugies.].

Boll. chim.-farm. Su alcuni nuovi sali di basi ammoniche quaternarie: **72** ('33) 441–51. — Synthese von Pyrrol- und Indolderivaten mit Hilfe magnesiumorganischer Verbindungen: **77** ('38) 337–42, 345–48, 351–54, 357f. [italien.]. — Synthese der Verbindung M. & B. 693 [May & Baker 693, Dagenan], 2-(p-Aminophenylsulfonamino)-pyridin: **78** ('39) 401–11 [~].

Ciencia e Investigac. Quimioterapia de la tuberculosis en los últimos 10 anos: **5** ('49) 487–99.

Cronache farm. Nuove applicazioni terapeutiche di farmaci noti: **15** ('72) 321–.

Folia clin. et biol. [São Paulo] Composti aromatici ad azione cancerogena: **7** ('35) 245–52.

Gazz. chim. ital. Sintesi per mezzo dei magnesilpirroli, 15: Preparazione del vero tioindossile[11]): **62** ('32) 299–317. — Su alcuni nuovi fosfossidi ed acidi fosfonici a nucleo pirrolico e indolico: 333–42. — Su alcuni derivati antimoniali del pirrolo e degli indoli: 343–50. — Sintesi di alcooli pirrolici ed indolici: 844–54. — Ricerche nel gruppo del pirazolo, 2: Sull'acilazione del pirazolo: **63** ('33) 242–47; ~ 3: Derivati del dimetil-3-5-pirazolo[7]): **64** ('34) 279–89. — Sulla sintesi di alcooli pirrolici: **65** ('35) 459–61. — Sulla preparazione dell'aurotiosolfato di chinina: 1258–60. — Bernardo Oddo (1882–1941): **71** ('41) 737–52.

Giorn. Chim. industr. ed appl. Le recenti ricerche nella chimica degli alcaloidi, 1: **16** ('34) 382–88.

Chimica e Industria Le recenti ricerche nella chimica degli alcaloidi, 2: **17** ('35) 84–94.

Revista Biol. e Hig. Ação antigénica da azoproteina novocaínica[3]): **11** ('41) 89–.

Revista brasil. Chím. Synthese chemischer Verbindungen, die in der Therapie von Streptokokkeninfektionen wirksam sind: **3** ('37) 203–07 [portugies.]. — Sínteses de compostos pirrólicos e indólicos mediante emprego dos magnesilderivados: **4** ('37) 183–91.

Revista brasil. Farm. Estrutura química e atividade antibacteriana: **21** ('40) 174–88. — Contribuição à luta antiacrídica: **30** ('48/49) 17–23. — Thiosemicarbazone und die Chemotherapie der Tuberkulose: **31** ('50) 523–35 [portugies.].

Revista Chím. industr. Wasser-Glycol-Lösungen des Sulfanilamids und Methode der Analyse: **8** ('39) 333–36 [portugies.].

Revista Fac. Farm. e Bioquím., Univ. São Paulo Novos derivados do ácido pamóico, 1[8]): **2** ('64) 37–44; ~ 2[8]): **3** ('65) 363–67. — Estrutura química e modo de ação de drogas antiparasitárias, 1: **4** ('66) 145–74. — Fármacos anticoncepcionais: **5** ('67) 281–303. — Resistência aos quimioterápicos antimaláricos: **7** ('69) 1–. — Síntese de amidas do ácido nalidíxico[6])[13]): **8** ('70) 125–30 [m. engl. Zusammenfassg.].

Revista Quím. e Farm. Isolierung neuer Mutterkornpräparate: **1** ('35) 104–06 [portugies.]. — Contribuição à luta antiacrídica: **12** ('47) 4–.

Selecta chim. [São Paulo] Medicamentos quimioterápicos antimaláricos: **1** ('44) 5–120. — Sulfonas quimioterapicamente ativas: **4** ('46) 3–35. — Heinrich Rheinboldt †: **15** ('56) 7–

Weitere Artikel in brasilianischen Zeitschriften; einige weitere Kongreßberichte.

Mit: [1]) M. P. de Almeida; [2]) F. Berti; [3]) E. Biocca; [4]) H. V. Campos; [5]) P. Carvalho Ferreira; [6]) M. J. Fernandes; [7]) F. Ingraffia; [8]) A.K orolkovas; [9]) R. Moscovici; [10]) G. Nazario; [11]) B. Oddo; [12]) C. Perego; [13]) M. G. Piros; [14]) S. Poggi; [15]) M. Rocha e Silva; [16]) M. J. Taglianetti.

VI **MINNAERT,** Marcel Gilles Jozef. Astrophysik. — 1920–36 Observator, Heliophysikal. Inst., '26–37 Privatdoz., '37–45 außerord. Prof., '37–63 Dir. d. Observat., '46–63 ord. Prof., '63 Prof. Emer., Rijksuniv. Utrecht; '45–46 Doz., Rijskuniv. Leiden; '46 Gastdoz., Univ. of Chicago, Ill.; Vorsitzender verschiedener Kommissionen in d. Internat. Astronom. Union. — '65 Dr. h. c. (Univ.

Heidelberg); '68 Dr. h. c. (Univ. Moskva); '70 Dr. h. c. (Univ. de Nice). – '47 Gold Medal (Roy. Astron. Soc. London); '51 Catherine Wolfe Bruce Gold Medal (Astron. Soc. Pacific).

*1893, Febr. 12, Brugge, Belgien; †1970, Okt. 26, Utrecht.

Zur Biogr. D. Alter, Publ. astron. Soc. Pacific **63** ('51) 265–68 (m. Bildn.). – W. Fricke, Sterne und Weltraum **5** ('66) 12. – C. de Jager, Nederlands Tijdschr. Natuurkunde **30** ('64) 1–3. – J.-C. Pecker, L'Astronomie (BSAF) **80** ('66) 383. – Atti Convegni, Fondaz. Alessandro Volta **11**.1952 ('53) 313 (m. Bildn.). – Monthly Notices roy. astron. Soc. **107** ('47) 243–45. – Nature [London] **159** ('47) 121.

Zum 70. Geb.tag The solar spectrum. Proc. of a symposium [held in honour of M. G. J. Minnaert], Utrecht 1963 (C. de Jager) (Dordrecht '65); darin eig. Beitr.: 3–35: Forty years of solar spectroscopy.

Nekr. J. Ashbrook, Sky and Telescope **40** ('70) 344. – F. Egger, Orion [Schaffhausen] **28** ('70) 195. – J. Houtgast, Hemel en Dampkring **68** ('70) 289–92. – C. de Jager, Astrophysics and Space Sci. **10** ('71) 183–85 (m. Bildn.); Jaarb. koninkl. nederl. Akad. Wet. **1970**, 234–39 (m. Bildn.); Jaarb., Koninkl. vlaamse Acad. Wet., Letteren en schone Kunsten België **1970**, 412–16 (m. Bildn.); Quarterly J. roy. astron. Soc. **12** ('71) 338–41; Yearb., Amer. philos. Soc. **1971** ('72) 134–38. – J.-C. Pecker, Icarus [New York] **15** ('71) 147f. – A. Unsöld, Solar Physics [Dordrecht] **17** ('71) 3–5. – A. Wallenqvist, Astronomisk Tidsskr. **3** ('70) 199f.

HZ. (Redakt.) Servire's encyclopaedie, Afd. 2A: Sterrenkunde **1** ('s Gravenhage '43) ff.; davon eig. Beitr.: **5**: De sterrenkunde en de mensheid ('46) 128 S.

MHZ. Nederlandsch Tijdschr. Natuurkunde **1** ('34).

Anthologie Dichters over sterren; en bloemlezing (Arnhem '49) 219 S.; darin eig. Beitr.: Einleitung [niederländ.].

S. The solar system **1**: The sun (G. P. Kuiper) (Chicago, Ill.–London '53) 88–185: The photosphere; **3**: Planets and satellites (G. P. Kuiper, M. Middlehurst) (Chicago, Ill.–Toronto '61) 213–48: Photometry of the moon. – Problems of cosmical aerodynamics. Proc. of a symposium on the motion of gaseous masses of cosmical dimensions, Paris 1949 (Dayton, Ohio '51) 222–32: Hydrodynamic problems connected with the solar atmosphere; russ. in: Problemy kosmičeskoj aërodinamiki (Moskva '53). – Vistas in astronomy (A. Beer) **1** (London–New York '55) (J. atmospher. and terrestr. Physics, Spec. Suppl. 3) 5–11: International co-operation in astronomy. – Radioastronomia solare. Scuola internazionale di fisica "Enrico Fermi". Rendiconti, corso 12, Varenna 1959 (G. Righini) (Bologna '60) 1–38: General survey on solar phenomena; 429–36: General discussion on radiobursts. – Proc. Symposium on solar seeing, Roma 1961 (Roma '62) 15–24: General introduction to a study of solar seeing. – Atti del Convegno sulle macchie solari, Firenze 1964 (G. Righini) (Firenze '66) (Pubblicazione del Comitato nazionale per le manifestazioni celebrative del IV centenario della nascita di Galileo Galilei 2,2) 254–63: A summary of the sunspot meeting. – Atti del Convegno sui campi magnetici solari e la spettroscopia ad alta risoluzione, Roma 1964 (Firenze '66) (~ 2,4) 249f.: Conclusions concerning the general magnetic field of the sun. – Measure of the moon. Proc. 2nd International conference on selenodesy and lunar topography, Manchester 1966 (Z. Kopal, C. L. Goudas) (Dordrecht '67) (Astrophysics and Space Sci. library, 8) 383–95: Photometric methods for determination of lunar relief; 473–76: Concluding survey. – Reports on astronomy (C. de Jager) (Dordrecht '70) 451–53: Exchange of astronomers.

W. Het natuurkunde-practicum (m. W. Reindersma, H. A. C. Denier van der Gon, H. C. Burger, F. Zernike) **1** (Groningen '34) 106 S.; **2** ('37) 129 S. – De natuurkunde van de zon ('s Gravenhage '36) 157 S. – De natuurkunde van't vrije veld **1**: Licht en kleur in het landschap (Zutphen '37) 11 + 353 S., ²('40), ³('42), ⁴('49), ⁵('68) 408 S.; engl.: (The nature of) Light and color in the open air (NewYork–London '40) 11 + 362 S., ('54), ('59) 13 + 362 S.; russ.: (Moskva '58) 424 S.; außerdem poln., rumän., Hindi; **2**: Geluid, warmte, electriciteit (Zutphen '39) 7 + 279 S., ²('41), ³('70) 352 S.; **3**: Rust en beweging ('40) 7 + 264 S., ²('42), ³('72) 321 S. – De beteekenis der zonnephysica voor de astrophysica (Groningen '37) 19 S. – Photometric atlas of the solar spectrum from λ 3612 to λ 8771 with an appendix from λ 3332 to λ 3637 (m. G. F. W. Mulders, J. Houtgast) (Amsterdam '40) 21 S. + 221 Tafeln [engl. u. Esperanto]. – Met kijker en integraal (Haarlem '50) 26 S. (Haarlemse voordrachten, Nr. 9). – Mikolaj Kopernik. Gedenkschrift (m. S. van Praag, H. Zanstra u. a.) (Amsterdam '53) 47 S. (Uitgaven van de Vereniging Nederland–Polen, 8). – De Utrechtse Sterrewacht en haar geschiedenis 1642–1853–1953 (Utrecht '53) 28 S. (Sterrewacht "Sonnenborgh" Utrecht overdruk 1). – Chromospheric problems and their investigation with a large astronomical satellite (Utrecht '67) 7 S. (~ 50). – Kennismaking met de sterrenhemel (Amsterdam '57) 16 S. – The solar spectrum 2935 Å to 8770 Å. Second revision of H. A. Rowland's preliminary table of solar spectrum wavelengths (m. C. E. Moore, J. Houtgast) (Washington, D.C. '66) (U. S. National Bureau of Standards monographs, 61) 30 + 349 S. — Practical work in elementary astronomy (Dordrecht–NewYork '69) 23 + 247 S.

Akademie Dagen, Koninkl. nederl. Akad. Wet. Theoretische und praktische Bedeutung der Erforschung der Sonne: **2** ('49) 181–96 [niederländ.].

Astronomical J. The Utrecht catalogue of Fraunhofer-line intensities: **52** ('47) 128.

L'Astronomie (BSAF) Le cinquantenaire de l'Observatoire Yerkes (1897–1947): **62** ('48) 50f. — L'unité de l'univers: **81** ('67) 181–89.

Astronomische Nachr. Die Asymmetrie in der Verteilung der Flecken über die Sonnenscheibe: **269** ('39) 48–51.

Astrophysical J. The reciprocity principle in lunar photometry: **93** ('41) 403–10.

Atti Convegni, Fondaz. Alessandro Volta Discorso a nome dei partecipanti stranieri: **11.** 1952 ('53) 18–21 [engl.]. — A search for temperature differences between the poles and the equator of the sun: 50–56.

Bull. astron. Inst. Netherlands Reports of the Heliophysical Institute of the Physical Laboratory at Utrecht[19]): **6** ('32) 213f.; **7** ('33/36) 81f., 237, 335f. — The boundary temperature of the sun[7]): **9** ('42) 261–66. — A photometric investigation of the atmospheric homogeneity of Venus: **10** ('46/48) 71–74. — The theoretical intensities of faint Fraunhofer lines [,1]: 339–47; ~ 2: 399–404; ~ 4: The intensities of molecular lines: **11** ('49) 51–53. — Turbulence in the Orion nebula: **10** ('46/48) 405–07. — The brightness distribution near the sun's limb[13])[9]): **11** ('49) 55–61.

Bull. astron. Inst. Netherlands, Suppl. The continuum background in the Utrecht Photometric Atlas, as assumed for the 1966 catalogue[14]): **2** ('68) 415–22.

Hemel en Dampkring Bestimmung der Kontaktzeiten einer partiellen Sonnenfinsternis: **34** ('36) 256f. — Sind die Intensitäten der Fraunhoferschen Linien veränderlich?: 337–42. — Die Bedeutung der Sonnenphysik für die Astrophysik: **35** ('37) 349–61. — Zum Erscheinen des Photographischen Atlas des Sonnenspektrums, herausgegeben durch die Sternwarte in Utrecht: **38** ('40) 341–49. — A. Pannekoek zum 70. Geburtstag: **41** ('43) 1–3. — Die Lichtstreuung durch ein Wolkenmeer: **42** ('44) 9–12. — Die Strahlung der Planeten[14]): **44** ('46) 36–39. — Der Briefwechsel zwischen Römer und Huygens in bezug auf die Lichtgeschwindigkeit: 51–57. — Die Sternwarte zu Pulkovo (1839–1954) wieder aufgebaut: **52** ('54) 186–89. — Das Lebensende von Kopernikus: **53** ('55) 97f. — J. van der Bilt zum 80. Geburtstag: **54** ('56) 71. — Die Librationspunkte: **56** ('58) 46–49. — 1859 – Kirchhoff erläutert die Fraunhoferschen Linien: 212–15. — Das größte Teleskop von Europa: **58** ('60) 281–84. — Dr. J. J. Raimond und die Popularisierung der Sternkunde in den Niederlanden: **59** ('61) 256–58. — Der Abstand Erde–Sonne aus Radarmessungen: **60** ('62) 75f. — Bericht über das 11. Internationale Astrophysikalische Colloquium in Liège im Juli 1962: 287–94. — Die Möglichkeit von Leben im Weltall: **61** ('63) 166–71. — Lichterscheinungen auf dem Mond: **65** ('67) 61–63. — — Alle Arbeiten niederländ.

Icarus [New York] The effect of pulverization on the albedo of lunar rocks: **11** ('69) 332–37.

ICSU Review Cooperative program in solar research: **3** ('61) 81–83.

Ingenieur ['s Gravenhage] Simon Stevin, der Gelehrte und der Mensch: **79** ('67) 27f. [niederländ.].

Jaarb. koninkl. nederl. Akad. Wet. Die Einheit des Weltalls: **1962/63,** 121–41 [niederländ.].

J. opt. Soc. America Unusual or neglected optical phenomena in the landscape: **58** ('68) 297–303.

Mededelingen koninkl. vlaamse Acad. Wet., Letteren en schone Kunsten België Die Oberfläche der Sonne: **14** ('52) Nr. 15, 6 S. [niederländ.].

Mémoires Soc. roy. Sci. Liège Dust in the interplanetary space: Introductory report: (4) **15** ('55) 15–34. — General conclusions [of the International colloquium of astrophysics "La physique des planètes", Liège 1962]: (5) **7** ('63) 595–604.

Monthly Notices roy. astron. Soc. On the use of colour-filters in the visual photometry of red stars[4]): **92** ('32) 422–38. — On the inclination of the normal axes of sunspots: **106** ('46) 98–100. — The Fraunhofer lines of the solar spectrum (George Darwin Lecture): **107** ('47) 274–90 (Zusammenfassg.: Observatory **67** ('47) 88–94). — The determination of cosmic abundances: **117** ('57) 315–35.

Nature [London] Origin of fluctuating galactic noise: **162** ('48) 858. — The scintillation of stars: **165** ('50) 663f. — Absence of hydrogen radiation of wave length 21 cm in the sun[15])[18]): **168** ('51) 391.

Naturwissenschaften Vom Geophysikalischen Jahr zum Jahr der Ruhigen Sonne: **52** ('65) 221–29.

Nederlands(ch) Tijdschr. Natuurkunde Die optischen Eigenschaften von Fahrradreflektoren[8]): **4** ('37) 361–72. — Die Identifizierung der Koronalinien: **8** ('41) 449f. — Die Strahlung im äußeren Ultraviolett und die Korpuskularstrahlung der Sonne[1])[20])[22]): **9** ('42) 209–48; auch als Monographie ('s Gravenhage '46)

40 S. — Der Schall beim Schlittschuhlaufen: 445–47. — Lichtabgebende Gasnebel im Sternensystem[26][28][29]: **12** ('46) 153–80, 185–205. — Die spektroskopische Untersuchung von diffusen und planetarischen Nebeln: 185–95. — Die Polarisation des Lichts der Planeten und Kometen: **18** ('52) 1–6. — Die Radiostrahlung aus dem Weltraum. Die Radiostrahlung der gestörten Sonne: 137–41. — Die Turbulenz in den Oberflächenschichten der Sonne: **19** ('53) 61–67. — Anwendungen der Theorie der Turbulenz in verschiedenen Gebieten der Astrophysik: 75f. — Die Unterschiede in der chemischen Zusammensetzung der Sterne: **26** ('60) 193–203. — Die physikalische Erforschung des Mondes: **35** ('69) 242–49. — — Alle Arbeiten niederländ.

Observatory The measurement of equivalent widths as a method for the investigation of line profiles: **57** ('34) 328–42. — On the possibility of detecting the general magnetic field of a star: **60** ('37) 292–94. — Anomalous dispersion in the sun: **61** ('38) 159–61.

Paedagogische Studiën [Groningen] Die Didaktik der Naturkunde als Studienfach in der Ausbildung der Lehrer: **1935**, 204–13 [niederländ.].

Philosophical Mag. On musical air-bubbles and the sounds of running water: **16** ('33) 235–48.

Physica Die ultraviolette Strahlung der Sonne: **13** ('33) 277–84 [niederländ. m. deutscher Zusammenfassg.]. — Die Lichtzerstreuung an Milchglas: [N. S.] **2** ('35) 363–79. — Untersuchung von lichtzerstreuenden Gläsern für Beleuchtungszwecke[12]: 769–84. — The vibrations of the violin bridge[23]: **4** ('37) 361–72. — The reflection of light in rippled surfaces: **9** ('42) 925–35.

Physikalische Blätter Über die Ziele der Sonnenphysik: **10** ('54) 433–35.

Populär astron. Tidskr. Die Sonne als die Quelle von Licht und Farbe in der Natur: **36** ('55) 112–22 [schwed.].

Proc., Koninkl. nederl. Akad. Wet. On the temperature of cometary nuclei: **50** ('47) 826–35.

Proc., Koninkl. nederl. Akad. Wet., Ser. B Colour and colour perception: **56** ('53) 148–54. — Preliminary report concerning the eclipse of June 30, 1954 and the Dutch expedition to Gotland[11][14]: **57** ('54) 596–606.

Publ. astron. Soc. Pacific The significance of astronomy for biology: **63** ('51) 272–82.

Rend. Semin. mat. e fisico Milano Problèmes modernes concernant le spectre solaire: **27** ('57) 18 S.

Sky and Telescope Planetary colloquium at Liège: **24** ('62) 248–50, 263. — The relief effect in looking at lunar photographs: **33** ('67) 90f.

Space Sci. Rev. [Dordrecht] Report on lunar nomenclature by the Working Group of Commission 17 of the International Astronomical Union[17][28][25][3]: **12** ('71) 136–86.

Sterne 12. Allgemeine Versammlung der Internationalen Astronomischen Union: Vorläufiger Bericht über den Astronomie-Unterricht: **41** ('65) 49–57.

Sterne und Weltraum Probleme der Fraunhoferschen Linien im Jahre 1965: **5** ('66) 191–95.

Suppl. Nuovo Cimento Closing remarks to the meeting [4th Symposium on cosmical gas dynamics, Varenna 1960]: (10) **22** ('61) 512–15.

Trans. int. astron. Union The composition of the solar atmosphere: **7**. 1948 ('50) 457–62. — Commission de la Spectroscopie et Radiation et de la Spectroscopie Solaire: Rapport: **8**. 1952 ('54) 153–66. — Report on transition probabilities: **9**. 1955 ('57) 214–18; **10**. 1958 ('60) 220–25; **11**. 1961 ('63) 117–27; **12**. 1964 A ('65) 144–52. — Discussion on the teaching of astronomy: B ('66) 629–49.

Versl. gewone Vergad. Afd. Natuurkunde, Koninkl. nederl. Akad. Wet. Die photometrische Erforschung der Oberfläche des Mondes: **58** ('49) 25f. — Systematische Untersuchung der Fraunhoferschen Linien: **59** ('50) 29–31. — Farbe und Farbwahrnehmung: **62** ('53) 19f. — Die Sonnenfinsternis vom 30. Juni 1954 und die Expedition der Niederlande nach Gotland[11][14]: **63** ('54) 164–66. — Gegenwärtige Probleme für die Untersuchung der Fraunhoferschen Linien: **65** ('56) 61–63. — Die Chromosphäre der Sonne[14][15]: **66** ('57) 19–22. — Die ruhige Korona von 1954: **69** ('60) 56–58. — Über Simon Stevins stern- und seefahrtskundliche Werke: **70** ('61) 11f. — Die Möglichkeiten für Forschungen mit einem künstlichen Mondsatellit: **71** ('62) 111–15. — Galilei und Huygens: **74** ('65) 67–70. — — Alle Arbeiten niederländ.

Z. Astrophysik Ändert sich die Wellenlänge bei der Resonanzzerstreuung?: **4** ('32) 153–58. — Die relative Empfindlichkeit des Auges und der photographischen Platte bei der Beobachtung lichtschwacher Spektrallinien: 358–64. — Zur Theorie der Sonnenflecke[24]: **5** ('32) 297–320. — Mögliche Variationen in der Intensität der Fraunhoferschen Linien[5][16]: **8** ('34) 59–61. — Die Profile der äußeren Teile der starken Fraunhoferschen Linien: **10** ('35) 40–51. — Photometrische Untersuchungen über das Funkeln der Fixsterne[14]: 86–99. — Intensitätsmessungen an der Serie 2P-nD des Magnesiums im Sonnenspektrum[10]: 377–81. — Equivalent breadth of some Fraunhofer lines in the region between 10030 and 10540Å[2]: **11** ('35) 392f. — Flügelprofile von starken Fraunhoferschen Linien als Funktion des Abstandes vom Zentrum der Sonnenscheibe[14]:

12 ('36) 81–100. – Limb darkening and energy distribution of the solar radiation, derived from the theoretical absorption coefficients: 260–62. – Die theoretische Intensitätsverteilung in den äußeren Flügeln der Fraunhoferschen Linien: 313–22. – Die Randverdunklung der Sonnenscheibe in integriertem Licht: **13** ('37) 196–98. – Über das Fehlen von Absorptionskanten im Spektrum der Sonne6): **15** ('38) 173–81. – Direct registration of intensities in spectrophotometric work14): 354–60.

Einige weitere Beiträge in Kongreßberichten.

Mit: 1) C. J. Bakker; 2) J. H. Bannier; 3) B. Bell; 4) J. van der Bilt; 5) W. Bleeker; 6) J. K. van den Briel; 7) W. J. Claas; 8) M. B. Coelingh; 9) J. van Diggelen; 10) J. Génard; 11) A. C. S. van Heel; 12) E. F. M. van der Held; 13) F. van den Hoven van Genderen; 14) J. Houtgast; 15) C. de Jager; 16) A. P. H. van der Meer; 17) D. H. Menzel; 18) C. A. Muller; 19) L. S. Ornstein; 20) A. Pannekoek; 21) –; 22) D. Veldkamp; 23) C. C. Vlam; 24) A. J. M. Wanders; 25) A. Dollfus; 26) H. C. van de Hulst; 27) B. Levin; 28) J. H. Oort; 29) L. Rosenfeld.

VI **MINOR,** Ralph Smith. Physik. – 1903–06 Instructor, '09–19 Assoc. Prof., '19–46 Prof., Univ. of California, Berkeley, Cal.

*1876, April 29, Deposit, Broome Co., N.Y.;

†1961, Sept. 5, Berkeley, Cal.

Nekr. Physics today **15** ('62) 86.

W. Physical measurements; a laboratory manual in general physics for colleges **1**: Heat, mechanics and properties of matter (m. J. M. Adams, L. T. Jones) 3('Berkeley, Cal. '30) 208 S., 4. Aufl. m. d. Untertitel: Mechanics, properties of matter, heat and sound (m. V. F. Lenzen) 4('40), Neudruck ('46) 8 + 212 S.; **2**: Magnetism and electricity, sound and light 3('30) 208 S., Neudruck ('47) 8 + 212 S.; Auswahlausgabe m. d. Untertitel: Selected experiments on wave motion, sound and light (F. A. Jenkins) ('37) 82 S. – Selected experiments in physical measurements, taken from Physical measurements, parts 1 and 2 (m. C. E. Nielson) (Berkeley, Cal. '47) 152 S.; Neuaufl. (m. H. R. Snodgrass) ('54) 142 S. – Laboratory exercises in geometrical and physical optics (m. H. E. White) (Ann Arbor, Mich. '33). – Laboratory exercises in physical optics (m. H. E. White) (San Francisco, Cal. '33) 2 + 52 S.; Neuaufl. (Berkeley, Cal. '47) 69 S. – Laboratory exercises in geometrical optics (m. H. E. White) (San Francisco, Cal. '41) 2 + 52 S.; Neuaufl. (Berkeley, Cal. '50) 71 S.

VI **MINOT,** George Richards. Med., Chem. (physiol., med.). – 1928–48 Prof. Med., '48 Prof. Emer., Harvard Univ., Cambridge, Mass.; '28–48 Dir., Thorndike Memorial Labor., Boston City Hospital, Boston, Mass.; '31–32 Pres., Amer. Climatol. and Clin. Assoc.; '37–38 Pres., Assoc. of Amer. Physicians; '38–39 Vice-Prés. étranger, Soc. franç. Hématol.; '47–48 Vice-Pres., Harvard Alumni Assoc. – '28 Hon. D. Sc. (Harvard Univ., Cambridge, Mass.). – '34 Nobel Prize. – '29 Kober Gold Medal (Assoc. of Amer. Physicians); '30 Cameron Prize (Univ. of Edinburgh); '30 Gold Medal and Award (Popular Sci. Monthly); '30 Gold Medal (Nation. Inst. of Social Sciences); '33 Moxon Gold Medal (Roy. College of Physicians, London); '33 John Scott Medal (Board of Directors of the City Trusts, City of Philadelphia, Pa.); '35 Gold Medal (Massachusetts Humane Soc.); '37 Scroll Award (Associated Grocery Manufacturers' Assoc. of America); '39 Gordon Wilson Medal (Amer. Climatol. and Clin. Assoc.); '45 Distinguished Service Award (Amer. Medical Assoc.).

*1885, Dez. 2, Boston, Mass.;

†1950, Febr. 25, Brookline, Mass.

Zur Biogr. M. Fishbein, History of the American Medical Association 1847 to 1947 (Washington, D.C. '47) 564f. – F. M. Rackemann, The inquisitive physician; the life and times of George Richards Minot, A. B., M. D., D.Sc. (Cambridge, Mass.–NewYork '56) 11 + 288 S. (m. Bildn.). – R. Truax, True adventures of doctors (Boston, Mass. '54) 141–46.

Zur Verleihung des Nobelpreises S. R. Riedman, E. T. Gustafson, Portraits of Nobel laureates in medicine and physiology (New York '64) 229–34. – L. G. Stevenson, Nobel Prize winners in medicine and physiology 1901–50 (New York '53) 171–79 (m. Bildn.). – Nature [London] **134** ('34) 691f. – Nobel lectures, physiology or medicine, 1922–1941 (Amsterdam - London - NewYork '65) 335–45, 367f. – The Nobel Prize winners and the Nobel Foundation 1901–37 (Zürich '38) 234 (m. Bildn. S. 513). – Les Prix Nobel en 1934 (Stockholm '35) 91f. (m. Bildn., Faks.).

Nekr. W. B. Castle, Trans. Assoc. amer. Physicians **63** ('50) 11–13. – E. J. Cohn, Yearb., Amer. philos. Soc. **1950** ('51) 313–19. – British med. J. **1950**, 553f. – J. amer. med. Assoc. **142** ('50) 741. – Lancet **258** ('50) 425, 473f. – Science [USA] **111** ('50) 269.

MH. Yearbook of general medicine, 1946 (Chicago, Ill. '47).

S. Les Prix Nobel en 1934 (Stockholm '35): The development of liver therapy in pernicious anemia (10 S.). — Symposium on the blood and blood-forming organs, Madison, Wis. 1939 (Madison, Wis. '39) 52–56: Anemias of nutritional deficiency. — Nobel lectures, physiology or medicine, 1922–1941 (Amsterdam-London-NewYork '65) 357–66: The development of liver therapy in pernicious anemia.

W. Pathological physiology and clinical description of the anemias (m. W. B. Castle) (H. A. Christian) (New York '36) 9 + 205 S.

American J. digest. Diseases and Nutrit. Anemia and gastro-intestinal tract. A synopsis: **3** ('36) 643–46.

American J. med. Sci. The response of the reticulocytes to iron[5]): **183** ('32) 110–21. — Bile pigment and hemoglobin regeneration. The effect of bile pigment in cases of chronic hypochromic anemia[10]): **188** ('34) 206–15. — Purpura haemorrhagica with lymphocytosis, an acute type and an intermittent menstrual type: **192** ('36) 445–56. — The influence of mucin upon the absorption of iron in hypochromic anemia[5])[14])[2]): **195** ('38) 281–86.

Annals intern. Med. Nutritional deficiency: **12** ('38) 429–42. — Hemophilia. The clinical use of antihemophilic globulin[13]): **26** ('47) 363–67.

Archives intern. Med. Medical social aspects in practice: **54** ('34) 1–10.

Blood Relation of certain fractions of the plasma globulins to the coagulation defect in hemophilia [6])[12])[4])[13]): **1** ('46) 166–71. — Treatment of pernicious anemia by a special diet[9]): **3** ('48) 8–21.

J. amer. dietet. Assoc. Some aspects of anemias of nutritional deficiency: **12** ('37) 522–26.

J. amer. med. Assoc. The importance of the treatment of pernicious anemia on a quantitative basis: **99** ('32) 1906–08. — Clinical investigation: Physician and patient: **105** ('35) 641–45. — The anemias of nutritional deficiency. Etiology, diagnosis, treatment and prevention: 1176–79.

J. Assoc. amer. med. Colleges Thoughts concerning teaching of medical social conditions: **9** ('34) 147–49.

J. clin. Investigat. Blood coagulation. Coagulation properties of certain globulin fractions of normal human plasma in vitro[13])[4])[12])[1])[8]): **24** ('45) 698–703. — Coagulation defect in haemophilia: Effect of parenteral administration of fraction of plasma-globulins rich in fibrinogen[4])[6])[12])[13]): 704–07. — Chemical, clinical and immunological studies on the products of human plasma fractionation, 32: Coagulation defects in haemophilia; comparison of normal and haemophilic whole blood plasma and derived plasma protein fractions[6])[4])[11])[12])[13]): **25** ('46) 870–75; ~ 33: Effects on coagulation time of a prothrombin- and fibrinogen-free normal plasma and its protein fractions[6])[4])[11])[12])[13]): 876, 879.

Lancet The development of liver therapy in pernicious anemia: **228** ('35) 361–64. — The interpretation of reticulocyte reactions; their value in determining the potency of therapeutic materials, especially in pernicious anemia[3]): **229** ('35) 319–30.

Medical Clinics North America Three cases of chronic dietary deficiency; features are chronic fatigue, anemia, prolonged coagulation time of blood: **16** ('33) 761–71. — Some aspects of diagnosis of pernicious anemia: **18** ('35) 935–44.

Münchener med. Wschr. Über die Entdeckung der Lebertherapie bei der perniziösen Anämie durch die jüngsten drei Nobelpreisträger: **82** ('35) 546f.

New England J. Med. General aspects of the treatment of chronic arthritis: **208** ('33) 1285–90. — Harvard and nutrition: **215** ('36) 1147–49.

Proc. Assoc. Res. nervous and mental Disease Problem of nutritional deficiencies: **22** ('43) 29–32.

Science [USA] Clinical investigation: **88** ('38) 413–16.

Trans. Assoc. amer. Physicians The interpretation of reticulocyte responses in pernicious anemia: **49** ('34) 287–98.

Trans. and Studies College Physicians Philadelphia The diagnosis and treatment of the macrocytic anemias: **15** ('47) 1–6.

Mit: [1]) M. A. Adams; [2]) G. A. Alsted; [3]) W. B. Castle; [4]) C. S. Davidson; [5]) C. W. Heath; [6]) J. H. Lewis; [7]) – ; [8]) A. H. MacDonald; [9]) W. P. Murphy; [10]) A. J. Patek, jr.; [11]) J. P. Soulier; [12]) H. J. Tagnon; [13]) F. H. L. Taylor; [14]) F. J. Pohle.

V, VI **MINOVICI,** Stefan. Chem. (analyt., org.). — 1899–1913 Prof. agrégé et '13–25 Prof. tit., Ecole sup. de Pharm. → Fac. de Pharm., '01–25 Dir. du Labor. de Chim. analyt., '23–25 Doyen de la Fac. de Pharm., '25–35 Prof. tit. et Dir. de l'Inst. de Chim. org., Fac. des Sci., Univ. București; '19–31 Secrétaire général, '32–35 Prés., Soc. de Chim. de Roumaine; '25–29 Vice-Prés., Union int. de Chim. pure et appl.; Prés. hon., Soc. [roumaine] des Sci. pharm. — Médaille Lavoisier (Soc. chim. de France); Médaille Pasteur (Soc. de Chim. biol. de France).

*1867, Juli 18, Râmnicu-Sărat;
†1935, Dez. 29, Pitești.

Ehrung „Fond Prof. Dr. Stefan Minovici" zur Prämierung wissenschaftlich verdienter Pharmazeuten (seit 1923).

Nekr. M. Delaby, Bull. Soc. chim. France, Mém. **3** ('36) 341–44 (engl. in: J. chem. Soc., London **1938**, 161–63). — Buletinul Soc. Chim. România **18** ('36) 7–48 [rumän. m. französ. Zusammenfassg.] (m. Bildn. u. Schr.verz.).

Zur Biogr. N. Ioanid, B. Angelescu, Frații Minovici [Die Brüder Minovici] (București '70) 174 S. (m. Bildnissen S. 80, 81 u. 96, Schr.verz. S. 161–70).

W. Manual practic de chimie organică (m. A. Mironescu) (București '33) 97 S. — Introducere în chimia organică (m. A. Mironescu) (București '35) 384 S. [lithogr.].

Buletinul Soc. Chim. România Rechenschaftsbericht über die Entwicklung der Gesellschaft für Chemie in Rumänien 1931: **14** ('32) 89–96 [rumän.]. — Bile acids, 3: On the enolisation of dehydrocholic acid and some experiments concerning the structure of this acid[2]): 171–78. — Considérations sur la structure du deuxième noyau du cholestérol[2]): **15** ('33) 39–44. — Contributions à l'étude de l'origine, du métabolisme et de l'élimination du cholestérol dans l'organisme animal[2])[1]): 137–52.

Bull. Soc. Chim. biol. Contribution à l'étude de l'origine du cholestérol dans l'organisme animal: **17** ('35) 369–95.

J. chem. Educat. Contributions to the knowledge of cholesterol[2]): **11** ('34) 637–39.

Mit: [1]) G. Mârza; [2]) M. Vanghelovici.

IV–VI **MINUNNI,** Gaetano. Chem. (pharmaz.). — 1906–29 Prof. di ruolo, Univ. di Catania; poi Prof. incar. Chim. bromatol., Univ. di Napoli.

*1865, Okt. 1, Brindisi;

†1934, März 7, Napoli.

Nekr. M. Bakunin, Rend. reale Accad. Sci. fisiche e mat., Napoli (4) **4** ('34) 110–14 (m. Schr.verz. 56 Nrn.).

IV–VI **MIOLATI,** Arturo. Chem. (physikal.). — 1906–17 Prof. di ruolo Elettrochim. e Prof. incar. Chim. fisica, Politecnico di Torino; '17–32 Prof. di ruolo Chim. gen. e Prof. incar. Chim. org., '32–36 Prof. di ruolo Chim. fisica, '36 Prof. emer., Univ. di Padova.

*1869, März 2, Mantova;

†1956, Febr. 23, Roma.

Nekr. A. Nasini, Atti Accad. Sci. Torino **94** ('60) 121–26. — C. Sandonnini, Atti Ist. veneto Sci., Lettere ed Arti **115** ('56/57) Parte gen. e Atti uffic. 33–41 (m. Bildn.).

S. Quelques aspects de la valorisation chimique du charbon (Liège '34): [Text eines Vortrags].

Atti, Reale Ist. veneto Sci., Lettere ed Arti, Parte II Contributi alla conoscenza dei composti organici, 4: Il meccanismo della trasformazione termica dell'acido trans-aconitico in acido itaconico e anidride carbonica[1]): **100** ('40/41) 167–76; ~ 5: La depolimerizzazione termica dell'acido trans-aconitico[1]): 177–85; ~ 6: La decomposizione fotochimica delle soluzioni acquose di acido malonico[1]): 187–200. — Gliossale, aldeide formica e funzione aldeidica: **103** ('44) 105–32.

Commentationes, Pontificia Acad. Sci. Acido formico, acido ossalico e funzione carbossilica: **9** ('45) 205–97.

Gazz. chim. ital. Considerazioni su due reazioni biochimiche: **76** ('46) 385–91. — Confronti tra composti organici ed inorganici: 392–403.

Memorie Cl. Sci. fisiche, mat. e natur., Reale Accad. Italia Contributi alla conoscenza dei composti organici, 1: Dell'esistenza di molecole labili, come elementi costitutivi di acidi organici ed in generale di sostanze organiche[1]): **8** ('37) 215–41.

Rend. Accad. nazion. XL Organische und biologische Chemie: (3) **27** ('48) 37 S. [italien.]. — Einige Funktionen in der organischen Chemie und nullwertige Atome in Molekülen. Neue Aspekte der organischen Chemie: (4) **1** ('50) 54 S.

Ricerca sci. Über die Existenz der unbeständigen Moleküle $CH \cdot COOH$ und $CH_2 \cdot COOH$ als konstitutiver Elemente organischer Säuren[1]): **7** ('36) 331–33 [italien.]. — Spaltungen organischer Moleküle[1]): **8** ('37) 243–48 [~]. — Considerazioni su due reazioni biochimiche: **16** ('46) 1271 f. — Confronti fra composti organici ed inorganici: 1479–82. — Il petrolio e la sua formazione in natura: **20** ('50) 244–53.

Z. Elektrochem. u. angew. physik. Chem. Die Reduktion der Aconitsäure an der Quecksilbertropfkathode[1]): **45** ('39) 226–28.

Mit: [1]) G. Semerano.

VI **de MIRA FERNANDES,** Aureliano Lopes. Math., Mech. — Estud. 1904–10 Univ. de Coimbra; '11–54 Prof. catedrático Cálculo infinites. e Mec. racion., Inst. Super. Técn., '18–54 Prof. catedrático Cálculo infinites. e de Probabil., Inst. Super. Ci. Econ. e Financ., Univ. Técn. de Lisboa.

*1884, Juni 16, S. Domingos, Mértola;

†1958, Apr. 19, Lisboa.

Todesanzeige Anuario acad., Acad. Ci. Lisboa **1959** ('58) 49 (m. Bildn.).

Zum 70. Geb.tag Festgabe: Revista Fac. Ci., Univ. Lisboa, A (2) **4** ('54/55) (m. Bildn., Schr.-verz. 106 Nrn. im Anhang S. 1–8).

Gesammelte Werke Obras completas **1** (Lisboa '71) (m. Bildn. u. Schr.verz.).

W. Modernas concepções da mecânica (Coimbra '33). – Sobre a teoria unitária do espáço fisico (Lisboa ['35 ?]).

Anais Inst. sup. Agron. Sistemas hodógrafos: **16** ('49) 101–12.

Anales Asoc. españ. Progr. Ci. Distância e vizinhança: **2** ('35) 5–20. – Evolução do cálculo variacional: **3** ('39) 469–88.

Atti reale Accad. nazion. Lincei, Rend. Sul problema brachistocrono di Zermelo: (6) **15** ('32) 47–52. – Sulla teoria unitaria dello spazio fisico: 797–804; **17** ('33) 227–30. – La teoria unitaria dello spazio fisico e le equazioni relativiste della meccanica atomica: **19** ('34) 314–18. – Derivazione tensoriale composta negli spazii non puntuali: **21** ('35) 555–62. – Un aspetto formale della derivazione tensoriale: **25** ('37) 309–11. – Espressioni della curvatura di una superficie: 353–55. – Equazioni di struttura dei gruppi di Lie: **27** ('38) 631–33. – – Siehe auch: Portugaliae Math. **1** II ('39/40) 11–92.

Boletim Acad. Ci. Lisboa Comemoração da morte de Painlevé: **5** ('33) 353–56. – Comemoração do bicentenário de Lagrange e elogio do grande matemático francês: **8** ('36) 27–35.

Cadernos Análise geral Geometria das distâncias, 1: Generalidades; álgebra vectorial: Nr. **13** ('45) 1–16; ~ 2: Curvaturas: Nr. **17** ('45) 17–31; ~ 3: Comprimento de arco: Nr. **18** ('45) 33–50.

C. R. hebd. Séances Acad. Sci., Paris Sur le calcul de l'énergie d'accélération d'un corps solide: **204** ('37) 1398f.

Gazeta Mat. [Lisboa] Comemoração da morte de Levi-Civita: **3** ('42) Nr. 10. – Sophus Lie: Nr. 12, 1f. – Algebras em involução: **6** ('45) Nr. 24, 1.

Memórias Acad. Ci. Lisboa Equações diferenciais de matrizes e trabalhos de Polya. – Um teorema de multiplicação: **3**. 1941 ('43) 171–74.

Portugaliae Math. Derivate tensoriali simmetriche: **1** ('37/40) 175–79. – Equazioni di struttura dei gruppi di Lie: 205–08. – Um teorema de multiplicação: 340–42. – Sur l'écart géodésique, la courbure riemannienne et la courbure associée de Bianchi: **1** II ('39/40) 11–16. – Transports isoclines et directions associées: 17–20. – Transports superficiels: 21–24. – Tensori associati ad un'ennupla vettoriale: 25–28. – Le tenseur quadruple de Christoffel et le tenseur de Riemann: 29f. – Sistemi odografi: 31–33. – Proprietà di alcune connessioni lineari: 34–39. – Direzioni concorrenti: 40–43. – Centri di gravità delle sezioni piane di un corpo omogeneo: 44–46. – Sul problema brachistocrono di Zermelo: 47–53. – Sulla teoria unitaria dello spazio fisico: 54–63, 64–69. – La teoria unitaria dello spazio fisico e le equazioni relativiste della meccanica atomica: 70–75. – Derivazione tensoriale composta negli spazii non puntuali: 76–85. – Espressioni della curvatura di una superficie: 86–88. – Un aspetto formale della derivazione tensoriale: 89–92. – Equazioni della dinamica: **2** ('40/41) 1–6. – Assiomatica degli spazi di elemento lineare: 7–12. – Um princípio de velocidade mínima: 77–80. – Un vettore ausiliare in analisi tensoriale: 139–44. – Sistema derivato di un sistema dinamico: 162–65. – La condizione N di Lusin e le condizioni T e S di Banach. Condizioni S_1 e S_2: **3** ('42) 120–23. – Pseudo-estensori: **4** ('43/45) 41–51. – Funzioni continue sopra una superficie sferica: 69–72. – Connessioni finite: 203–10. – Funzioni continue sopra una superficie sferica: **5** ('46) 132–34. – – Die Arbeiten **1** II ('39/40) 11–92 sind Abdrucke der Arbeiten in „Atti reale Accad. nazion. Lincei, Rend." 1928–1937.

Rend., Reale Ist. lombardo Sci. e Lettere Derivate tensoriali simmetriche: (3) **72** ('38/39) 160–64.

Revista (real) Acad. Ci. exactas, físicas y natur. Madrid Curvatura riemanniana lineal de las superficies: **28** ('32) 340–42. – Aspectos da moderna geometría diferencial: **37** ('43) 267–81.

Revista Fac. Ci., Univ. Lisboa, A Trasporti finiti: (2) **1** ('50) 5–21. – Le geodetiche degli spazii unitarii: 173–86. – Funzioni pseudo-monogenee: **2** ('52) 77–88. – Una generalizzazione della serie di Fourier: 105–10. – Grandezze pseudo-estensoriali nella geometria differenziale d'ordine superiore: 361–80. – Funzioni meccaniche di configurazione: **3** ('54) 147–57. – Direzioni isocliniche nei trasporti lineari: 243–54. – Di alcune proprietà dei pseudo-estensori: 317–26. – Sugli pseudo-estensori jacobiani: **5** ('56) 249–64. – Uma efeméride. (No centenário da geometria de Riemann): 329–42. – Estensori jacobiani parziali e derivati: **6** ('57/58) 147–56.

Técnica [Lisboa] Um problema de análise: Nr. **40** ('32). – Evolução do conceito de grupo: Nr. **47** [oder **48** ?] ('32). – Vectores derivados e direcções associadas: Nr. **49** ('33). – Modernas concepções da mecânica: Nr. **50** ('33); **51** ('33); **52** ('33); **53** ('33). – A teoria das equações diferenciais e a ciência francesa: **60** ('34). – Distância e vizinhança: Nr. **62** ('34); **63** ('35). – A mecânica geral: Nr. **69** ('35) [oder **61** ('34) ?]. – Mecânica e geometria: Nr. **71** ('36). – Comemoração do bicentenário do nascimento de Lagrange: Nr. **73** ('36). – Evolução do cálculo variacional: ibid. – As geodésicas dos espaços unitários: Nr. [?] ('36). — Em vinte e cinco anos: Nr. [?] ('36). — Derivadas tensoriais simétricas: Nr. **93** ('38). — Equações de estrutura: Nr. **96** ('38). — Equazioni di struttura dei gruppi di Lie: Nr. **97** [oder **98** ?] ('39) [portugies.]. — Sistemas canónicos às derivadas parciais: Nr. **98** ('39); **99** ('39). — Linearidade: Nr. [?] ('40). — Congresso de história da actividade científica portuguesa: Nr. [?] ('40). — Energia das acelerações dum sólido com um ponto fixo: Nr. **123** ('41). — Aspectos da moderna geometria diferencial: Nr. [?] [Juli-Nr.] ('42). — Funções contínuas sobre uma superfície esférica: Nr. **142** ('43). — Problemas auxiliares do cálculo variacional. Lugares geométricos generalizados: Nr. **151** ('44). — Conexões finitas: Nr. [?] ('45). — Transportes finitos: Nr. [?] ('50). — Bodas de prata: Nr. **209** ('51); **210** ('51). — Uma generalização da série de Fourier: Nr. **228** ('53). — A geodésicas na definição das curvaturas duma superfície: Nr. **254** ('55) 557–60. — Ferner in dieser Zeitschrift noch folgende Arbeit: O princípio do trabalho mínimo.

VI **MISER,** Wilson Lee. Math. — Stud. 1904–08 Univ. of Arkansas, Fayetteville, Ark., '10–11 Yale Univ., New Haven, Conn., '11–13 Univ. of Chicago, Ill.; '13 Ph. D., Univ. of Chicago, Ill.; '13–15 Instructor, Univ. of Minnesota, Minneapolis, Minn.; '15–19 Assist. Prof., Univ. of Arkansas, Fayetteville, Ark.; '19–25 Assoc. Prof., Armour Inst. Technol., Chicago, Ill.; '25–50 Prof., '45–50 Head of the Departm. of Appl. Math., '50 Prof. Emer., Vanderbilt Univ., Nashville, Tenn.; '51–57 Prof., McKendree College, Lebanon, Ill.; '57–60 Prof., Ohio Northern Univ., Ada, O.; '62–64 Prof., Rose Polytechn. Inst., Terre Haute, Ind.; Visiting Lecturer: '64–66 Sweet Briar College, Sweet Briar, Va., '66– Concordia College, Moorhead, Minn., then until '74 Adrian College, Adrian, Mich.

*1886, Juni 26, Pea Ridge, Ark.; †1974, Febr. 28, Berea, O.

W. College algebra (m. C. I. Palmer) [2](New York–London '37) 16 + 467 S.

VI **MIŠKOVIĆ,** Vojislav V. Astron. — 1925 Begründer u. '26–46 Dir. d. Observat., '26–35 außerord. Prof., '36–62 ord. Prof., Univ. Beograd; '45–48 Generalsekretär u. '48–54 Dir. d. Astron. Inst., '48– Stellvertr. Dir. d. Math. Inst., '56– Sekretar d. Naturwiss.-Math. Klasse, Serb. Akad. Wiss., Beograd.

*1892, Jan. 6, Fužine, Kroatien.

Zur Biogr. Godišnjak, Srpska kraljevska Akad. **49** ('39) 226–31. — Godišnjak, Srpska Akad. Nauka **65**. 1958 ('59) 252–54 (m. Schr.-verz.).

H. (Hauptredakt.) Branislav Petronijević 1875–1954 (Beograd '57) (Srpska Akademija Nauka, Posebna izdanja, 286; Spomenica, 13).

HZ. (Redakt.) Bull. Acad. serbe Sci. **18** ('57); **20** ('57); **21** ('58); **25** ('59); **26** ('61). — Bull. Observat. astron. Univ. Belgrade 1936–1946. — Glas srpska Akad. Nauka, Odel. prirodno-mat. Nauka **1** ('49), **9** ('56) - **20** ('60). — Godišnjak našeg Neba 1930–1941, 1952–1963. — Godišnjak, Srpska Akad. Nauka (i Umjetnosti) **64**.1957 ('58), **71**.1964 ('68) - **77**. 1970 ('72). — Mémoires, Observat. astron. Univ. Belgrade 1934–1939. — Nautički Godišn. 1934–1941, 1950–1954.

S. Vistas in astronomy (A. Beer) **9** (London–NewYork '67) 93–95: A historical study on the prismatic astrolabe [französ. u. deutsch].

W. L'Observatoire astronomique de l'Université de Belgrade (Beograd '39) 19 S. — Logaritamske i numeričke tablice za srednje, stručne i više škole [Logarithmentafeln und numerische Tabellen für Mittel-, Fach- und höhere Schulen] (Beograd '52) 210 S.; [2]('59) 8 + 267 S.; [3]('64) 136 S.; [4]('65) 136 S.; [5]('65) 4 + 266 S.; [6]('68) 1 + 266 S. — Zbirka rešenih zadataka iz opšte astronomije [Sammlung von gelösten Aufgaben aus der allgemeinen Astronomie] **1** (Beograd '56) 6 + 151 S. — Karta sazveždja severnog neba do 30° južne deklinacije za epohu 1950.0 [Karte der Sternbilder des nördlichen Himmels bis zu 30° südlicher Deklination für die Epoche 1950.0] (m. M. Čavčić) (Beograd '57) 8 S. + Karte (Izdanja Astronomskog Društva "Rudjer Bošković", 1). — Opšta astronomija, **1**: Sferna trigonometrija [Allgemeine Astronomie, **1**: Sphärische Trigonometrie] (Beograd '60) 95 S. — Sunčevo pomračenje od 15 februara 1961 [Nebentitel: L'éclipse du soleil du 15 février 1961] (Beograd '60) 75 S. (Srpska Akademija Nauka i Umjetnosti, Posebna izdanja, 343, Odelenja prirodno-matematička nauka, 27).

Bull. Acad. Sci. math. et natur., Acad. roy. serbe, Sér. A Sur le rôle des oppositions quasi-identiques dans l'identification des petites planètes: **1** ('33) 123–27. — Sur l'utilisation de l'époque d'opposition dans le critérium d'identification d'astéroïdes inconnus: **2** ('35) 249–54. — Eléments elliptiques de la planète 1936 FA [6]): **3** ('36) 171. — Sur les variations séculaires des éléments astronomiques de l'orbite de la Terre, 2: **5** ('39) 15–19. — L'azimut et ses erreurs systématiques dans les observations méridiennes de l'heure: **7** ('41) 1–4.

Bull. Acad. serbe Sci. Sur un procédé pour déterminer les instants des contacts dans le cas d'une éclipse de Soleil: **5** ('52) 193–97. – Sur l'unification du calendrier civil: **35** ('66) 47–49. – Les longitudes géographiques de Belgrade: **45** ('69) 37–40.

Bull. Observat. astron. (Univ.) Belgrade Eléments d'orbites circulaires des petites planètes nouvelles: **2**.1937 ('38) 9f., 18, 23. – Opposition de 1938 de la planète 1936 TB: **3**.1938 ('38) 53–56. – Services et travaux d'observations en 1940 à l'Observatoire astronomique de l'Université de Belgrade: **6**.1941 ('50) 1–7. – Occultations d'étoiles par la lune observées au cours des années 1938–1942[1][2][3][4][6][7][8]: **8/13**.1943/48 ('52) 1–7. – Rapport annuel, présenté à l'Académie des Sciences Serbe, sur l'état et l'activité de l'Observatoire en 1951: **16**.1951 ('52) 1–9; ~ en 1952: **17**.1952 ('53) 64–72; ~ en 1953: **18**.1953 ('54) Nr. 3/4, 23–31; ~ en 1954: **19**.1954 ('55) Nr. 4, 22–28.

Communications Observat. roy. Belgique La méthode des oppositions quasi identiques dans le problème de l'identification systématique des astéroïdes: **18** ('50) 17f.

Glas srpske kraljevske Akad. Sur un instrument impersonnel genre astrolabe à prisme: **146** ('32) 1–24 [m. französ. Zusammenfassg.]. – Über die Rolle der quasi-identischen Oppositionen bei der Identifizierung der kleinen Planeten: **154** ('33) 205–17. – Über die Verwendung der Epoche der Opposition im Kriterium zur Identifizierung der unbekannten kleinen Planeten: **165** ('35) 321–40. – Die ersten Elemente der Bahn des neuen Planetoiden 1936 FA[6]: **173** ('36) 161–67. – Über die säkularen Abweichungen der astronomischen Elemente der Erdbahn, 2: **178** ('39) 21–29. – Die Rolle der Astronomie bei der Mitarbeit mit anderen Wissenschaften: **185** ('40) 1–13. – Der Azimut und seine systematische Abweichung bei Meridian-Beobachtungen: 17–30. – – Alle Arbeiten serb.

Glas srpske Akad. Nauka Sur l'équation personnelle dans les observations d'occultations: **191** ('48) 39–51 [serb.]. – Procédé d'observation pour la détermination des instants du commencement et de la fin de l'éclipse de soleil: **206** ('53) 79–87 [~].

Glas, Srpska Akad. Nauka (i Umjetnosti) Approximations successives dans la méthode des hauteurs égales: **232** ('58) 21–27. – Eclipses de soleil visibles de la Yougoslavie au cours du millésime actuel: **254** ('63) 15–24. – Sur l'unification du calendrier civil: **263** ('66) 93–147. – Les longitudes géographiques de Belgrade: **274** ('69) 99–127. – – Alle Arbeiten serb. m. französ. Zusammenfassg.

Godišnjak našeg Neba Das Tisserand-Kriterium zur Identifizierung eines Kometen: **8** ('37) 255–57 [serb.]. – Wie sucht man einen Kometen?: 278–88 [~]. – Das veränderliche Leuchten von Planetoiden: **9** ('38) 213– [~]. – Der Komet Pons-Goggia-Winnecke-Forbes-Crommelin: 229– [~]. – Unerwartetes Phänomen bei einem bekannten Stern: **10** ('39) 248– [~]. – Activité et découvertes dans le domaine des petites planètes[5]): **17**.1952 ('51) 175–82 [serb. m. französ. Zusammenfassg. S. 236]; ~[5]): 18.1954 ('53) 148–56 [~ S. 207f.]. – Novae de 1950: **17**.1952 ('51) 195–201 [~ S. 237]. – Nouvelle valeur du diamètre de Pluton: 202 [~ S. 237]. – La part de la mécanique céleste et le rôle du hasard dans les découvertes des deux dernières grosses planètes: 208–33 [~ S. 238f.]. – Résumé de l'Annuaire de notre Ciel pour l'an 1952: 235–39; ~ pour l'an 1954: **18**.1954 ('53) 206–13; ~ pour l'an 1955: **19**.1955 ('54) 125f.; ~ pour l'an 1956: **20**.1956 ('55) 167–70; ~ pour l'an 1961: **25**.1961 ('60) 139–41; ~ pour l'an 1962: **26**.1962 ('61) 171–74. – Les progrès de l'astronomie en 1951–52: **18**.1954 ('53) 173–89 [serb. m. französ. Zusammenfassg. S. 210–12]. – Vues nouvelles sur la nature et l'origine des comètes: 193–205 [~ S. 212f.]. – Découvertes des planétoïdes: **20**.1956 ('55) 136–40 [~ S. 168f.]. – 1934 Nova Herculis = DQ Herculis: 149–51 [~ S. 169]. – L'Année Géophysique Internationale 1957–58: 154–66 [~ S. 169f.]. – Caractéristiques de l'activité solaire 1954–55: **21**.1957 ('56) 142 [serb.]. – Eugène Joseph Delporte: 157–59 [~]. – IXe Assemblée générale de l'U.A.I.: 171–75 [~]. – Deux centenaires astronomiques: **22**.1958 ('57) 193–210 [~]. – Eclipse totale de soleil du 15 février 1961. Résultats et impressions: **26**.1962 ('61) 139–69 [serb. m. französ. Zusammenfassg. S. 173f.].

Nauka i Techn. [Beograd] Die Sonnenfinsternis am 9. Juli 1945: **1** ('45) 416–24 [serb.]. – Kreisen auch um andere Sonnen Planeten? 640–42 [~]. – Novae und Supernovae: 716–31 [~]. – 100. Jahrestag der Entdeckung des Planeten Neptun: **2** ('46) 261–73 [~].

Notes et Trav. Sect. Astron. Inst. math., Acad. serbe Sci. Approximations successives dans la méthode des hauteurs égales: **2** ('58) 41–44.

Publ. Inst. math., Acad. serbe Sci. Sur la répartition des nœuds et perihélies des petites planètes: **1** ('47) 62–70. – On the distribution of the excentricities and inclinations of asteroids: **2** ('48) 79–. – Discours prononcé à la séance commémorative de la mort de M. Milanković: **12** ('58) VII–XII.

Publ. math. Univ. Belgrade Quelques conclusions à tirer des diverses évaluations des inégalités séculaires de l'excentricité de l'orbite de la terre: **6/7**. 1937/38 ('38) [Neudruck ('63)] 209–18.

Publ. Observat. astron. Univ. Belgrade, Mém. Quelques remarques relatives à la note "Sur la périodicité des oppositions d'une petite planète": **1** ('32) 23–25. – Sur l'identification des petites planètes: 26–37. – Formules de H. Andoyer et nouvelles tables pour le calcul de précession: **2** ('33) 39–47. – Nouvelles tables de précession: [Unnumeriert] ('35) 39 S. – Un détail historique sur les instruments pour l'observation des hauteurs égales en astronomie: **3** ('36) 29–32.

Vasiona Chronologie astronomischer Errungenschaften: **2** ('54) 82f.; **3** ('55) 65f., 90f.; **4** ('56) 22f. – Astronomische Karten und ihre Anwendung: **5** ('57) 57f. – – Alle Arbeiten serb.

Zbornik Radova, Srpska Akad. Nauka Résolution des systèmes d'équations linéaires algébriques à l'aide des cracoviens: **18** ('52) 53–70 [serb. m. französ. Zusammenfassg.]. – Rationalisateur graphique. Souvenir de M. Petrovitch: **35** ('53) 5–10 [~]. – Annuaire nautique 1934–1954: **42** ('54) 1–12 [~ S. 150–54]. – Les astéroïdes troyens inconnus: 79–94 [~ S. 177–80].

Ferner Herausgeber eines astronomischen Jahrbuchs des Observatoriums der Universität Beograd 1929–1934.

Mit: [1]) Z. Brkić; [2]) S. Djukanović; [3]) P. Djurković; [4]) F. Dominko; [5]) R. Mitrinović; [6]) M. Protić; [7]) B. Ševarlić; [8]) M. Simić.

VI **MITCHELL,** Alec Duncan. Chem. – 1909–10 Research Assist., Univ. of Sheffield; '10 Sci. Assist., '25 D.Sc., '26–61 Examiner's Assist., Univ. of London; '26–62 Assist. Editor to the Chem. Soc. (⊠)

*1888, Okt. 22;

†1963, März 26.

Nekr. R. S. Cahn, Proc. chem. Soc., London **1963**, 352f.

H. (Bearb.) F. Sutton, A systematic handbook of volumetric analysis or The quantitative determination of chemical substances by measure, applied to liquids, solids and gases [12](London–Philadelphia, Pa. '35) 16 + 631 S.

W. Modern methods in quantitative chemical analysis (m. A. M. Ward) (London–New York '32) 9 + 178 S. – New indicators and other reagents employed in volumetric analysis (London '34) 21 S. – British chemical nomenclature (London '48, New York '49) 8 + 156 S.

Advances Chem. Ser. Chemical nomenclature in Britain today[1]): **1953**, Nr. 8, 49–54.

Analyst John Theodore Hewitt†: **79** ('54) 661f.

Industrial and Engng. Chem. Tungsten carbide[3])[2]): **52** ('60) 94–100.

Nature [London] G. M. Bennett†: **183** ('59) 717f.

Proc. chem. Soc., London Stanley Ernest Carr†: **1962,** 95.

Mit: [1]) R. S. Cahn; [2]) A. S. Hester; [3]) R. W. Rees.

VI **MITCHELL,** Allan Charles Gray. Atomphysik. – 1931–34 Assist. Prof., New York Univ.; '34–38 Assoc. Prof., '34–63 Chairman of the Departm. of Physics, '38–63 Prof., Indiana Univ., Bloomington, Ind.; '40 Research Assoc., Massachusetts Inst. Technol., Cambridge, Mass.; '42 Research Assoc., Chicago Metallurgic. Labor., Chicago, Ill.; '44–46 Physicist, Appl. Physics Labor., Johns Hopkins Univ., Baltimore, Md.; three times until '63 Pres., Midwestern Universities Research Assoc. – '47 [?] Naval Ordnance Developm. Award.

*1902, Okt. 1, Houston, Tex.;

†1963, Nov. 7, Bloomington, Ind.

Nekr. W. E. Edington, Proc. Indiana Acad. Sci. **74**.1964 ('65) 52–55.

MHZ. J. chem. Physics 1932–1934. – Physical Rev. 1940–1943.

S. Beta- and gamma-ray spectroscopy (K. Siegbahn) (Amsterdam '55) 201–24: Coincidence method; 224–58: β-Spectrometer measurements, 1: Investigations of disintegration schemes; energies and intensities of β- and γ-components and their coupling; 720–29: Illustrative disintegration studies, 3: A study of the sequence $^{130}I \rightarrow {}^{130}Xe \leftarrow {}^{130}Cs \rightarrow {}^{130}Ba$ and the levels of ^{130}Xe. – Alpha-, beta- and gamma-ray spectroscopy (K. Siegbahn) 1 (NewYork–Amsterdam '65) 467 500: Procedures for the investigation of disintegration schemes, 1: General procedures.

W. Resonance radiation and excited atoms (m. M. W. Zemansky) (Cambridge–NewYork '34) 16 + 338 S., ('61) 16 + 338 S. (Cambridge series of physical chemistry); auch russ.

Nuclear Physics The disintegration of ^{131}La[8]) [16]): **14** ('59/60) 578–88. – Level scheme of ^{69}Ga [33])[28]): **49** ('63) 55–64. – Level scheme of ^{129}I [28])[36]): **56** ('64) 129–39.

Physical Rev. Hyperfine structure and the polarization of mercury resonance radiation: **40** ('32) 964–73. – The effect of hyperfine structure on magnetic depolarization of resonance radiation: **43** ('33) 780. – Hyperfine structure and the polarization of resonance radiation, 2: Magnetic depolarization and the determination of mean lives: 887–93. – The mean life of 7^3S_1 state of mercury from polarization measurements on the visible triplets[25]): **46** ('34) 53–58. – Preliminary report on a quick method of depositing polonium on silver[35])[1]): 629f. – Scattering of neutrons[25]):

47 ('35) 881f. – Quenching of cadmium resonance radiation by foreign gases[20]): **48** ('35) 625–30. – Scattering of slow neutrons [,1][25]): 653–56; ∼ 2[25])[35]): **50** ('36) 133–37. – Continuation of work on scattering of slow neutrons[25])[17]): **49** ('36) 400, 553. – Selective scattering of slow neutrons[25])[35]): 401, 553f. – Beta-ray spectra of radioactive manganese, arsenic and indium[4]): **50** ('36) 593–98. – Long period activity in cadmium irradiated with neutrons: **51** ('37) 995f. – Sargent curves for artificially radioactive substances **52** ('37) 1–5. – Energy of the gamma-rays of radioindium and radiomanganese[17]): 137. – Neutron scattering cross section as a function of energy[34]): 282–85. – Long period activity of indium produced by slow neutrons: **53** ('38) 269–72. – The nuclear isomers of ^{116}In[17]): 505–10. – Coincidences between beta- and gamma-rays in indium[17])[22]): **56** ('39) 380f. – Coincidences between beta- and gamma-rays in manganese[17])[22]): 422–25. – Coincidences between beta- and gamma-rays in ^{24}Na [17])[22]): 962f. – A study of the nuclear radiations from antimony and arsenic[17])[22]): **57** ('40) 1107–17. – Coincidence experiments on ^{72}Ga [14])[29]): **71** ('47) 324f. – Radiations from ^{72}As [14])[29]): 825. – Radiations from ^{38}K [29])[23]): **72** ('47) 639. – The disintegration of ^{124}Sb [15])[37]): **73** ('48) 1142–48. – Coincidence experiments in ^{124}Sb [14]): 1153–56. – The beta- and gamma-rays of ^{72}Ga [37])[15]): 1424–29. – Energy of the ^{7}Be gamma-ray [37])[15]): **74** ('48) 105f. – The beta- and gamma-rays of ^{86}Rb [37])[15]): 682–86. – On the ^{137}Cs disintegration scheme[27]): **75** ('49) 197. – The disintegration of ^{137}Cs [27]): 1272–74. – The nuclear spectra of ^{125}Sb, ^{125}Te*, ^{51}Cr and ^{131}I [15])[37]): **76** ('49) 94–100. – Energy levels of ^{30}Si [3])[30]): 624–27. – The disintegration of ^{124}I and ^{126}I [24])[21])[27]): 1450–53. – The disintegration of ^{114}In [24])[37]): 1883–85. – The disintegration of ^{72}As [24])[12]): **79** ('50/51) 19–22. – The disintegration of ^{103}Ru [24])[12]): 237. – The disintegration of ^{103}Ru and ^{103}Pd [24])[12]): 429–32. – Radiations from ^{185}Os, ^{191}Os, and ^{193}Os [5])[7]): 610–14; **80** ('51) 126. – Gamma-rays of ^{105}Ag and ^{106}Ag [24])[12]): **79** ('50/51) 1010. – The disintegration of ^{77}As [7]): **81** ('51) 485f. – The energy of the gamma-ray from ^{77m}Se [7])[9])[18]): **82** ('51) 750. – Nuclear spectroscopy of ^{131}Ba and ^{131}Cs [7]): **83** ('51) 76–79. – On the addition energy for neutrons in the $h_{11/2}$ shell: 183f. – Radiations from ^{77}Br and ^{57}Ni [7]): 955–59. – The isomeric transition in ^{77}Ge [32]): **85** ('52) 153f. – Electron capture in ^{204}Tl [6]): **87** ('52) 388f. – The disintegration of ^{130}Cs [32])[6]): 454–56. – The K/L ratio for the 90-keV line of ^{147}Nd [32]): 1128f. – Some experiments on ^{75}Ge and ^{75m}Ge [32])[6]): **88** ('52) 150. – Nuclear spectra of ^{82}Rb and ^{84}Rb [12]): 1350–54. – The isomer ^{84m}Rb [6]): **89** ('53) 573f. – The disintegration of ^{55}Co and ^{130}I [6]): **94** ('54) 412–19. – Disintegration of ^{43}K [19]): **95** ('54) 444–46. – Disintegration of ^{139}Ba [11]): 727–30. – Nuclear levels in ^{43}Ca [19]): 1535–38. – Disintegration of ^{71}As [10]): **97** ('55) 1033–36. – Disintegration of ^{129}Te [10]): **101** ('56) 701–05. – Disintegration of ^{135}La and confirmatory experiments on ^{147}Nd [8])[16]): **111** ('58) 1343–48. – Disintegration of ^{52}Fe and ^{53}Fe [13])[16])[26]): **113** ('59) 602–08. – Disintegration of ^{124}I and ^{123}I [13])[8])[16]): 628–33. – Disintegration of ^{119}Te [16])[8])[26]): **120** ('60) 1348–53. – Directional correlation of the gamma-rays of ^{140}La and ^{140}Ce [2]): **132** ('63) 1193–99.

Review sci. Instruments A method for measuring short-period activities[31])[30]): **19** ('48) 458–61.

Reviews modern Physics The use of coincidence counting methods in determining nuclear disintegration schemes: **20** ('48) 296–304. – Spectroscopy of some artificially radioactive nuclei: **22** ('50) 36–55.

Z. Physik Zur Frage nach der Dissoziation durch Stoß positiver Ionen (Erwiderung auf eine Arbeit von A. Schlechter): **78** ('32) 138–40.

Mit: [1]) W. Bjorksted; [2]) W. W. Black; [3]) J. E. Brolley; [4]) M. V. Brown; [5]) M. E. Bunker; [6]) R. S. Caird; [7]) R. Canada; [8]) C. B. Creager; [9]) W. H. Cuffey; [10]) W. E. Graves; [11]) E. Hebb; [12]) C. M. Huddleston; [13]) J. O. Juliano; [14]) E. T. Jurney; [15]) B. D. Kern; [16]) C. W. Kocher; [17]) L. M. Langer; [18]) A. E. Lessor; [19]) T. Lindqvist; [20]) H. C. Lipson; [21]) F. C. Maienschein; [22]) P. W. McDaniel; [23]) J. L. Meem, jr.; [24]) J. Y. Mei; [25]) E. J. Murphy; [26]) T. D. Nainan; [27]) C. L. Peacock; [28]) A. V. Ramayya; [29]) M. M. Ramsey; [30]) M. B. Sampson; [31]) A. D. Schelberg; [32]) A. B. Smith; [33]) C. F. Schwerdtfeger; [34]) R. N. Varney; [35]) M. D. Whitaker; [36]) Y. Yoshizawa; [37]) D. J. Zaffarano.

VI **MITCHELL,** Charles Ainsworth. Chem. — 1897–1932 Chemist, Beaufoy's Vinegar Brewery, London; '32– Consultant, British Vinegars Ltd.; since 1897 Fellow, 1937–40 Vice-Pres., Roy. Inst. of Chem., London; '35–37 Pres., Medico-Legal Soc., London; '37 Vice-Prés. hon., Soc. franç. Méd. légale. (⊠)

*1867, Nov. 20, Thetford, Norfolk; †1948, Jan. 5, Ealing, London.

Nekr. H. E. Cox, Analyst **73** ('48) 55–57 (m. Bildn.); Chemistry and Industry **1948**, 149 (m. Bildn.).

MH. [A. H.] Allen's Commercial organic analysis **1** [5](Philadelphia, Pa. '23) – **10** [5]('33). – A. P. C. Jörgensen, Micro-organisms and fermentation [6](London '39, Philadelphia, Pa. '40).

HZ. Analyst 1920–1945.

MHZ. Medico-legal and criminol. Rev.

S. M. A. Murray, Cambridge excavations in Minorca (London '32): [1 Beitrag].

W. The Society of Public Analysts and other Analytical Chemists. ([1. Teil von B. Dyer:] Some reminiscences of its first fifty years.) [2. Teil:] A review of its activities (Cambridge–London '32) 8 + 278 S. — Documents and their scientific examination. Neuaufl. (London '35) 12 + 227 S. — Inks; their composition and manufacture including methods of examination and a full list of British patents [4](London '37) 11 + 408 S. — Forensic chemistry in the criminal courts (London '38) 17 S. (Royal Institute of Chemistry, 2nd Tatlock Memorial Lecture, 1937). — A scientist in the criminal courts (London '45) 8 + 144 S.

Analyst Scientific documentary evidence in criminal trials: **57** ('32) 144–54. — Sediments in ink and in writing[1]): 760–70. — Erasures and ultraviolet light: **58** ('33) 532f. — Use of infrared rays in the examination of inks and pigments: **60** ('35) 454–60. — Tea and coffee with special reference to their alkaloids and tannins. A survey of the methods of analyzing tannins: **61** ('36) 295–300. — New photographic light-filter cell: 751–55. — The action of molds on ink in writing[2]): **63** ('38) 111. — An ancient Egyptian marking ink: **65** ('40) 100f. — Ink in relation to crime: **68** ('43) 103–06. — Herbert Stanley Redgrove†: 199f. — Mabel Beatrice Elliott: **69** ('44) 33f. — Standardization of the tannin used for the comparison in Nierenstein's micromethod of estimating tannin: 92. — Identification of demolition dust[1]): 121.

Chemical Age Analytical chemistry in 1934: **31** ('34) 587f.

Chemistry and Industry The colorimetric determination of gallic acid: **13** ('35) 798.

J. int. Soc. Leather Trades Chemists Tannin considered from a non-tanning point of view: **20** ('36) 499–504.

Medico-legal and criminol. Rev. Forensic chemistry in relation to medicine: **4** ('36) 1–14.

Unter dem Pseudonym Fancourt, Michael: Flower cameos [Gedichte] (Cambridge '39) 23 S.

Mit: [1]) T. J. Ward; [2]) D. R. Word.

V,VI **MITCHELL,** Howard Hawks. Math. — 1911–14 Instructor, '14–21 Assist. Prof., '21– Prof., Univ. of Pennsylvania, Philadelphia, Pa.; '32 Vice-Pres., Amer. Assoc. for the Advancem. of Sci.; '32–33 Vice-Pres., Amer. Math. Soc. — '35 Hon. Sc.D. (Marietta College, Marietta, O.).

*1885, Jan. 14, Marietta, O.;
†1943, März 13, Merion, Pa.

Nekr. J. R. Kline, Yearb., Amer. philos. Soc. **1943** ('44) 413–15.

MHZ. Annals Math. **17** ('15) – **20** ('18). — Trans. amer. math. Soc. **27** ('25) – **32** ('30).

American math. Monthly Linear groups and finite geometries: **42** ('35) 592–603.

V,VI **MITCHELL,** Samuel Alfred. Astron., Astrophysik. — 1913–45 Prof. and Dir. of the Leander McCormick Observat., '45 Prof. Emer., Univ. of Virginia, Charlottesville, Va.; '21– Vice-Pres., Amer. Assoc. for the Advancem. of Sci.; '25–27 Vice-Pres., Amer. Astron. Soc.; '34, '35 Pres., Amer. Assoc. of University Professors. — '24 Hon. LL. D. (Queen's Univ., Kingston, Ont., Can.); '40 Hon. LL. D. (Univ. of Western Ontario, London, Ont., Can.). — '48 James Craig Watson Gold Medal (Nation. Acad. Sci. USA).

*1874, Apr. 29, Kingston, Ont., Can.;
†1960, Febr. 22, Bloomington, Ind.

Nekr. C. G. Abbot, Biographical Mem., Nation. Acad. Sci. USA **36** ('62) 254–76 (m. Bildn., Faks., Schr.verz.). — H. L. Alden, Quarterly J. roy. astron. Soc. **1** ('60) 236–38. — A. V. Douglas, J. roy. astron. Soc. Canada **54** ('60) 245f. — P. van de Kamp, Science [USA] **132** ('60) 281f. (m. Bildn.). — P. W. Merrill, Yearb., Amer. philos. Soc. **1960** ('61) 164–67. — C. P. Olivier, Publ. astron. Soc. Pacific **72** ('60) 288–90 (m. Bildn.). — F. J. M. Stratton, Nature [London] **186** ('60) 200f. — Populär astron. Tidskr. **41** ('60) 92. — Sky and Telescope **19** ('60) 333 (m. Bildn.).

S. Handbuch der Astrophysik (G. Eberhard, A. Kohlschütter, H. Ludendorff) **7** (Ergänzungsband) (Berlin '36) 382–409: Eclipses of the sun. — National Geographic Society. Observations of the total eclipse of the sun of June 8, 1937 from Canton Island by the joint expedition of the National Geographic Society and the U.S. Navy (Washington, D.C. '39) 4–9: The 1937 eclipse; 361–94: Nature's most dramatic spectacle.

W. Eclipses of the sun [3](New York '32) 17 + 490 S.; [4]('35) 17 + 520 S.; [5](New York–London '51, Toronto '52) 15 + 445 S.

Annual Rep. Board Regents Smithsonian Instn. Discoveries from solar eclipse expeditions: **1937** ('38) 145–67.

Astronomical J. Trigonometric parallaxes of twenty-three stars: **43** ('33) 63. — A comparison sequence for Nova Herculis[11]): **45** ('35) 31f. — The trigonometric parallaxes of thirty-seven stars, determined by photography with the 26-inch McCormick refractor[8])[5]): **49** ('41) 129–31. — Trigonometric parallaxes of one hundred and thirty one stars, determined by photography with the 26-inch McCormick refractor[3]): **51** ('44) 93–96. — Trigonometric parallaxes of eighty-eight stars, determined by photography with the 26-inch McCormick refractor[3])[9]): 182–84. — Trigonometric parallaxes of twenty-eight stars, determined by photography with the 26-inch McCormick refractor[3])[9]): **54** ('49) 95.

Astrophysical J. The spectrum of the corona: **75** ('32) 1–33. — Relative distribution and abundance of elements in the lower chromosphere[10]): **77** ('33) 1–43. — Heights in the chromosphere from fixed and moving plates: 157–85. — Systematic errors of parallaxes: **80** ('34) 200–28. — Chromospheric spectrum from ten eclipse expeditions: **105** ('47) 1–35. — Spectroscopic observations of 90 stars[4]): **108** ('48) 234–36.

Contributions Mount Wilson Observat. Spectroscopic observations of 90 stars[4]): Nr. **747** ('48) 3 S.

Harvard Announcement Card Preliminary trigonometric parallax of Wolf 424: **448** ('38). — Parallax of Wolf 424[5]): **449** ('38).

J. roy. astron. Soc. Canada Early American astronomers: **36** ('42) 345–60. — Ten total eclipses: **53** ('59) 49–58.

J. sci. Instruments Accessories for measuring circular dichroism and rotatory dispersion with a spectrophotometer: **34** ('57) 89f.

Monthly Notices roy. astron. Soc. A comparison sequence for Nova Lacertae[11]): **99** ('38) 40f. — C. L. Poor †: **112** ('52) 279f.

Popular Astron. Eclipse report, Aug. 31, 1932: **40** ('32) zwischen S. 459 u. 488. — The Paris meetings of the International Astronomical Union: **43** ('35) 478–83. — The McDonald Observatory of the University of Texas: **47** ('39) 465–71. — The observation of ten total eclipses: **55** ('47) 18–27.

Proc. amer. philos. Soc. Spectroscopic discoveries at the recent total eclipse: **71** ('32) 343–48. — With an astronomer on an eclipse expedition: **79** ('38) 341–60. — Astronomy during the early years of the American Philosophical Society: **86** ('43) 13–21.

Publ., Amer. astron. Soc. Spectra taken at the 1937 eclipse on Canton Island: **9** ('38) 129. — Außerdem zahlreiche Beobachtungs- und Tätigkeitsberichte vom Leander McCormick Observatory aus den Jahren 1932 bis 1940.

Publ. astron. Soc. Pacific The total eclipse observed on Canton Island: **50** ('38) 23–30. — Energy distribution in the continuous spectrum of the corona[6]): 225.

Publ. Leander McCormick Observat. Univ. Virginia The spectrum of the corona: **5** ('32/34) 155–87. — Relative distribution and abundance of elements in the lower chromosphere [10]): 197–239. — Heights in the chromosphere from fixed and moving plates: 241–69. — Systematic errors of parallaxes: 303–31. — Observations numbering 15.284 on 204 long period variables made between the years 1902–1933 with the 26-inch refractor of the Leander McCormick Observatory[1])[u.a.]): **6** ('35) 1–197. — Magnitudes and coordinates of 6284 comparison stars in 350 regions of long period variables: 201–306. — The trigonometric parallaxes of six hundred and fifty stars[7])[u.a.]): **8** ('40) 749 S. — With an astronomer on an eclipse expedition: **9** ('38/47) 24–44. — Magnitudes and coordinates of comparison stars for fifty long period variables [11]): 59–88. — The observation of ten total eclipses: 203–11. — Chromospheric spectrum from ten eclipse expeditions: 213–47. — Trigonometric parallaxes of 432 stars[7])[2])[u.a.]): **14,1** ('58) 121 S.

Říše Hvězd The most dramatic spectacle of nature: **18** ('37) 163–70 [tschech.].

Science [USA] Ormond Stone, 1847–1933: **77** ('33) 107f. — William Jackson Humphreys [12]): **112** ('50) 74f.

Scientific Monthly With an astronomer on an eclipse expedition: **47** ('38) 5–21.

Mit: [1]) H. L. Alden; [2]) C. M. Anderson; [3]) C. Beddow; [4]) A. H. Joy; [5]) P. van de Kamp; [6]) G. F. W. Mulders; [7]) D. Reuyl; [8]) A. N. Vyssotsky; [9]) D. Watson; [10]) E. T. R. Williams; [11]) C. A. Wirtanen; [12]) E. W. Woolard.

VI **MITCHELL,** Stotherd Thomas Richard Smith. Chem. (physikal.). — 1933–49 Lecturer Physic. Chem., '49–63 Senior Lecturer Chem., Univ. of Glasgow.

*1897, Nov. 1, Cadder Parish, Lanarkshire, Scotland.

W. The cotton effect and related phenomena (London '33) 7 + 92 S. (Monographs on modern chemistry).

J. chem. Soc., London The rotation dispersion and circular dichroism of bornylene nitrosite[4]): **1932,** 415–19. — Exponential analysis applied to the asymmetric hydrolysis of some β-glucosides with emulsin[9]): 1669–75. — The rotatory dispersion and circular dichroism of 2,2-dinitrocamphane in the ultraviolet[7]): **1936,** 853–56. — The action of nitrosyl chloride on n-hexane in presence of light[2]): 1005f. — The photolysis of β-chloro-β-nitrosobutane[1]): **1938,** 1964–68. — The rotatory dispersion and circular dichroism of santonide and parasantonide in the ultra-violet[12]): **1939,** 889–93. — The rotatory dispersion and circular dichroism of l-menthyl-d-β-chloro-β-nitrosobutyrate[14]): **1940,** 784–87. — The photolysis of some chloronitroso-compounds[12])[14]): **1941,** 602–05. — Hydroanthracenes and hydrophenanthrenes, 2 [3])[10]): **1944,** 286–93. — The asymmetric photolysis of β-chloro-β-nitroso-αδ-diphenylbutane with circulary polarised light[5]): 452–54. — On the suitability of parasantonide for asymmetric photolysis[13]): **1947,** 686–90. — The rotatory dispersion and circular dichroism of (—)-γ-chloro-γ-nitroso-δ-phenylvaleric acid[11]): **1949**, 3116–19. — The rotatory dispersion and circular dichroism of (—)-2-chloro-2-nitrosocamphane and the pyridine salt of (+)-2-chloro-2-nitrosocamphane-10-sulphonic acid[16])[6]): **1950**, 3440–43. — The photomutarotation of (—)-2-chloro-2-nitrosocamphane[8]): **1953**, 3483–86. — The photoisomerisation of some chloronitroso-terpenes [8]): **1954**, 4215–18.

J. sci. Instruments Accessories for measuring circular dichroism and rotatory dispersion with a spectrophotometer: **34** ('57) 89f.

Nature [London] A photo-electric method for measuring circular dichroism: **166** ('50) 434f. — Rotatory dispersion measurements with a Unicam spectrophotometer[15]): **168** ('51) 662f. — An achromatic three-quarter wave plate for the ultraviolet: **212** ('66) 65f.

Mit: [1]) J. Cameron; [2]) S. C. Carson; [3]) J. W. Cook; [4]) S. B. Cormack; [5]) I. M. Dawson; [6]) W. Dunlop; [7]) R. R. Gordon; [8]) A. J. N. Hope; [9]) I. MacArthur; [10]) N. A. McGinnis; [11]) W. E. F. Naismith; [12]) K. Schwarzwald; [13]) E. J. Y. Scott; [14]) G. K. Simpson; [15]) J. Veitch; [16]) J. S. Watson.

VI **MITCHELL,** Ulysses Grant. Math. — 1910–15 Assist. Prof., '15–20 Assoc. Prof., '20–42 Prof., '31–41 Head of the Departm. of Math., Univ. of Kansas, Lawrence, Kans. — '13–14 Secretary, '22–23 Vice-Pres., '24–26 Pres. of the Kansas Chapter, '27–30 Treasurer, Phi Beta Kappa.

*1872, Nov. 26, Nashua, Ia.;

†1942, Jan. 1, Lawrence, Kans.

Zur Biogr. Graduate Mag. Univ. Kansas **30** ('31/32) Nr. 5, S. 32; **33** ('34/35) Nr. 3, S. 8 (m. Bildn.); **39** ('40/41) Nr. 5, S. 4 (m. Bildn.).

Nekr. G. W. Dunnington, National Math. Mag. **16** ('41/42) 240–42. — Graduate Mag. Univ. Kansas **40** ('41/42) Nr. 5, S. 21f. (m. Bildn.).

W. Algebra: a way of thinking (m. H. M. Walker) (London '36) 16 + 400 S.

Mathematics Teacher Does mathematics condition human progress?: **26** ('33) 296–301.

National Math. Mag. The study and teaching of the history of mathematics: **13** ('38) 22–29.

Osiris The number e[1]): **1** ('36) 476–96.

Mit: [1]) M. Strain.

VI **MITRA,** Sisir Kumar. Physik. — 1908–12 Stud., Presidency College, Univ. of Calcutta; '13–16 Teacher in Bhagalpore, then Lecturer, Christian College, Bankura; '16–19 Lecturer, '19 D. Sc., Univ. College of Sci., Univ. of Calcutta; '20–23 Research Student, '23 Dr. ès sci., Sorbonne, Paris; '23–55 Prof., '49 Founder and '49–55 Head of the Inst. of Radio Physics and Electronics of the College of Technol., '56 Prof. Emer., Univ. of Calcutta; '56–62 Administrator, Board of Secondary Educat., West Bengal; '43–48 Chairman, Radio Research Committee of the Council of Scientific and Industrial Research; '52 Pres., Asiatic Soc. of Bengal; '56–58 Pres., Nation. Inst. of Sci. of India. — '35 King George V Silver Jubilee Medal; '45 Joykissen-Mookherjee Medal (Indian Assoc. Cultivat. Sci.); '56 Science Congress (Calcutta) Medal (Asiatic Soc. of Bengal); '61 Sir Devaprasad Sarbadhikary Gold Medal (Univ. of Calcutta); '62 Presidential Award "Padmabhushan" and title "National Research Prof. in Physics" (Governm. of India).

*1890, Okt. 24, Konnagar, Calcutta;

†1963, Aug. 13, Calcutta.

Nekr. J. N. Bhar, Biographical Mem. Fellows nation. Inst. Sci. India **1** ('66) 107–27 (m. Bildn., Faks., Schr.verz.). — J. A. Ratcliffe, Biographical Mem. Fellows roy. Soc. **10** ('64) 221–28 (m. Bildn., Faks., Schr.verz.). — Physics today **16** ('63) 104. — Radio and Electronic Engr. **26** ('63) 260 (m. Bildn.).

S. 6e Rapport au Conseil International des Unions Scientifiques de la Commission pour l'Etude des Relations entre les Phénomènes Solaires et Terrestres (Orléans '48) 91–96: Some unsolved problems of the upper atmosphere. — Compendium of meteorology (T. F. Malone) (Boston, Mass. '51) 245–61: General aspects of upper atmospheric physics.

W. Active nitrogen - a new theory (Calcutta '45) 73 S. (Joykissen Mookherjee Memorial Lecture, Indian Association for the Cultivation of Science). — Microwaves - pioneer work in India half a century ago (Calcutta '46) (Sir J. C. Bose Memorial Lecture 1946, Bose Research Institute). — The upper atmosphere (Calcutta '47), [2]('52) 713 S. (Asiatic Soc. monograph series, 5); russ.: (Moskva '55) 639 S.

Astronomičeskij Ž. Entstehung der Schicht E der Ionosphäre: **16** ('39) Nr. 2, 62f. [russ.].

Calcutta med. J. Electronics in the service of medicine: **56** ('59) 45–51.

Calcutta Rev. Earthquakes: (3) **50** ('34) 206–09.

Indian J. Physics and Proc. indian Assoc. Cultivat. Sci. Distribution of the constituent gases and their pressures in the upper atmosphere[9]): **12** ('38) 47–61. — The lower ionosphere[3])[7]): 455–65. — The fringe of the atmosphere and the ultraviolet light theory of aurora and magnetic disturbances[1]): **13** ('39) 107–44.

J. brit. Instn. Radio Engr. Birth centenary of Sir J. C. Bose - an appreciation: **18** ('58) 130–.

J. Physique et Radium Etude de l'ionosphère dans l'Inde: (7) **7** ('36) 118S.

Nature [London] Recording wireless echoes at the transmitting station[9]): **131** ('33) 657. — Effect of the solar eclipse on the ionosphere [9])[13])[5]): **132** ('33) 442f. — Effect of a meteoric shower on the ionosphere[13])[5]): **133** ('34) 533f. — Absorbing layer of the ionosphere at low height[13]): **135** ('35) 953f. — Dielectric constant of ionized air[2]): **136** ('35) 512f. — Experimental investigation on the magnetic double refraction of ionized air[6]): **137** ('36) 68f. — Ionospheric studies in India: 503f. — Return of radio waves from the middle atmosphere: 867. — Some observations on the C regions of the ionosphere: **138** ('36) 283f. — Anomalous dielectric constant of artificial ionosphere[11]): **140** ('37) 586f., 1066. — Origin of the E layer of the ionosphere: **142** ('38) 914f. — Cross-section of atomic oxygen for elastic collision with electrons, and region F absorption[10])[7]): **145** ('40) 1017. — Active nitrogen and N_2^+ (X') ions: **154** ('44) 212f. — Variations in the afterglow brightness of active nitrogen under varied experimental conditions: 576f. — Scientific collaboration between India and Britain: 756f. — Energy imparted by active nitrogen: 831. — Night-sky emission and region F ionization: **155** ('45) 786. — The auroral spectrum: **157** ('46) 692. — Geomagnetic control of region F_2 of the ionosphere: **158** ('46) 668f. — Nitrogen afterglow: **162** ('48) 774. — Atomic nitrogen in auroras: **167** ('51) 897. — Thunderstorms and sporadic E ionization of the ionosphere[8]): **174** ('54) 798f.

Philosophical Mag. On the variation of the resistance of thermionic valves at high frequencies[12]): (7) **13** ('32) 1081–98. — On the spontaneous generation of oscillation in low pressure discharges[13]): **14** ('32) 616–31. — On a study of the upper ionized atmosphere in Bengal by wireless echoes of short delay[9]): **15** ('33) 20–32.

Physical Rev. Active nitrogen: **74** ('48) 1637–39; **90** ('53) 516–21.

Proc. indian Sci. Congr. Transmission of radio waves round the earth: **21** ('34). — Anniversary address, Silver Jubilee Session: **25** ('38). — Recent work on the ionosphere: **39** ('52). — Science and progress: The story of radio electronics: **42** ('55).

Proc. nation. Inst. Sci. India (Part A) Report on the present state of our knowledge of the ionosphere: **1** ('35) 131–215. — Upper-atmosphere and space exploration with artificial satellites: **26** ('60) 215–32.

Science and Culture Need of a Radio Research Board for India: **1** ('35/36) 755–. — Wireless echoes from low heights[3]): 788–. — Atmospherics: **2** ('36/37) 430–. — The ozonosphere and the early morning increase of the E-layer ionization of the ionosphere: **3** ('37/38) 496–. — Magnetic storms: **6** ('40/41) 70–. — Sir Oliver Lodge †: 217–. — Need for a planned development of broadcasting in India: 249–. — Radio in peace and war: **7** ('41/42) 229–. — Zodiacal light - a cosmic mystery[4]): **8** ('42/43) 8–, 58–. — Light of the night sky: **9** ('43/44) 46–48. — Nature of active nitrogen: 49f. — Ionization in active nitrogen: **10** ('44/45) 133–. — The radar[3]): **11** ('45/46) 343–. — Dissociative recombination of N_2^+ ions and some nitrogen afterglow phenomena: **16** ('50/51) 488–90. — Aeronautics and electronics: **22** ('56/57) [?]. — Science and culture: **23** ('57/58) 171–. — Science service: **24** ('58/59) 169–. — Upper atmosphere and space exploration with artificial satellites: **25** ('59/60) 498–511. — Physics of the earth's outer space: **29** ('63/64) 314–29.

Ferner Abdruck einiger Vorträge.

Mit: [1]) A. K. Banerjee; [2]) S. S. Banerjee; [3]) J. N. Bhar; [4]) S. Das Sarma; [5]) B. N. Ghose; [6]) A. C. Ghosh; [7]) S. P. Ghosh; [8]) M. R. Kundu; [9]) H. Rakshit; [10]) B. B. Ray; [11]) K. K. Roy; [12]) B. C. Sil; [13]) P. Syam.

VI **MITTER,** Prafulla Chandra. Chem. — 1913–14 Lecturer, '14–46 Prof., '37–46 Head of the Departm. of Chem., Univ. of Calcutta; Pres., Athenium Instn., Calcutta; Vice-Pres., National Inst. of Sciences of India, Calcutta. (⊠)

*1882, Juni 22, Barisal;

†1957, Juli 12, Calcutta.

Zur Biogr. R. N. Chakravarti, Biographical Mem. Fellows nation. Inst. Sci. India **1** ('66) 44–58 (m. Bildn., Faks., Schr.verz.).

Nekr. S. M. Mukherji, J. indian chem. Soc. **34** ('57) 783f.

Ber. dtsch. chem. Ges. Über die Synthese des Munjistins[5]): **65** ('32) 622–25. — Untersuchungen über miteinander verschmolzene Ringe, 1 [3]): **69** ('36) 456–58.

Current Sci. Dr. Hemendra Kumar Sen: **14** ('45) 192f.

J. indian chem. Soc Friedel and Crafts' reaction with phenolic acids[16]): **9** ('32) 247–50. — Synthesis of aloe-emodin[3]): 375–77. — Synthesis of anthraquinones occurring in nature: P. C. Rây Commemor. Vol. ('33) 285–92. — Studies in the flavanone series[18]): **11** ('34) 257–64. — Synthesis of purine derivatives from glyoxalines[7]): 867–71. — Studies in the anthraquinone series[8][1]: 893–97. – Condensation of succinic anhydride with phenols and phenolic ethers. Synthesis of derivatives of tetrahydronaphthalene[10]: **12** ('35) 747. – Condensation of 3- and 4-nitrophthalic anhydrides with phenol and anisole[11]: **13** ('36) 228–35. – Studies in the isoflavone series[13]: 236–39. – Studies in the anthraquinone series. Attempts to synthesise anthraquinone carboxylic acids of the morindone type[20]: 447–49. – Synthesis of substances related to capsaicin [17]: **14** ('37) 421–24. – Studies in γ-ketonic acids, 1[10]: **16** ('39) 35–42; ~ 2[9]: 199–208. – Action of oxalyl chloride on phenolic ethers[14]: 393–95. – Studies in long-chain acids, 1: An extension of the isoprene rule[2]: 402–04; ~ 2: On aleuritic acid[12]: 673–76; ~ 3: On bis-nor-oleic acid[2]: **18** ('41) 461–64; ~ 4[4]: **19** ('42) 69–75; ~ 5: On aleuritic acid[15]: 303–07; ~ 6: ≈[19][6]: **21** ('44) 295f.; ~ 7[19]: 301f.

Proc. nation. Inst. Sci. India Researches on organic chemistry in India, 1896–1923: **5** ('39) 211–16.

Science and Culture On aleuritic acid[6][19]: **8** ('42) 273.

Mit: [1]) S. Bachhwat; [2]) P. N. Bagchi; [3]) D. K. Banerjee; [4]) B. K. Bhattacharyya; [5]) H. Biswas; [6]) A. Bose; [7]) N. Chatterjee; [8]) S. J. Das Gupta; [9]) L. K. De; [10]) S. De; [11]) P. N. Dutt; [12]) P. C. Dutta; [13]) S. S. Maitra; [14]) H. Mukherjee; [15]) S. Mukherjee; [16]) H. C. Ray; [17]) S. C. Ray; [18]) S. K. Saha; [19]) M. C. Sen Gupta; [20]) T. Sen Gupta.

VI **MIYABE,** Naomi. Geophysik. – 1927–36 Assist., '36 D. Sc., '36–41 Assist. Prof., Earthquake Research Inst., Univ. of Tokyo; '41–52 Prof., Nagoya Univ.; '50–60 Scientist, Geographical Inst., Ministry of Construction; '60–70 Scientist, Tokyo Inst. of Civil Engng., Tokyo Metropolitan Governm.; '64–73 Prof., Komazawa Univ., Tokyo.

*1901, Okt. 2, Tokyo;
†1973, Aug. 19, Chiba.

S. Union géodésique et géophysique internationale. Association de séismologie. Communications présentées à la conférence, Edinburgh 1937 (Nogent-le-Rostrou '37) (Publications du Bureau central séismologique international, Sér. B, 7) 24–37: A summary of results of studies made in Japan during the period 1931–1936 on deformations of the earth's crust. – Geophysical papers dedicated to Professor Kenzo Sassa (Kyoto '63) 307–13: Notes on the soil structure model in reference to the ground sinking. – Novejšie dviženija, vulkanizm i zemletrjasenija materikov i dna okeanov [Recent movements, volcanism and earthquakes of the continents and of the ocean bottoms]. INQUA, 8th Congress, Paris 1969 (Moskva '69) 211f.: The map of secular vertical movements of the earth's crust in Japan [3][4] [russ. m. engl. Zusammenfassg.].

Bull. Earthquake Res. Inst., Tokyo imp. Univ. On different types of time-variation in the rate of vertical displacement of bench-marks in Tokyo and its vicinity: **10** ('32) 597–613. – Landslide at Tôge, Katagami mura, Osaka-Hu: 694–700. – On depression of the earth's crust in Honzyô and Hukagawa: 844–57. – The crust deformations in the district between Okitu and Kusimoto, along the Pacific coast of the main island of Japan: **11** ('33) 278–314. – The crustal-blocks and their movements, 3: Block movements of the earth's crust in the Kwantô district: 639–92. – Notes on correlation between vertical earth movements and gravitational anomalies: **12** ('34) 163–73. – Experimental investigation of the deformation of sand mass, 4: 195–213. – Deformation of the earth's crust along the Pacific coast, the Japan Sea coast, and the central zone of Japan: 460–69. – Deformation of the earth's crust in the neighbourhood of Sakurazima: 471–81. – A study of landslides: **13** ('35) 85–113. – A statistical study of the Itô earthquake swarms: 155–70. – Notes on the block structure of the earth's crust: 280–85. – Deformation of the earth's crust in the Iwate and Miyagi prefectures: 286–306. – Correction to my paper entitled "Blocks in the earth's crust and their movements, 1": 307–09. – Geographical distribution of hot and mineral springs and deformation of earth's crust[8]: 576–86. – Sinking of the earth's crust in Hukagawa, Tokyo, as deduced from mareogram data: 587–91. – On the sinking of the earth's crust in the eastern part of the City of Tokyo: 763–71. – Some phenomena associated with the Kawati-Yamato earthquake of February 21, 1936: **14** ('36) 297–306. – On the degree of disturbance of the earth's crust: 387–97. – Preliminary notes on experimental studies on the plastic deformation of soil: 543–52. – Experimental studies on the deformation of sand masses due to vertical loads, 1: 553–59. – The cause of the subsidence of the earth's surface in the Kôtô region, Tokyo, 1: **15** ('37) 102–08; ~ 2: **16** ('38) 721–56. – Supplementary notes to the study of crustal deformation in the Tango district: **15** ('37) 654–62. – Tunami associated with the Sanriku earthquake that occurred on November 3, 1936: 837–44. – Studies in fluctuations in the height of yearly mean sea-levels[5]: **16** ('38) 70–86. – Crustal deformations in central Taiwan, 2[1][6]: 578–95. – The landslides in Hyôgo prefecture that accompanied the heavy rain of July 5, 1938: 772–78. – Vertical displacements in regions markedly deformed: **17** ('39) 111–17. – The deformation of the earth's surface that accompanied the Ogasima earthquake of May 1, 1939 [7]): 638–49. — Variation in the rate of subsidence of the earth's surface in Tokyo: 723–32. — Studies in the sinking of the earth's surface in Tokyo, 4: Periodic movements of the ground in Hukagawa, Tokyo: **18** ('40) 57–77; ~ 5: 497–506; [~ 6:] Results of re-levelling in Tokyo, in 1940 [2]): **19** ('41) 248–59; ~ 7: ≈ in 1942 [2]): **21** ('43) 336–48. — Tunami associated with the earthquake of August 2, 1940: **19** ('41) 104–14. — Upward deformation of the land in Tyûgoku: 228–37. — Secular changes in the heights of yearly mean sea-level at Japanese station: 238–47. — Notes on crustal deformations in Miyake-sima: **20** ('42) 141–53. — A mechanical property of soil[10]): 172–91. — The degree of destruction of wooden houses by earthquakes: **24** ('46) 135–42. — Vertical earth movements in Japan as deduced from the results of rerunning the precise levels: **30** ('52) 127–62. — — Alle Arbeiten japan. m. engl. Zusammenfassg.

Bull. Earthquake Res. Inst., Tokyo imp. Univ., Suppl. Vol. An investigation of the Sanriku tunami based on mareogram data: **1** ('34) 112–26. — Recent seismic activity in Taiwan: **3** ('35 oder '36 ?) 1–9. — Change in level of the water of a well and after-shocks[13]): 93–95. — Mechanical strength of "Dokaku" [11]): 141–47. — The inundation in Hukagawa, Tokyo, on September 21, 1934: 195–217. — — Alle Arbeiten japan. m. engl. Zusammenfassg.

Bull. geogr. Survey Inst. [Tokyo] Vertical earth movements in Nankai district: **4** ('55) Part 3/4, 1–14.

Bull., Geotechn. Committee, Government Railways Japan An experimental investigation on the modes of deformation of sand mass: **2** ('32) 114–30.

J. Physics Earth [Tokyo] Changes in the equilibrium positions of sensitive torsion balance placed at Inuyama, in relation to flood flows in the nearby Kisogawa river[14]): **1** ('52) 35–37. — Notes on the vertical deformation of the ground surface in the central part of the City of Tokyo [,1][12]): 39–45.

Japanese J. Astron. and Geophysics Errors in the results of levellings in Kyûsyû[5]): **15** ('38) 193–99.

Proc. imp. Acad., Tokyo Tilting and strength of earth's crust[8]): **8** ('32) 288–91. — The result of the recent revision of precise levelling on the route from Tokyo to Huzimi via Takasaki and Suwa[8]): 413–16. — The deformation of the earth's crust in Honzyô and Hukagawa: 417–20. — Provisional result of the recent revision of precise levelling in Tokyo: **9** ('33) 588–91. — Revision of precise levelling along R. Tenryû, from Simosuwa to Kakegawa, 1934[8]): **10** ('34) 257–59. — Deformation of the earth's crust along the Pacific coast, Japan Sea coast and central zone of Japan: 264–67. — Results of revision of precise levelling in Tôhoku districts[8]): 557–60. — An arcuate form of thread and its geophysical analogy: 561–63. — Hot springs and deformation of earth's crust, 2[8]): **11** ('35) 99–101. — Relation between topography and vertical displacement of earth's crust[8]): 222f. — Crustal deformation along the line of levels from Miyako to Aomori [8]): **12** ('36) 4–6. — Results of re-levelling in Kyûsyû, Japan: **13** ('37) 257–60. — Results of rerunning the line of levels linking Sibata with Taira: **16** ('40) 178–81. — Results of rerunning the line of levels crossing Mt. Asama: 182f.

Publ. Assoc. int. Hydrol. sci. Directions of research on land subsidence: Nr. **88** ('69) 1–11. — Studies on partial compaction of soil layer [9]): 354–60.

Rep. Tokyo Inst. civil Engng. Studies in the ground sinking in Tokyo: Nr. **40** ('62) 1–38. — Notes on the vertical deformation of the ground surface in the central part of the City of Tokyo, 2: Nr. **43** ('66) 1–7. — Study of partial compaction of soil layer: Nr. **44** ('67) 1–7. — — Alle Arbeiten japan. m. engl. Zusammenfassg.

Scientia The block structure of the earth's crust: **59** ('36) 15–19 [französ.: Suppl., 10–14].

Suomalaisen Tiedeakatemian Toimituksia, Sarja AIII A map of secular vertical movements of the earth's crust in Japan[3])[4]): **90** ('66) 287–89.

Mit: [1]) M. Hukunaga; [2]) S. Hukunisi; [3]) S. Miyamura; [4]) M. Mizoue; [5]) K. Muto; [6]) M. Sato; [7]) R. Takei; [8]) T. Terada; [9]) S. Aoki; [10]) Y. Inaba; [11]) S. Inomata; [12]) A. Kataoka; [13]) S. Kawasima; [14]) I. Muramatsu.

VI **MIYAMOTO,** Susumu. Chem. (physikal.). — 1929–37 Prof., Hiroshima Univ., Hiroshima.

*1896, Mai 15, Yokohama;
†1937, Jan. 10.

Bull. chem. Soc. Japan A theory of the rate of solution of gas in liquid [,1]: **7** ('32) 8–17; ~ 2: The rate of solution of gas in liquid containing a reactive substance; a kinetic derivation of the distribution law: 388–98. — The rate of oxidation of stannous salt by oxygen and the electrical conductivity of mixtures of sulfuric acid and stannous sulfate: 56–68. — Theory of the rate of dissolution of solid into liquid: **8** ('33) 316–26. — Theory of the rate of sublimation: 326–31. — Heterogeneous chemical reactions in the silent electric discharge, 7: **9** ('34) 139–49; ~ 8: 165–74; ~ 9: 175–81; ~ 11: 505–10; ~ 13: Reactions between hydrogen and solid inorganic compounds: **10** ('35) 199–204; ~ 16: ≈: **12** ('37) 313–15.

Chemical News Theory of the rate of solution of gas in liquid: **144** ('32) 273–79.

J. chem. Soc. Japan Heterogeneous chemical reactions in the silent electric discharge [,1]: **53** ('32) 724–36; ~ 2: 788–98; ~ 3: 914–24; ~ 4: 933–44; ~ 5: **54** ('33) 85–96; ~ 6: 202–12; ~ 7: 705–16; ~ 8: 1223–32; ~ 9: **55** ('34) 320–26; ~ 10: Preparation of colloidal solutions by silent electric discharge, 1: 611–17; ~ 11: 1143–47; ~ 12: Preparation of colloidal solutions, 2: 1273–76; ~ 13: Reactions between hydrogen and solid inorganic compounds: **56** ('35) 521–24; ~ 14: Preparation of colloidal solutions, 3: 836–41; ~ 15: ≈ [4 ?]: 1359–64. – A theory of the rate of solution of gas in liquid, 2: The rate of solution of gas in liquid containing a reactive substance; a kinetic derivation of the distribution law: **53** ('32) 1005–12. – The rate of solution of oxygen in an alcoholic solution of anhydrous stannous chloride[3]): 1097–107. – A theory of the rate of solution of solid in liquid: **54** ('33) 410–17. – Theory of the rate of sublimation: 457–61. – The rate of solution of oxygen in acetone solution of anhydrous stannous chloride[3]): 1053–60. – A theory of adsorption: **56** ('35) 183–87. – Velocity of diffusion through a membrane: **57** ('36) 39–42. – – [Sprache d. Arbeiten japan. ?].

J. Sci. Hiroshima Univ., Ser. A Oxidation velocity of sodium sulphate solution by oxygen in presence of a molecular film of fatty acid [1])[2]): **1** ('31) 203–14. – Rate of dissolution of oxygen in water, 6: Rate of absorption of oxygen by sodium sulphite solution[1]): **2** ('32) 59–71. – A theory of the rate of solution of gas into liquid [,1]: 73–84; ~ 2: The rate of solution of gas into liquid containing a reacting substance, and a kinetic derivation of the distribution law: **3** ('32/33) 67–77. – Heterogeneous chemical reactions in the silent electric discharge, 1: **2** ('32) 217–42; ~ 2: **3** ('32/33) 79–97; ~ 3: 99–115; ~ 4: 117–36; ~ 5: 209–26; ~ 6: 347–66. – The rate of solution of oxygen in an alcoholic solution of anhydrous stannous chloride[3]): 193–208. – A theory of the rate of solution of solid into liquid: 327–37. – A theory of the rate of sublimation: 339–45.

Kolloid-Z. Darstellung kolloider Lösungen durch stille elektrische Entladungen [,1]: **67** ('34) 284–88; ~ 2: **69** ('34) 179–81; ~ 3: **71** ('35) 297–300; ~ 4: **74** ('36) 32–35. – Zur Theorie der Adsorption: **70** ('35) 275–77. – Zur Theorie der Diffusionsgeschwindigkeit durch Membranen: **74** ('36) 194–96. – Über den Einfluß der ultravioletten Strahlen auf die Entstehung der rhythmischen Fällungen von Silberchromat im elektrischen Felde: **78** ('37) 23–26.

Trans. Faraday Soc. Theory of the rate of dissolution of solid into liquid: **29** ('33) 789–94. – Theory of the rate of sublimation: 794–97.

Mit: [1]) T. Kaya; [2]) A. Nakata; [3]) E. Utonomiya.

IV–VI **MIZUNO,** Toshinojo. Physik. – 1898–1902 Assist. Prof., '02–23 Prof., Kyoto Univ., Kyoto.

*1865, Juni 15, Kurume;
†1944, Juni 22.

W. Riron denkigaku [Treatise on electricity] [10](–'44).

VI **MIZUSHIMA,** Sanichiro. Chem. (physikal.). – 1927–38 Assist. Prof., '30 D. Sc., '38–59 Prof., '45–59 Dir. of the Radiation Research Inst., '59 Prof. Emer., Tokyo Univ.; '59–69 Dir., '69–73 Hon. Dir., Tokyo Research Inst. of Yawata; '63– Research Chemist, Japan Acad., Tokyo; '61 Pres., Chem. Soc. of Japan. – '29 Sakurai Medal (Chem. Soc. of Japan); '38 Imperial Academy Prize; '61 Decoration of Cultural Merit, '70 Decoration of First Class (Emperor of Japan).

*1899, März 21, Tokyo.

Autobiogr. Der Atomsachverständige. Selbstbericht über seine Konversion: Sie hörten seine Stimme **1950**, 147–52.

Teilsammlung The scientific papers of Prof. S. Mizushima; a collection presented by his friends and pupils on the occasion of the celebration of the completion of his thirty-sixth year as a member of the Faculty of the University of Tokyo (Tokyo '59) (m. Bildn.).

S. Festschrift Prof. Arthur Stoll zum 70. Geburtstag (Basel '57) 305–17: The nature of peptide bond[74]). – Handbuch der Physik (S. Flügge) **26**: Licht und Materie 2 (Berlin–Göttingen–Heidelberg '58) 171–243: Raman effect. – Advances in molecular spectroscopy. Proc. 4th International meeting on molecular spectroscopy, Bologna 1959 (A. Mangini) **1** (Oxford '62) 60–69: Assignment of infrared bands and the approximate calculation of normal vibration. – Proc. Memorial lecture meeting on the 10th anniversary of the foundation of National Research Institute for Metals, Tokyo 1966 (H. Iwamura) (Tokyo '66) 68–77: Metals and nonmetals, members of the same family. – 9th Study week on molecular forces, Amsterdam 1966 (Amsterdam–New York '67) (Pontificiae Academiae Scientiarium scripta varia, 31) 415–29: Intramolecular and intermolecular forces.

W. Quantum chemistry [japan. ?] (Tokyo '40) 168 S. – Electric waves and matter [japan. ?] (Tokyo '46) 191 S. – Internal rotation, with reference to the structure of high polymers, especially of proteins (Notre Dame, Ind. '52) 32 S. (Peter C. Reilly lectures in chemistry, 5, 1951). – Structure of molecules and internal rotation (New York '54)

246 S. — Molecule [japan. ?] (Tokyo '57) 197 S. — What is matter? [japan. ?] (Tokyo '65) 252 S.

Advances Enzymol. and related Subj. Biochem. Possible polypeptide configurations of proteins from the viewpoint of internal rotation potential[74]): **23** ('61) 1–27.

Advances molecular Spectroscopy Assignment of infrared bands and the approximate calculation of normal vibrations: **1** ('62) 60–69.

Advances Protein Chem. The molecular structure of simple substances related to proteins: **9** ('54) 299–324.

Anales real Soc. españ. Física y Quím., Ser. B Configuración de la cadena polipeptídica: **50** ('54) 645–50.

Annual Rev. physic. Chem. Experimental molecular structure[74]): **7** ('56) 445–64. — History of physical chemistry in Japan: **23** ('72) 1–14.

Bull. chem. Soc. Japan The dipole moment of hydrochloric acid and solvents[77])[31]): **10** ('35) 167f. — Raman spectrum of deuteroethanol [45])[58]): **11** ('36) 553. — The Raman spectrum of deuteromethanol[45])[58]): 698f. — The OH-vibration spectrum in the photographic infrared, 1[95])[45]): **12** ('37) 132–35; ~ 2[33])[45]): **14** ('39) 15–18. — A note on the polymerization of styrene as revealed by the Raman effect[45])[21]): **12** ('37) 136f. — Professor Masao Katayama: **13** ('38) 1f. — Quantum mechanical resonance and internal rotation[32]): 174–81. — Motion of ethylene halide molecules in crystals as revealed by the Raman effect[45]): 182–89. — Intramolecular rotation and the structure of high polymers, 1: The structure of the polypeptide chain[74]): **21** ('48) 1–8; ~ 2: Further studies on the structure of the polypeptide chain[74])[91]): **23** ('50) 176–80. — Analysis of straight-run gasolines by means of the Raman effect[51])[89]): **22** ('49) 213–15. — Determination of dielectric constant and loss factor by a free wave method, 2: Measurement on water and some insulators at λ 9,8 cm [99])[53]): **24** ('51) 60–63. — Atomic polarization of aliphatic alcohols in the liquid state[99])[75]): **25** ('52) 132f. — Dipole moments of 2,3-dihalogeno-2,3-dimethylbutanes[45])[40])[13]): **28** ('55) 165–71. — Internal rotation in n-propyl-chloride and -bromide[28])[18])[34]) [43])[74]): 330–34. — Hydrogen deformation vibrations[50]): 589–94. — Internal rotation in amino acids[15])[74]): **29** ('56) 802–04. — Two crystalline forms of DL-α-aminobutyric acid [91])[19])[82]): **32** ('59) 529–31.

Bull. Japan Inst. Metals Bonding properties of transition metals and phase transformation of iron[18]): **8** ('69) 384–89 [japan.].

Commentarii, Pontificia Acad. Sci. Internal rotation in polymers: **1**, Nr. 13 ('62) 4 S. — Note on an explanation of crystal structures of elementary substances[18]): **2**, Nr. 14 ('68) 12 S. — Note on the conformation of chain molecules [74]): Nr. 30 ('70) 4 S. — Reexamination of conformations of some molecules[74]): Nr. 43 ('72).

J. amer. chem. Soc. Raman frequencies of n-paraffine molecules[74]): **71** ('49) 1320–24. — Equilibrium ratio of rational isomers of n-pentane; with special reference to its difference from that of 1,2-dichloroethane[60]): 3411f. — Molecular structure of N-methylacetamide [74])[48])[34])[91])[7])[10]): **72** ('50) 3490–94. — Measurement of the Raman effect with a small quantity of liquid[74])[78]): 3811. — Raman spectroscopic investigation of the isomerization of hexane[55])[67]): 4820. — Chemical reaction in the torch discharge in carbon monoxide and carbon dioxide[45])[17])[22])[44]): 5176f. — Near infrared spectra of compounds with two peptide bonds and the configuration of a polypeptide chain [,1][74])[91])[78])[25])[29]): **73** ('51) 1330–33; ~ 2[74])[91])[78]) [35])[39])[76]): **74** ('52) 4639–41; ~ 3[74])[91])[34])[78])[39])[76]): **75** ('53) 1863–65; ~ 4[91])[74])[78])[100]): **76** ('54) 2479–82; ~ 5[91])[74])[6]): 6003–06; ~ 6: Further evidence of the internal hydrogen bonding and an estimation of its energy[74])[91])[4]): **79** ('57) 5357–61; ~ 7: On the extended forms of polypeptide chains[91])[74]): **81** ('59) 1406–11. — Additional studies on the intramolecular hydrogen bonding in acetylglycine N-methylamide[74])[91])[76]): **74** ('52) 270f. — The entropy difference between the rotational isomers[74])[34]) [43]): 1378f. — On the internal rotation of a polypeptide chain[74]): 5550f. — The refractive indices and molecular dispersion of cis- and trans-decahydronaphthalene[71]): **75** ('53) 3274f. — Structure of ligands in inorganic coordination compounds by infrared spectra [65]): 4870. — Configurations of ligands having internal rotation axes in coordination compounds[65]): 6084f. — Infrared absorption spectra of inorganic coordination complexes, 1: The nature of chelation bonding in bis-(glycino)-copper(II) monohydrate and bis-(glycino)-nickel(II) dihydrate[70])[9])[65]): **77** ('55) 211f.; ~ 6: The molecular structure of 1,2-dimethylmercaptoethane and its metal chelate compounds[84])[65]): 6521f.; ~ 8: Normal vibrations of tetracyanoplatinate-2-ion[84])[50])[65]): **78** ('56) 889–92; ~ 10: Studies of some metal–urea complexes[64])[9])[65]): **79** ('57) 1575–78; ~ 12: The characteristic NH_3-deformation vibrations of solid inorganic complexes[83])[84])[9])[65]): 3313–15; ~ 13: Hexamminecobalt(II) halides and diamminemercury(II) halides[8])[50])[36])[65]): **80** ('58) 525–27; ~ 14: Infrared studies of some metal–thiourea complexes[97])[64])[36])[9])[65]): 527–29; ~ 16: Infrared studies of glycino–metal complexes[68])[50])[9])[65]): 5018–21; ~ 18: Infrared studies of malonato metal complexes[69])[50])[65]): **81** ('59) 287–90; ~ 20: Cobalt(III)ammine complexes containing some coordinated anions [8])[64])[9])[65]): 3818–21; ~ 21: Nitrosopentamminecobalt halides and nitrate[8])[36])[65]): 3821–23; ~ 22: Infrared studies of methylthiourea and its metal complexes[36)97)65)101)]: 3824–26. – Internal rotation in N-methylchloroacetamide [74)18)43)50)5)]: **78** ('56) 2038–41. – Infrared spectra of acetylglycine N-methylamide and the assignment[46)91)74)]: **81** ('59) 5914–17. – Internal rotation and conformation of linear high polymers[74)]: **86** ('64) 3521–24.

J. chem. Physics Molecular configurations in rotational isomerism[45)85)]: **9** ('41) 826. – Raman effect, infrared absorption, dielectric constant, and electron diffraction in relation to internal rotation[45)96)74)98)]: **17** ('49) 591–94; **18** ('50) 234. – The energy difference between the rotational isomers of 1,2-dichloroethane [45)96)74)]: **17** ('49) 663. – Note on the product rule for rotational isomers[45)74)]: 663. – Infrared and Raman spectra of hexachloroethane [45)74)34)]: 838f. – The constant-frequency Raman lines of normal paraffins[74)]: 1102–06. – The Raman spectrum of hexachlorodisilane [24)74)45)]: **18** ('50) 506–09. – Energy difference of the rotational isomers of liquid 1,2-dibromoethane[45)34)24)]: 754. – The lattice frequencies of 1,2-dihalogenoethanes[18)]: 1420. – Rotational isomers of 1,2-dihaloethanes[45)]: 1516. – Lattice frequencies of the benzene crystal [18)]: 1686f. – Entropy of crystalline benzene calculated from molecular data[18)]: **19** ('51) 388. – Dielectric constant and loss factor of ethyl alcohol and water at $\lambda = 3{,}24$ cm obtained by free wave method[99)57)75)]: 978f. – Internal rotation in ethylene chlorhydrin[74)43)1)99)]: 1477f. – The infrared dichroism of diketopiperazine[74)34)]: 1479f. – Rotational isomers of chloroacetyl chloride, bromoacetyl chloride, and bromoacetyl bromide[50)18)34)43)74)]: **20** ('52) 1720–24. – The configurations of rotational isomers and their normal frequencies[74)50)42)]: **21** ('53) 215–19. – Rotational isomerism in chloroacetone[74)43)18)34)50)73)]: 815–18. – Energy difference of rotational isomers of some dihalogeno-ethanes in the gaseous and liquid states[34)43)]: 1411f. – The assignments of the Raman and infrared frequencies of 1,2-dichloroethane observed in the gaseous, liquid and solid states[50)]: 2195–98; **22** ('54) 759. – Infrared absorption investigation on the rotational isomerism of 1,1,2-trichloroethane [34)]: 1403–05. – Further evidence for the existence of the gauche-form of 1,2-dichloroethane[50)18)43)]: 1614. – On the helical configuration of a polymer chain[74)]: **23** ('55) 707–11. – Infrared absorption spectra of inorganic coordination complexes, 3: Deformation frequencies of the NH_3 ligand[50)65)]: 1367f. – Infrared and Raman spectra of 1,1,2,2-tetrachloroethane; calculation of normal vibrations [49)50)34)18)]: 1907–10. – Molecular form of crystalline symmetric tetrabromoethane[14)74)]: **24** ('56) 172f. – Characteristic infrared bands of monosubstituted amides[43)74)]: 408–18. – NH_2 deformation frequencies of inorganic coordination complexes[50)84)]: **25** ('56) 1006–08. – Raman and infrared spectra of 2-thiabutane[15)74)]: **26** ('57) 608–12. – C–Cl stretching frequencies in relation to rotational isomerism[74)51)15)92)]: 970f. – Normal vibrations of N-methylacetamide[43)74)]: **29** ('58) 611–16. – Torsional frequencies of 1,2-dihalogenoethanes[18)23)74)]: 1190f. – C–Cl stretching frequencies and the molecular structure of polyvinyl chloride[74)92)]: **30** ('59) 1365f. – Far infrared spectrum of hydrazine[97)18)74)]: **31** ('59) 843. – Interaction between benzene and N-monosubstituted amides[81)91)74)]: 1437f.

J. chem. Soc. Japan Quantum mechanics of collision problems: **53** ('32) 512–19. – Molecular structure of simple organic compounds and the existence of isomers[16)]: **54** ('33) 226–33. – Raman effect and dipole moment in relation to free rotation[45)]: **55** ('34) 131–42. – Raman spectra and molecular structure of ethane and its derivatives [, 1][45)]: **56** ('35) 1464–70. – Raman spectrum and molecular structure of benzene[45)]: 1470–74. – A method of determining dipole moments: **58** ('37) 201–06. – Studies of hydrocarbon mixtures by means of the Raman effect, 1[45)60)]: **60** ('39) 289–95. – Molecular theory of dielectric loss[32)]: **62** ('41) 502–08. – Molecular theoretical investigation on cyclohexane–methyl-cyclopentane equilibrium[45)11)]: 587, 1066. – Chemical investigation on torch discharge at ultrahigh frequency [, 1][17)22)45)]: **63** ('42) 31–35; ~ 2[44)45)]: 1759–61. – On the Raman effect of gaseous carbon tetrachloride[45)96)]: 377–82. – Molecular theoretical investigations on hydrocarbons and their substitution products, 1[45)]: 797–800; ~ 2: Antisymmetric deformation frequencies of the molecules of dihalogenoethanes[45)41)59)]: 916–20; ~ 3: Raman spectrum of gaseous 1,2-dichloroethane[45)96)]: 921–23; ~ 4: Abundance ratio of rotational isomers of 1,2-dichloroethane[96)45)]: 1131–35; ~ 5: The appearance of forbidden Raman lines in the spectrum of liquid 1,2-dichloroethane[45)74)]: 1503–08; ~ 6: Entropy of 1,2-dichloroethane [45)96)]: 1509–11; ~ 7: The electron diffraction investigation of gaseous 1,2-dichloroethane[98)45)96)]: **64** ('43) 830–35; ~ 8: Dielectric constant of liquid 1,2-dichloroethane and the equilibrium ratio of rotational isomers[96)38)]: 962–67; ~ 9: On the rotational isomers of paraffins[74)]: 1064–69; ~ 10: Normal modes of vibration of n-paraffin molecules[74)]: 1215–21; ~ 11: Raman spectra of hexachloroethane, pentachloroethane and asymmetrical tetrachloroethane[45)102)103)]: **65** ('44) 127–31; ~ 12: Electron diffraction investigation of hexachloroethane, pentachloroethane and asymmetrical tetrachloroethane[45)98)]: 131–35; ~ 13: Entropy of 1,2-dibromoethane and torsional frequencies[54)45)]: 637–40; ~ 14[94)74)]: **66** ('45) 25f.; ~ 15[74)94)]: 26f. – Studies of gasolines by means of the Raman effect, 1[89)]: **65** ('44) 374–78; ~ 2[89)105)]: 549–55; ~ 3[89)105)]: **66**

('45) 22f.; ~ 4[51]: 23f.; ~ 5[51][106]: 24f. – Investigation of the isomerization of n-hexane by means of the Raman effect: 27.

J. chem. Soc. Japan, Pure Chem. Sect. The Raman effect of hexachlorodisilane[24][74][45]: **70** ('49) 19–21. – Raman spectra of glycine[7][47][74]: 333–35. – Analysis of isomeric mixtures of benzene hexachloride by infrared absorption[34][74]: 340f. – N-Methylacetamide, a structural unit of polypeptide chains[74][48][34][91][7][10], 1: Studies by means of the Raman effect, ultraviolet absorption, and infrared absorption: **71** ('50) 32–35; ~ 2: 35–37. – Nature of the potential hindering internal rotation[45][74]: **73** ('52) 621–23. – The protein model[74][91][78]: 624–26. – Measurements of sedimentation constants by an analytical ultracentrifuge[96][26]: 828–32. – The configuration of a polypeptide chain and the azimuthal angle of internal rotation[74]: **74** ('53) 755–57. – Infrared spectra and normal vibrations of inorganic coordination compounds[50]: **80** ('59) 124–28. – – Alle Arbeiten japan.

J. electrochem. Soc. Japan Polyisobutylene, 1: Preparation of high molecular weight polymer[54][87][30][96]: **13** ('45) 27–31; ~ 2: Some measurements on high molecular weight polymer[54][74][57][63]: 31–34.

J. japan. biochem. Soc. Structure of protein: **20** ('48) 111–18.

J. physic. Chem. Some problems of internal rotation[45][74]: **56** ('52) 324–26. – Infrared studies of inorganic coordination compounds, 2: Infrared and Raman spectra of 1,2-dithiocyanatoethane in relation to a new type of optical isomerism of coordination compounds[18][50][65]: **59** ('55) 293–96. – Infrared spectra of polypeptides and related compounds, 1[6][91][74]: 322–25.

J. Soc. chem. Industry, Japan; Suppl. Binding Studies on hydrocarbons and their mixtures by means of the Raman effect: **45** ('42) 209–11.

Kagaku [Tokyo] Fundamental theories in hydrocarbon chemistry: **11** ('41) 148–52 [ ]. – Structural chemistry of protein, 1[74]: **17** ('47) 24–26 [ ]; ~ 2[74]: 52f. [ ]; ~ 3: The structure of proteins and the phenomena in living bodies[74]: **18** ('48) 452f. [ ]. – Synthesis of "perilla sugar" (antioxime of perilla aldehyde)[2][87][20]: **17** ('47) 241 [ ]. – The structure and properties of the peptide bond[74]: **19** ('49) 252–58 [ ].

Kaguku no Ryôiki Structure of the polypeptide chain[74]: **6** ('52) 311 [japan.]. – Recent physicochemical methods in experiments: Extra edition Nr. 7 ('52) 1f. [ ]. – The structure of metal complexes by infrared absorption[50]: **10** ('56) 173–81 [japan.].

Mikrochemie verein. Mikrochimica Acta Aufnahme von Raman-Spektren mit geringen Substanzmengen[74][78]: **36/37** ('51) 574f. [m. engl. u. französ. Zusammenfassg.].

Monogr. Ser. Res. Inst. appl. Electricity [Sapporo] Configuration of a polypeptide chain and the internal rotation about single bonds[74]: Nr. **5** ('55) 1–8.

Nature [London] Raman effect and free rotation[45][52]: **137** ('36) 945. – Stable configurations of a polypeptide chain[74][91][78][25]: **164** ('49) 918f. – Near infrared spectra of proteins and related substances[74][91]: **166** ('50) 406f. – Infrared spectra of acetylproline N-methylamide and the configuration of a proline residue in a polypeptide chain[74][34][91][78][50][35]: **169** ('52) 1058f.

Physikalische Z. Dipolmoment und Ramaneffekt von Molekülen mit frei drehbaren Gruppen [, 1][45][16]: **35** ('34) 905–11; ~ 2[45][32]: **38** ('37) 459–62. – Eigenschwingungen von schwerem Azetylen und von Äthylenhalogeniden[45]: **36** ('35) 600–02.

Proc. imp. Acad., Tokyo Abhängigkeit des Dipolmomentes von 1,2-Dichloräthan von der Temperatur und dem Lösungsmittel[16]: **8** ('32) 482–85. – Raman effect in tetradeutero-1,2-dibromœthane[45][79]: **14** ('38) 250f. – Raman effect in ethanol, monodeutero-ethanol, and hexadeutero-ethanol[45][27][51]: **16** ('40) 549–54.

Proc. Japan Acad. Structure of primary oxides formed on a single crystal of iron[66]: **41** ('65) 933–37. – The nature of the metallic bond, 1: Structure of metallic crystals[18]: **42** ('66) 783–88; ~ 2: The transformations in metallic crystals[18]: 789–94; ~ 3: Atomic interactions in alloys, 1[18]: 913–18; ~ 4: ≈ 2[18]: 1071–76; ~ 5: Phase diagrams and atomic interactions[18]: **43** ('67) 369–74; ~ 6: Phase diagrams and character of bonding[18]: 489–94.

Proc. indian Acad. Sci., Sect. A The Raman spectra and molecular configurations of solid ethylene dihalides[45]: **8** ('38) 315–22.

Pure and appl. Chem. Japanese researches on internal rotation: **7** ('63) 1–12.

Rep. Inst. Sci. and Technol., Univ. Tokyo The structure of proteins as revealed by the near-infrared absorption spectra[74][91]: **4** ('50) 239–42 [ ].

Rep., Japan. Assoc. Advancement Sci. Relationship between the Raman spectrum and molecular structure of disubstituted ethane, 2: **17** ('42) 87f. [ ].

Rep. Radiat. Chem. Res. Inst., Tokyo Univ. Structure of protein molecule, 3[74]: **3** ('48) 7. – Effect of ultra-short waves on plant seeds[104]: 8. – Molecular structure of glycine[7][47][74]: 9f. – The Raman effect of hexachlorodisilane[24][74][45]: 11f. – Infrared absorption analysis of benzene hexachloride[34][74]: 16. – Molecular structure of N-methylacetamide[74][48][34][91][7][10]: **4** ('48/49) 14–19. – Molecular structure of α-keratin[74]: **5** ('50) 4–6. – Isolation and purification of tobacco mosaic virus by ultracentrifuge[94,62]: 10–12. — — [ ].

Revue univ. Mines, Métallurgie, Trav. publ., Sci. et Arts appl. Industrie Rotation vibration spectrum of 1,2-dichloroethane[74,18,23]: (9) **15** ('59) 447–49.

Scientific Papers Inst. physic. and chem. Res. [Tokyo] Raman effect and dipole moment in relation to free rotation, 1[45,16]: **25** ('34) 159–221; ∼ 2: Calculation of modes of vibration of ethylene halides[45]: **26** ('35) 1–10; ∼ 3: Raman spectra of solid ethylene halides[45,52]: **29** ('36) 63–70; ∼ 4: Molecular structure of acetylene tetrachloride[45,31]: 111–21; ∼ 5: Intramolecular potential of ethane derivatives[45]: 188–206; ∼ 6[31]: **31** ('37) 296–310; ∼ 7: Quantum mechanical resonance in carboxylic acid[45]: **32** ('37) 33–43; ∼ 8: Molecular structure of carbonic ester[32,45]: 129–37; ∼ 9: Rotation around S–S bond[45]: 220–27; ∼ 10: Molecular structures of o-chloroanisole, dimethoxybenzene, and diethoxybenzene[45,60]: **34** ('38) 1147–63; ∼ 11: Raman spectra of deuterio-1,2-dibromoethanes[45,80]: **36** ('39) 281–85; ∼ 12: Raman spectra of ethylene chlorhydrin, n-propyl chloride, and n-butane in the liquid and solid states[45,51]: **37** ('40) 205–15; ∼ 13: Raman spectra of some paraffins in the liquid and solid states[45,85]: **38** ('41) 437–45; ∼ 14: Chlorobromoethane, chloroiodoethane, and bromoiodoethane[45,41,90,59]: **39** ('42) 387–95; ∼ 15: Raman spectrum of gaseous 1,2-dichloroethane[45,96]: 396–400; ∼ 16: Dielectric constant of gaseous 1,2-dichloroethane[96,45]: 401–09; ∼ 17: The appearance of the forbidden Raman lines in the spectrum of liquid 1,2-dichloroethane[45,74]: **40** ('42/43) 87–99; ∼ 18: Entropy and torsional frequencies of 1,2-dichloroethane[45,96]: 100–04; Internal rotation, 19: The electron diffraction investigation of 1,2-dichloroethane[98,45,96]: 417–24; ∼ 20: Dielectric constant of liquid 1,2-dichloroethane and the equilibrium ratio of rotational isomers[96,38]: 425–32; ∼ 21: Rotational isomers of paraffins; calculation of skeletal modes of vibration of long chain molecules[74]: 467–80; ∼ 22: Raman spectra of asymmetrical tetrachloroethane and pentachloroethane[45,102,103]: **42** ('44) 1–4; ∼ 23: Electron diffraction investigation of asymmetrical tetrachloroethane, pentachloroethane, and hexachloroethane[45,98]: 5–9; ∼ 24: Entropy and torsional frequencies of 1,2-dibromoethane[54,45]: 27–30; ∼ 25: Infra-red absorption spectra of 1,2-dihalogenoethanes[74,94]: 51–56. — Investigation of the cyclohexane–methylcyclopentane equilibrium by means of the Raman effect[45,11]: **38** ('41) 401–08; **39** ('41/42) 76f. — Raman spectrum of gaseous carbon tetrachloride[45,96]: 348–56.

Spectrochimica Acta Spectroscopic investigation of the strength of hydrogen bonds formed by amides[91,74,93]: **7** ('55) 100–07. — Further spectroscopic studies on the internal rotation about a single bond: 8 ('56) 301. — Infrared absorption spectra of inorganic coordination complexes, 9: Infrared spectra of oxalato complexes[69,43,36,65]: **9** ('57) 51–58; ∼ 11: Infrared studies of mercuric amidobromide, Hg(NH_2)Br[50,64,36,65]: 199–203; ∼ 15: Normal vibrations of sulfamic acid H_3N^+-SO_3^-[50,68,36,65]: **12** ('58) 239–43; ∼ 17: Infrared spectra of platinum(II) and palladium(II) ammine complexes[50,69,9,65]: **13** ('58) 31–37; ∼ 19: N-Methylacetamide cadmium(II) chloride[37,65]: **15** ('59) 77–81. — In-plane normal vibrations of methanol[88,34]: **9** ('57) 265–69. — Internal rotation in 1,2-dichloro-2-methylpropane[15,18,74]: **10** ('57) 1–17. — Normal vibrations of urea-d_4[97,43,74]: 170–78. — Assignment of the vibrational frequencies of glycine[91,61,50,74]: **12** ('58) 253–61. — Polarization of the reflected infrared radiation from an echelette grating[97,18]: 294–98. — Analysis of P- and R-branches of the 950 cm^{-1} band of $^{14}NH_3$[91,74]: **13** ('58) 80–92. — Infrared and Raman spectra of dichloroacetylchloride in relation to rotational isomerism[42,50,43,18,74]: 161–67. — Assignment of vibration bands of DL-alanine[12,61,74]: **15** ('59) 236–41. — Infrared spectra of deuteriated α-amino acids NH_3^+-CDRCOO⁻. Assignment of the absorption band of α-alanine[82,56,86,12,74]: 969–76. — The internal rotation in anilides about the peptide bond as axis[81,91,74]: **16** ('60) 471–78. — Far infrared spectrum of hydrazine[97,18,74]: 1471–85.

Trans. Faraday Soc. The infra-red spectrum, structure, and normal vibrations of the guanidinium ion[3,72,97,74,43]: **53** ('57) 589–600.

Z. Physik Intramolekulare Rotation um die C–C-Einfachbindung[45]: **119** ('42) 188–94.

Weitere Veröffentlichungen in japanischer Sprache.

Mit: 1) K. Abe; 2) T. Andô; 3) C. L. Angell; 4) T. Arakawa; 5) T. Araki; 6) M. Asai; 7) H. Baba; 8) E. P. Bertin; 9) C. Curran; 10) O. Fujioka; 11) R. Fujisiro; 12) K. Fukushima; 13) T. Haga; 14) M. Hashimoto; 15) M. Hayashi; 16) K. Higasi; 17) H. H. Hirabayashi; 18) I. Ichishima (Ichijima); 19) Y. Iitaka; 20) K. Imabori; 21) Y. Inoue; 22) K. Kakihara; 23) H. Kamiyama; 24) M. Katayama; 25) E. Kato; 26) Y. Kawade; 27) Y. Kitasato; 28) C. Komaki; 29) E. Kondo; 30) S. Kondo; 31) K. Kozima; 32) M. Kubo; 33) T. Kubota; 34) K. Kuratani; 35) K. Kurosaki; 36) T. J. Lane; 37) M. Martinette; 38) Y. Masiko; 39) N. Mataga; 40) I. Miyagawa; 41) Y. Miyahara; 42) A. Miyake; 43) T. Miyazawa; 44) Y. Mizushima; 45) Y. Morino; 46) T. Moriwaki; 47) A. Mukai; 48) S. Nagakura; 49) K. Naito; 50) I. Nakagawa; 51) S. Nakamura; 52) S. Noziri; 53) K. Nukazawa; 54) M. Odan; 55) H. Ohno; 56) T. Ohshima; 57) H. Okabayashi; 58) G. Okamoto; 59) Y. Okamoto; 60) H. Okazaki; 61) T. Onishi; 62) Y. Otsuka; 63) C. Ozaki; 64) R. B. Penland; 65) J. V. Quagliano; 66) S. Sakata; 67) T. Sakura; 68) A. J. Saraceno; 69) M. J. Schmelz; 70) D. N. Sen; 71) W. F. Seyer; 72) N. Sheppard; 73) N. Shido; 74) T. Shimanouchi (Simanouti); 75) M. Shirai; 76) R. Souda; 77) K. Suenaga; 78) T. Sugita; 79) S. Sugiura; 80) A. Suzuki; 81) I. Suzuki; 82) S. Suzuki; 83) G. F. Svatos; 84) D. M. Sweeny; 85) M. Takoda; 86) N. Tamiya; 87) T. Tamura; 88) C. Tanaka; 89) T. Tobiyama; 90) M. Tomura; 91) M. Tsuboi; 92) S.

Tsuchiya; [93]) Y. Tsuda; [94]) H. Turuta; [95]) Y. Uehara; [96]) I. Watanabe; [97]) A. Yamaguchi; [98]) S. Yamaguchi; [99]) M. Yasumi; [100]) T. Yoshimoto; [101]) J. A. Ryan; [102]) M. Kawano; [103]) R. Otiai (Ochiai); [104]) M. Yoneyama; [105]) H. Shirakawa; [106]) M. Morikawa.

VI **MLODZEEVSKIJ,** Anatolij Boleslavovič. Physik. – 1918–21 Doz., '21– Prof., 2. Moskauer Staatsuniv. (→ '30 Inst. f. feine chem. Technol.), Moskva; '24–29 Prof., Höhere Techn. Lehranst., Moskva; '25– Prof., (1.) Staatsuniv. Moskva. – Leninorden, Medaille „Held d. Arbeit" (UdSSR). (⊠)

*1883, Apr. 10 (März 29), Moskva;
†1959, Sept. 16.

Zum 75. Geb.tag S. N. Rževkin, Usp. fizič. Nauk **66** ('58) 145f. (m. Bildn.).

Nekr. R. V. Telesnin, Fizika v Škole **20** ('60) Nr. 1, 29f. (m. Bildn.). – Vestn. mosk. Univ., Ser. Mat., Mech., Astron., Fiziki, Chim. **1959**, Nr. 3, 225–28.

H. (Redakt.) Lekcionnye demonstracii po fizike [Physikalische Vorlesungsversuche]; davon eigene Beiträge: **1**: Obščie ukazanija; molekuljarnaja fizika i termodinamika [Allgemeine Hinweise; Molekularphysik und Thermodynamik] (Moskva–Leningrad '48) 171 S.; **4**: Optika 1 ('49) 100 S.; **5**: Optika 2 (m. M. P. Šaskol'skaja) ('50) 88 S.; **8**: Obščaja mechanika [Allgemeine Mechanik] (m. R. V. Telesnin) (Moskva '54) 84 S. ⟨Gesamtausgabe siehe unter **W.**⟩. – (Hauptredakt.) Nikolaj Alekseevič Umov, 1846–1915 (Moskva '50) (Moskovskij gosudarstvennyj universitet im. M. V. Lomonosova, Naučnaja biblioteka im. A. M. Gor'kogo. Zamečatel'nye učenye Moskovskogo universiteta, 9). – (Redakt.) A. A. Ėjchenval'd, Izbrannye raboty [Ausgewählte Arbeiten] (Moskva '56); darin eig. Beiträge: 253–61: Aleksandr Aleksandrovič Ėjchenval'd, biographische Skizze [russ.]; 262–67: Anmerkungen [~].

S. Sovremennye problemy fiziko-chimii i chimičeskoj technologii [Aktuelle Probleme der physikalischen Chemie und der chemischen Technologie] **1** (Moskva '38) 48–68: Flüssige Kristalle [russ.]. – Očerki po istorii fiziki v Rossii [Skizzen zur Geschichte der Physik in Rußland] (A. K. Timirjazev) (Moskva '49) 170–85: A. A. Ėjchenval'd [russ.]; 195–206: Ju. V. Vul'f und die Entwicklung der Kristallphysik [~]. – Metodika i technika lekcionnych demonstracij po fizike [Methodik und Technik der physikalischen Vorlesungsversuche] (Moskva '64) 5–18: Über die physikalischen Vorlesungsversuche [russ.].

W. Kratkij učebnik molekuljarnoj fiziki [Kurzes Lehrbuch der Molekularphysik] ³(Moskva-Leningrad '33) 248 S.; ⁴('34) 248 S.; ⁵('41) 272 S. – Demonstracii po molekuljarnoj fizike [Demonstrationen für die Molekularphysik] (Leningrad '34) 91 S. – Teorija faz (S primeneniem k tverdym i židkim sostojanijam) [Die Phasentheorie (Mit Anwendungen auf den festen und flüssigen Zustand)] (Moskva–Leningrad '37) 121 S. – Termodinamika. Posobie dlja pedagogičeskich institutov [Thermodynamik. Lehrbuch für pädagogische Institute] ²(Moskva '48) 184 S.; armen.: (Erevan '49) 264 S.; ukrain.: (Kiev '54) 204 S. – Geometričeskaja termodinamika [Geometrische Thermodynamik] (Moskva '56) 91 S. – Lekcionnye demonstracii po fizike [Physikalische Vorlesungsversuche] (m. M. A. Grabovskij, R. V. Telesnin, M. P. Šaskol'skaja, I. A. Jakovlev) (V. I. Iveronova) (Moskva '65) 572 S.

Fizika v Škole Zu N. N. Malov: „Gegen Stagnation und Schematismus im physikalischen Schulunterricht": **15** ('55) Nr. 2, 57f. [russ.].

Izvest. Inst. fiziko-chim. Analiza Die singulären Punkte von Schmelzkurven: **6** ('33) 5–12 [russ.]. – Die Schmelzkurven von festen Lösungen im Fall der Bildung von chemischen Verbindungen: 13–20 [~].

Izvest. Sekt. fiziko-chim. Analiza Thermische Untersuchungen der chemischen Verbindungen des Systems Zink–Magnesium[1]): **9** ('36) 193–202 [russ.]. – Thermodynamische Oberflächen von Einstoffsystemen: **14** ('41) 145–52 [~]. – Geometrische Thermodynamik und feste Lösungen: **16** ('43) 13–18 [~].

Izvest. vysšich učebnych Zavedenij, Tomsk, Fizika Wärme und Energie: **1959**, Nr. 1, 164f. [russ.].

Physica Courbes de fusion de solutions solides avec formation d'une combinaison chimique: **2** ('35) 159–68. – A propos de mes deux articles sur les courbes de fusion de systèmes binaires: **3** ('36) 872.

Mit: [1]) M. I. Sacharova.

V,VI **MLODZEEVSKIJ,** Boleslav Kornelievič. Math. – 1892–99 Außerord. Prof., 1899–1910 ord. Prof., Univ. Moskva; 1906 Vizepräs., '21 Präs., Math. Ges. Moskva. (⊠)

*1858, Juli 10, Moskva;
†1923, Jan. 18, Moskva [?].

Zur Biogr. D. F. Egorov, Matematičeskij Sborn. **32** ('25) Nr. 3, 449–52. – S. D. Rossinskij, B. K. Mlodzeevskij, 1858–1923 (Moskva '50) 52 S. (m. 5 Bildnissen u. Schr.verz.) (Moskovskij gosudarstvennyj universitet im. M. V. Lomonosova, Naučnaja biblioteka im. A. M. Gor'kogo. Zamečatel'nye učenye Moskovskogo universiteta, 11).

VI **MODERN,** Fernando. Chem. (physiol.), Bakteriol. — 1933– Prof., Univ. de Buenos Aires; später zeitweise wiss. Mitarbeiter am Bakteriol. Inst., Departamento nacional de Hig., Buenos Aires; wiss. Mitarbeiter, Inst. bacteriol. Malbrán, Buenos Aires. — Weitere Daten nicht bekannt. (⊠)
*1900, Dez. 4, Buenos Aires.

Anales Asoc. quím. argentina Das Lezithin bei der Fraktionierung antitoxischer Seren und über die Umwandlung von Pseudo- in Euglobulin[8]): **21** ('33) 142–48. — Der Diphtherieanatoxin–Lezithin-Komplex als Antigen[7]): **22** ('34) 11–14. — Affinität konzentrierter und nichtkonzentrierter Seren: 33–40. — Polarimetrie, Refraktometrie und Proteinfraktionierung der Seren normaler und immunisierter Pferde, 1: Vorläufige Studie[10]): **24** ('36) 145f. — Physikalisch-chemische Studie über den proteolytischen Abbau des Antidiphtherieserums[10]): **26** ('38) 57–85. — Die Proteinfraktionierung der Seren während der Immunisierung[10]): **27** ('39) 93–98. — Konzentrierung und Reinigung des Diphtherie-Toxoids, 1[10])[3]): **35** ('47) 69–81; ~ 2: Eigenschaften des Diphtherie-Vakzins, hergestellt aus gereinigtem Toxoid[10])[3]): 82–89. — Eine neue Technik für die Konzentrierung und Reinigung von Diphtherie-Toxoid[10])[3]): **38** ('50) 330–35. — Neue Entdeckungen zur Konzentrierung und Medikation von Tetanus-Toxoid[10])[3]): **44** ('57) 203–09. — — Alle Arbeiten span.

Anales Soc. ci. argentina Preparación de vacuna antitetánica y antidiftérica combinadas con protamina y otras sustancias coadyuvantes: **168** ('59) 41–51. — Adsorción de toxoides y suspensiones microbianas con protamina zinc y otros coadyuvantes[6]): **172** ('61) 61–66.

Biochemische Z. Physikalisch-chemische Untersuchungen über den proteolytischen Abbau von Antidiphtherieserum[10]): **299** ('38) 377–93. — Reinigung von Antidiphtherieserum durch peptische Proteolyse[10]): **305** ('40) 405–17. — Peptische Proteolyse der Eiweißfraktionen antidiphtherischer und normaler Sera[10]): **311** ('41/42) 188–95. — Die Elektrodialyse proteolysierter Sera und ihrer Proteinfraktionen[10]): 196–202.

C. R. (hebd.) Séances (et Mém.) Soc. Biol. Sur la stabilité de la toxine pour la réaction de Schick: **110** ('32) 829f. — Action de la lécithine sur le fractionnement des sérums antitoxiques et la transformation de la pseudoglobuline en euglobuline[8]): **114** ('33) 387–89. — L'avidité des sérums concentrés et non concentrés: 1214–16. — Pouvoir antigénique du complexe anatoxine diphtérique–lécithine[7]): 1218f. — Concentration et purification des toxines et des toxoïdes par ultrafiltration[10]): **123** ('36) 69f. — Polarimétrie, réfractométrie et contenu protéique des sérums de chevaux immunisés[10]): 501. — Etude physico-chimique de la désintégration protéolytique du sérum antidiphtérique[10]): **129** ('38) 851–54. — Protéolyse du sérum antitétanique[10]): **133** ('40) 158. — Protéolyse des fractions des sérums normaux ou antidiphtériques par la pepsine[10]): 159f. — Protéolyse peptique du sérum antidiphtérique[10]): **134** ('40) 290–92. — Electrodialyse des sérums et de leurs fractions protéiques après protéolyse[10]): 484. — Protéolyse peptique des fractions protéiques des sérums antidiphtériques et normaux[10]): 485f. — Concentration et titration des toxoïdes tétaniques[10])[3]): **150** ('56) 2016. — Vaccin antitétanique et antidiphtérique combiné à la protamine et d'autres coadjuvants: **154** ('60) 829f.

Folia biol. [Buenos Aires] Die Mischverbindung Diphtherieanatoxin–Lezithin als Antigen[7]): Nr. **26/28** ('33) 133f. [span.].

Industria y Quím. Darstellung von Rohpenicillin und seine Reinigung[12])[5]): **7** ('45) 234–37 [span.].

Monatsh. Chem. Die Reinigung und Konzentration des Tetanustoxoids[10])[3]): **81** ('50) 165–73.

Profilassi L'immunità acquisita contro il tetano[11])[2]): **10** ('37) 161–76.

Revista brasil. Quím. Kombinierte Wirkung von konzentriertem und nichtkonzentriertem Antiserum: **6** ('38) 195–97 [span.]. — Physikalisch-chemische Studie über den proteolytischen Abbau des Antidiphtherieserums[10]): 197–204 [~].

Revista Inst. bacteriol. Dep. nacion. Hig. Über die Widerstandsfähigkeit des Toxins gegen die Schick-Reaktion: **6** ('33/34) 44–50. — Einfluß von Lezithin auf die Fraktionierung antitoxischen Serums und die Umwandlung von Pseudoglobulin in Euglobulin[8]): 51–56. — Affinität konzentrierter und unkonzentrierter Seren: 152–58. — Polarimetrie, Refraktometrie und Proteinfraktionierung der Seren normaler und immunisierter Pferde[10]): **7** ('35/36) 99–106, 377–81. — Konzentration und Reinigung von Toxinen und Toxoiden durch Ultrafiltration[10]): 610–17. — Wirkungen von Ultraviolettstrahlung auf Diphtherieseren, -toxine, und -toxoide: 618–21. — Physikalisch-chemische Studie über den proteolytischen Abbau des Diphtherieserums[10]): 8 ('37/38) 376–99. — Die Proteolyse von Diphtherieseren durch Pepsin[10]): **9** ('39/40) 197–215. — Die Elektrodialyse von Seren und proteolysierten Eiweißfraktionen, 1[10]): 513–29. — Peptische Digestion von Proteinfraktionen des Antidiphtherieserums und des normalen Serums[10]): 530–41. — — Alle Arbeiten span.

Revista Inst. bacteriol. Malbrán Proteolyse von Antitetanusserum[10]): **10** ('41/42) 233–41. — Darstellung gereinigten Antiserums[11])[10])[2])[4]): 292–301. — Eine Analyse der enzymatischen Wirkung von Pepsin auf Antidiphtherieserum[10]): 309–19. — Analytische Studie über die Schwefelsäurefällungsreaktion von menschlichem Serum[13])[10]): 486–500. — Oligodynamische Wirkung von Silber und einige Variable, die diese Wirkung beeinflussen[9]): **11** ('42) 243–50. — Darstellung von Diphtherietoxin[11])[2])[4])[10])[9]): **12** ('43/44) 83–102. — Absorptionsspektren bei der Tabanera[serum]reaktion[15])[10]): 141–48. — Darstellung und Reinigung von Rohpenicillin[12])[5]): 362–68. — Brechungsindex bei der Schwefelsäurefällungsreaktion des Serums[13]): 386–89. — Eine Studie über die Serumreaktion von Tabanera[13])[10]): **13** ('45/48) 44–52. — Konzentrierung und Reinigung des Diphtherie-Toxoids, 1[10])[3]): 210–16; Diphtherie-Toxoid, 2a: Seine Konzentrierung und Reinigung[10])[3]), ~ 2b: Herstellung des Vakzins und sein vakzinales Vermögen[10])[3]): 320–33. — Der Aktivitätsverlust von nativem, konzentriertem und proteolysiertem Antidiphtherieserum in der Wärme[10]): 224–28. — Reinigung und Konzentrierung des Tetanus-Toxoids[10])[3]): **14** ('49) 180–90. — Eine neue Technik, angewandt auf die Konzentrierung und Reinigung von Diphtherie-Toxoid[10])[3]): **15** ('50/53) 225–31. — — Alle Arbeiten span.

Revista Soc. argentina Biol. Das Lezithin bei der Fraktionierung der antitoxischen Seren und die Umformung von Pseudoglobulin in Euglobulin[8]): **9** ('33) 153–57. — Konzentrierung und Reinigung von Toxinen und Toxoiden durch Ultrafiltration[10]): **12** ('36) 70–76. — Polarimetrie, Refraktometrie und Proteinfraktionierung der Seren normaler und immunisierter Pferde[10]): 89–101. — Wirkungen von Ultraviolettbestrahlung auf Diphtherieseren, -toxine, und -toxoide: 404–07. — Über die Herstellung graduierter Ultrafilter[10]): **13** ('37) 152–62. — Physikalisch-chemische Studie über den proteolytischen Abbau des Antidiphtherieserums[10]): **14** ('38) 94–117. — Proteinfraktionen des Serums während der Immunisierung[10]): 429–34. — Proteolyse von Antitetanusserum[10]): **15** ('39) 108–12. — Peptische Digestion von Antidiphtherieseren[10]): 333–50. — Elektrodialyse von Seren und proteolysierten Proteinfraktionen[10]): **16** ('40) 81–96. — Peptische Digestion der Proteinfraktionen von Antidiphtherieserum und normalem Serum[10]): 97–108. — Elektrophorese der Euglobuline und Pseudoglobuline des Antidiphtherieserums[9])[10]): 544–54. — Enzymwirkung des Pepsins auf Antidiphtherieserum[10]): **18** ('42) 93–105. — Physikalisch-chemische Studie über die Schwefelsäurefällungsreaktion von menschlichem Serum[13])[10]): 106–21. — Oligodynamische Wirkung von Silber[9]): 509–16. — Absorptionsspektren von Seren und die Schwefelsäurefällungsreaktion[13])[10]): **19** ('43) 333–40. — Einige Kulturmedien für die Darstellung von Penicillin[5])[1]): **20** ('44) 100–07. — Brechungsindex bei der Schwefelsäurefällungsreaktion des Serums[13]): 141–44. — Die Tabanera-Serumreaktion[13])[10]): 287–97. — Konzentrierung und Reinigung von Diphtherietoxoid, 1[10])[3]): **22** ('46) 451–58. — Stabilität von Antidiphtherievakzinen. Vergleichende Untersuchung von gewöhnlichen und gereinigten Vakzinen[10])[3]): **23** ('47) 226–33. — Ausflockung von Tetanustoxoiden und ihre Anwendung bei der Prüfung von Blutproben[10])[3]): **25** ('49) 263–69. — Über eine neue Technik zur Konzentrierung und Reinigung von Diphtherietoxoid[10])[3]): **26** ('50) 251–57. — Reinigung von Diphtherie- und Tetanustoxoiden[10])[3]): **27** ('51) 124–32. — Neue Betrachtungen über die Konzentrierung und Bemessung von Tetanustoxoiden[10])[3]): **32** ('56) 150–56. — Darstellung kombinierten Anti-tetanus–Antidiphtherie-Vakzins mit Protamin und anderen Hilfsstoffen: **35** ('59) 163–73. — — Alle Arbeiten span.

S.-Ber. österr. Akad. Wiss. Die Reinigung und Konzentration des Tetanustoxoids[10])[3]): **159** ('50) 165–73.

Semana méd. Das Diphtherietoxoid, 2[10])[3]): **1948**, 1059–69 [span.]. — Stabilität von Antidiphtherievakzinen. Vergleichende Studie von gewöhnlichen und gereinigten Vakzinen[10])[3]): 1255–59 [~].

Mit: [1]) M. Arzeno; [2]) J. Ferrari; [3]) A. Gatti; [4]) I. Gvirtzman; [5]) R. Illa; [6]) R. A. Margni; [7]) C. E. Pico; [8]) I. Pirosky; [9]) O. M. Repetto; [10]) G. Ruff; [11]) A. Sordelli; [12]) E. M. de Sosa; [13]) J. A. Tabanera.

VI **MØLLER,** Christian. Physik (theoret.). — 1933–40 Lektor, '40–43 Doz., '43–74 Prof., Univ. København; '57–71 Dir., Nordisk Inst. for Teoret. Atomfysik, København; '67–68 Präs., Comité sci. de l'Inst. Solvay; '71–74 Präs., Internat. Komitee f. Gravitat. u. Relativität. — '68 Phil. Dr. h. c. (Åbo Akad.). — '66 Ole Rømer Medalje; 70 Ørsted Medalje (Selskab f. Naturlærens Udbredelse, København).

*1904, Dez. 22, Hundslev, Als.

Zum 70. Geb.tag O. Klein, Ein kurzer Dialog über Einsteins Relativitätstheorie: Fysisk Tidsskr. **72** ('74) 99–107 [dän.].

HZ. Rend. Scuola int. Fisica "Enrico Fermi" **20.** 1961 ('62).

MHZ. Nuclear Physics **1** ('56) – **138** ('69).

S. 19. Pohjoismainen luonnontutkijain kokous, Helsinki 1936 (Helsinki '36): Über Positronenemission durch β-radioaktive Substanzen [dän.]. — Videnskaben i dag (F. Brandt, K. Linderstrøm-Lang) (København

'44) 43–: Quantentheorie und Naturerkenntnis [dän.]. — Rep. International conference on fundamental particles and low temperatures, Cambridge 1946, **1** (London '47) 180f.: New possible equations for fundamental particles; 184: The possible existence of mass spectra of fundamental particles; 194–: On the theory of the characteristic matrix. — Cosmic radiation (New York–London '49) (Colston papers, 1) 141–47: Remarks on the present situation in the theory of mesons. — Les inventeurs célèbres; sciences physiques et applications (L. Leprince-Ringuet) (Paris '50): Oersted (1777–1851) découvre l'action magnétique du courant électrique[4]). — Rep. International conference on elementary particles, Bombay 1950 (Bombay '51) 169–72: Non-local field theory. — Proc. International conference of theoretical physics, Kyoto and Tokyo 1953 (Tokyo '54) 13–17: On the problem of convergence in non-local field theories. — Fünfzig Jahre Relativitätstheorie. Verhandlungen, Bern 1955 (Basel '56) (Helvetica physica Acta, Suppl. 4) 54–57: The ideal standard clocks in the general theory of relativity. — Max-Planck-Festschrift 1958 (B. Kockel, W. Macke, A. Papapetrou) (Berlin '59) 139–53: Über die Energie nichtabgeschlossener Systeme in der allgemeinen Relativitätstheorie. — Brandeis University 1960 Summer Institute in Theoretical Physics, Lecture notes (Waltham, Mass.–New York '61) 7–122: Selected problems in general relativity. — Proc. Conference on relativistic theories of gravitation, Warsaw and Jablonna 1962 (L. Infeld) (Oxford–London–Edinburgh–NewYork–Paris–Frankfurt/M. '64, Warszawa '64) 31–43: Conservation laws in the tetrad theory of gravitation. — Niels Bohr, hans liv og virke fortalt af en kreds af venner og medarbejdere (København '64): Niels Bohrs Leistung in der Physik [dän.]; engl.: Niels Bohr, his life and work as seen by his friends and colleagues (St. Rozental) (Amsterdam '67) 240–60: Review of Niels Bohr's work[4]). — Atti del Convegno sulla relatività generale: Problemi di energia e onde gravitazionali, Firenze 1964 (Firenze '65) 29–42: Energy and momentum carried by gravitational waves. — Einstein-Symposium „Entstehung, Entwicklung und Perspektiven der Einsteinschen Gravitationstheorie", Berlin 1965, aus Anlaß des 50. Jahrestages der Entdeckung der allgemeinen relativistischen Gravitationsgleichungen und ihrer Vorlage in der Gesamtsitzung der Berliner Akademie am 4. 11. **1915** durch Albert Einstein (H.-J. Treder) (Berlin '66) 100–18: Survey of investigations on the energy–momentum complex in general relativity. — Proc. International conference on elementary particles, Kyoto 1965 (Y. Tanikawa) (Kyoto '66) 213–32: The energy and momentum of particle-like systems from the point of view of general relativity. — Gravitacija i topologija. Aktual'nye problemy (Moskva '66) 34–49: Erhaltungssätze in der Tetradentheorie der Gravitation [russ.]. — Old and new problems in elementary particles, dedicated to G. Bernardini in his 60th birthday (G. Puppi) (New York '68) 202–21: Thermodynamics in the special and the general theory of relativity. — Proc. International conference on elementary particles, Lund 1969 (Lund '69) 7–9: Gunnar Källen in memoriam.

W. Atomer og andre småting (m. E. Rasmussen) (København '38) 172 S. (Hirschsprungs populærvidenskabelige håndbøger, 1), [2]('39) 176 S., [3]('43), [4]('45), 5. Aufl. m. E. Rasmussen u. J. Kalckar [5]('69) 196 S.; niederländ.: Atomen en andre kleine deeltjes ('s-Gravenhage '39) 8 + 207 S.; engl.: The world and the atom (NewYork–London '40) 7+199 S., (London '48) 192 S., (New York '50) 192 S. — Grundtræk af den moderne atomfysik (København '46) 16 S. (Grundrids ved folkelig universitetsundervisning, Nr. 455). — The theory of relativity (NewYork–Oxford–London '52), Neudruck (Oxford '57) 12+386 S.; [2](Oxford '72) 8+557 S.; auch japan. — Forelæsninger over kvantemekanik **1** (København '58) 5+121 S.; **2** ('61) 7+188 S.; **3** ('67) 5+252 S.; **4** ('67) 7+209 S. — Lectures on elementary S-matrix theory (København '59) 124 S. (Nordisk Institut for Teoretisk Atomfysik). — Atomfysikkens grundlag i elementær fremstilling (m. M. Pihl) (København '64) 76 S.

American J. Physics Motion of free particles in discontinuous gravitational fields: **27** ('59) 491–93.

Annalen Physik Zur Theorie des Durchgangs schneller Elektronen durch Materie: (5) **14** ('32) 531–85.

Annales Inst. Henri Poincaré Sur la dynamique des systèmes ayant un moment angulaire interne: **11** ('49) 251–78.

Annals Physics On the localization of the energy of a physical system in the general theory of relativity: **4** ('58) 347–71. — Further remarks on the localization of the energy in the general theory of relativity: **12** ('61) 118–33.

Colloques int. Centre nation. Rech. sci. Etat actuel de la théorie du méson: **38.**1950 ('53) 139–. — The energy–momentum complex in general relativity and related problems: **91.** 1959 ('62) 15–25 [m. französ. Zusammenfassg.]; (Diskussion S. 25–29). — The case Ott versus Planck: **170.**1967 ('69) 43–55 [~]; (Diskussion S. 55f.).

Communications Dublin Inst. advanced Studies, Ser. A On the definition of the centre of gravity of an arbitrary closed system in the theory of relativity: Nr. **5** ('49) 42 S.

Danfoss J. Über die Gewinnung von Atomenergie: **1943,** Nr. 2 [dän.].

Festskr. København Univ. Niels Bohr, 1885–1962: **1963,** Nov., 117–22.

Fysisk Tidsskr. Über die Positrontheorie: **33** ('35) 179–87. – Der Satz über die Äquivalenz von Masse und Energie: **35** ('37) 59–71. – Masse und Energie: 74–76, 124f. – Fritz Kalckar, 1910–1938: **36** ('38) 1–6. – Über die Theorie der radioaktiven β-Umwandlung: **37** ('39) 33–39. – Über ein neues Elementarteilchen[2]): 177–86. – Hideki Yukawa, Nobelpreisträger in Physik für das Jahr 1949: **48** ('50) 68–70. – Einige Erinnerungen aus dem Leben an Bohrs Institut in der zweiten Hälfte der zwanziger Jahre: **60** ('62) 54–64. – Vortrag beim Empfang der H. C. Ørsted-Medaille: **68** ('70) 56–66. – – Alle Arbeiten dän.

Ingeniøren Prof. Niels Bohr zum 70. Geburtstag: **64** ('55) 794–97 [dän.].

Kongel. norske Vid. Selsk. Forh. The concepts of mass and energy in the general theory of relativity, 1: **31** ('58) Nr. 13, 80–84; ~ 2: Nr. 14, 85–91.

Matematisk-fys. Medd., Kgl. danske Vid. Selsk. Über die innere Paarerzeugung beim β-Zerfall[7]): **15**, Nr. 9 ('38) 30 S. – On the field theory of nuclear forces[6]): **17**, Nr. 8 ('40) 72 S. – On the theory of mesons: **18**, Nr. 6 ('41) 46 S. – Electromagnetic properties of nuclear systems on meson theory[6]): **20**, Nr. 12 ('43) 66 S. – On homogeneous gravitational fields in the general theory of relativity and the clock paradox: Nr. 19 ('43) 26 S. – General properties of the characteristic matrix in the theory of elementary particles, 1: **23**, Nr. 1 ('45) 48 S.; ~ 2: **22**, Nr. 19 ('46) 46 S. – On a convergent meson theory, 1[3]): **27**, Nr. 7 ('52) 51 S. – On the relation between the time-dependent and stationary treatments of collision processes[1]): **28**, Nr. 6 ('54) 64 S. – Old problems in the general theory of relativity viewed from a new angle: **30**, Nr. 10 ('55) 29 S. – The energy-momentum complex in the general theory of relativity: **31**, Nr. 14 ('59) 39 S. – Momentum and energy in general relativity and gravitational radiation: **34**, Nr. 3 ('64) 67 S. – Survey of investigations on the energy-momentum complex in general relativity: **35**, Nr. 3 ('66) 14 S. – Relativistic thermodynamics. A strange incident in the history of physics: **36**, Nr. 1 ('67) 27 S. – Gibbs' statistical mechanics in the theory of relativity: Nr. 16 ('68) 45 S. – The thermodynamical potentials in the theory of relativity and their statistical interpretation: **37**, Nr. 4 ('69) 27 S.

Matematisk-fys. Skr., Kgl. danske Vid. Selsk. Conservation laws and absolute parallelism in general relativity: **1** ('61) Nr. 10, 50 S.

Matematisk Tidsskr., B On the Thomas effect in rigid accelerated systems of reference: **1950**, 138–45.

Monthly Notices roy. astron. Soc. Relativistic degeneracy[9]): **95** ('34/35) 673–76.

Natur och Kultur Die seltsame Welt des Atoms[10]): **1945** [schwed.].

Nature [London] Recoil by β-decay[8]): **136** ('35) 911f. – Production of neutrons by annihilation of protons and electrons according to Fermi's theory[8]): 987. – Positron emission accompanying β-ray activity: **137** ('36) 314. – The theory of nuclear forces: **142** ('38) 290f. – Theory of mesons and nuclear forces[6]): **143** ('39) 241f. – The electric quadrupole moment of the deuteron and the field theory of nuclear forces[6]): **144** ('39) 476f. – Connexion between the life-time of the meson and the β-decay of light elements[6])[11]): 629. – New developments in relativistic quantum theory: **158** ('46) 403–06.

Naturens Verden Galileo Galilei: **27** ('43) 5–19.

Nuclear Physics The four-momentum of an insular system in general relativity: **57** ('64) 330–38.

Oversigt Selsk. Virksomhed, Kgl. danske Vid. Selsk. Niels Bohr, 1885–1962: **1962/63** ('63) 73–89.

Physica norveg. Force and work in the theory of relativity: **5** ('71) 297–302.

Physical Rev. Note on an approximation treatment for many-electron systems[5]): (2) **46** ('34) 618–22. – On the capture of orbital electrons by nuclei: **51** ('37) 84f. – On the theory of mesons: **58** ('40) 1118. – Nomenclature of nuclear particles: **59** ('41) 323. – A convergent S-matrix formalism with correspondence to ordinary quantum mechanics [3]): **85** ('52) 928f.

Physics Letters Gravitational energy radiation: **3** ('63) 329–31.

Physikalische Z. Sowjetunion Einige Bemerkungen zur Fermischen Theorie des Positronenzerfalls: **11** ('37) 9–17.

Proc. roy. Soc. London, Ser. A On the radiative collision between fast charged particles: **152** ('35) 481–96. – New experimental tests of the special principle of relativity: **270** ('62) 306–11; (Diskussion S. 311–14).

Rend. Scuola int. Fisica "Enrico Fermi" Tetrad fields and conservation laws in general relativity: **20**.1961 ('62) 252–64.

Suppl. Nuovo Cimento On the possibility of terrestrial tests of the general theory of relativity: (10) **6** ('57) 381–98.

Symposia math., Ist. nazion. alta Mat. Survey of investigations on relativistic thermodynamics: **12** ('73) 259–79.

Wissenschaftliche Z. Univ. Jena Thermodynamics in the theory of relativity: **17** ('68) 191–93.

Z. Physik Zur Theorie des Austauschproblems und des Ferromagnetismus bei tiefen Temperaturen: **82** ('33) 559–67.

Mit: [1]) F. J. Belinfante; [2]) B. Eriksen; [3]) P. Kristensen; [4]) M. Pihl; [5]) M. S. Plesset; [6]) L. Rosenfeld; [7]) N. Arley; [8]) F. Bloch; [9]) S. Chandrasekhar; [10]) E. Rasmussen; [11]) S. Rozental.

VI **MØLLER,** Jens Peter. Astron. — 1923–39 Erster Assist., '39–44 Amanuensis, Observat. d. Univ. København. (⊠) *1899, Febr. 28, Thoreby Lolland; †1944, Mai 23, København.

Nekr. E. Strömgren, Nordisk astron. Tidsskr. **25** ('44) 103.

S. Festschrift für Elis Strömgren. Astronomical papers dedicated to Elis Strömgren (København '40) 15–17: Note on Newcomb's tables of the three inner planets; 163–74: On the solution of Kepler's equation.

Astronomische Nachr. Ein Nomogramm für die Übertragung ekliptikaler Elemente auf das Äquinoktium des vorhergehenden oder des folgenden Jahres: **249** ('33) 63f. — Tafel der Funktion $x^{2/3}$ zur Verwendung bei parabolischer Bahnbestimmung nach der Methode von B. Strömgren[1]): **258** ('36) 9f. — Beobachtungen von kleinen Planeten am 360mm-Refraktor der Kopenhagener Sternwarte[2]): **260** ('36) 137–40. — Tafeln zur Reduktion gemessener Differenzen in Rektaszension und Deklination auf Differenzen der mittleren Örter bezogen auf das Äquinoktium des Jahresanfangs: **270** ('40) 29–35.

Beob.-Zirk. Astronomische Nachr. Beobachtung der Sonnenfinsternis am 10. September 1942 in Kopenhagen: **24** ('42) 91.

Mathematisk-fys. Medd., Kgl. danske Vid. Selsk. Table giving tan $\frac{v}{2}$ in parabolic motion with argument $M = (t - T)$ from $M = 275$ to $M = 4515$: **11** ('32) Nr. 8, 12 S. — Zwei Bahnklassen im Problème restreint: **13** ('35) Nr. 5, 21 S.

Monthly Notices roy. astron. Soc. Calculation of ephemerides in nearly parabolic orbits: **93** ('33) 777–88.

Naturens Verden Über das Fotografieren mit infraroten Strahlen: **16** ('32) 461–71. — Moderne fotografische Belichtungsmesser: **18** ('34) 451–57. — Zeit und Uhren: **19** ('35) 305–16. — Polarisationsfilter: **21** ('37) 361–72. — Bericht über ein astronomisches Objekt (Der Asteroid 1937 UB = Hermes): **22** ('38) 111–17. — Über die Herstellung von Aluminiumspiegeln: 356–61. — Über Finsternisse: **23** ('39) 75–88. — Reflexionsfreie Optik: **25** ('41) 228–32. — Die Kometen im Jahre 1940: 281–83. — — Alle Arbeiten dän.

Nordisk astron. Tidsskr. Pluto: **13** ('32) 41–46. — Über Astrofotografie mit Amateurkameras: 48–51. — Referierende Literatur über 1932 EA_1 Delporte: 67–69. — Über das Fotografieren mit infraroten Strahlen: **14** ('33) 19–28. — Wie man den Tag zur Nacht macht – und umgekehrt: **15** ('34) 43. — Moderne fotografische Belichtungsmesser: 61–68. — Ein neues System zur Angabe der Empfindlichkeit fotografischer Platten: 90–93. — Eine neue Art fotografischen Materials zum direkten positiven Kopieren: 94f. — Neukonstruktionen bei Amateurkameras: 141–45. — Zeit und Uhren: **16** ('35) 1–10. — Probleme bei der astronomischen Zeitbestimmung: **17** ('36) 133–38. — Karte zur Bestimmung der Sichtbarkeit von Mondfinsternissen: **18** ('37) 17f. — Polarisationsfilter: 53–61. — Über die Herstellung von Aluminiumspiegeln: **19** ('38) 71–76. — Objekt Reinmuth-Hermes: 77f. — Etwas über die Rechentechnik: 132–37. — Über Finsternisse: **20** ('39) 4–18. — Betrachtung von stereoskopischen Bildern ohne Stereoskop: 67–70. — Die Kometen: **22** ('41) 42–45, 100–04, 137–40; **23** ('42) 53–57, 105f., 132–37; **24** ('43) 24–26, 56–58, 99–103, 135f. — Reflexionsfreie Optik: **22** ('41) 52–56. — Stereoskopische Bilder von Bahnen des Kometen Whipple-Bernasconi-Kulin (1942a): **23** ('42) 103f. — Ein Bild des Kometen Whipple-Fedtke (1942g): **24** ('43) 64. — — Alle Arbeiten dän.

Außerdem Kometenbeobachtungen und Ephemeridenmitteilungen, publiziert in: Aktuelle Medd. astron. Selsk., København; L'Astronomie (BSAF); Astronomische Nachr.; Beob.-Zirk. Astronomische Nachr.; Ciel et Terre; Circulaire, Union astron. int. [København]; Coelum; Gazette astron.; J. brit. astron. Assoc.; J. roy. astron. Soc. Canada; Nature [London]; Nordisk astron. Tidsskr.; Observatory; Populär astron. Tidskr.; Popular Astron.

Mit: [1]) H. Q. Rasmussen; [2]) J. M. Vinter Hansen.

VI **MOENS,** Roger. Physik. — 1922 Dr. d. Math. u. Naturwiss., '23–26 Assist., Univ. Brussel; '28–36 Doz., '36–71 Prof., '49–51 Dekan, '50–53 Dir. d. Zentrums f. Kernphysik, '61–62 Sekretär d. Akad. Rates, '71 Prof. Emer., Univ. Gent. — Mehrere staatliche Orden u. Auszeichnungen.
*1901, Mai 27, Jette.

Zur Biogr. Liber memorialis der Rijksuniversiteit te Gent 1913–1960 (T. Luykx) **4** (Gent '60) 162f. (m. Bildn., Schr.verz.).

W. Proefondervindelijke natuurkunde [Vorlesungsskripten] **1**: Mechanica I en optica, **2**: Mechanica II, **3**: Illustraties bij delen **1** en **2** (Gent '49); **4**: Electriciteit I, **5**: Electriciteit II, **6**: Stralingsleer, **7**: Illustraties bij delen **4–6**, ('50); 2. Aufl.: **1**: Mechanica I en optica, **2**: Mechanica II ²('54) 10+282 S.; **3**: Electriciteit I, **4**: Electriciteit II, **5**: Stralingsleer ²('54); **3**, **4**, **5** ³('56), ⁴('60); Neuauflagen: **1**: Meetkundige optica, **2**: Mechanica I, **3**: Mechanica II, **4**: Electriciteit I, **5**: Electriciteit II, **6**: Stralingsleer ('61/62), ('66/67), ('67/68) (Cursussen gedoceret aan de Universiteit te Gent. Reeks: Faculteit der Wetenschappen). — Proefondervindelijke natuurkunde, Aanvulling **1** (Gent '57) 31 S., **2** ('57) 29 S. — Proefondervindelijke natuurkunde, Oefeningenschrift **1**, **2** (Gent '57) o. S. — Proefondervindelijke natuurkunde, Thermodynamica (Gent '57) 38 S. — Mathematische inleiding tot de leergang in de proefondervindelijke natuurkunde (Gent '57) 5 S., ('65) 26 S., ('66), ('67), ('69) 26 S.

Annales Oculistique Nouveau tonomètre électronique[1]): **185** ('52) 772–77.

Mit: [1]) J. François.

IV,VI **MÖRNER,** Carl Thore. Chem. (physiol., med.), Botanik. — 1894–1909 außerord. Prof., '09–29 Prof., Univ. Uppsala; '10–35 Apotheken-Inspektor. — 1886, 1888, 1889 Hwasserska Pris (Uppsala Läkareförening); 1899 Alvarenga Pris (Svenska Läkaresällskap); 1915 Björkénska Pris (Kungl. Svenska Vetenskapsakad. Uppsala).

*1864, Aug. 24, Sånga församling, Sörmland;

†1940, Sept. 7, Uppsala.

Zur Biogr. Uppsala Univ. Matrikel **1936** ('37) 237–41 (m. Schr.verz.); **1937/50** ('53) 397 (~).

Nekr. G. Blix, Upsala Läkarefören. Förh. **46** ('40/41) I–VI (m. Bildn.).

Botaniska Notiser Die gelbe Goldnessel, Lamium galeobdolon (L.) Cr., wild wachsend im Norden: **1932**, 301f. — Einige Beiträge zur nordländischen Floristik, hauptsächlich gegründet auf Reiseskizzen aus den Jahren 1923–1934: **1935**, 254–72. — Ein Linnéscher Euphorbia-Artname, vom orthografischen Gesichtspunkt aus betrachtet: **1937**, 311f. — Beitrag zur Frage nach der nördlichen Grenze in Schweden für Centaurium umbellatum Gilib.: **1940**, 241f. — — Alle Arbeiten schwed.

Fauna och Flora Einzelne Tropfen von Weiß und Schwarz im frühlingshaften Haselhain: **27** ('32) 67–71 [schwed.].

Friesia [København] Kommt der Schwarze Kelchbecherling, Urnula craterium (Schw.) Fr., in Skandinavien außerhalb Schwedens Grenzen vor?: **1** ('32) H. 1, 51f. [schwed.].

Göteborgs kungl. Vet.- och Vitterhets-Samhälles Handl. Über einen in Leichenwachs umgewandelten Schweinekadaver aus der Nähe von Göteborg[1]): (5) **6** ('39) Nr. 9, 10 S.

Hoppe-Seyler's Z. physiol. Chem. Ist das behauptete Vorkommen optisch inaktiven Cystins als Extraktivstoff in Heringseiern bewiesen?: **250** ('37) 25–30. — Über in Schweden beobachtete und veröffentlichte Fälle von Choleinsäure-Enterolithen beim Menschen: **259** ('39) 35.

Hygienisk Rev. Prüfung des Västerselsquellwassers als Handelsware (Västersels Heil- und Tafelwasser): **21** ('32) 34–37. — Riskante Angabe zur Frage der Behandlung der gemeinen Stockmorchel als eßbaren Pilz – genauer untersucht: **25** ('36) 130f. — Mittel gegen Jucken: **28** ('39) 71. — — Alle Arbeiten schwed.

Lustgården Einige Beobachtungen über Bäume und Sträucher in Schweden: **17** ('36) 19–28. — Kommentar zur schwedischen Namensgebung hinsichtlich der Pflanzengattungen Jasminum und Philadelphus: **18/19** ('37/38) 60–68. — — Beide Arbeiten schwed.

Svensk bot. Tidskr. Orientierung über den Bauchpilz Mycenastrum corium (Guers.) Desv. (Kürzlich auch im finnischen Bereich gefunden): **31** ('37) 206–14. — Der Bauchpilz Tulostoma brumale Pers. Einige Daten aus der Literatur über ihn und Verzeichnis über seine Verbreitung in Schweden und den nordischen Nachbarländern: **33** ('39) 1–16. — — Alle Arbeiten schwed.

Svensk farm. Tidskr. Schwedens erste offizielle Veterinärpharmakopöe. Eine bibliografische Studie: **36** ('32) 253–60. — Über kristallines Ferriorthophosphat, 1: Seine verschiedenen Formen in übersichtlicher Zusammenstellung: **37** ('33) 297–301, 317–21; ~ 2: Eine bemerkenswerte Form desselben – Strengit – spontan abgeschieden aus einem pharmazeutischen Präparat in einer schwedischen Apotheke: 365–70, 385–88. — Über die Veränderung von Arzneimitteln bei der Aufbewahrung. Aqua Menthae piperitae. Syrupus tonicus: **39** ('35) 189–95. — — Alle Arbeiten schwed.

Svensk Fiskeritidskr. Über den „fast geruchlosen sauren Strömling": **48** ('39) 177–79 [schwed.].

Svenska Läkartidn. Untersuchung eines Konkrements, das in einem gotländischen Grab der Steinzeit gefunden wurde: **33** ('36) 1465–71. — Ein Choleinsäure-Enterolith mit harter Schale und weichem „Kern": **34** ('37) 1017–19. — — Beide Arbeiten schwed.

Svenska Linné-Sällskapets Årsskr. Über die Benennung der Gattung Browallia und deren Arten, insbesondere der Linnéschen. Eine bibliografische Studie: **17** ('34) 1–26. — Bibliotechnische Durchsicht eines postumen Linnéschen Werkes [Systema vegetabilium]: **22** ('39) 116–18. — — Beide Arbeiten schwed.

Upsala Läkarefören. Förh. Heutige Kenntnis über die Cystinurie in Schweden: **37** ('32) 295–302. — Olof Hammarsten zum Gedenken:

38 ('32/33) H. 5, I–IX. – – Beide Arbeiten schwed.

Ferner ein Prüfungsbericht über das Wasser der Kallebäcksquelle bei Göteborg ('33).

Mit: [1]) C. Wiman.

VI **MOFFITT,** George Wilber. Physik, Astron. – 1926–37 Research Assoc., Yerkes Astron. Observat. of the Univ. of Chicago, Williams Bay, Wis.; '37–60 Optical Consultant, New York area. – '08 Lowden Math. Prize (Univ. of Iowa, Iowa City, Ia.).

*1887, März 28, Pleasantville, Ia.; †1965.

Astronomical J. Thirty-one determinations of stellar parallax from photographs made with the Yerkes refractor: **41** ('32) 167f. – Nineteen determinations ~: **42** ('32) 9f. – Thirty-two determinations ~: **47** ('38/39) 39f.

Contributions McDonald Observat., Fort Davis The Cassegrain camera for the 82-inch telescope of the McDonald Observatory: Nr. **1** ('40) 65–73. – The Cassegrain spectrograph for the 82-inch telescope of the McDonald Observatory: 74–96.

J. opt. Soc. America The influence of present trends in research on the design of astronomical telescopes and accessories: **25** ('35) 71–79. – The new Yerkes auto-collimating spectrograph as used on the Perkins 69-inch reflecting telescope: 142–51. – Compensation of flexure in range finders and sighting instruments: **37** ('47) 582–85.

Publ., Amer. astron. Soc. A note on the use of self-synchronous motors for reading the settings of large telescopes: **8** ('34) 18.

Review sci. Instruments Frequency requirements and the control of frequency for synchronous motor operation of astronomical telescopes: **3** ('32) 499–510.

VI **MOHLER,** Fred Loomis. Physik. – 1917–43 Physicist, '46–60 Chief of Mass Spectrometry Sect., Nation. Bur. of Standards, Washington, D.C.; '43–45 Operations Analyst, U. S. Army Air Force; '60–64 Consultant, Atom. Physics; '47 Pres., Washington Philos. Soc. – '46 Hon. Sc. D. (Dickinson College, Carlisle, Pa.). – '26 Medal of Freedom (President of USA).

*1893, Aug. 23, Wilbraham, Mass.

S. Temperature, its measurement and control in science and industry (New York '41) 734–44: Concepts of temperature in electric discharge phenomena.

American J. Roentgenol. and Radium Therapy The ionization of liquid carbon disulfide by Roentgen rays[13]): **34** ('35) 84–88. – A note on bactericidal effects of Roentgen rays[13]): 89–91.

Analytical Chem. Analysis of fluorinated polyphenols by mass spectrometer[3]): **27** ('55) 875–77.

Astrophysical J. The number of lines in a series as a function of electron pressure: **90** ('39) 429–38.

Bur. Standards J. Res. Experiments on the emission and absorption of radiation by metallic silver: **8** ('32) 357–64. – Power input and dissipation in the positive column of a cesium discharge: **9** ('32) 25–34. – Collisions of the first and second kind in the positive column of a cesium discharge: 493–508. – Scattering of electrons by ions and the mobility of electrons in a cesium discharge[2]): **10** ('33) 357–63. – Recombination radiation in the cesium positive column: 771–80.

J. Res. nation. Bur. Standards Ionization of liquid carbon disulfide by x-rays[13]): **13** ('34) 659–64. – A note on bactericidal effects of x-rays[13]): 677–79. – Reversal temperature and population of excited states in the cesium discharge: **16** ('36) 227–31. – Intensity distribution in the line emission spectrum of cesium: **17** ('36) 45–54. – Electron concentration and spectral intensity distribution in a cesium discharge: 849–57. – Recombination of ions in the afterglow of a cesium discharge: **19** ('37) 447–56. – Recombination in the afterglow of a mercury discharge: 558–66. – Cesium discharge under conditions of nearly complete ionization: **21** ('38) 697–706. – Resistivity and power input in the cesium discharge at high current density: 873–81. – Recombination and electron attachment in the F layers of the ionosphere: **25** ('40) 507–18. – Mass-spectrometer study of the rare gases[5])[11]): **38** ('47) 617–20. – Analysis by the mass spectrometer of a liquefied hydrocarbon mixture containing C_3–C_5 paraffins and olefins [5]): **39** ('47) 149–54. – Dissociation of sulfur hexafluoride, carbon tetrafluoride and silicon tetrafluoride by electron impact[5]): **40** ('48) 25–29. – Metastable transitions in mass spectra of fifty-six hydrocarbons[1])[8])[17]): 437–42. – Mass spectra of octanes[1])[8])[17]): **41** ('48) 129–33. – Doubly charged ion spectra in mass spectra of hydrocarbons[1])[15])[8])[17]): **42** ('49) 369–78. – Metastable transitions in mass spectra of hydrocarbons[1])[17])[15]): **43** ('49) 65–70. – Mass spectrum of pentaborane (B_5H_9) [5])[16])[11]): 97–100. – Mass spectra of C_5H_8 isomers[1])[16])[17])[15]): 533–36. – Introduction of measured liquid samples into the mass spectrometer[17])[11])[5]): **44** ('50) 215–20. – Mass spectra of nonanes[16])[17]) [15])[4])[1]): 291–97. – Mass spectra of diborane-D_6 and ethane-D_6 [5])[10]): 489–94. – Total ionization of hydrocarbons from mass-spectral data

[16][4]: **45** ('50) 235–38. — Mass spectra of some simple isotopic molecules[5][15][11]: 288–91. — Mass spectra of the deuteriomethanes[5]: 441–44. — Temperature variation of mass spectra of hydrocarbons[11][5]: **46** ('51) 79–84. — Mass spectra of some organo-lead and organo-mercury compounds[5]: **47** ('51) 337–42. — Mass spectra of deuterioacetylenes, mono-deuteriobenzene, and deuterionaphthalenes [5][16][4]: **48** ('52) 188–92. — Mass spectra of fluorocarbons[5][11]: **49** ('52) 343–47. — A new technique for the mass-spectrometric study of the pyrolysis products of polystyrene[3][5]: **50** ('53) 201f. — Mass spectra of the deuterio-ethylenes[5][7]: **53** ('54) 107–11. — Mass spectra of thermal-degradation products of polymers [3]: **55** ('55) 323–27. — Mass spectra of lead alkyls[10][5]: **57** ('56) 41–43. — Ionization and dissociation of the trifluoromethyl halides by electron impact[5][11]: 113–18. — Mass spectrum of sulfur vapor[5][3]: 223–25. — A survey of negative ions in mass spectra of polyatomic molecules[11][5]: 367–69. — Mass spectra and relative sensitivities of some polyphenyls[3]: **60** ('58) 143–45. — Mass spectra of aromatic hydrocarbons filtered from smoky air[3][5]: 615–18. — Redetermination of mass spectra of deuteriomethanes[5][10]: **61** ('58) 171f. — Mass spectra of some deuteriostyrenes[10]: **62** ('59) 39–42.

J. Res. nation. Bur. Standards, A Phosphino-borine compounds: mass spectra and pyrolysis [14][12][6][3]: **63** ('59) 63–66. — Mass spectra of some deuterioethanes[10]: **65** ('61) 93–95.

Contributed techn. Papers, Nation. geogr. Soc., Solar Eclipse Ser. Corona spectra in the range 4400 Å to 3300 Å [9]: Nr. **1** ('39) 64–68.

J. amer. chem. Soc. Dissociation of diborane by electron impact[5]: **70** ('48) 987–89. — Mass spectra of some cyclic and straight-chain fluorocarbons[1][8][17]: **71** ('49) 337–39. — Dimethylphosphinoborine trimer. Mass spectra and thermal decomposition[6][14][10]: **76** ('54) 3344f.

J. chem. Physics Mass spectra of cis- and trans-decahydronaphthalene[16][15][4]: **17** ('49) 1358. — Mass spectra of $^{14}N_2$, $^{14}N^{15}N$, and $^{15}N_2$ [5][11]: **18** ('50) 156. — Ionization potential of the CF_3 radical and some fluorocarbon bond energies obtained by electron impact[5][11]: **20** ('52) 761. — Ionization and dissociation of methyl siloxanes by electron impact[5][11]: **21** ('53) 180f. — Some ions of high kinetic energy in mass spectra of polyatomic molecules[5][11]: **22** ('54) 394–97. — Ionization and dissociation of hexafluorobenzene by electron impact[5][11]: **26** ('57) 304f.

J. opt. Soc. America Experimental evidence for the absence of scattering of light by light: **23** ('33) 386f. — Calculation of the luminous efficiency of ionized cesium vapor: **29** ('39) 152–57.

J. Washington Acad. Sci. Mass spectra of hydrocarbons: **38** ('48) 193–99.

Nature [London] Atomic absorption coefficients and transition probabilities: **142** ('38) 1160f.

Physical Rev. Recombination and electron attachment in the F_2 layer of the ionosphere: **57** ('40) 1071. — The resistivity of interstellar space: **59** ('41) 1043. — Metastable ion transitions in the mass spectra of the monochloropropenes[5][17]: **71** ('47) 381f. — Mass-spectroscopic analysis of mercury made by neutron attachment to gold[3]: **73** ('48) 925f.

Science [USA] Comparison of x-ray and gamma-ray dosage[13]: **81** ('35) 318f. — The correlation between ionization in the ionosphere and sun-spot numbers: **90** ('39) 137f. — Reference samples of isotopic abundance: **122** ('55) 334f. — Reports of Sections and Societies, Atlanta Meeting: Physics (Section B): **123** ('56) 279.

Technical Note, Nation. Bur. Standards Isotopic abundance ratios reported for reference samples stocked by the National Bureau of Standards: Nr. **51** ('60) 14 S. — Photoionization of atoms and molecules: Nr. **131** ('62) 43 S. — Survey of multiply charged ions: Nr. **243** ('64) 13 S.

Mit: [1] E. G. Bloom; [2] C. Boeckner; [3] P. Bradt; [4] H. M. Dean; [5] V. H. Dibeler; [6] R. E. Florin; [7] M. de Hemptinne; [8] J. H. Lengel; [9] P. A. McNally; [10] E. I. Quinn; [11] R. M. Reese; [12] S. Straus; [13] L. S. Taylor; [14] L. A. Wall; [15] E. J. Wells; [16] L. Williamson; [17] C. E. Wise.

V,VI **MOHOROVIČIĆ**, Andrija. Seismol., Meteorol., Geodyn. — 1891–1922 Leiter, Landesanst. f. Meteorol. u. Geodyn., Zagreb; '22–36 Privatgelehrter, Zagreb.

*1857, Jan. 23, Voloska, Istrien; †1936, Dez. 18, Zagreb.

Nekr. V. Conrad, Gerlands Beitr. Geophysik **50** ('37) 130f.

Zum 100. Geb.tag B. Maksić, Glasn. mat.-fizički i astron. (2) **12** ('57) 133–35 (m. Bildn., Schr.verz. 21 Nrn.).

Zur Biogr. D. S. Halacy, They gave their names to science (New York '67) 86–100: Andrija Mohorovičić and the Moho (m. Bildn.).

V,VI **MOHOROVIČIĆ**, Stjepan. Math., Astron., Philos. — 1923–39 Gymnasialprof., Zagreb; '48–53 Leiter d. wiss. Abteilg. d. Optischen Industrie, Zagreb, '51–53 als Wiss. Rat.

*1890, Aug. 20, Bakar, Kroatien.

Zur Biogr. V. Njegovan, Arhiv Hemiju i Farmaciju 7 ('33) 129-42 (m. Bildn., Schr.-verz.).

Zum 50. Geb.tag V. Grujić, Saturn [Beograd] 6 ('40) 177-87 (m. Bildn., Schr.verz.).

HZ. Naučna Misao 10 ('71/72).

Ue. A. Schmauß, Das Problem der Wettervorhersage (Zagreb '44) [kroat.].

S. Kritik und Fortbildung der Relativitätstheorie (K. Sapper) (Graz '58) 168-281: Raum, Zeit und Welt.

W. Wolken 1: Beschreibung der Wolken; Optische und Haloerscheinungen [kroat.] (Zagreb '43); 2: Sammlung der Wolkenbilder [kroat.] ('43).

Annuaire, Observat. astron., Univ. Belgrade Über die Bestimmung der Sonnengröße und der Erdbahn mittels der Messungen der scheinbaren Größe des Sonnendurchmessers: 8 ('37) [kroat.]. — La mécanique céleste de Ptolémée et la conception géocentrique du monde: 10 ('39) 260-67 [~].

Arhiv Hemiju i Farmaciju Über die Erklärungsmöglichkeiten für den Plotnikov-Effekt: 6 ('32) 16-33 [kroat.]. — Nikola Tesla zum 75. Geburtstag: 77-85 [kroat. u. deutsch]. — Ein seltenes atmosphärisches Phänomen: 6 ('32) 1 S. []. — Prof. Dr. Oton Kučera: 4 S. []. — Die Situation der Einsteinschen Relativitätstheorie in der gegenwärtigen Physik: 7 ('33) 3-23 [kroat. u. deutsch].

Astronomische Nachr. Möglichkeit neuer Elemente und ihre Bedeutung für die Astrophysik: 253 ('34) 93-107. — Ein neues Gesetz für die Entfernungen im Saturnsystem: 263 ('37) 199f. — Der Durchmesser des Objektes Reinmuth 1937 UB Hermes: 265 ('38) 79. — Beobachtung sich rasch bewegender Meteorleuchtwolken: 111. — Helligkeiten von 4 Vesta während der Opposition 1938: 266 ('38) 146f. — Ein neues Gesetz für die Entfernungen im Sonnensystem: 149-60. — Beobachtungen visuell wahrnehmbarer farbiger Nebel im Orion und in seiner Umgebung: 175-80. — Aufnahme einer merkwürdigen Meteorbahn: 243. — Kosmischer Raum von variabler Krümmung und das Hubblesche Phänomen: 268 ('39) 361-72.

Beob.-Zirk. Astronomische Nachr. Beobachtungen von Gamma Cassiopeiae: 20 ('38) 6, 23, 49; 21 ('39) 27, 73; 22 ('40) 9. — Komet 1939d Jurlof-Achmarof-Hassel: 21 ('39) 70. — Beobachtung von Mars und Saturn: 22 ('40) 8.

Bull. Observat. astron. Univ. Belgrade Meteorbeobachtungen: 4 ('39) 6f., 11, 17, 27-30. — Beobachtungen von Feuerkugeln und hellen Meteoren: 20. — — Beide Arbeiten französ.

Methodos [Milano] Über die Möglichkeit auch anderer spezieller Relativitätstheorien: 10 ('58) 267-86.

Nature [London] Law for the composition of de Broglie's velocities: 194 ('62) 463f.

Naučna Misao Antimaterie und die spezielle Relativitätstheorie: 8 ('68) 27-31. — Die Krümmung des Raumes in der Nähe eines dimensionierten Punktes: 10 ('71/72) 36-42. — Direkte Ableitung der Taylorschen Reihe einer synektischen Funktion komplexer Veränderlichen: 43-46 [kroat. u. deutsch]. — Beitrag zur Kenntnis der Geometrogenesis, 1: 11 ('73) 73-80 [~].

Nauka i Techn. [Beograd] Über einige optische Instrumente, unter Berücksichtigung der Bedürfnisse der Entwicklung unserer optischen Industrie: 2 ('46) 475-90. — Besteht ein Leben auf anderen Planeten?: Nr. 3. — Magnetische Messungen (Anziehung und Abstoßung des Elektromagneten), Theoretischer Teil: Nr. 11. — Unsere Lage im Weltall: Nr. 12. — Das Werk von Milanković auf den Gebieten der Astronomie und Klimatologie: 3 ('47) Nr. 4. — Scheinbare Form des klaren Himmels: Nr. 11. — — Alle Arbeiten kroat.

Optik [Stuttgart] Genauigkeit von Sphärometermessungen: 11 ('54) 493-95. — Einfallwinkel (ε) als Funktion des Ablenkungswinkels (δ) und der Brechungszahlen (n, n'): 12 ('55) 281f. — Zur Messung der Krümmungsradien von Probegläsern mit dem Ringsphärometer: 285-92. — Beiträge zur optischen Abbildung, 1: 360f.; ~ 2: 13 ('56) 224-26. — Ein Beitrag zur Erweiterung des paraxialen Abbildungsbereiches: 102-21.

Revista real Acad. Ci. exactas, físicas y natur. Madrid Antimatter: 61 ('67) 545-54.

Saturn [Beograd] Die partielle Sonnenfinsternis am 19. Juni 1936: 2 ('36) Nr. 6/7. — Über den Weltuntergang: Nr. 9. — Hundertjährige Periode der Sonnenflecken und der Wetteränderung: 3 ('37) Nr. 1. — Das Werk von Roggerius Bošković [Festrede]: Nr. 5. — Die Sonne und ihre Natur: Nr. 6/7. — Erscheinung und Beobachtung des Kometen 1937f (Finsler): Nr. 8/9. — Beobachtungen von Sonnenflecken 1937 Nov.-Dez.[1]): 4 ('38) 29-33; ~ 1938 Nov.-1939 Mai[1]): 5 ('39) 13f., 42f., 61f., 91-95, 95-97, 124-26, 126f., 151-56, 156; ~ 1939, Juni-Dez.[1]): 213-16, 237-40; 6 ('40) 23-25, 26, 69-73. — Die Sonnenaktivität 1937: 4 ('38) 94-98. — Die Sonne, Januar-November 1938[1]): Nr. 3-12. — Was kann man am Himmel beobachten und was nützt dies der Wissenschaft?: 173-79, 201-05, 240-50. — Mars, physische Beobachtungen: 5 ('39) 201-06. — Die Tätigkeit der Privatsternwarten auf dem Gebiete der kosmischen Physik im Jahre 1939: 6 ('40) 61-69 [m. deutscher Zusammenfassg.]. — Der Dreikönigsstern: Nr. 8/9. — — Alle Arbeiten kroat.

Sterne Zur Photographie der Sonne und des Mondes: **20** ('40) 68f.

Tehnički Pregled Neue Stereo-Kameras: **2** ('50) Nr. 1 [kroat.]. — Die Abbildung mittels nur einer zentrisch-symmetrischen Spiegelfläche und die weiteren Entwicklungsmöglichkeiten für Stereo-Kameras: **6** ('54) Nr. 2 [kroat. m. deutscher Zusammenfassg.].

Wissen im Werden Die Möglichkeit der Existenz auch anderer spezieller Relativitätstheorien: **2** ('58) Nr. 1; Nr. 4. — Über einige astronautische und astrophysikalische Probleme, 1: 57–86; ~ 2: Die Möglichkeit des Lebens auf den Planeten von Doppelsternen: 189–94. — Über verschiedene Lichtgeschwindigkeiten [Rede auf der Tagung auf Burg Greifenstein]: Nr. 5/6. — Bemerkungen über einen mechanisch-optischen Satz in der Natur: **3** ('59) Nr. 1. — Über den Untergrund der Welt: 85–94. — Ein streng mathematischer Beweis des bekannten Satzes von Pythagoras: **4** ('64) 94–96.

Wissenschaft ohne Dogma Einige Bemerkungen über Kraft, Impuls und Energie sowie über das Gravitationsgesetz: **1957**, Nr. 6, 1–11.

Mit: [1]) J. Tomec.

VI **MOHR,** Josef Mikuláš. Astron. — Stud. 1920–23 Karlova Univ., Praha, '23–24 Sorbonne, Paris; '25 RNDr., '34–39 Privatdoz. u. '39–42 Astronom am Astron. Inst., '53–72 ord. Prof., '72– wiss. Mitarbeiter, Karlova Univ., Praha; '27–28 Astronom, Observat. d'Alger; '28–33 Lehrbeauftragter Physik, Univ. Bratislava; '33–34 Privatdoz., Univ. Brno; '39–45 Astronom, Staatl. Observat., Praha; '46–53 ord. Prof., Univ. Brno. — '70 Silbermedaille (Univ. „J. E. Purkyně", Brno); '71 Goldmedaille (Karlova Univ., Praha).

*1901, Nov. 26, Praha.

Zum 70. Geb.tag Festschrift: Conference on stellar astronomy and astrophysics, Cikháj 1971 (Brno '73) 144 S. (m. Bildn.) (Folia Fac. sci. Natur. Univ. purkynianae brunensis 14,2); darin 7f.: L. Perek: Professor J. M. Mohr's seventieth birthday.

MHZ. Acta Univ. carolinae, Ser. math. et physica 1959. — Říše Hvězd **35** ('54) ff.

S. Travaux, dédiés à Dr. František Nušl, Directeur de l'Observatoire national de Praha et Professeur de l'Université de Charles IV, pour son soixante-dixième anniversaire, le 3 décembre 1937 (Praha '38) 61–65: On the question of the possible rotation of the local cluster [m. tschech. Zusammenfassg.]. — Astronomie v Československu od dob nejstarších do dneška (Praha '52) (Věda a život, 11): [Mitarbeit]. — Pražská universita Moskevské universitě. Sborník k výročí 1755–1955 (Praha '55) 291–98: Revolutions- und Rotationsimpulsmomente der Planeten und deren Monde und ihre Bedeutung bei der Formulierung kosmogonischer Hypothesen [tschech. m. russ. Zusammenfassg.].

W. Astronomie. Přehled dnešních vědomostí pro širší vrstvy (m. V. Guth, F. Link, B. Šternberk) **1** (Praha '42) 184 S., **2** ('47) 344 S.; erweiterte Aufl. u. d. T.: Astronomie **1** ²('54) 662 S., **2** ²('54) S. 663–1111. — Mikuláš Koperník (Praha '53) 24 S. — Jak vznikla naše Země? (Praha '53) 4 + 28 S.

Astronomical J. Stellar motions and Edmonson's formula for the mean parallax: **44** ('34) 10–14. — Some relations connected with the different positions of the solar apex: **15**f.

Bull. astron. [Paris] Etude préliminaire du terme K: (2) **8** ('33/34) 481–515. — Etudes sur les conséquences de la théorie de la rotation simple de la galaxie: **9** ('34/35) 1–39.

Bull. astron. Inst. Czechoslovakia Determination of Oort's constant B from Yale catalogues[6])[12]): **8** ('57) 5–9 [m. russ. Zusammenfassg.]. — Study on galactic rotation based on radial velocities of OB stars and O-associations[6]): 142–50 [~].

Čas. Pěst. Mat. a Fysiky On the question of the possible rotation of the local cluster: **67** ('38) 163–67 [m. tschech. Zusammenfassg.].

Československý Čas. Fysiku Mikuláš Koperník: **3** ('53) 316–18 [tschech.].

C.R. hebd. Séances Acad. Sci., Paris Sur la dépendance de la vitesse radiale observée et du terme K des étoiles du type B avec la distance: **206** ('38) 325f.

Monthly Notices roy. astron. Soc. The rotational space motions of the stars: **92** ('32) 562–93.

Postępy Astron. Statistische und dynamische Probleme der Sterne und die heutige Möglichkeit ihrer Lösung: **5** ('57) 56–60 [poln.].

Publ. Inst. astron. Univ. Charles Prague The rotational space motions of the stars: (2) Nr. **16** ('35) 40 S. — Second study of the K-term: Nr. **19** ('36) 24 S. — On the question of the possible rotation of the local clusters: Nr. **21** ('38) 5 S.

Říše Hvězd Astronomisches Lexikon[2])[1])[3])[4])[5])[7])[8])[9])[10])[11]): **23** ('42) Beilage, 116 S. — Gibt es einen Anfang und ein Ende des Universums?: **35** ('54) 29–34. — 25. Jahrestag der Entdeckung des Pluto: **36** ('55) 67f. — Vierzig Jahre Astronomie in der Tschechoslowakei: **39** ('58) 217–21. — Über das Sonnensystem: **42** ('61) 51–54. — — Alle Arbeiten tschech.

Spisy vydávané přírod. Fak. Karlovy Univ. The rotational space motions of the stars: **2** ('35) Nr. 16, 40 S.

Spisy vydávané přírod. Fak. Masarykovy Univ., Brno Irregularities in the motions of the B-stars with special reference to the K-term: Nr. **285** ('47) 21 S. – Preface to L. Perek, Nomograms for computing galactic longitude and latitude, galactic rectangular co-ordinates and components of the space-velocity: Nr. **299** ('47) 3f.

Vesmír Die Rotverschiebung in den Spektren außergalaktischer Nebel: **32** ('53) 349f. [tschech.].

Věstn. král. české Spol. Nauk Second study of the K-term: **1936**, Nr. 7, 24 S. – The distance of the galactic centre: **1938**, Nr. 2, 17 S.

Mit: 1) B. Bednárová; 2) J. Bouška; 3) F. Fischer; 4) V. Guth; 5) F. Link; 6) P. Mayer; 7) V. Nechvíle; 8) J. Procházka; 9) Z. Sekera; 10) B. Šternberk; 11) A. Zátopek; 12) J. Štohl.

VI **MOISEEV,** Nikolaj Dmitrievič. Astron., Himmelsmech. – 1929– Doz., Astrophysikal. Inst. → '31– Staatl. Astron. Inst. „P. K. Šternberg", Moskva; '29–47 Prof., Kriegsluftflotten-Akad. „N. E. Žukovskij", Moskva; '35 Dr. d. physikal.-math. Wiss.; '35–55 Prof., Staatsuniv. Moskva; '39–43 Dir., Staatl. Astron. Inst. „P. K. Šternberg", Moskva ('41–43 Sverdlovsk). – Leninorden (UdSSR); Orden „Roter Stern" (UdSSR) (2mal). (⊠)
*1902, Dez. 16 (3), Perm';
†1955, Dez. 6.

Nekr. Astronomičeskij Cirk. Nr. **166** ('56) 24f. – Trudy gos. astron. Inst. im. Šternberga **28** ('60) 5–9 (m. Bildn. u. Schr.verz.-Auszug 15 Nrn.).

Zum 5. Todestag E. N. Rakčeev, Vestn. mosk. Univ., Ser. I **1961**, Nr. 4, 71–77 (m. Bildn. u. Schr.verz. 49 Nrn.).

MH. (Mitredakt.) Mechanika v SSSR za tridcat' let, 1917–1947. Sbornik statej [30 Jahre Mechanik in der UdSSR, 1917–1947. Sammlung von Aufsätzen] (Moskva–Leningrad '50); darin eig. Beitr.: 11–57: Allgemeine Skizze der Entwicklung der Mechanik in Rußland und in der UdSSR [russ.].

HZ. (Redakt.) Zap. Semin. Teorii Ustojčivosti Dviženija, Voenno-vozdušn. inženern. Akad. im. Žukovskogo **1** ('46) ff.

MHZ. (Redakt.) Uč. Zap. mosk. gos. Univ. **58** ('40), **96** ('45).

S. Astronomija. Nauka v SSSR za 15 let [Astronomie. 15 Jahre Wissenschaft in der UdSSR] 1917–1932 (A. A. Kančeev) (Leningrad '32) 181–90: Die Fortschritte der Kosmogonie seit 15 Jahren [russ.]. – K. È. Ciolkovskij, "Tjažest' isčezla". Fantastičeskij očerk [„Die Schwerkraft ist verschwunden". Phantastische Studie] (Moskva–Leningrad '33): Einleitung: Welchen Nutzen manchmal die Phantasie einbringt [russ.]. – K. È. Ciolkovskij, Izbrannye trudy [Ausgewählte Arbeiten] (E. V. Latynina) **1** ([Moskva–Leningrad] '34): Biographie Ciolkovskijs [russ.]. – Trudy 2-go Vsesojuznogo matematičeskogo s-ezda [Arbeiten des 2. Mathematischen Unionskongresses], Leningrad 1934 **2** (Leningrad '36) 254–57: Über einige Eigenschaften der Trajektorien im eingeschränkten Dreikörperproblem [russ.]. – Astronomija v SSSR za tridcat' let, 1917–1947 [30 Jahre Astronomie in der Sowjetunion, 1917–1947] (Moskva–Leningrad '48) 184–91: Kosmogonie [russ.]. – E. L. Nikolai, Teoretičeskaja mechanika **1** 14(Moskva–Leningrad '50): [Einleitung:] Kurze historische Skizze zur Entwicklung der theoretischen Mechanik [russ.].

W. Očerki razvitija teorii ustojčivosti [Beiträge zur Entwicklung der Theorie der Stabilität] (Moskva–Leningrad '49) 663 S. – Očerki razvitija mechaniki [Beiträge zur Entwicklung der Mechanik] (Moskva '61) 478 S. (m. Bildn.).

Astronomičeskij Ž. Über einige Grundfragen der Theorie des Ursprungs der Kometen, Meteore und des kosmischen Staubes, 5: Über die Verteilung der Dichten innerhalb einer sich bewegenden Wirkungssphäre: **9** ('32) 30–52 [m. russ. Zusammenfassg.]. – Determination of the figure of geoid of the non-regularized earth: **10** ('33) 421–29 [russ. m. engl. Zusammenfassg.]. – On the reduction of gravity to the surface of geoid: 430–32 [∼]. – On the determination of the deflection of plumb line for the non-regularized earth: **11** ('34) 379–84 [∼]. – On the paper of A. I. Rasdolsky "On the movement of planets of Jupiter group": **12** ('35) 368–71 [∼]. – On the problem of unregularized earth: 372–75 [∼]. – Über die Relativkrümmung der zwei benachbarten Trajektorien (Zur Frage der Stabilität nach Jacobi): **13** ('36) 78–83 [m. russ. Zusammenfassg.]. – Sur l'hypothèse de Gyldén-Moulton de l'origine de "Gegenschein", 5: Sur une certaine loi de la distribution stationnaire des particules interplanétaires: **15** ('38) 217–25 [russ. u. französ.]; ∼ 6: Über den augenblicklichen Stand der Frage nach der Existenz der Häufung Gyldén-Moulton: 226–31 [russ.]. – Über die Arbeiten des Astronomischen Institutes und von Ambarcumjan über das Problem der Trojaner: **16** ('39) Nr. 2, S. 66 [∼]. – Der gegenwärtige Stand der qualitativen Himmelsmechanik, 1: Über die lokalen Charakteristiken von Trajektorienscharen im Fall zweier Freiheitsgrade: Nr. 4, 69–86 [∼].

Atti reale Accad. nazion. Lincei, Rend. Intorno alla legge di resistenza al moto dei corpi in un mezzo pulviscolare: (6) **15** ('32) 135–39; ∼ 2: Casi particolari notevoli: 377–81; ∼ 3: Caso generale di una agitazione incoerente: 443–47. – Sulle curve definite da un sistema di equazioni differenziali di secondo ordine, 1: Intorno ad un metodo di analisi qualitativa applicato ai problemi dinamici con due gradi di libertà: 20 ('34) 178–82; ~ 2: Qualche proprietà delle traiettorie nel problema dei tre corpi del Hill: 256–61; ~ 3: A proposito d'un metodo di studio delle curve integrali nel sistema di tre equazioni differenziali di secondo ordine: 261–65; ~ 4: Di alcune proprietà delle traiettorie nel problema del moto centrale di un punto riferito ad un sistema di assi rotanti: 321–27.

C.R. (Dokl.) Acad. Sci. URSS Über einige anepizyklische Gebiete im eingeschränkten Dreikörperproblem: (N.S.) **1936** I, 63–66. – Über ein vereinfachtes Schema des Planetensystems: 67f. – Über einige anepizyklische Bereiche im asteroidischen Dreikörperproblem: 107f. – Über den unwesentlichen Charakter einer der Beschränkungen, welche den topographischen Systemen in der Ljapunovschen Stabilitätstheorie auferlegt werden: 165f. – Über die Wahrscheinlichkeit der Stabilität nach Ljapunov: 215–17. – Über eine quantitative Charakteristik der qualitativen Berührungstheorie: **12** ('36) 53–56. – Sur les trajectoires périodiques autour du point de libration L_1 dans le problème des trois corps de Copenhague: **15** ('37) 539–42. – Sur la stabilité et l'antistabilité du troisième type généralisé: **16** ('37) 291–94. – Sur le problème de la localisation des trajectoires dynamiques dans l'espace des phases: **17** ('37) 301–04. – Sur la convergence des séries représentant formellement des solutions simple-périodiques: **18** ('38) 533–36. – Sur la stabilité Jacobienne généralisée d'une trajectoire périodique: 537–41. – Sur la construction des régions de la stabilité au sens de Ljapunov: **20** ('38) 419–22. – Sur les régions de la stabilité dans l'espace des phases: 423–25.

Gerlands Beitr. Geophysik Über die Bestimmung der Figur des Geoids der nichtregularisierten Erde: **42** ('34) 279–90.

Izvest. Akad. Nauk SSSR, Ser. fizič. Über das Genügeleistungsproblem einer oskulierenden Bahn: **1936**, 793 [m. russ. Zusammenfassg.].

Mathematische Ann. Über die Stabilität von Lösungen eines Systems von Differentialgleichungen: **113** ('37) 452–60.

Mathematische Z. Über die Stabilitätswahrscheinlichkeitsrechnung: **42** ('36/37) 513–37.

Revista Ci. [Lima] Su alcune proposizioni di morfologia dei movimenti nei problemi dinamici analoghi a quello del tre corpi: **39** ('37) Nr. 421, 45–50.

Trudy gos. astron. Inst. im. Šternberga Über einige Grundfragen der Theorie des Ursprungs der Kometen, Meteore und des kosmischen Staubes (Kosmogonische Studien), 4: Über die Verteilungen der Bahnelemente: **5**, Nr. 2 ('33) 1–68; Kosmogonische Studien, 6: Über den Einfluß der Sichtbarkeitsbedingungen der ersten Gattung auf die beobachtete Verteilung der Periheldistanzen der Kometen: **6**, Nr. 1 ('35) 5–49 [russ. u. deutsch]; ~ 7: Über die statistische Theorie des Einfanges von Kometen durch die großen Planeten: 50–66 [~]. – Über einige grundlegende Methoden der qualitativen Ermittlung der Bewegungsformen im Rahmen der Probleme der Himmelsmechanik, 1: Über die Methode der Berührungscharakteristiken im Falle zweier Freiheitsgrade: **7**, Nr. 1 ('36) 5–127 [russ.]; ~ 2: Sur les critères de l'existence de trajectoires ne coupant pas les limites de la région donnée: **9**, Nr. 2 ('39) 5–46 [russ. m. französ. Zusammenfassg.]; ~ 3: Über die Konstruktion der Bereiche der Stabilität und der Instabilität im Sinne von Ljapunov: 47–81 [russ.]; Berichtigungen zu ~ 1–3: 165f. []; ~ 4: Über die Charakteristiken der Longitudinal- und der Transversalstabilität: **14**, Nr. 1 ('40) 7–41 [russ.]; ~ 5: Über die Charakteristik der Berührungen von Trajektorien mit den Kurven eines vorgegebenen topographischen Systems im Falle zweier Freiheitsgrade: 42–68 [~]; ~ 6: Über Bewegungen in einer imaginären Zeit: **15**, Nr. 1 ('45) 7–26 [~]. – Über einige Eigenschaften der Trajektorien im eingeschränkten Dreikörperproblem: **7**, Nr. 1 ('36) 129–53 [~]; ~ 2: Das ebene Dreikörperproblem von Kopenhagen: 154–225 [~]; Berichtigungen zu ~ 1–2: **9**, Nr. 2 ('39) 167–70 [~]; ~ 3: La caractéristique des apsides pour le problème plan: Soleil–Jupiter–astéroïde: **9**, Nr. 1 ('36) 44–83 [russ. u. französ.]; ~ 4: Über einige der einfachsten Klassen periodischer Bahnen, die Scharen konzentrischer Kreise zugeordnet sind: **9**, Nr. 2 ('39) 82–114 [russ.]; ~ 5: Über vier Klassen einfacher periodischer Bahnen des Problems Sonne–Jupiter–Asteroid, die einem System konzentrischer Kreise zugeordnet sind: 116–31 [~]; ~ 6: Über die Jacobische Stabilität beim Kopenhagener Problem in den Punkten eines rechtwinkligen Schnitts mit den Koordinatenachsen: **15**, Nr. 1 ('45) 27–45 [~]; ~ 7: Über eine spezielle Art von Stabilitätsbereichen beim ebenen Dreikörperproblem von Kopenhagen: 46–74 [~]. – Über das Genügeleistungsproblem einer oskulierenden Bahn, 1: Über die Genügeleistung oskulierender Ellipsen vom Standpunkt der Hillschen Charakteristik im eingeschränkten ebenen Dreikörperproblem: **9**, Nr. 1 ('36) 7–14 [~]; ~ 2: Über die Genügeleistung oskulierender Ellipsen vom Standpunkt der Apsidencharakteristik im eingeschränkten ebenen Dreikörperproblem: 15–20 [~]; ~ 3: Über die Genügeleistung oskulierender Ellipsen vom Standpunkt der Hillschen Charakteristik im eingeschränkten dreidimensionalen Dreikörperproblem: 21–43 [russ. u. deutsch]; ~ 4: Über die

Genügeleistung der Kreisbahnen: **9**, Nr. 2 ('39) 132–64 [russ.]. – Über die Struktur bedingter Bereiche gleichartiger Berührungen im Falle dreier Freiheitsgrade: **14**, Nr. 1 ('40) 69–71 [~]. – Über einige vereinfachte, mit Hilfe einer Mittelung des eingeschränkten kreisförmigen Dreikörperproblems erhaltene Grundschemata der Himmelsmechanik, 1: Über die gemittelten Varianten des eingeschränkten kreisförmigen ebenen Dreikörperproblems, ~ 2: Über die gemittelten Varianten des eingeschränkten kreisförmigen räumlichen Dreikörperproblems: **15**, Nr. 1 ('45) 75–117 [~]. – Über einige vereinfachte, mit Hilfe einer Mittelung des eingeschränkten elliptischen Dreikörperproblems erhaltene Grundschemata der Himmelsmechanik, 1: Über die gemittelten Varianten des eingeschränkten elliptischen ebenen Dreikörperproblems: **20** ('51) 147–76 [~]. – Über einige grundlegende, vereinfachte, durch Mittelung des nichteingeschränkten Dreikörperproblems erhaltene Darstellungen der Himmelsmechanik, 1: Über die gemittelten Varianten des halbeingeschränkten ebenen Dreikörperproblems: **21** ('52) 3–18 [~]. – Über die interpoliert-gemittelten Varianten des kanonischen Problems der Himmelsmechanik: **24** ('54) 3–9 [~]. – Über die vollständige Mittelung des kanonischen Problems der Himmelsmechanik mit einigen intermediären Elementen: 10–16 [~]. – Über die orthointerpolatorische gemittelte Variante des eingeschränkten Dreikörperproblems: **28** ('60) 9–23 [~].

Trudy voenno-vozdušn. Akad. im. Žukovskogo Über einige Fragen der Theorie der Stabilität: Nr. **45** ('39) 5–58. – Die Lösung linearer Differentialgleichungen mit konstanten Koeffizienten mit Hilfe von Laplace- und Darboux-Transformationen [,1]: **102** ('44) 187 S.; [~ 2 u. ~ 3 nicht nachgewiesen]; ~ 4: Lösung eines Systems linearer Differentialgleichungen mit konstanten Koeffizienten mit Hilfe der Darboux-Transformation: **154** ('46) 126 S. – Über einige Methoden der Theorie der technischen Stabilität, 1: Über eine Methode zur Herleitung der hinreichenden Bedingungen der technischen Stabilität: **135** ('45) 27 S. – Über Bereiche vollständiger Stabilität bei ballistischen Problemen und in der Dynamik des Fluges: **136** ('45). – – Alle Arbeiten russ.

Uč. Zap. mosk. gos. Univ. A. M. Ljapunov und seine Arbeiten über die Theorie der Stabilität: **91** ('47) 139–48 [russ.].

Usp. astron. Nauk Über die qualitativen Methoden der gegenwärtigen Himmelsmechanik[1])[3]): **2** ('33) 3–28. – Der gegenwärtige Stand der Theorie des eingeschränkten Dreikörperproblems[2]): **3** ('33) 31–39. – Über den gegenwärtigen Stand des methodischen Apparates der dynamischen Kosmogonie[2]): [N.S.] **2** ('41) 5–66. – – Alle Arbeiten russ.

Vestn. mosk. Univ. Über die interpoliert-gemittelten Varianten des eingeschränkten Dreikörperproblems: **1950**, Nr. 2, 29–37. – Zur Frage der Wechselbeziehung der Wissenschaft mit der Basis und dem Überbau: **1951**, Nr. 3. – Über das Wesen des Stabilitätsbegriffs nach Ljapunov: Nr. 11. – – Alle Arbeiten russ.

Ž. èksper. i teoret. Fiziki Über eine „Methode" zur Ermittlung von Grenzzyklen: **9** ('39) Nr. 5 [russ.].

Zap. Semin. Teorii Ustojčivosti Dviženija, Voenno-vozdušn. inženern. Akad. im. Žukovskogo Übersicht über die grundlegenden Begriffe und Theorien der Stabilität der Bewegung: Der quantitative Aspekt der Theorie der Stabilität: **1** ('46); ~: Übersicht über die Entwicklung der Theorie der Stabilität vor Ljapunov; ibid.; ~: Über Ljapunovs Buch „Das allgemeine Problem der Stabilität der Bewegung": ibid.; ~: Übersicht über die Geschichte der Entwicklung des Begriffs und der Theorie der Stabilität im Sinne Ljapunovs: ibid. – Die Ljapunovschen Funktionen für Systeme gewöhnlicher homogener linearer Differentialgleichungen mit konstanten Koeffizienten: **2** ('46). – Koeffizientenkriterien der Ljapunovschen Stabilität und die Quasiintegralmethode: **3** ('48) 41–95. – Lokale Phasencharakteristiken der monotonen Transversalstabilität der nichtstationären krummlinigen Bewegung eines Flugzeugs: **4** ('48) 207–33. – – Alle Arbeiten russ.

Zwei weitere postum ('56) veröffentlichte Arbeiten zur Stabilitätstheorie.

Mit: [1]) G. N. Dubošin; [2]) N. F. Rejn; [3]) V. V. Stepanov.

VI **MOISIL,** Grigore Constantin. Math. – Stud., 1929 Dr. în Mat., Univ. din București; Gaststud. '30–31 Paris, '31–32 Roma; '32–35 Doz., '35–42 Prof., Univ. din Iași; '42–73 Prof., Univ. din București; '48 Pres., Rumän. Math. Ges. – '69 Dr. h. c. (Comenius-Univ. Bratislava). – '63 Staatspreis, '64 Titel „Verdienter Wissenschaftler", '71 Titel „Held der Sozialist. Arbeit" (Rumän. Regierung).

*1906, Jan. 10, Tulcea;
†1973, Mai 21.

Zum 60. Geb.tag Analele Acad. Republ. socialiste România **16** ('66) 383f.

Zur Biogr. G. Ș. Andonie, Istoria matematicii în România, **2** (București '66) 393–421 (m.. Bildnissen, Faks., Schr.verz.). – D. Moroianu, I. Ștefan, Pasiunea științei (București '68) 168–77.

Zur Biobibliogr. Gr. C. Moisil, Titluri și lucrări (Iași '35) 26 S.

H. Logique, automatique, informatique (Bucureşti '71); darin eigene Beiträge: 31–39: La logique élémentaire; 215–68: Les états transitoires dans les circuits séquentiels.

MHZ. Analele Univ. ("C. I. Parhon") Bucureşti, Ser. Acta logica 1 ('58) - [1973 ?]. – Revue (roumaine) Math. pures et appl. [Bucureşti] 1 ('56) - [1973 ?].

S. Istoria filosofiei moderne. Omagiu Prof. Ion Petrovici, 4 (Bucureşti '39) 593–618: La logique formelle et son problème actuel. – Problema determinismului (Bucureşti '40) (Biblioteca "Natura", 2) 17–76: Determinismus und Verkettung [rumän.]. – Atti del Convegno matematico, Roma 1942 (Roma '45) 143–52: L'algebra e la logica. – Lucrările, Sesiune generale ştiinţifice, Academia Republici Populare Romîne, 2–12 iunie 1950 (Bucureşti '50 [?]) 170–: Über einige Punkte der Theorie der partiellen Differentialgleichungen [rumän.]. – Lucrările Consfătuirii de geometrie diferenţială, Timişoara 1955 (Bucureşti '56) 119–28: Anwendungen der Differentialgeometrie in verschiedenen Bereichen der Mathematik und der Technik [rumän.]. – Consfătuirea asupra problemor de automatizari, Bucureşti 1955 (Bucureşti '56) (Analele Academiei RPR, 5, Anexă) 33–: Die algebraische Theorie der Schaltkreise mit Kontakten und Relais [rumän.]. – Al IV-lea Congres al matematicienilor români, Bucureşti 1956, Rapoarte 2 (Bucureşti '56) 115–20: Die Entwicklung der angewandten Mathematik in der Rumänischen Volksrepublik: Einleitung [rumän.]. – Aktuelle Probleme der Rechentechnik. Bericht über das Internationale Mathematiker-Kolloquium, Dresden 1955 (Berlin '57) 51–56: Sur la théorie algébrique des mécanismes automatiques: Synthèse des schémas à relais polarisés. – Proc. International automation congress, Paris 1956 (Bruxelles '59) 48–: Sur l'application des logiques à trois valeurs à l'étude des schémas à contacts et relais. – Non-homogeneity in elasticity and plasticity, Symposium, Warszawa 1958 (W. Olzak) (London–NewYork–Paris–Los Angeles, Cal. '59) 367–: Sur le mouvement d'un fil plan non homogène. – Trudy 3-go Vsesojuznogo matematičeskogo s-ezda [Arbeiten der 3. Mathematischen Unionssitzung], 1956, 4 (Moskva '59) 236–: Anwendung einer dreiwertigen Logik auf automatische Mechanismen [russ.]. – Trudy 4-go ~, 1961, 2 (Leningrad '64) 103–: Anwendung der Algebra der Logik bei der Zusammenstellung eines Schaltkreises mit Transistoren [russ.]. – Probleme filozofice ale ştiinţelor naturii (Bucureşti '60) 65–126: Die mathematische Logik und die moderne Technik: Mehrwertige Logik und die Schaltkreise mit Kontakten und Relais [rumän.]. – Infinitistic methods. Proc. Symposium on foundations of mathematics, Warsaw 1959 (Oxford '61) 337–45: Les logiques à plusieurs valeurs et l'automatique. – Trudy 1-go Meždunarodnogo kongressa Meždunarodnoj federacii po avtomatičeskomu upravleniju [Arbeiten des 1. Internationalen Kongresses der Internationalen Föderation für Automatische Steuerung] 1960, 3 (Moskva '61) 311–21: On synthesis of switching circuits with relays and contacts or with electronic and solid state devices [russ.]; engl. in: Automatic and remote control, Proc. of the 1st International congress of the International Federation of Automatic Control, Moscow 1960 (London '61). – Trudy 2-go Meždunarodnogo kongressa Meždunarodnoj federacii po avtomatičeskomu upravleniju, 3: Diskretnye i samonastraivajuščiesja sistemy [Arbeiten des 2. Internationalen Kongresses der Internationalen Föderation für Automatische Steuerung (IFAC), 3: Diskrete und adaptive Systeme], Basel 1963 (Moskva '65) 221–31: Axiomatization of the theory of simplification of combinational automata [russ.]; engl. in: Automatic and remote control, Proc. of the 2nd IFAC congress, Basle 1963, 3 (London–München '64) 234–. – Etudes d'histoire et de philosophie des sciences (Bucureşti ['62]) 33–39: Sur le principe du déterminisme. – Mathematische und physikalisch-technische Probleme der Kybernetik (Berlin '63) (Über wissenschaftliche Grundlagen der modernen Technik, Reihe A, 5) 454–72: Entwicklungsstand und Perspektiven der Theorie der konkreten und der abstrakten endlichen Automaten. – Atti della II Riunione del Groupement de Mathématiciens d'Expression latine, Firenze–Bologna 1961 (Roma '63) 259–76: Applicazioni dell'algebra alle calcolatrici moderne. – Teorija konečnych i verojatnostnych avtomatov. Trudy Meždunarodnogo simpoziuma po teorii relejnych ustrojstv i konečnych avtomatov [Die Theorie der endlichen Automaten und der Wahrscheinlichkeitsautomaten] (Moskva '65) 40–66: The development in the Roumanian People's Republic of the theory of circuits with transistors and other electronic elements [russ.]; engl. in: Relay systems and finite automata, Translated proceedings of the International congress of IFAC, Moscow 1962 (Paoli, Pa. '62). – Omagiu lui Alexandru Rosetti la 70 de ani (Academie Republicii Socialiste România) (Bucureşti '65) 587–91: Über die Konjunktion „şi" [rumän.]. – Revoluţia ştiinţifică şi tehnică contemporană (Bucureşti '67) 33–49: Aspekte der algebraischen Theorie der Automaten [rumän.]. – Atti del Convegno internazionale di geometria differenziale, Bologna 1967 (Bologna–Amsterdam '70) 217–22: Sulla geometria di due equazioni alle derivate parziali del secondo ordine in tre variabili con una funzione incognita. – Recherches sur la philosophie des sciences (Bucureşti '71) 23–72: Déterminisme et enchaînement; 131–72: Les mathématiques structurelles et leurs applications. — Institutul de Matematică al Academiei Republicii Socialiste România, 20 ani de activitate, 1949–1969 (Bucureşti '71) 11–20: Mathematische Logik; 71f.: Zur Theorie von Systemen partieller Differentialgleichungen; 123–26: Theorie der endlichen Automaten; 137–46: Die Anfänge der Forschungen auf dem Gebiet der Mechanik der Festkörper am Mathematischen Institut der Akademie; 155–58: Mathematische Ökonomie; 168f.: Informationstheorie. [Alle Beiträge rumän.]. — Cercetările multidisciplinare şi interdisciplinare. Originea, dezvoltarea şi perspectivele lor. Lucrările sesiunii ştiinţifice a Academiei Republicii Socialiste România 1971 (Bucureşti '72) 433–37: Wann ist eine Zusammenarbeit möglich und wann nicht? [rumän. m. französ. Zusammenfassg. S. 517].

W. Curs de algebră superioară (Iaşi '33) 144 S. — Curs de analiză generală (Bucureşti '42) 312 S. — Curs de analiză matematică, **1**: Funcţiuni elementare (Bucureşti '48) 211 S.; **2**: Integrale şi derivate ('49) 158 S. — Fundamentele matematicei. Curs (Bucureşti '49) 111 S. — Teoria mediilor continue deformabile (Bucureşti '50) 111 S. — Ecuaţii cu derivate parţiale, Problema geometrizării, **1** (Bucureşti '50) 411 S.; **2** ('50) 241 S. — Matricele asociate sistemelor de ecuaţii cu derivate parţiale. Introducere în studiul cercetărilor lui I. N. Lopatinschi (Bucureşti '50) 61 S. — Ecuaţii diferenţiale ordinare şi cu derivate parţiale, 1: Probleme cu condiţii iniţiale de tip Cauchy (Bucureşti '53) 104 S. — Introducere în algebră, 1: Inele şi ideale (Bucureşti '54) 254 S. — Ecuaţii fizice matematice (Bucureşti '55) 384 S. — Algebra, **1** (Bucureşti '55) 432 S.; **2** ('56) 426 S. — Fundamentele aritmeticii şi algebrei (Bucureşti '58) 101 S. — Ecuaţiile fizicii matematice (Bucureşti '59) 302 S. — Teoria algebrică a mecanismelor automate (Bucureşti '59) 703 S.; russ.: (Moskva '63) 680 S.; tschech.: (Praha '64) 550 S.; engl.: The algebraic theory of switching circuits (Oxford '69) 719 S. (International series of monographs in pure and applied mathematics, 41). — Scheme cu comandă directă cu contacte şi relee (Bucureşti '59) 205 S. — Funcţionarea în mai mulţi timpi a schemelor cu relee ideale (Bucureşti '60) 279 S. — Logica matematică şi tehnica modernă. Logicile cu mai multe valori şi circuitele cu contacte şi relee (Bucureşti '60) 125 S. — Circuite cu tranzistori **1** (Bucureşti '61) 142 S.; **2** ('62) 155 S. — Teoria algebrică a schemelor cu contacte şi relee (Bucureşti '65) 408 S. — Încercări vechi şi noi de logică neclasică (Bucureşti '65) 461 S. — Funcţionarea reală a schemelor cu contacte şi relee **1** (Bucureşti '65) 189 S. — Zastosowanie algebr Łukasiewicza do teorii układów przekaźnikowo-stykowych **1** (Wrocław '66) 122 S.; **2** ('67) 121 S. — Théorie structurelle des automates finis (Paris '67) 337 S. — Elemente de logică matematică şi de teoria mulţimilor (Bucureşti '68) 215 S. — La logique mathématique pure et appliquée en République Socialiste de Roumanie (Bucureşti '71) 12 S. (XIIIe Congrès international d'histoire des sciences, Moscou 1971). — Indoieli şi certitudini (Bucureşti '71) 210 S. — Essais sur les logiques non-chrysippiennes (Bucureşti '72) 821 S.

Acta philos. fennica Les logiques non-chrysippiennes et leurs applications: **16** ('63) 137–52.

Analele Acad. române, Mem. Secţ. şti. Sur un algorithme généralisant la théorie des fonctions monogènes, qui peut être utile pour l'intégration des équations aux dérivées partielles d'ordre supérieur: (3) **16** ('40/41) 695–730. — Remarques sur la logique modale du concept: 975–1012.

Analele Acad. Republ. popul. romîne, Ser. A Systèmes d'équations aux dérivées partielles et les nombres hypercomplexes: **2** ('49) 409–24 [rumän. m. russ. u. französ. Zusammenfassg.]. — Systèmes d'équations aux dérivées partielles et idéaux de polynômes: 467–76 [~]. — Les équations de l'électrodynamique dans les diélectriques et dans les conducteurs homogènes et isotropes: 509–48 [~]. — Sur la théorie des caractéristiques des systèmes d'équations aux dérivées partielles: 639–67 [~]. — Sur les équations de l'équilibre des corps élastiques: **3** ('49/50) 739–69 [~].

Analele româno-soviet., Ser. Mat.-Fisico-Chim. Der Einfluß der sowjetischen Mathematik auf die aktuelle Orientierung der Mathematik in der Rumänischen Volksrepublik[4]): **1950**, Nr. 5, 7–15 [rumän. m. russ. Zusammenfassg.].

Analele romîno-soviet., Ser. Mat.-Fizică On the logic of Bocivar: **14** ('60) Nr. 3, 19–25 [rumän. m. russ. Zusammenfassg.].

Analele şti. Univ. "Al. I. Cuza" Iaşi, Secţ. Ia Sur la logique strictement positive: **11B** ('65) 15–24 [m. rumän. u. russ. Zusammenfassg.]. — Sur le mode ponendo ponens: **17** ('71) 1–16.

Analele Univ. ("C. I. Parhon") Bucureşti, Ser. Acta logica Sur la logique positive: **1** ('58) 149–71 [m. russ. u. engl. Zusammenfassg.]. — Rapport sur le développement dans la R.P.R. de la théorie algébrique des mécanismes automatiques: **2** ('59) 145–99. — Sur les idéaux des algèbres łukasiewicziennes trivalentes: **3** ('60) 83–95. — Le calcul des prédicats dans la logique trivalente: **4** ('61) 103–12 [russ.]. — Sur la logique à trois valeurs de Łukasiewicz: **5** ('62) 103–17. — Le algebre di Łukasiewicz: **6** ('63) 97–135. — Sur les lois distributives dans le calcul des propositions: **7/8** ('64/65) 125–30. — The interest of the actual operation of switching circuits for the logician: 131–38. — Recherches sur l'arithmétique à logique non-chrysippienne, 1: Sur l'arithmétique à logique élémentaire: **9** ('66) 135–61. — Sur le calcul des propositions de type supérieur dans la logique de Łukasiewicz à plusieurs valeurs: **10** ('67) 93–104.

Analele Univ. "C. I. Parhon", Ser. Şti. Naturii Sur une forme canonique des systèmes d'équations aux dérivées partielles: Nr. **21** ('59) 9–13 [rumän. m. russ. u. französ. Zusammenfassg.]. — Formules d'interpolation dans le corps 𝔊𝔉 (2) et leurs applications à la synthèse des circuits avec des transistors: Nr. **29** ('61) 83–127 [~].

Analele Univ. Bucureşti, Mat.-Mec. The first lesson of mechanics: **17** ('68) Nr. 2, 9–28 [rumän. m. russ. u. engl. Zusammenfassg.].

Analele Univ. Timişoara, Ser. Şti. mat. Phénomènes d'indéterminismes aux automates à relais temporisées: **7** ('69) 91–94 [rumän. m. französ. Zusammenfassg.].

Annales sci. Univ. Jassy, Sect. (Partie) I Remarques sur quelques types d'algèbres non-associatives: **20** ('35) 10–32. — Recherches sur l'algèbre de la logique: **22** ('36) 1–118. — Recherches sur le principe d'identité: **23** ('37) 7–56. — Sur les équations aux dérivées partielles du second ordre linéaires et du type parabolique: **24** ('38) 322–48. — Recherches sur le syllogisme: **25** ('39) 341–85. — Recherches sur les logiques non-chrysippiennes: **26** ('40) 431–66. — Notes sur les logiques non-chrysippiennes: **27** ('41) 86–98. — Recherches sur la théorie des chaînes: 181–240.

Atti Accad. Sci. Ist. Bologna, Cl. Sci. fisiche, Rend. Studio algebrico della logica elementare: (12) **6** ('68/69) 33–56.

Atti reale Accad. nazion. Lincei, Rend. Richiami geometrici sul metodo di integrazione di Hadamard-Théodoresco, 1: (6) **27** ('38) 537–40.

Automatică şi Electronică Kreise mit Kryotronen: **3** ('59) 98–103. — Die Entwicklung der algebraischen Theorie von Schaltkreisen mit Kontakten und Relais in der Rumänischen Volksrepublik: 152–60. — Die algebraische Theorie von Transistor-Schaltkreisen, 1: Schaltkreise mit PNP-Transistoren: **5** ('61) 101–04; ~ 2: Schaltkreise mit NPN-Transistoren: 146–48; ~ 3: Doppelniveau-Schaltkreise mit PNP-Transistoren: 193–99. — Symposium über Automatisierung, Bucureşti 1964: **7** ('63) 241–45. — — Alle Arbeiten rumän.

Automatică, Metrol., Calculatoare Die Tätigkeit des Rechenzentrums der Universität Bucureşti: **1970**, Nr. 13/14, 9–20 [rumän.]. — Der rumänische Beitrag zur algebraischen Theorie der Automaten (mit Bibliographie): 81–100 [~].

Automatisme Sur la théorie algébrique des circuits logiques à transistors: **7** ('62) 136–39 [m. engl. u. deutscher Zusammenfassg.]. — Sur les aléas de continuité dans les circuits de commutation: **10** ('65) 313–15 [~].

Boll. Unione mat. ital. Sulla sintesi dei circuiti con contatti a relè: (3) **22** ('67) 33–44.

Buletin şti., Acad. Republ. popul. române, A Sur les systèmes d'équations aux dérivées partielles linéaires et à coefficients constants: **1** ('49) 341–51 [rumän., russ., französ.]. — Über die Formeln von Galerkin in der Elastizitätstheorie: 587–92 [rumän. m. russ. u. französ. Zusammenfassg.]. — Ein Analogon zu Galerkins Vektor in der Hydrodynamik viskoser Flüssigkeiten: 803–12 [~]. — Über eine Verallgemeinerung des Monogenitätsbegriffs von V. S. Fedorov: 959–64 [~].

Buletin şti., Acad. Republ. popul. române, Ser. Mat., Fiz., Chim. Zwei Anwendungen areolarer Polynome 1. Ordnung: **2** ('50) 125–28 [rumän. m. russ. u. französ. Zusammenfassg.]. — Über die Zerlegung seismischer Wellen in Verdichtungs- und Transversalwellen: 235–40 [~]. — Integrale der Gleichungen des elastischen Gleichgewichts, 1: Integrale, die durch die geometrischen Bedingungen hinsichtlich von Verschiebungen charakterisiert sind: 283–91 [~]. — Über monogene Funktionen im Sinne V. S. Fedorovs: 545–56 [~]. — Über eine invariante Definition der Charakteristiken eines Systems von partiellen Differentialgleichungen: 683–85 [~].

Buletin şti., Acad. Republ. popul. romîne, Secţ. Şti. mat. şi fizice Systèmes différentiels adjoints et formules de réciprocité, 1–3: **3** ('51) 189–207; ~ 4: **4** ('52) 39–51. — Théorie préliminaire des systèmes d'équations aux dérivées partielles linéaires aux coefficients constants: 319–401. — Sur les équations de la distribution spatiale instantanée des grandeurs physiques, dans le cas de phénomènes non stationnaires: 481–96. — Sur les invariants des systèmes de Vecua, 2: **6** ('54) 595–601. — Sur un théorème de Zolotarev: 797–800. — Une caractérisation des transformations pseudo-conformes: **7** ('55) 5–17. — Sur le fonctionnement des schémas à boutons réels¹): 33–49. — Interprétation du corps des quotients d'opérateurs différentiels avec une application à la théorie des corps visco-élastiques: 127–38. — Contribution à l'étude algébrique des mécanismes automatiques: 183–230. — Une définition des nombres idéaux: 831–41. — La simplification des schémas par introduction de contacts à plusieurs positions: 843–53. — Synthèse des schémas à relais idéaux à l'aide des corps d'imaginaires de Galois: **8** ('56) 429–52. — Analyse et synthèse des schémas à commande directe, à l'aide des imaginaires de Galois³): 455–67. — Analyse, synthèse et simplification des schémas à contacts et soupapes, avec commande directe²): 469–87. — Synthèse des schémas où figurent des sélecteurs: 489–500. — — Alle Arbeiten rumän. m. russ. u. französ. Zusammenfassg.

Buletinul Politehn. Bucureşti Sur les anneaux de caractéristiques 2 ou 3 et leurs applications: **12** ('41) 66–90. — Relations entre les tensions dans un corps élastique en vibration: **17** [oder **14**?] ('48) 5–9.

Buletinul Politehn. "Gh. Asachi" Iaşi Sur une généralisation de la fonction d'Airy: **3** ('48) 156–63.

Buletinul Inst. politehn. Iaşi Sur l'homomorphismes des schémas à contacts et relais: (N. S.) **5** ('59) Nr. 3/4, 51–56 [rumän. m. russ. u. französ. Zusammenfassg.].

Bull. Acad. polon. Sci., Sér. Sci. techn. Sur le mouvement d'un fil plan non-homogène: **7** ('59) 181.

Bull. math. Soc. roumaine Sci. Sur la structure algébrique du calcul des propositions: **40,** 1/2 ('38) 229–34. — Sur la théorie classique de la modalité des jugements: 235–40. — Sur les bicaractéristiques des équations aux dérivées partielles du type parabolique et d'ordre supérieur: **41,** 1 ('39) 79–90. — Sur les géodésiques des espaces de Riemann singuliers: **42,** 1 ('40) 33–52. — Sur le passage des variables de Lagrange aux variables d'Euler en hydrodynamique: **44,** 1/2 ('42) 55–58.

Bull. math. Soc. Sci. math. et physiques Républ. popul. roumaine Der Isomorphismus von Relais–Kontakt-Schaltungen: (N. S.) **1** ('57) 87–97 [russ.]. — Untersuchung der realen Wirkung von Relais–Kontakt-Schemata mit Hilfe der dreiwertigen Logik: 145–94 [~]. — Synthese von Relais–Kontakt-Schaltungen bei realer Wirkung: **3** ('59) 65–76 [~]. — Remarques sur les modèles de la logique élémentaire: **10** ('66) 27–29. — Les logiques à plusieurs valeurs et leur intérêt dans l'étude des circuits à contacts et relais: **12** ('68) Nr. 3, 73–79.

Bull. Sect. sci., Acad. roumaine Sur la représentation des groupes abéliens infinis, 1: **23.** 1940/41 ('42) 358–61; ~ 2: **24.** 1941/42 ('43) 1–4; ~ 3: 5–7; ~ 4: 79–84.

Cahiers Linguist. théor. et appl. [Bucureşti] Problèmes posés par la traduction automatique: La déclinaison en Roumain écrit: **1** ('62) 123–; ~: La microsyntaxe du verbe roumain: **2** ('65) 165–.

Comunicările Acad. Republ. popul. romîne Une décomposition des mouvements plans, lents et non-permanents des liquides visqueux incompressibles: **1** ('51) 233–37. — La définition des systèmes différentiels adjoints pour quelques systèmes qui ne sont pas de type Cauchy-Kowalewska: 327–29. — Les préliminaires algébriques des théorèmes d'existence: 341–43. — Observations sur les équations de l'élasticité plane: 395–98. — Polynômes associés aux expressions différentielles bilinéaires à coefficients constants: **2** ('52) 129–31. — Sur les intégrales exponentielles des systèmes d'équations aux dérivées partielles à une fonction inconnue: 307–09. — L'emploi des imaginaires de Galois dans la théorie des mécanismes automatiques, 1: Sur les schémas à soupapes: **4** ('54) 581–85; ~ 2: Schémas à deux éléments intermédiaires: 587–89; ~ 3: Schémas à relais polarisés: **5** ('55) 959–63; ~ 4: Une théorie trivalente des relais polarisés: **6** ('56) 505–08; ~ 5: Classification des évolutions des schémas avec un relais: 509–13; ~ 7: Relais polarisés réels: 621–23; ~ 8: Relais basculants réels: 625f.; ~ 9: Classification des schémas avec un bouton et un relais: 1055–58. — Sur les invariants des systèmes de Vecua, 1: **5** ('55) 7–11; ~ 3: 13–19. — Une définition des nombres idéaux dans la théorie locale de Zolotarev: 279–83. — Une définition des espaces uniformes: 909–12. — Observations sur la note de Ch. Ioanin "Méthode des schémas équivalents pour l'étude des relais temporisés": 933. — Une interprétation du groupe fondamental d'une variété différentiable: 1407–10. — La méthode des fonctions analytiques dans l'hydrodynamique des liquides visqueux: 1411–19. — Sur l'équation des ondes: 1421–23. — Utilisation (Emploi) des logiques trivalentes dans la théorie des mécanismes automatiques, 2: Equation caractéristique d'un relais polarisé: **6** ('56) 231–34; ~ 3: Schémas à contacts réels: 385f.; ~ 4: Réalisation des fonctions de travail au cours du fonctionnement réel: 971–73; ~ 5: Schémas P-I: **8** ('58) 1127f.; ~ 6: Relais polarisés à neutre instable: **9** ('59) 411–13; ~ 7: Fonctionnement des relais ordinaires à courant d'automaintien réduit: 531f.; ~ 8: Dipôles π à contacts et résistances: 533–36; ~ 9: Dipôles π à contacts, soupapes et résistances: 665f.; ~ 10: Interprétation physique de la fonction caractéristique d'un multipole: 667–69. — Les relations entre la méthode de Luntz et celle de Tzetline pour les schémas en pont: **6** ('56) 743f. — Sur un problème algébrique, 1: **7** ('57) 577–79; ~ 2: 637–39. — Configuration caractéristique des systèmes de deux équations aux dérivées partielles linéaires du deuxième ordre à trois variables indépendantes: 689–92. — Sur l'algèbre des relations binaires, 1: **8** ('58) 1251–54. — Formules de réciprocité et systèmes différentiels adjoints, 5: **9** ('59) 229–31. — La théorie algébrique des circuits à éléments électroniques, 1: Le fonctionnement séquentiel du circuit d'Eccles-Jordan: 755–57; ~ 2: Le cryotron à enroulements différentiels: 871–73. — Sur une représentation des graphes qui interviennent dans l'économie des transports: **10** ('60) 647–52. — — Alle Arbeiten rumän., meist m. russ. u. französ. Zusammenfassg.

Conferenze Semin. mat. Univ. Bari Teoria algebrica dei mecanismi automatici: Nr. **33/34** ('58) 31 S. (m. Kurzbiogr., Bildn.).

Contemporanul Die mathematische Logik – gestern und heute: Nr. **685** ('58) 7 [rumän.].

C. R. hebd. Séances Acad. Sci., Paris Sur l'intégration des matrices: **195** ('32) 456–58. —

Sur les sauts de probabilité dans les évolutions stochastiques: 507–09.

C. R. Séances Inst. Sci. Roumanie Le principe d'identité et le principe du syllogisme: **1** ('37) 276–78. — Sur le mode problématique: **2** ('38) 101–03. — Sur un calcul des théorèmes (Etude sur la structure algébrique de l'ensemble des théorèmes du calcul des propositions): 221–27. — Les systèmes de deux équations du premier ordre à deux fonctions inconnues du type parabolique: **3** ('39) 125–35. — Sur la topologie des familles d'ensembles, 1: 135–38. — Sur l'application de la méthode d'intégration de MM. Hadamard et Théodoresco à l'étude des équations aux dérivées partielles à deux variables: 273f.

C. R. Séances Acad. Sci. Roumanie Sur les théories déductives à logique non-chrysippienne: **5** ('41) 21–24. — Contributions à l'étude des logiques non-chrysippiennes, 1: Un nouveau système d'axiomes pour les algèbres łukasiewicziennes tétravalentes: 289–93; ~ 2: Anneaux engendrés par les algèbres łukasiewicziennes tétravalentes centrées: **6** ('42) 9–14; ~ 3: Anneaux engendrés par les algèbres łukasiewicziennes tétravalentes axées: 14–19; ~ 4: Sur la logique de M. Becker: **7** ('45) 9–11.

Disquisitiones math. et physicae [București] Sur les petits mouvements des corps élastiques: **1** ('40/41) 83–92. — Sur la structure algébrique de la logique de M. Bochvar: 307–14. — Logique modale: **2** ('42) 3–98.

Elektronische Informationsverarbeitung und Kybernetik Sur les aléas de commutation dans les circuits à contacts et relais: **3** ('67) 11–24 [m. deutscher u. russ. Zusammenfassg.].

Fiziko-mat. Spisanie, Bŭlgarsk. Akad. Nauk. Algebraische Theorie elektronischer Schaltkreise: (N. S.) **4** ('61) 7–21, 107–23 [bulgar.].

Gazeta mat. și fizică (, Ser. A) Gruppen, Körper und Ringe: **1** ('49/50) Nr. 11/12, 20–37 [rumän.]; **2** ('50) Nr. 1, 18–36 [~]. — Anwendung einer abstrakten Algebra auf das Studium von Differentialgleichungen: **3** ('51) [~]. — Dimitrie Pompeiu zum 80. Geburtstag: **5** ('53) 385–90 [~]. — Kongruenzen von ganzen Zahlen in der Theorie automatischer Mechanismen: **7** ('55) 53–61 [~]. — Alexandru und Vera Myller: 185–89 [~]. — Un analogon pour les surfaces du théorème de concurrence des hauteurs dans un triangle: 293f. [rumän. m. russ. u. französ. Zusammenfassg.]. — Mathematik in Rumänien seit den Jahren der Volksdemokratie: **9** ('57) 617–21 [rumän.].

Gazeta mat. [București], Ser. A Dimitrie Pompeiu†: **70** ('65) 81–84. — Einführung in die Aussagenlogik: **73** ('68) 361–69; **74** ('69) 1–4, 81–86. — Sierpinski: **75** ('70) 41–43. — Simion Stoilow: **76** ('71) 281f. — — Alle Arbeiten rumän.

ICC Bull. Remarques sur la théorie algébrique des circuits séquentiels à relais: **6** ('67) Nr. 2, 87–98.

Izvest. mat. Inst. Bŭlgarsk. Akad. Nauk. Sur la synthèse des schémas à relais polarisés: **2**, 2 ('57) 121–33 [m. bulgar. u. russ. Zusammenfassg.]. — Sur l'homomorphisme des schémas à contacts et relais: **3**, 2 ('59) 163–67 [~]. — Sur les fonctions monogènes au sens de Feodorov: **4**, 1 ('59) 25–34 [~].

J. Math. pures et appl. Sur le syllogisme hypothétique dans la logique intuitioniste: (**9**) **17** ('38) 197–202. — Sur la théorie algébrique de certains circuits électriques: **36** ('57) 313–24.

Limba romînă Einführende Bemerkungen zu den automatischen Übersetzungen: **9** ('60) 3–10 [rumän.].

Lucrările ști. Inst. pedagog. Timișoara Sur l'utilité de l'idée d'isomorphisme de deux schèmes à contacts et relais: **1959** ('60) 17–22 [rumän. m. russ. u. französ. Zusammenfassg.].

Matematičeskie Issled. Universelle Algebren und endliche Automaten: **4** ('69) Nr. 2, 95–115 [russ.].

Mathematica [Cluj] Sur la simplification des programmes exacts pour les mécanismes automatiques discrets: (N. S.) **1** ('59) 35–43.

Probleme Automatizare Die Algebra von Transistorschaltkreisen: **4** ('61) 135–53 [rumän.].

Progresele Ști. Logik – eine angewandte Wissenschaft. Von der Philosophie zum Fachgebiet des Ingenieurwesens: **1** ('65) Nr. 1, 5–12 [rumän. m. russ., engl., französ. u. deutscher Zusammenfassg.].

Revista Filos. [București] La statistique et la logique du concept: **22** ('37) 307–28. — Les étapes de la connaissance mathématique: 409–24. — L'autonomie des mathématiques: **23** ('38). — Les principes de la logique et l'idée de chaîne: **24** ('39) 169–78.

Revista ști. "V. Adamachi" Was ist Algebra der Logik?: **27** ('41) 69–73 [rumän.]. — Die Perspektiven der axiomatischen Philosophie: **28** ('42) 32–36 [~].

Revista Univ. "C. I. Parhon" și Politehn. București Sur une formule de moyennes: **1** ('52) 52–54 [rumän. m. russ. u. französ. Zusammenfassg.]. — L'algèbre des schémas à valves: **4/5** ('54) 9–42 [~].

Revue "A" Tijdschr. Hazard and race phenomena in switching circuits, an international symposium to be held in Bucharest 1964: **5** ('63) Nr. 4, 209–13. — Sur les aléas dynamiques: **9** ('67) Nr. 2, 76–.

Revue linguist. [București] Probleme der automatischen Übersetzung: Die Konjugation der Verben in der rumänischen Schriftsprache: **5** ('60) 187–207 [russ.].

Revue Math. pures et appl. [București] La synthèse des schémas à contacts et relais avec des conditions de travail données pour les éléments exécutifs[1]): **1** ('56) Nr. 2, 167–98. – Recherches sur les systèmes de deux équations aux dérivées partielles du second ordre. L'équation induite sur un plan: **2** ('57) 5–46. – Sur un théorème d'existence dans la théorie algébrique des mécanismes automatiques discrets: **3** ('58) 9–23. – Sur l'application de la logique à trois valeurs à l'étude des circuits électriques à contacts, redresseurs et résistances: **4** ('59) 173–83. – Über eine Vereinfachung der Ketten mit Transistoren, Elektronenröhren und Kryotronen: 497–554 [russ.].

Revue roumaine Math. pures et appl. Sur les logiques de Łukasiewicz à un nombre fini de valeurs: **9** ('64) 905–20. – Sur la logique des propositions à modèles partiellement ordonnés: **13** ('68) 1413–37.

Revue Méc. appl. [București] Remarques sur les équations linéarisées des fluides visqueux compressibles: **6** ('61) Nr. 2, 191–95.

Studii [București] Über die falsche Einteilung der Mathematik in reine und angewandte Mathematik: **2** ('49) Nr. 2, 13–30 [rumän.].

Studii și Cercetări Fizică, Acad. Republ. popul. romîne, București Sur les équations maxwelliennes de M. L. de Broglie pour les particules à spin 1: **1** ('50) 23–50 [rumän. m. russ. u. französ. Zusammenfassg.].

Studii și Cercetări lingvist., Acad. Republ. popul. romîne, București Problèmes posés par la traduction mécanique: La conjugaison des verbes en langue écrite: **11** ('60) 7–24 [rumän. m. russ. u. französ. Zusammenfassg.].

Studii și Cercetări mat., Acad. Republ. popul. (socialiste) romîne, București La méthode des fonctions de variable hypercomplexe dans l'hydrodynamique plane des liquides visqueux incompressibles: **1** ('50) 9–39 [m. russ. u. französ. Zusammenfassg.]. – Théorie algébrique du fonctionnement séquentiel des schémas à contacts et relais: **6** ('55) 7–53 [~]. – Sur la simplification des circuits électriques à transistors, à tubes électroniques et à cryotrons: **10** ('59) 7–67 [~]. – Klassische Aussagenlogik von höherem Typ: **20** ('68) 237–58. – – Alle Arbeiten rumän.

Studii și Cercetări Mec. apl., Acad. Republ. popul. romîne, București Observations sur les équations linéarisées des fluides visqueux compressibles: **12** ('61) 41–45 [rumän. m. russ. u. französ. Zusammenfassg.].

Studii și Cercetări ști., Acad. Republ. popul. romîne, Filiala Cluj, Ser. 1 Théorie algébrique du fonctionnement en plusieurs temps des schémas à contacts et relais à deux éléments intermédiaires: **5** ('54) Nr. 3/4, 7–14 [rumän. m. russ. u. französ. Zusammenfassg.]. – Equations caractéristiques d'un relais: **6** ('55) Nr. 3/4, 7–15 [~].

Studii și Cercetări ști., Acad. Republ. popul. romîne, Filiala Iași, Ser. 1 Une méthode de synthèse pour les schémas à contacts et relais: **6** ('55) 19–27 [rumän. m. russ. u. französ. Zusammenfassg.].

Zastosowania Mat. Outline of the algebra of automatic relay-contact systems: **4** ('58) 1–27 [poln. m. russ. u. engl. Zusammenfassg.].

Einige weitere Veröffentlichungen in Sammelwerken und Kongreßberichten. – Einige weitere Artikel über philosophische Fragen. – Zahlreiche weitere Beiträge in Tages- und Wochenzeitungen sowie in populärwissenschaftlichen Zeitschriften.

Mit: [1]) Gh. Ioanin; [2]) M. Nedelcu; [3]) C. P. Popovici; [4]) S. Stoilov.

VI **MOISSEIEV,** Nicolaus → VI **MOISEEV,** Nikolaj Dmitrievič

VI **MOKRUŠIN,** Sergej Grigor'evič. Chem. (physikal., Kolloidchem.). – 1928–32 Außerord. Prof. u. Leiter d. Lehrstuhls f. allg. u. Kolloidchem., Chem.-Technol. Inst. d. Ural, Sverdlovsk → '32–71 Prof. u. Leiter d. Lehrstuhls f. physikal. u. Kolloidchem., Industrie-Inst. d. Ural → Polytechn. Inst. d. Ural „S. M. Kirov", Sverdlovsk; '37 Dr. d. chem. Wiss. – '52 Leninorden (UdSSR); '67 Titel „Verdienter Wissenschaftler und Techniker der RSFSR"; '70 Medaille „Zum 100. Geburtstag Lenins für heldenhafte Arbeit"; '70 Ehrenurkunde (Präsidium d. Obersten Sowjets der RSFSR).

*1896, Okt. 13 (1), Ekaterinburg (→ Sverdlovsk).

S. Trudy 3-ej Vsesojuznoj konferencii po kolloidnoj chimii [Arbeiten der 3. Unionskonferenz über Kolloidchemie], Minsk 1953 (P. A. Rebinder, N. F. Ermolenko) (Moskva '56) 357–60: Spontane Bildung dünner Filme auf der Oberfläche hydrophober Sole [russ.]. – Materialy k Oblastnoj naučnoj konferencii po chimii, posvjaščennoj 100-letiju so dnja otkrytija periodičeskogo zakona D. I. Mendeleeva [Materialien zur Wissenschaftlichen Gebietskonferenz für Chemie anläßlich des 100. Jahrestages der Entdeckung des Periodensystems durch D. I. Mendeleev], Omsk 1969 (Omsk '69) 15–: Einfluß der Wasserstoffionenkonzentration auf die Kinetik der Abscheidung der dispersen Phase eines Metallhydroxidsols durch Gelatineschaum[15]) [russ.].

W. Zadači po fiziko-chimii kolloido-dispersnych sistem i poverchnostnych javlenij [Aufgaben zur physikalischen Chemie der kolloiddispersen Systeme und der Oberflächenerscheinungen], 1: Mechaničeskie i molekuljarno-kinetičeskie svojstva kolloido-dispersnych sistem [Mechanische und molekularkinetische Eigenschaften kolloid-disperser Systeme] (Sverdlovsk '54) 40 S.; 2: Poverchnostnye javlenija [Oberflächenerscheinungen] ('55) 64 S.; 3: Optičeskie svojstva dispersnych sistem [Optische Eigenschaften disperser Systeme] ('59) 60 S.; 4: Ėlektričeskie svojstva dispersnych sistem [Elektrische Eigenschaften disperser Systeme] ('54) 21 S.; 5: Veličina, forma i stroenie dispersnych častic [Größe, Form und Struktur disperser Teilchen] ('62) 55 S.; 6: Koaguljacija zolej [Koagulation von Solen] ('64) 68 S.; 7, 1: Žely (ili studni) i processy v želach [Gele und Prozesse in Gelen] ('71) 34 S.

Bjul. vses. chim. Obšč. im. Mendeleeva Mono- und polymolekulare Schichten an der Phasengrenzfläche Flüssigkeit–Gas: **1941**, Nr. 7, 38- [russ.].

Cvetnaja Metallurgija; naučno-techn. Bjul. Die Schaummethode zur Klärung der Abwässer von Baggern[27]): **1968**, Nr. 16, 25f. [russ.]. — Anwendung kationischer Reagenzien zur Klärung der Abwässer aus Baggern[27]): **1971**, Nr. 22, 25- [~].

Dokl. Akad. Nauk SSSR Bildung monomizellarer Filme kolloidaler Metallhydroxide auf der Oberfläche von Solen: **47** ('45) 110–12. — Struktur ultradünner Kupferhydroxidfilme, die sich auf der Oberfläche von wäßrigen Kupfertetraammoniakatlösungen spontan bilden[16])[29]): **94** ('54) 1109–11. — Elektrophorese disperser Teilchen an der Phasengrenzfläche Flüssigkeit–Gas[40]): **110** ('56) 597–99. — — Alle Arbeiten russ.

Ivzest. tomsk. politechn. Inst. im. Kirova Über die Bildung ultradünner Filme von Berylliumhydroxid an der Phasengrenzfläche Sol–Luft[15]): **148** ('67) 188–93 [russ.].

Izvest. vysšich učebnych Zavedenij, Ivanovo, Chim. i chim. Technol. Einfluß oberflächenaktiver Substanzen auf die Koagulation von Kolloidteilchen an der Phasengrenzfläche Flüssigkeit–Gas, 2 [36]): **1958**, Nr. 4, 8–12. — Bildung von ultradünnen Schichten einer dispersen Phase an der Grenzfläche Hydrosol–organische Flüssigkeit, 1: Einfluß der Eigenschaften der nicht-wäßrigen Phase auf die Kinetik der Filmbildung[9]): Nr. 6, 3–8; ~ 2: Einfluß von Elektrolyten auf die Kinetik der Filmbildung[9]): **2** ('59) 30–33; ~ 3: Über Strukturveränderungen in ultradünnen Schichten[9]): 190–95. — Emulgiervermögen kolloidaler Eisen- und Nickelhydroxide[6]): 541–44. — Einfluß von Elektrolyten auf die Größe der Phasentrennungskonstante von stabilisierten Emulsionen[6]): 711–13. — Einfluß der Elektrolyte und der Wasserstoffionenkonzentration auf die Abscheidung der dispersen Phase aus den Hydrosolen einiger gemischter Ferrocyanide mit Hilfe von Gelatineschaum[35]): **4** ('61) 70–73. — Experimentelle Untersuchungen laminarer Systeme, 26: Kinetik und Mechanismus der Bildung von Kupferhydroxidfilmen auf einer Glasoberfläche[14])[16]): 411–15; ~ 32: Chemisches Verfahren der Abscheidung dünner Filme von Bleiselenid[16])[24]): **9** ('66) 574–76. — Extraktion kolloidal gelöster gemischter Schwermetallhexacyanoferrate(II) aus ihren Hydrosolen mit der Emulgierungsmethode, 1: Einfluß von Gelatinezusätzen und der zur Emulgierung der organischen Flüssigkeit verwendeten Menge[35])[6]): **4** ('61) 611–13; ~ 2: Einfluß von Elektrolytzusätzen[35])[6]): 968–70. — Kinetik der Extraktion der dispersen Phase aus Hydrosolen[42]): **5** ('62) 91–93. — Anwendung der Schaumextraktion zur Trennung kolloidal und molekular gelöster Kieselsäure[36]): 897–900. — Elektronenmikroskopische Untersuchung der Struktur von an der Phasengrenzfläche Flüssigkeit–Gas gebildeten Eisenhydroxidfilmen[36]): 929–31. — Bildung dünner Metallhydroxidfilme auf der Oberfläche von Elektrolytlösungen[42])[4]): **7** ('64) 416–18. — Bildungskinetik dünner Kupferfilme auf einer Glasoberfläche[30]): **8** ('65) 250–53. — Bildung dünner Filme von Kobalt und Nickel–Kobalt-Legierung auf einer Glasoberfläche[30])[7]): **10** ('67) 403–07. — Abtrennung von kolloidalem Niobhydroxid aus salzsauren Lösungen durch Flotation[35])[31]): 525–29. — Elektrokinetisches Potential von kolloidalen Blei- und Cadmiumsulfiden, die mit Gelatine aktiviert wurden, und seine Wirkung auf die Größe der Adsorption der dispersen Phase aus Hydrosolen an der Phasengrenze Flüssigkeit–Gas[20]): 1111–14. — Kinetik der langsamen Hydrolyse von salzsauren Titantetrachloridlösungen[31])[35]): 1222–25. — — Alle Arbeiten russ.

Kolloid-Z. Experimentelle Untersuchungen über laminare Systeme, 1: Mono- und polymolekulare Sulfid- und Hydroxidschichten auf Phasengrenzflächen: **70** ('35) 48–55; ~ 2: Kinetik der Bildung von Mono- und Polymolekularschichten von Kupfersulfid auf der Oberfläche von Kupfersulfatlösungen[11]): **72** ('35) 261–67; ~ 3: Die Bildung dünner Schichten von Wismut- und Bleisulfid auf den Oberflächen von Wismut- und Bleisalzlösungen[12])[11]): **75** ('36) 10–14; ~ 4: Kinetik der Bildung von Cuprihydroxidschichten auf den Oberflächen von Kupfertetraammoniakat-Lösungen[18]): **77** ('36) 301–05.

Kolloidnyj Ž. Mendeleev und die Kolloide: **3** ('37) 3–8. — Experimentelle Untersuchungen von Laminarsystemen, 11: Bildung und Eigenschaften dünner Schwefelfilme auf der Oberfläche von Kupferchloridlösungen[21])[8]): 35–44; ~ [12 ?]: Elektrophorese dünner Metallsulfid- und Metallhydroxidfilme auf der Oberfläche von Wasser und von Lösungen[32]): **5** ('39) 707–15; ~ [13 ?]: Bildung dünner Schichten von Zinksulfid und Arsentrisulfid auf der Oberfläche von Zink- bzw. Arsensalzlösungen[12]): 817–22; ~ 14: Über den Mechanismus des Prozesses der Bildung dünner Kupfersulfidfilme auf der Oberfläche von Lösungen[19])[3]): **6** ('40) 119–27; ~ 15: Dünne Metallsulfidfilme als Emulgatoren[32]): **9** ('47) 285–88; ~ 17: Thixotropie von Suspensionen verdünnter Metallsulfid- und -hydroxidfilme: 185–89; ~ 18: Bildung dünner Filme auf der Oberfläche von Nickeltetraammoniakatlösungen: **10** ('48) 305–08; ~ 19: Ultradünne Filme als Schaumstabilisatoren[22]): **12** ('50) 448–51; ~ 20: Über die spontane Bildung monomizellarer Schichten von kolloidalem Eisenhydroxid auf der Oberfläche von Kolloidlösungen[26]): **15** ('53) 212–15; ~ 21: Einfluß von Elektrolyten auf die Bildung ultradünner Filme auf den Oberflächen kolloidaler Lösungen von Titan- und Thoriumoxidhydrat[32]): **16** ('54) 376–80; ~ 22: Koagulation von Kolloidteilchen an der Phasengrenzfläche Flüssigkeit–Gas[28]): **18** ('56) 215–18; ~ 23: Kinetik der Bildung von Hydroxidfilmen an der Oberfläche von Kupferammoniakatlösungen[16]): **19** ('57) 93–99; ~ 24: Kinetik der Bildung von Hydroxidfilmen auf der Oberfläche von Kobalt- und Nickelammoniakatlösungen[16]): **21** ('59) 80–85; ~ 25: Elektronenmikroskopische Untersuchung der Struktur und des Bildungsmechanismus von ultradünnen, auf festen Oberflächen sich bildenden Kupferhydroxidfilmen[14])[16]): **22** ('60) 23f.; ~ 27: Bildung von ultradünnen Cadmiumsulfidfilmen an der Phasengrenzfläche fest–flüssig[37]): **23** ('61) 438–41; ~ 28: Bildung dünner Eisenhydroxidfilme auf einer Glasoberfläche[7]): **24** ('62) 263–67; ~ 29: Voraussetzungen für die Bildung dünner Cadmiumsulfidfilme auf einer Glasoberfläche[16])[38]): **27** ('65) 51–56; ~ 30: Kinetik der Bildung dünner Schichten von Cadmiumsulfid auf einer Glasoberfläche[16])[38]): 379–82; ~ 31: Kinetik und Mechanismus der Cadmiumsulfidfilmbildung auf einer Glasoberfläche[38])[16]): 767–72. — Oberflächenenergie und Flotation: **3** ('37) 291–96. — Ein neuer Apparat zur Darstellung von Hydrosolen nach Bredig[32]): 433–37. — Kinetik der Bildung von Oxidfilmen auf Metalloberflächen und ihre Eigenschaften[28]): **7** ('41) 3–12. — Kupfer-, Blei- und Zinksulfide als feste Emulgatoren[2]): **14** ('52) 103–06; **15** ('53) 208–11; **16** ('54) 44–50. — Über den Einfluß oberflächenaktiver Substanzen auf die Benetzbarkeit kathodischen Zinks durch Elektrolyte[23])[17]): **15** ('53) 252–58. — Über die Struktur dünner Kupfersulfidfilme an der Grenzfläche Lösung–Gas[37])[29]): **19** ('57) 597f. — Über das Wesen der chromatographischen Methode: 759f. — Bildung von ultradünnen Schichten der dispersen Phase an der Grenzfläche Hydrosol – organische Flüssigkeit[9]): **20** ('58) 159–62. — Einfluß von Elektrolyten auf die Koagulation von Kolloidteilchen an der Phasengrenzfläche Flüssigkeit–Gas[36]): 233–36. — Kinetik der Entmischung der Phasen stabilisierter Emulsionen[6]): 736–38. — Einfluß tiefer Temperatur auf das Volumen und die Stabilität von Schaum[42]): **21** ('59) 336–39. — Extraktion von kolloidal gelösten gemischten Cyanoferraten(II) von Schwermetallen aus ihren Hydrosolen mit Hilfe von Gelatineschaum[35]): **22** ('60) 344–50. — Einfluß der Temperatur auf die Kinetik der Extraktion von kolloidal gelösten gemischten Schwermetallhexacyanoferraten(II) mit Gelatineschaum[35]): **23** ('61) 304f. — Abscheidung von kolloidalem gemischten Uranylhexacyanoferrat aus seinen Hydrosolen durch Emulgierung[6])[35]): 521–23. — Einfluß des Gefrierens auf die Beständigkeit gelatinierter, durch kolloidales Kupfer- und Eisen(III)hexacyanoferrat stabilisierter Emulsionen[6])[35]): 669–71. — Über die Emulsionsfraktionierung von Kolloiden[6])[35]): **24** ('62) 256–58. — Über den Einfluß der Temperatur auf die Geschwindigkeit der Extraktion von Kolloiden als Emulsion[35]): **25** ('63) 593–95. — Einfluß von Elektrolyt- und Gelatinezusätzen auf die Bildung von dünnen Eisenhydroxidfilmen auf einer Glasoberfläche[7]): **26** ('64) 17–21. — Kinetik und Mechanismus der Bildung dünner Eisenhydroxidfilme auf einer Glasoberfläche in Eisen(III)-chloridlösungen[7]): **27** ('65) 158–64. — Adsorption von Cadmiumsulfid aus Hydrosolen an der Phasengrenzfläche Flüssigkeit–Gas[20]): **28** ('66) 70–75. — Adsorption von Bleisulfid aus Hydrosolen an der Phasengrenzfläche Flüssigkeit–Gas[20]): 520–23. — Extraktion kolloidalen Titanhydroxids aus salzsauren Lösungen durch Schaumflotation[35])[31]): 568–72. — Adsorptionskinetik von durch Gelatine aktivierten Kolloidteilchen an der beweglichen Phasengrenzfläche Hydrosol–Gas[20])[35]): **29** ('67) 522–25. — Über die Möglichkeit der Flotation von Kolloiden mit Hilfe von häufig in der Praxis verwendeten Sammlern[35])[20]): **30** ('68) 134–36. — Über die Bildung ultradünner Aluminiumhydroxidfilme an der Grenzfläche Sol–Luft[15]): 831–34. — Das Ausflockungsvermögen von Polyacrylamid-Flockungsmitteln und deren Einfluß auf das elektrokinetische Potential[27])[34]): **33** ('71) 248–52. Abscheidung kleiner Mengen kolloidalen Nickelhydroxids durch das Schaumbildungsverfahren[42])[1]): **34** ('72) 931–33. — — Alle Arbeiten russ., meist m. engl. Zusammenfassg.

Nature [London] Definition of chromatography: **178** ('56) 1244f. — Thomas Graham and the definition of colloids: **195** ('62) 861.

Soobšč. naučn. Rabot Členov vses. chim. Obšč. im. Mendeleeva Die Boltzmannsche Gleichung und ihre Anwendung bei der elementaren Herleitung einer Reihe von Gleichungen der physikalischen und der Kolloidchemie: **1942** [russ.]. — Schaumchromatographie von Kolloiden: **1953**, Nr. 2, 26f. [~].

Trans. Faraday Soc. The surface layer of colloidal solutions and the size of colloidal particles: **43** ('47) 1f.

Trudy ural'sk. industr. Inst. im. Kirova Mendeleev als Physiko-Chemiker: Nr. **1** ('36) 3–7, 16–31. — Mendeleev und die Kolloide: 8–15. — Über das Adsorptionsvermögen der Tone des Ural[39]): 32–46. — Bildung und Eigenschaften dünner Schwefelfilme an der Oberfläche von Kupferchlorid[21])[8]): Nr. **6** ('38) 9–16. — Ein neuer Apparat zur Darstellung von Hydrosolen nach Bredig: 17–20. — — Alle Arbeiten russ.

Trudy ural'sk. politechn. Inst. im. Kirova Extraktion kolloidal gelöster Metallsulfide aus Lösungen durch die Emulgierungsmethode[6]): Nr. **69** ('57) 4–8. — Über die Abscheidung disperser Teilchen an der Phasengrenzfläche Flüssigkeit–Flüssigkeit[6]): 9–13. — Einfluß von Elektrolyten auf die Kinetik der Bildung ultradünner Filme von kolloidalem Nickelhydroxid an der Phasengrenzfläche Hydrosol – organische Flüssigkeit[9]): Nr. **81** ('59) 91–96. — Über die strukturellen Veränderungen in ultradünnen Schichten kolloidalen Nickelhydroxids an der Phasengrenzfläche Hydrosol – organische Flüssigkeit[9]): 97–107. — Einfluß von Elektrolyten auf die Koagulation kolloidaler Teilchen an der Phasengrenzfläche Flüssigkeit–Gas[36]): 108–13. — Einfluß oberflächenaktiver Substanzen auf die Koagulation kolloidaler Teilchen an der Phasengrenzfläche Flüssigkeit–Gas[36]): 114–20. — Über einige Schaumdämpfer und Schaumstabilisatoren[6]): Nr. **94** ('60) 4–9. — Einfluß von Elektrolyten auf die Bildung und auf die Stabilität von Schäumen[42]): 10–15. — Laminare Systeme: Dünne und ultradünne Schichten (Filme) an Phasengrenzflächen: Nr. **122** (u. d. T.: Sbornik naučnych trudov - 40 let UPI) ('61) 63–72. — Einfluß oberflächenaktiver Substanzen auf die Kinetik der Bildung von Aluminium- und Berylliumhydroxidfilmen an der Phasengrenzfläche Sol–Luft[15]): Nr. **170** ('68) 95–98. — Einfluß von Begleitstoffen auf den Prozeß der Abscheidung kolloidalen Schwefels und Selens aus ihren Hydrosolen mit Hilfe von Gelatineschaum[13])[35]): 99–102. — Die Rolle der Elektrolyten bei der Bildung einer festen Phase (d. h. eines Films) an der Phasengrenze Öl–Lösung beim Prozeß der Kolloidabscheidung nach der Emulgationsmethode[6]): 103–07. — Einige Fragen zur chemischen Abscheidung von Nickel-, Kobalt- und Kupferfilmen auf Glas[30])[16]): 108–12. — — Alle Arbeiten russ.

Uč. Zap., Tomsk. gos. ped. Inst. Elektronenmikroskopische Untersuchung von Metallhydroxidfilmen, die sich an der Phasengrenzfläche Sol–Luft bilden[15]): **26** ('69) 47f. [russ.]. — Abscheidung der dispersen Phase eines Aluminium- und eines Berylliumhydroxidsols durch Gelatineschaum[15])[42]): 49–54 [∼].

Ž. fizič. Chim. Experimentelle Untersuchungen von Laminarsystemen, 1: Mono- und polymolekulare Schichten an der Phasengrenzfläche: **5** ('34) 1082–91; ∼ 2: Kinetik der Bildung von mono- und polymolekularen Schichten von Kupfersulfid auf der Oberfläche von Kupfervitriollösungen[11]): 1092–102; ∼ 3: Kinetik der Bildung von Cuprihydroxidfilmen auf der Oberfläche von Kupfertetraammoniakatlösungen[18]): **6** ('35) 95–100; ∼ 4: Der Hardyeffekt und die Stabilität von polymolekularen Cuprisulfidfilmen[11])[18]): 101–06; ∼ 5: Die Adsorption von Elektrolyten an Kupfersulfidfilmen[41]): 640–48; ∼ 6: Die Bildung von dünnen Schichten der Sulfide des Wismuts und Bleis auf der Oberfläche von Lösungen ihrer Salze[11])[12]): 1262–68; ∼ 7: Die Erscheinungen der Benetzung auf der Oberfläche von Metallsulfidfilmen[10]): 1066–70; ∼ 8: Der Einfluß von Elektrolyten auf die Benetzbarkeit von Metallsulfidfilmen[10]): 1269–76; ∼ 9: Der Einfluß von oberflächenaktiven Substanzen auf die Benetzbarkeit von Metallsulfidfilmen[10]): **7** ('36) 444–50; ∼ 10: Nachweis der Schichtstruktur von Arsensulfidfilmen[10]): 763f. — Bedingungen für die chemische Abscheidung von dünnen Cadmiumsulfidfilmen auf einer festen Oberfläche[16])[38]): **39** ('65) 2065f. — Kinetik der chemischen Abscheidung dünner Nickelfilme auf einer Glasoberfläche aus ammoniakalischen Lösungen[30])[7]): **41** ('67) 786–89. — — Alle Arbeiten russ.

Ž. neorg. Chim. Kinetik und Mechanismus der Hydrolyse salzsaurer Titan(IV)lösungen[7]): **11** ('66) 468–74 [russ.].

Ž. obščej Chim. Die Oberflächenenergie von Molekülen und ihre physikalisch-chemischen Eigenschaften, 1: Die Oberflächenenergie und der Siedepunkt homologer organischer Verbindungen: **1** ('31) 856–63; ∼ 2: Über Oberflächenenergie und Siedepunkt von homologen Verbindungen: **2** ('32) 911–15; ∼ 3: Oberflächenenergie und Siedepunkte von organischen Homologen der azyklischen Reihe[21]): 916–20; ∼ 4: Oberflächenenergie und Siedepunkte von einigen organischen und anorganischen Homologen[21]): **4** ('34) 577–79; ∼ 5: Oberflächenenergie und Dissoziationstemperatur von Komplexverbindungen: 580–86; ∼ 6: Durchmesser der Moleküle, Oberflächenenergie und die Konstante *a* der van der Waalsschen Gleichung: **21** ('51) 1405–08. — Anwendung des Maxwell-Boltzmannschen Verteilungssatzes in der Kolloidchemie: **15** ('45) 259–68 [m. engl. Zusammenfassg.]. — Experimentelle Untersuchungen von Laminarsystemen, 16: Die Bildung von mono- und polymizellaren Schichten kolloidaler Eisen- und Aluminiumhydroxide: **16** ('46) 11–16 [∼]. — — Alle Arbeiten russ.

Ž. prikl. Chim. Suspensionsultrafilter: **18** ('45) 518–20 [m. engl. Zusammenfassg.]. — Membran-Ultra- und -Halbultrafilter[6]): **25** ('52) 1182–86. — Einfluß einiger dispergierter fester Metallcarbonate und -sulfate auf die Bildung und Stabilität von Schaum[25])[28]): **26** ('53) 143–47. — Einfluß von Elektrolyten auf die Bildung und Stabilität des Schaumes aus Malzkeimen[6])[28]): **28** ('55) 107f. — Einfluß laminar-disperser Körper auf die Schaumstabilität[6]): 109–11. — Einfluß der Wasserstoffionenkonzentration auf die Extraktion von Kolloiden aus Lösungen mit Hilfe von Schaum [36]): **31** ('58) 943–46. — Einfluß der Temperatur auf die Kinetik der Extraktion von Kolloiden durch Schaum[36]): 1109–11. — Membran-Halbultrafilter auf Textilgrundlage[6]): **32** ('59) 1163f. — Die Abtrennung feiner suspendierter Teilchen aus Lösungen nach der Emulgierungsmethode[6]): 1963–66. — Temperatureinfluß auf den Prozeß der Extraktion kolloidal gelöster gemischter Schwermetallhexacyanoferrate aus ihren Hydrosolen nach der Emulgierungsmethode[35])[6]): **34** ('61) 538–41. — Über die Zerstörung von gelatinierten Emulsionen durch einwertige Alkohole[6])[35]): 628–31. — Einfluß der Wasserstoffionenkonzentration auf die Abscheidung kolloidal gelöster gemischter Schwermetallhexacyanoferrate(II) aus ihren Hydrosolen mit der Emulgierungsmethode[35])[6]): 786–89. — Über die Extraktion von Uran aus Abwässern chemischer Betriebe und wissenschaftlicher Forschungslaboratorien[35]): 2403–07. — Einfluß oberflächenaktiver Stoffe auf den Prozeß der Extraktion kolloidal gelöster gemischter Hexacyanoferrate von Schwermetallen aus ihren Hydrosolen nach der Emulgierungsmethode[35])[6]): **35** ('62) 2398–402. — Zum Zerfall von Emulsionen beim Einfrieren[6])[35]): 2563–65. — Über die Intensivierung der Prozesse der Extraktion von Schwermetallionen aus den Abwässern von Industriebetrieben[35]): **36** ('63) 454f. — Die Extraktion von Jod aus wäßrigen Lösungen durch Gelatineschaum[36]): 1348–50. — Die Kinetik der Abscheidung kolloidaler Stoffe aus Hydrosolen durch Schaumchromatographie[35]): **37** ('64) 211–13. — Die Extraktion von kolloidalem Silbersulfid aus seinen Hydrosolen durch die Emulgierungsmethode[35])[6]): 693–95. — Die Extraktion kolloidal gelöster Metalle durch die Emulgierungsmethode[6]): 1695–99. — Die Hydrolyse salzsaurer Lösungen von Niobpentoxid[35])[31]): 2179–87. — Kinetik der langsamen Hydrolyse wäßriger Eisenchloridlösungen[35])[31]): **38** ('65) 1150–53. — Über die Trennung von Niob und Titan[31])[35]): 1444–47. — Bildung dünner Titanhydroxidfilme auf einer Glasoberfläche[7]): **39** ('66) 1951–56. — Über die Extraktion von Zinkionen aus Abwässern von Industriebetrieben[35]): **40** ('67) 72–76. — Die Trennung von Niob und Titan durch die Methode der Schaumbildung[31])[35]): 1741–43. — Über die Möglichkeit der Abscheidung kolloidal gelösten Palladiums aus Lösungen durch die Emulgierungsmethode[6]): 2359–61. — Über die Rolle der Gelatine bei der Abscheidung von Kolloiden durch das Schaumverfahren[20])[35]): **41** ('68) 137–40. — Über die Hydrolyse von Titantetrachlorid in salzsauren Lösungen[31])[35]): 1920–26. — Über den Einfluß der Wasserstoffionenkonzentration auf den Prozeß der Abscheidung von Kolloiden durch Flotation[20])[35]): **42** ('69) 210–13. — Abscheidung kolloidalen Selens und kolloidalen Schwefels aus ihren Hydrosolen mit Hilfe von Gelatineschaum[13])[35]): 970–73. — Über die Möglichkeit der Anwendung der Emulgierungsmethode für die Abscheidung des Palladiums aus Lösungen im Hinblick auf kolloidal gelöstes Palladiumjodid[6])[5]): 2204–08. — Einfluß von Beimengungen auf die Anreicherung durch Gelatine aktivierter Kolloidteilchen an der beweglichen Phasengrenzfläche Hydrosol–Luft: 2349–51. — Einfluß der Temperatur auf die Adsorption von Gelatine und von durch diese aktivierten Kolloidteilchen an der beweglichen Phasengrenzfläche Hydrosol–Luft: **43** ('70) 692–95. — Einfluß von Elektrolyten auf den Prozeß der Abscheidung des Silbers aus wäßrigen Lösungen durch die Emulgierungsmethode[6]): **44** ('71) 2433–36. — Über die Möglichkeit der Entstehung des Kolloidzustands bei Magnesium- und Calciumfluorid und deren nachfolgende Abscheidung aus Lösungen durch die Emulgierungsmethode[6]): **47** ('74) 1521–24. — — Alle Arbeiten russ.

Zaščita Metallov Über die autokatalytische Reduktion des Kupfers durch Formaldehyd[30])[7]): **4** ('68) 161–66 [russ.].

Mit: [1]) N. P. Anan'ina; [2]) T. P. Avilova; [3]) I. A. Bljum; [4]) E. P. Bobkova; [5]) G. P. Bol'ščikova; [6]) V. I. Borisichina; [7]) N. K. Bulatov; [8]) R. F. Chovjakova; [9]) T. A. Degtjareva; [10]) N. V. Demenev; [11]) N. M. Dem'janova; [12]) R. B. Ginzburg; [13]) Ė. E. Gofman; [14]) E. M. Kazakov; [15]) N. M. Kim; [16]) G. A. Kitaev; [17]) V. S. Kolevatova; [18]) P. S. Konjaev; [19]) V. A. Kožeurov; [20]) G. S. Krasnova; [21]) E. I. Krylov; [22]) N. M. Kuvšinova; [23]) A. I. Levin; [24]) A. B. Lundin; [25]) K. A. Manerova; [26]) M. I. Miljutina; [27]) F. Ė. Moločnikova; [28]) K. G. Potaskuev; [29]) O. K. Šabalina; [30]) E. I. Saranov; [31]) V. N. Savel'ev; [32]) Z. G. Šcjna; [33]) —; [34]) E. I. Silina; [35]) L. D. Skrylev; [36]) R. V. Švejkina; [37]) Ju. D. Tkačev; [38]) A. A. Urickaja; [39]) M. I. Uspenskaja; [40]) Ju. A. Varvas; [41]) G. F. Vilesova; [42]) L. G. Židkova.

VI **MOLČANOV,** Pavel Aleksandrovič. Aerologie. — 1919–36 Leiter (seit '34 Dir.) d. Aerolog. Observat. (seit '34 Aerolog. Inst.) d. Geophysikal. Hauptobservat., Pavlovsk (→ Sluck); '36–39 Dir. d. Geophysikal. Hauptobservat., Leningrad; '38–41 Prof., Inst. d. zivilen Luftflotte ('39– Luftflotten-Kriegsakademie), Leningrad. (⊠)

*1893, Febr. 18 (6), Voloskovo, Gouv. Tver' (→ Kalinin);

†1941, Okt., (Unfall auf d. Ladoga-See b. d. Evakuierung Leningrads).

Zum 20jähr. Dienstjubiläum M. Gel'mgol'c, Visnyk Meteorol. ta Gidrol. **1936**, Nr. 3/4, 35f.

Zur Biogr. E. S. Selezneva, E. A. Tudorovskaja, P. A. Molčanov – vydajuščijsja so vetskij aérolog [P. A. Molčanov – ein hervorragender sowjetischer Aerologe] (Leningrad '58) 103 S. (m. Bildn. u. Schr.verz.-Auszug). – E. S. Selezneva, Trudy glavn. geofizič. Observat. Nr. **56** ('56) 7–18. – V. S. Chachalin, Die UdSSR – Heimat der Radiosonden-Methode: Meteorologija i Gidrol. **1955**, Nr. 2, 48–51 (m. Bildn.) [russ.].

Zum 75. Geb.tag I. M. Dolgin, Meteorologija i Gidrol. **1968**, Nr. 12, 103–07.

H. (Redakt.) Rezul'taty aérologičeskich nabljudenij Vtorogo meždunarodnogo poljarnogo goda [Ergebnisse der aerologischen Beobachtungen während des 2. Internationalen Polarjahres] (Glavnaja geofizičeskaja observatorija) **1** (Leningrad–Moskva '37).

HZ. (Redakt.) Trudy glavn. geofizič. Observat. **7** ('36) (= Aérologija **1**).

S. Glavnaja geofizičeskaja observatorija i polet v stratosferu 30 sentjabrja 1933 goda [Das Geophysikalische Hauptobservatorium und der Stratosphärenflug am 30. September 1933] (Leningrad '34) 18f.: Kurzer vorläufiger Überblick über die Arbeit des Instituts für Aerologie des Geophysikalischen Hauptobservatoriums über die Vorbereitung der wissenschaftlichen Forschungen zur Zeit des Fluges des Stratosphärenballons „SSSR" [russ.]. – Sbornik trudov Sekcii aérologii i aéronavigacii [Sammlung von Arbeiten der Sektion Aerologie und Aeronavigation des Aero-Instituts Leningrad] (Leningrad '34) 3–5: Eine automatische Station für den aerometeorologischen Dienst der Luftflotte [russ.]; 5–8: Ein Windrichtungsschreiber für aerometeorologische Stationen von Flughäfen [~]; 9–11: Ein Wetterschreiber für Flugzeuge [~]; 12f.: Die Gewinnung von Wasserstoff zur Füllung von Beobachtungsballonen [~]; 16–21: Der Entwurf einer Flugkarte[3])[1]) [~]. – Trudy Vsesojuznoj konferencii po izučeniju stratosfery [Arbeiten der Unionskonferenz über die Erforschung der Atmosphäre], Leningrad 1934 (Leningrad–Moskva '35): Die gegenwärtigen Vorstellungen von der Struktur der Stratosphäre [russ.]. – Matematika i estestvoznanie v SSSR. Očerki razvitija matematičeskich i estestvennych nauk za dvadcat' let [Mathematik und Naturwissenschaften in der UdSSR. Studien zur Entwicklung der Mathematik und Naturwissenschaften seit 20 Jahren] 1917–1937 (Moskva–Leningrad '38) 939–64: Untersuchung der Atmosphäre in der UdSSR seit 20 Jahren [russ.].

W. Kratkij kurs aérologii [Kurzer Lehrgang der Aerologie] (Leningrad–Moskva '33) 246 S. – Instrukcija po proizvodstvu issledovanija atmosfery posredstvom radio-zonda [Anweisung zur Durchführung der Untersuchung der Atmosphäre mit Hilfe der Radiosonde] (Glavnaja geofizičeskaja observatorija) (Leningrad '33) 32 S. – Troposfera i stratosfera [Troposphäre und Stratosphäre] (Moskva–Leningrad '34) 65 S.; beloruss.: (Minsk '36) 94 S. – Polety v stratosferu [Flüge in die Stratosphäre] (Moskva–Leningrad '35) 45 S.; aserbaidschan.: (Baku '36) 54 S. – Novyj gazogenerator dlja dobyvanija vodoroda v polevych uslovijach [Ein neuer Gasgenerator für die Gewinnung von Wasserstoff im Freien (für Wetterballons)] (Central'noe upravlenie Edinoj gidrometeorologičeskoj služba) (Moskva '35) 8 S. – Metody issledovanija svobodnoj atmosfery [Methoden der Erforschung der freien Atmosphäre] [2](Moskva–Leningrad '36) 264 S.; Neuaufl. ('41). – Kurs aéronavigacii [Lehrgang der Aeronautik] (Leningrad–Moskva '37) 383 S. – Aérologija. Neuaufl. (Leningrad–Moskva '38) 408 S. – Atmosfera [Die Atmosphäre] (Moskva–Leningrad '38) 136 S. – Aérologija v primenenii k sinoptičeskoj meteorologii [Die Aerologie in Anwendung auf die synoptische Meteorologie] (Leningrad–Moskva '38) 119 S. – Oblaka, osnovnye formy [Grundformen der Wolken] (m. N. N. Ivanov, S. K. Ivickij, A. A. Tarakanov) (Geografo-ékonomičeskij naučno-issledovatel'skij institut, Leningrad) (Leningrad '41) 16 S.

Bjul. arktičesk. Inst. SSSR Aerologische Untersuchungen auf den Polarstationen während der Überwinterung 1933/34: **1935**, Nr. 3/4, 88f. [russ.]. – Ergebnisse der Anwendung der Radiosonden-Methode zur Untersuchung der freien Atmosphäre in der Arktis seit 6 Jahren (1930–1936): **1936**, Nr. 6, 234–42 [russ., engl. Zusammenfassg. S. 274].

Bjul. Komiss. po Izučeniju Stratosfery Temperaturschwankungen in den oberen Schichten der Troposphäre: **1936**, Nr. 1, 28–30 [russ.]. – Radiokammsonde mit Sendeeinrichtung für Signale über den Feuchtigkeitszustand: 31–35 [~].

Graždanskaja Aviacija Wetter und Flugverkehr: **1937**, Nr. 3, 3–8 [russ.]. – Die Radiosonde – eine sowjetische Methode der meteorologischen Forschung: **1940**, Nr. 2, 9f. [~]. – Über die Einkalkulierung des Windes bei der Bestimmung der günstigsten Höhe eines Flugzeugs: Nr. 7, 8–10 [~].

Za Industrializaciju sovetsk. Vostoka Der Polarflug des Luftschiffes „Graf Zeppelin" im Zusammenhang mit den aerometeorologischen Untersuchungen der Arktis: **1932**, Nr. 1, 130–43 [russ.].

Izvest. Akad. Nauk SSSR, Ser. fizič. Diskussionsbeitrag zu: S. I. Vavilov „Entwicklung des optischen Instituts" und D. S. Roždestvenskij „Analyse der Spektren und Spektralanalyse": **1936**, 243f. [russ.].

Izvest. Akad. Nauk SSSR, Ser. geogr. Die die Bildung und Entwicklung dichter Bewölkung bestimmenden atmosphärischen Bedingungen: **1941**, Nr. 2, 123–42 [russ. m. deutscher Zusammenfassg.].

Meteorologičeskij Vestn. Elementare Herleitung der Gleichgewichtsbedingungen der Luftmassen längs der Diskontinuitätsfläche: **1932**, Nr. 3, 75–78 [russ.]. — 20 Jahre Institut für Aerologie des Geophysikalischen Hauptobservatoriums: **1933**, Nr. 1/2, 12–14 [~].

Meteorologija i Gidrol. Flüge zweier automatischer Stratosphärenballons zur Erforschung der kosmischen Strahlung[2]): **1935**, Nr. 1/2 [russ.]. — Über die Genauigkeit der Sondierung der Atmosphäre mit der Radiosonden-Methode: **1936**, Nr. 2, 30–41 [~]. — Variante eines Geräts zur Verarbeitung von Wetterballon-Beobachtungen: Nr. 8, S. 80 [~]. — Über ein aerologisches Schema der Struktur der Atmosphäre beim Durchzug warmer und kalter Luftmassen: Nr. 9, 3–9 [~]; **1937**, Nr. 4/5, 38–49 [~].

Meteorologische Z. Drei Jahre Aufstiege von Radiosonden im Institut der Aerologie Sloutzk, UdSSR: **50** ('33) 428–30. — Erforschung der Struktur der Luftströmungen mit Hilfe der ausgewogenen Ballone mit angehängtem Fallschirm: **51** ('34) 120–22. — Bemerkungen zum Artikel von F. Höhndorf: 233, 280. — Resultate der wissenschaftlichen Forschungen während des Aufstieges des Stratostats „SSSR": 269f. — Temperaturschwankungen in den hohen Schichten der Troposphäre: **52** ('35) 263f. — Ein neues Schema der atmosphärischen Prozesse in warmen und kalten Luftmassen: **53** ('36) 312.

Nauka i Žizn' Der Funk bei der Erforschung der Atmosphäre: **1938**, Nr. 3 [russ.].

Pioner Das Wetter: **15** ('38) Nr. 5, 73–76 [russ.].

Priroda [SSSR] Der erste wissenschaftliche Forschungsflug des Luftschiffs „Graf Zeppelin" in die Arktis: **1932**, Nr. 3, 215–30. — Die Bedeutung einer meteorologischen Station am Nordpol für den Wetterdienst: **1937**, Nr. 6, 22f. — Aleksandr Michajlovič Šenrok, 1853–1937: Nr. 9, 122f. — Die sowjetische Aerologie 20 Jahre im Dienst der Volkswirtschaft: Nr. 10, 50–56. — Flüge sowjetischer Flugzeuge über den Pol nach Amerika im Jahre 1937: Nr. 12, 59–64. — Struktur der Atmosphäre beim Einbruch warmer und kalter Luftmassen, ermittelt durch Radiosonden-Aufstiege: **1938**, Nr. 2, 16–36. — — Alle Arbeiten russ.

Trudy glavn. geofizič. Observat. Temperaturschwankungen in den oberen Schichten der Troposphäre: **7** ('36) 5–11 [russ.]. — Ergebnisse der aerologischen Überprüfung des Pleščeevo-Sees: 88–102 [~].

Trudy leningr. Inst. Inženerov graždansk. vozdušn. Flota Grundsätze der aerologischen Analyse der Wetterlage: Nr. **6** ('36) 129–46 [russ. m. deutscher Zusammenfassg.].

Vestn. edinoj gidrometeorol. Služby SSSR Dringende Aufgaben der sowjetischen Aerologie: **1934**, Nr. 1, 17–19. — Aerologische Apparate: Nr. 3, 9–12. — Arten der Temperaturverteilung in der freien Atmosphäre nach den Diagrammen von Shaw: Nr. 4, 25–27. — Die sowjetische Aerologie bei der internationalen Konferenz in Friedrichshafen: Nr. 5/6, 8–11. — Zu M. Gel'mgol'c: „Über die Vervollkommnung des Systems der Wetterballon-Beobachtungen": **1935**, Nr. 1/2, S. 17. — Eine Radiosonde, die die Feuchtigkeitswerte signalisiert: Nr. 3, 9f. — Generator zur Erzeugung von Wasserstoff für Wetterballons: Nr. 5, S. 10. — — Alle Arbeiten russ.

Vestn. Znanija Die Radiosonde und ihre Bedeutung in der Meteorologie: **1941**, Nr. 3 [russ.].

Ž. Geofiz. Bedingungen des Gleichgewichts und der Stabilität der Luftmassen nach der Horizontale: **2** ('32) Nr. 1, 99–105 [russ.].

Mit: [1]) V. L. Jakovlev; [2]) S. N. Vernov; [3]) P. A. Voroncov.

VI **MOLDENHAUER BROOKS,** Matilda. Chem. (physiol.). — Ph. D., Radcliffe College, Cambridge, Mass.; 1920–24 Assist. Biologist, '24–26 Assoc. Biologist, Hygienic Labor., U.S. Publ. Health Service; '27– Research Assoc., '34, '36 Lecturer, Univ. of California, Berkeley, Calif.
*1900, Okt. 16, Pittsburgh, Pa.

S. Vie et milieu **5**, 2 (Paris '54) (Actualités scientifiques et industrielles, 1219) 296f.: The effects of changes of redox potential on the growth of marine eggs, Paracentrotus lividus.

W. The permeability of living cells (m. S. C. Brooks) (Berlin '41) 18+395 S. (Protoplasma-Monographien, 19).

Advancing Frontiers Plant Sci. [New Delhi] Atomic energy levels explaining photosynthesis: **16** ('66) 51–70. — Further interpretations of photosynthesis: **23** ('69) 55–63.

American J. Physiol. The effect of methylene blue on HCN and CO poisoning: **102** ('32) 145–47. — Methylene blue as an antidote to CO poisoning: **104** ('33) 139–41. — Methylene blue and hemoglobin derivatives in asphyxial poisoning: **114** ('35) 160–78. — Infrared spectrophotometric studies on hemoglobin as affected by cyanide, methylene blue and carbon monoxide: **132** ('41) 311–20.

Année biol. Mechanism of fertilization of eggs: **52** ('48) 242.

Biological Bull. Further interpretations of the effects of CO and CN on oxidations in living cells: **81** ('41) 284. — Respiration of echinoderm eggs and larvae: **84** ('43) 164–77. — Oxidation-reduction dyes and "lithium larvae": **101** ('51) 217.

California and western Med. Treatment of methemoglobin in the blood by glucose: **41** ('34) Nr. 2.

Growth Mechanism of fertilization of eggs: **10** ('46) 391–410.

J. amer. chem. Soc. The absorption spectra of m-bromophenol indophenol, 2,6-dibromophenol indophenol and guaiacol indophenol: **55** ('33) 2434f.

J. Aviat. Med. The effect of methylene blue on performance efficiency at high altitudes: **16** ('45) 250–62. — Methylene blue, an antidote to altitude sickness: **19** ('48) 298f.

J. cellular and comparat. Physiol. The rate of penetration of dyes into Valonia, with special reference to solubility theories of permeability[1]): **2** ('32) 53–73. — Studies on the permeability of living cells, 15: A review of the penetration into Valonia ventricosa of oxidation–reduction indicators including m-bromophenol indophenol and guaiacol indophenol: **3** ('33) 61–73. — The effects of potassium cyanide upon the penetration of certain oxidation–reduction dyes into living cells: **11** ('38) 253–58.

Nature [London] Sulphanilamide and glucose antidote: **145** ('40) 707.

Physiologist Energy release by electron transfer, the trigger mechanism in living cells: **6** ('63) 147–.

Proc. nation. Acad. Sci. USA The penetration of 1-naphthol-2-sulfonate indophenol, o-chlorophenol indophenol and o-cresol indophenol into species of Valonia from the south seas: **18** ('32) 297f. — The penetration of m-bromophenol indophenol and of guaiacol indophenol into Valonia ventricosa: 691.

Proc. Soc. exper. Biol. and Med. The "multiple partition coefficient" hypothesis in relation to permeability[1]): **29** ('31/32) 720f. — Effect of methylene blue on CN and CO poisoning: 1228f. — Methylene blue as an antidote to CO poisoning: **30** ('32/33) 493f. — Effect of methylene blue on tumors: 1001–03. — Does methylene blue form methemoglobin?: **31** ('33/34) 1134–37. — Inhibition by glucose of methemoglobin formation: **32** ('34/35) 63f. — What is cyanmethemoglobin?: 1113f. — Mechanism of methylene blue in CO poisoning: **34** ('36) 48f. — Hemoglobin–methemoglobin and KCN: **40** ('39) 108–12. — Effect of certain radioactive elements on metabolism of cells: **42** ('39) 558f. — Effects of carbon monoxide and methylene blue on oxygen consumption of shark blood: **46** ('41) 219f.

Protoplasma Studies on the permeability of living cells, 13: The penetration of 1-naphthol-2-sulphonate indophenol, o-chlorophenol indophenol and o-cresol into Valonia ventricosa J. Aghard: **16** ('32) 345–56; ~ 14: The penetration of certain oxidation–reduction indicators into different species of Valonia: **17** ('32/33) 89–96. — Comments on Dr. Keller's communication "Ionen im Protoplasma?": **20** ('33/34) 131f. — Changes in the growth of marine eggs as affected by changes in redox potential: **46** ('56) 104–07. — Negative oxidation–reduction potential as the limiting factor for exogastrulation in sea urchins: **51** ('59/60) 131–53. — Negative oxidation–reduction potentials resulting from the use of auxin in plants and tobacco smoke on animal cells: 620–31. — Nicotine as a redox-reducing reagent: **53** ('61) 212–19. — The electrical property of matter, the trigger mechanism controlling cell growth: **57** ('63) 144–57.

Science [USA] The mechanism of methylene blue action on blood: **80** ('34) 15f. — Activation of eggs by oxidation–reduction indicators: **106** ('47) 320.

University California Publ. Zool. The effects of methylene blue and other oxidation–reduction indicators in experimental tumors: **39** ('34) 293–302.

Yearb., Amer. philos. Soc. Studies on growth and development of cells as affected by changes in oxidation–reduction potential: **1950,** 135. — Studies on cell division as affected by oxidation–reduction potential: **1951,** 154f.

Mit: [1]) S. C. Brooks.

IV,VI **MOLENGRAAFF,** Gustaaf Adolf Frederik. Geol. — 1905–30 Prof., Techn. Hochsch. Delft; '31 Viceprés., Soc. Géol. de France. — '29 Hon. D. Sc. (Univ. of Witwatersrand te Johannesburg). — 1897 Borneo-Medaille (Nederl. Natuur- en Geneeskund. Congres); 1930 Gold. Plancius-Medaille (Koninkl. Nederl. Aardrijkskund. Genootschap); '36 Wollaston Medal (Geol. Soc. London); '38 Draper Memorial Medal (Geol. Soc. South-Africa).
*1860, Febr. 27, Nijmwegen;
†1942, März 26, Wassenaar.

Zum 80. Geb.tag W. A. J. M. van Waterschoot van der Gracht, Geologie en Mijnbouw **2** ('40) 41–44 (m. Bildn.).

Nekr. S. J. Shand, Proc. Vol. geol. Soc. America **1943** ('44) 205–07 (m. Bildn., Faks., Schr.verz.). — Annales Chim. analyt. **24** ('42) 147.

V,VI **MOLES (Y ORMELLA),** Enrique. Physik, Chem. (anorg., physikal.). — 1927– Prof. anorg. u. physikal. Chem., Univ. de Madrid; '30– Abteilungsvorstand physikal. Chem., Inst. Nacion. de Física y Quím., Madrid. (⊠)

*1883, Juli 21, Barcelona;

†1953, März 30.

Biogr. R. E. Oesper, J. chem. Educat. **13** ('36) 368 (m. Bildn.).

Nekr. A. Pérez Vitoria, Ciencia [México] **13** ('53) 13–23 (m. Bildn. u. Schr.verz. 190 Nrn.).

Ue. W. Mecklenburg, Tratado de química (Barcelona '41) 754 S.

S. [Trabajos] IX Congreso internacional de química pura y aplicada, Madrid 1934, **2** (Madrid '34 [?]) 217–24: Revisión de la masa del litro normal y de la compresibilidad del gas óxido de carbono; peso atómico de carbono[12]); **3** ('35[?]) 244–67: Über die „absolute" Schwefelsäure [span.][10]).

W. Discurso en el acto de su recepción en la Academia de Ciencias Exactas, Físicas y Naturales el día 28 de marzo de 1934 (Madrid '34) 117 S. — El momento científico español (1775–1825). Discurso leído en el acto de su ingreso en la Academia de Ciencias Exactas, Físicas y Naturales (Madrid '34) 119 S.

Anales (R.) Soc. españ. Física y Quím. El I_2O_5 y sus hidratos [,1]: Pirólisis, densidades, calores de disolución y de hidratación de los mismos[8]): **30** ('32) 99–119; ~ 2[7]): **31** ('33) 618–22; ~ 3[18]): **34** ('36) 787–801 [m. engl. Zusammenfassg.]. — Nueva revisión de la densidad normal del gas óxido de carbono. Masa atómica del carbono[12]): **30** ('32) 182–99. — El sistema HIO_3–HNO_3–H_2O: Solubilidades, viscosidades[8]): 200–07. — El primer centenario de Antonio de Marti: 320–. — Los pesos atómicos en 1931: 460–76. — Clorhidratos de los metales alcalinos y alcalino-térreos[3]): 540–51. — Estudios sobre la superdesecación, 1: La reacción del amoníaco con el anhidrido fosfórico[13]): 701–19; ~ 2: ≈[13]): **31** ('33) 172–74. — La masa del litro normal y la compresibilidad del gas amoníaco. Peso atómico del nitrógeno[2]): **30** ('32) 876–79. — Obtención y propiedades del éster etilortosílico[14]): 886–917. — Estudio comparativo de algunos desecantes[11]): **31** ('33) 11–25. — Los hidratos del perclorato magnésico[11]): 175–84. — Curva de presiones de vapor del nitrobenceno[15]): 735–45 [m. deutscher Zusammenfassg.]. — Diagramas de fusión de los sistemas $NaOH$–$NaNO_3$ y KOH–KNO_3[9]): 830–39 [~]. — La estructura de las schoenitas[5]): **32** ('34) 432–45 [m. französ. Zusammenfassg.]. — Estado de los cuerpos disueltos en ácido sulfúrico absoluto[10]): 474–92 [~]. — Estudio del volumen molecular del agua en las sales sódicas[4]): 494–508 [~]. — Nueva revisión de la masa del litro normal de gas amoníaco. Peso atómico del nitrógeno[13]): 931–53 [m. deutscher Zusammenfassg.]. — La relación de densidades normales de CO y CO_2. Pesos atómicos del carbono y del nitrógeno[12]): 954–78 [m. engl. Zusammenfassg.]. — El ácido pirosulfúrico como disolvente[10]): **33** ('35) 643–54 [m. französ. Zusammenfassg.]. — Acerca del peso atómico del hidrógeno: 721–28 [m. deutscher Zusammenfassg.]. — Acerca del ioduro de aluminio[17]): **34** ('36) 81–90 [m. französ. Zusammenfassg.]. — Acerca del sistema SO_3–H_2O y del ácido sulfúrico absuluto[10]): 331–62 [~]. — Las presiones del vapor del ioduro de aluminio[17]): 782–86 [~]. — Los hidrates del perclorato de aluminio[1]): 802–12 [m. engl. Zusammenfassg.]. — Acerca del peso atómico del iodo: 859–65 [m. französ. Zusammenfassg.]. — Acerca de la densidad límite y el peso molecular del amoníaco. Peso atómico del nitrógeno[13]): 865–74 [~]. — Nueva revisión de lospesos atómicos del carbono y del nitrógeno[15]): **35** ('37) 42–71 [~]. — La determinación de pesos moleculares y atómicos de gases per los métodos de las densidades límites y de las presiones límites: 134–79 [~]. — Nueva revisión de la densidad normal y de la densidad límite del gas oxígeno. Densidad normal del amoníaco[11]): 263–68 [~].

Archives Sci. physiques et natur. La méthode des densités limites et sa précision actuelle. Résultats nouveaux: (5) **20** ('38) 59–65.

Boletín Acad. Ci. exact., físicas y natur. Madrid The reaction between nitric acid and iodine[8]): **1** ('35) Nr. 2, 5f. — Sur l'obtention d'argon brut de l'air atmosphérique[6]): **2** ('36) Nr. 4, 1f. — Etude du iodure d'aluminium[17]): 2f. — Sur le poids atomique du carbone[15]): 4f. — Etude sur les deséchants pour les gaz[16]): 7f. — I_2O_5 and its hydrates[18]): Nr. 8, 5–7. — The hydrates of aluminium perchlorate[1]): 8–11. — — Alle Arbeiten auch span.

Bull. Soc. chim. Belgique La révision physico-chimique des poids moléculaires et atomiques: **47** ('38) 405–28.

Bull. Soc. chim. belges Sur la compressibilité des gaz au voisinage de la pression atmosphérique: **62** ('53) 67–72.

Bull. Soc. chim. France La méthode des densités limites pour la détermination des poids moléculaires et atomiques. La variante des poids moléculaires limites: **1950**, 1006–22.

Collection Trav. chim. Tchécoslovaquie Sur le poids atomique de l'iode: **8** ('36) 479–84.

C. R. hebd. Séances Acad. Sci., Paris La correction d'adsorption dans la méthode des densités limites: **205** ('37) 1391–93. — La densité limite du gaz SO_2. Poids atomique du soufre[15]) [4]): **206** ('38) 1726–28. — Sur la densité limite des gaz O_2 et CO_2. Poids atomique du carbone[4]): **207** ('38) 66–68. — La densité limite et le poids moléculaire de l'éthylène. Nouvelle révision du poids atomique du carbone[15])[4]): 1044–46. — Quelques constantes physicochimiques du gaz-étalon oxygène: **214** ('42) 424f.

J. Chim. physique Le poids atomique du fluor: **29** ('32) 53–62. — La méthode des densités limites pour la détermination des poids moléculaires des gaz: **34** ('37) 49–69.

Monatsh. Chem. Die Molarverhältnisse CO_2: O_2 und N_2O:O_2. Neue Revision der Atomgewichte von Kohlenstoff und Stickstoff[15]): **69** ('36) 342–62.

Revista Acad. Ci. exactas, físicas y natur. Madrid Nueva revisión de la densidad normal del gas óxido di carbono[12]): **28** ('32) 534–72. — Estudio químico-físico del sistema I_2O_5–H_2O[8]): 573–617.

Revista IBYS Magnesiumperoxyhydroxid: **4** ('46) Nr. 6, 1–20 [span.]. — Die Peroxyhydroxide: **5** ('47) Nr. 2, 1–19 [~].

Trans. Faraday Soc. Limiting densities and molecular weights of oxygen, carbon dioxide, sulphur dioxide, and hydrogen sulphide. Atomic weights for carbon and sulphur[15])[4]): **35** ('39) 1439–52.

Z. anorg. u. allg. Chem. Über die Grenzdichte von Siliziumtetrafluorid. Atomgewicht des Fluors[15]): **236** ('38) 225–31.

Mit: [1]) I. G. de Barcia; [2]) T. Batuecas; [3]) M. G. de Celis; [4]) A. Escribano; [5]) A. Garrido; [6]) A. Medina; [7]) A. Parts; [8]) A. Pérez Vitoria; [9]) N. M. Retortillo; [10]) C. R. de Robles; [11]) C. Roquero; [12]) M. T. Salazar; [13]) J. Sancho; [14]) L. Solana; [15]) (M.) T. Toral; [16]) E. Velasco; [17]) A. Vián; [18]) P. Villán.

IV **MOLIN,** Fedor Ėduardovič. Math. — 1900– Prof., Technol. Inst., Tomsk; '17– Prof., Staatl. Univ. Tomsk. — '34 Verdienter Wissenschaftler d. RSFSR. (⊠)

*1861, Sept. 10 (Aug. 29), Riga;
†1941, Dez. 25.

Nekr. Izvest. naučno-issled. Inst. Mat. i Mech. tomsk. gos. Univ. **3** ('46) Nr. 1, 1f.

Zur Biogr. G. Rjago, Uč. Zap. tartusk. gos. Univ. Nr. **37** ('55) 90–96.

VI **MOLIN,** Kurt Axel Gunnar. Physik, Geophysik. — 1921– Lektor in Örebro; zugleich '28–42 Leiter d. schwed. erdmagnet. Vermessungen des schwed. Festlandes; '28–49 Vorstand, Rundfunkstation Örebro. — Weitere Daten nicht bekannt. (⊠)

*1891, Febr. 24, Vestre Sallerup, Eslöf, Schweden.

S. Pohjoismainen (19. skandinaavinen) luonnontutkijain kokous, Helsinki 1936 (Helsinki '36) 322–25: Die Deklination in Schweden bei der Epoche 1. Juli 1933 [schwed.].

W. Observations des variations magnétiques terrestres à Upsal pendant l'éclipse de soleil de 1914 (Stockholm '36) 21 S. (L'éclipse totale de soleil des 20–21 août 1914, 6). — A general earth magnetic investigation of Sweden, carried out during the period 1928–1934 by the Geological Survey of Sweden, **1**: Declination (Stockholm '36) 98 S. (Sveriges geologiska undersökning, Ser. Ca = Avhandlingar och uppsatser i 4°, 25); **2**: Inclination ('39) 119 S. (~ 29); **3**: Horizontal intensity ('41) 105 S. (~ 33); **4**: Vertical intensity and horizontal disturbing force ('42) 104 S. (~ 34). — Karta över den magnetiska deklinationen (kompassens missvisning) i Sverige, gällande för epoken 1 juli 1933 (Stockholm '37) 1 Karte (Sveriges geologiska undersökning).

Arkiv Geofysik Movement of isoporic zero-lines for horizontal magnetic intensity in Sweden: **1** ('50/53) 473–82.

Bull., Assoc. Magnétisme et Electr. terrestres; C. R. Assemblée Report of the magnetic survey work of the mainland of Sweden carried out by the Geological Survey of Sweden: **10** ('37) 137f.

Till Fjälls Deklinationskarte über den nördlich vom 60. Breitengrad liegenden Teil von Schweden für 1936,5 nach der von der Geologischen Landesanstalt Schwedens während der Jahre 1928–1934 ausgeführten Vermessung: **8** ('36) 52–55 [schwed.].

Geologiska Fören. Stockholm Förh. Deklination in Schweden bei der Epoche 1. Juli 1933: **59** ('37) 118–20 [schwed.].

Kosmos [Stockholm] Vilhelm Carlheim-Gyllensköld: **13** ('35) 67 S. — Die während der Jahre 1928–1934 ausgeführte erdmagnetische Vermessung des schwedischen Festlandes, 1: Die Deklination: **14** ('36) 187–217; ~ 2: Die Inklination: **17** ('39) 151–76 [schwed.].

VI **MOLINA,** Edward Charles Dixon. Math., Elektrotechn. — Stud. Flushing High School, Flushing, Long Island, N.Y.; 1901–05 High School Engr. Assist., '05–19 Circuits Expert, '19–34 Telephone Engr., '34–42 Switching Theory Engr., Bell Telephone Co., New York; '46–64 Special Lecturer, Newark College of Engng., Newark, N.J.; '42 Vice Pres., Inst. of Math. Statistics. — '52 Hon. D.Sc. (Newark College of Engng., Newark, N.J.). — '52 Elliott Cresson Medal (Franklin Inst., Philadelphia, Pa.).

*1877, Dez. 13, New York;
†1964, Apr. 29, East Orange, N.J.

Bildnis J. Franklin Inst. **254** ('52) 457.

S. Atti Congresso internazionale dei matematici, Bologna 1928, **6** (Bologna '32) 205–14: Application to the binomial summation of a

Laplacian method for the evaluation of definite integrals.

W. Poisson's exponential binomial limit, Table 1: Individual terms (NewYork–London '42) 45 S.; Table 2: Cumulated terms ('44) 5+47 S.

Annals math. Statistics Some fundamental curves for the solution of sampling problems: **17** ('46) 325–35.

Bell System techn. J. An expansion for Laplacian integrals in terms of incomplete gamma functions, and some applications: **11** ('32) 563–75. – A Laplacian expansion for Hermitian-Laplace functions of high order: **15** ('36) 355–62.

Scientific Monthly A tour through probability domains: **45** ('37) 55–59.

VI **MOLL,** Willem Jan Henri. Physik. – 1927– Prof., Univ. te Utrecht. – – Weitere Daten nicht bekannt. (☒)

*1876, Juni 25, Pijnacker.

Zum 70. Geb.tag H. C. Burger, Nederlands Tijdschr. Natuurkunde **12** ('46) 137f. (m. Bildn.).

S. De Utrechtsche Universiteit 1815/1936 (Utrecht '40): [Mitarbeit].

W. Leerboek der natuurkunde bestemd voor het middelbaar, voorbereidend hooger en propaedeutisch onderwijs (m. H. C. Burger) **1**: Mechanica, eigenschappen der materie, warmte, geluid ²(Groningen '31) 11+223 S., ³('41) 8+224 S.; **2**: Electrostatica, magnetisme, stroomende electriciteit ²('34) 12+246 S.; **3**: Licht, atoomphysica ²('35) 7+199 S. – Objektive Spektralphotometrie (m. L. S. Ornstein, H. C. Burger) (Braunschweig '32) 6+146 S. (Sammlung Vieweg: Tagesfragen aus den Gebieten der Naturwissenschaften und der Technik, Hoft 108/9).

J. sci. Instruments Set of instruments for measuring spectral absorption[1])[2]): **12** ('35) 148–52.

Z. techn. Physik Thermoelektrische Vakuummeter[1]): **21** ('40) 199–203. – Eine Pipette zur Dosierung kleiner Gasmengen[1]): 203.

Mit: [1]) H. C. Burger; [2]) W. J. Reichert.

VI **MØLLER,** Christian → S. 3338

V,VI **MOLLERUP,** Peter Johannes. Math. – 1916–37 Prof., Techn. Hochsch. København; '17–26 Vorsitzender, Matemat. Forening.

*1872, Dez. 3, Nyborg;

†1937, Juni 27, København.

Nekr. R. Petersen, Matematisk Tidsskr., B **1938**, 1–6 (m. Schr.verz.).

S. 8:e Skandinaviska Matematikerkongressen, Stockholm 1934 (Lund '35) 89–95: Aufbau der metazyklischen Gruppen mit acht Variablen [].

W. Lærebog i matematisk analyse (m. H. Bohr) (A. F. Andersen, R. Petersen) **1**: Lineær algebra ²(København '38) 148 S.; **2**: Funktioner af een reel variabel ²('40) 10 + 420 S.; **3**: Funktioner af flere reele variable, Uendelige rækker ²('42) 8 + 340 S.; **4**: Funktioner af en kompleks variabel, Specielle emner ²('42) 8 + 197 S. – Matricer og lineære ligninger (m. A. F. Andersen) (København '36) 36 S.

Matematisk Tidsskr., A Zwischen Buchstaben und Zeichen. Vortrag, gehalten beim Abschlußfest der Dänischen Technischen Hochschule, 5. 2. 1934: **1934**, 29–38 [dän.].

Matematisk Tidsskr., B T. Bonnesen, 1873–1935: **1935**, 16–24 [dän.]. – Über den Abelschen Normalteiler einer metazyklischen Gruppe mit 2^n Variablen: **1937**, 49–59 [∼].

VI **MOLTCHANOFF,** Pavel Aleksandrowitch → VI **MOLČANOV,** Pavel Aleksandrovič

VI **DUMOND,** Jesse William Monroe*). Physik. – 1931–38 Research Assoc., '38–46 Assoc. Prof., '46–63 Prof., '63 Prof. Emer., California Inst. of Technol., Pasadena, Calif. – '66 Dr. h.c. (Univ. Uppsala); '67 Hon.D.Sc. (Univ. of Manitoba, Winnipeg, Man., Can.). – '73 Distinguished Service Award (Utah State Univ. of Agric. and Appl. Sci., Logan, Utah).

*1892, Juli 11, Paris.

*)Durch Versehen der Redaktion (wie schon in Band VI) alphabetisch falsch eingeordnet.

Zur Biogr. Wissenschaft u. Menschheit **1966**, S. 174 (m. Bildn.).

H. R. A. Millikan, The electron; its isolation and measurement and the determination of some of its properties ⁸(Chicago, Ill. '63); darin eig. Beitr.: Introduction.

S. Handbook of chemistry (N. A. Lange, G. M. Forker) ⁸(Sandusky, O. '52), ⁹('56): Probable values of the physical constants[10]). – Beta- and gamma-ray spectroscopy (K. Siegbahn) (Amsterdam '55) 100–32: Crystal diffraction spectroscopy of nuclear gamma-rays. – Fundamental formulas of physics (D. H. Menzel) (Englewood Cliffs, N.J.–London '55) Kap. 4: Physical constants, values of November 1952 [10]); Neuaufl. (NewYork–London–Toronto '60) Kap. 4: Physical constants, values of October 1955 [10]). – Handbuch der Physik (S. Flügge) **35**: Atome 1

(Berlin–Göttingen–Heidelberg '57) 1–87: The fundamental constants of atomic physics[10]. — Handbook of physics (E. U. Condon, H. Odishaw) (NewYork–London '58) Part 7, chap. 10: Fundamental constants of atomic physics (based on 1958 values)[10]; [2]('67) Part 7, chap. 10: ~ (based on 1963 values)[10]. — Proc. Rehovoth conference on nuclear structure, Rehovoth 1957 (H. J. Lipkin) (Amsterdam '58) 509–33: γ-Ray spectroscopy by means of bent crystal diffraction. — Proc. International conference on nuclear structure, Kingston, Ont., Can. 1960 (D. A. Bromley, E. W. Vogt) (Toronto '60) 637–40: Nuclear effects observed in x-ray spectra[35]. — McGraw-Hill encyclopedia of science and technology **3** (New York '60) 353–59: Compton effect. — International tables for x-ray crystallography (International Union of Crystallography) **3** (Birmingham '62) Tafel 2.1.1: List of some universal physical constants (values corrected to 1961)[10][52]. — Nuclear physics (L. C. L. Yuan, C.-S. Wu) (NewYork–London '62) (Methods of experimental physics series, 5) Part A, 599–616: Determination of momentum and energy of γ-rays with the curved crystal spectrometer. — Encyclopaedic dictionary of physics (J. Thewlis) **2** (Oxford–London–NewYork '62) 744–77: Determination of electronic charge (e); 777f.: Electronic-charge-to-mass ratio (e/m); 778f.: Determination of electronic-charge-to-mass ratio (e/m); **3** ('62) 319–24: Fundamental constants of atomic physics[10]; 381–87: Gamma-ray spectrometry. — Nuclidic masses. Proc. 2nd International conference on nuclidic masses, Vienna 1963 (W. H. Johnson, jr.) (Wien '64) 152–86: Present status of our knowledge of the numerical values of the fundamental physical constants[10]. — Encyclopaedia Britannica; a new survey of universal knowledge **13** (Chicago, Ill.–London–Toronto . . . '65) 1129–33: Velocity of light[u.a.]; **17** ('65) 864–68: Physical units[49][10][54]; **23** ('65) 842–55: x-Rays. — Proc. 3rd International conference on atomic masses, Winnipeg, Man., 1967 (R. C. Barber) (Winnipeg, Man. '68) 478–92: Remeasurement of the conversion constant Λ [28][10].

W. The fundamental constants of physics (m. E. R. Cohen, K. M. Crowe) (New York '57) 12 + 287 S. (Interscience monographs in physics and astronomy, 1).

American J. Physics Construction of thermodynamic models for elementary teaching: **9** ('41) 234–37.

American Scientist Recent advances in our knowledge of the numerical values of the fundamental atomic constants[10]: **40** ('52) 447–67.

Annals Physics An iron-free magnetic β-ray spectrometer of high luminosity, resolving power, and precision for the study of decay schemes of the heavy isotopes: **2** ('57) 283–371. — Status of knowledge of the fundamental constants of physics and chemistry as of January 1959: **7** ('59) 365–403. — A circular-arc-shaped slit with fixed center and continuously adjustable radius for the analysis of circularly symmetric low-angle x-ray diffraction patterns[14]: **11** ('60) 49–64. — Precision measurement of L x-ray wavelengths and line widths for $74 \leqq Z \leqq 95$ and their interpretation in terms of nuclear perturbations[35]: **14** ('61) 166–228.

Annual Rev. nuclear Sci. γ-Ray spectroscopy by direct crystal diffraction: **8** ('58) 163–80.

Engineering and Sci. The iron-free magnetic β-ray spectrometer[53]: **31** ('68) Nr. 6, 15–18.

Ergebn. der exakten Naturwiss. The spectroscopy of nuclear γ-rays by direct crystal diffraction methods: **28** ('54/55) 232–301.

Hilger J. Nuclear γ-ray spectroscopy by crystal diffraction[42]: **6** ('61) 48–55.

IRE Trans. Present status of precise information on the universal physical constants. Has the time arrived for their adoption to replace our present arbitrary conventional standards?: **I–7** ('58) 128, 136–75.

J. acoust. Soc. America A determination of the wave forms and laws of propagation and dissipation of ballistic shock waves[10][39][50]: **18** ('46) 97–118.

J. appl. Physics [USA] The "Palace of Discovery" at the Paris Exposition of 1937: **9** ('38) 289–94. — An x-ray method of determining rates of diffusion in the solid state[48]: **11** ('40) 357–65. — A point-focusing x-ray monochromator for the study of low-angle diffraction[44][12]: **23** ('52) 854–59. — Latex particle size determination using diffraction peaks obtained with the point-focusing x-ray monochromator[12][44]: 860–65. — Submicroscopic structure determination by long wavelength x-ray diffraction[20]: **26** ('55) 903–17.

J. sci. and industr. Res. Design of a germanium bent-crystal diffraction monochromator and its application in nuclear spectroscopy[42][21][5]: **22** ('63) 29–43.

J. Ultrastructure Res. Design and construction of a Berreman-type point-focusing x-ray monochromator for use in low-angle scattering studies[51]: **9** ('63) 419–44.

J. Washington Acad. Sci. The consistency of our knowledge concerning the atomic constants: **31** ('41) 370.

Kosmos [Stockholm] Das Problem der Bestimmung der wahrscheinlichsten Werte der physikalischen Fundamentalkonstanten[10]: **45** ('68) 91–109 [schwed.].

Nauka i Čelovečestvo Genaue Messungen von physikalischen Universalkonstanten: **1964**, 241–67 [russ.] (m. Bildn.).

Nuclear Instruments and Methods [Amsterdam] A germanium bent-crystal monochromator for nuclear spectroscopy[42][21][5]: **16** ('62) 17–28.

Nuclear Physics An intensity calibration of the two-meter curved-crystal spectrometer[13][5]: **26** ('61) 670–80.

Physical Rev. Possible narrowing of Compton line breadth by preferentially directed electron momenta in Ceylon graphite: (2) **39** ('32) 166–68. — A search for preferentially directed electron velocities in crystalline graphite with the multicrystal spectrograph [28][1]: **40** ('32) 165–77. — Curved quartz crystal x-ray spectrograph[46]: **46** ('34) 316f. — Selective x-ray diffraction from artificially stratified metal films deposited by evaporation[48]: **48** ('35) 703. — New and unexplained effects in Laue x-ray reflection in calcite[6]: **50** ('36) 97. — Tests of the validity of x-ray crystal methods of determining e [6]: 383, 524–37; **54** ('38) 1005–10. — A determination of h/e from the short wave-length limit of the continuous x-ray spectrum[6]: **51** ('37) 400–29. — A direct spectrum of the structure and shift of the Compton line with helium gas as the scatterer [28]: **52** ('37) 419–36. — Theory of the use of more than two successive x-ray crystal reflections to obtain increased resolving power: 872–83. — Does the formula for the Rydberg constant require revision?: 1251. — x-Ray evidence on the nature of the surface layers of thin ground quartz crystals secured with the Cauchois spectrograph[23]: **54** ('38) 789–92. — Exploratory study of plural x-ray reflection methods applied to the problem of the diffraction pattern of calcite[6][3]: 792–801. — Shape of the modified Compton line for hydrogen and Ceylon graphite scatterers[28]: 802–08. — Our present dilemma regarding the values of the natural constants e, m, and h. A new graphical method of presentation: **56** ('39) 153–64. — Tests for the validity of the x-ray crystal method for determining N and e with aluminum, silver, and quartz[36]: **57** ('40) 198–206. — A complete isometric consistency chart for the natural constants e, m, and h: **58** ('40) 457–66. — Preliminary report on the new determination of h/e by means of the short wave-length limit of the continuous x-ray spectrum[3][39][17]: **59** ('41) 219f. — Further experiments for the determination of h/e by means of the short wave-length limit of the continuous x-ray spectrum [39][17]: **60** ('41) 163. — A precision determination of h/e by means of the short wave-length limit of the continuous x-ray spectrum at 20 kV [39][17]: **62** ('42) 214–28, 301. — A method of correcting low-angle x-ray diffraction curves for the study of small particle sizes: **72** ('47) 83f. — A solid state interpretation of the structure near the limit of the continuous x-ray spectrum: 276–83; **74** ('48) 1883. — A precision wave-length and energy measurement of gamma-rays from ^{198}Au with a focusing quartz-crystal spectrometer[31][46]: **73** ('48) 1392–94. — A precision study of the tungsten K spectrum using the two-meter focusing curved-crystal spectrometer[46][47][31]: **75** ('49) 505–12. — Precision measurement of the wave-length and spectral profile of the annihilation radiation from ^{64}Cu with the two-meter focusing curved-crystal spectrometer[31][46]: 1226–39. — Inappreciable effect of Compton shifted scattering, within a gamma-ray source, on precision wave-length determinations with the focusing crystal spectrometer: 1266. — Recent changes and additions in the consistency diagram of the natural atomic constants: 1267. — Precision measurements of gamma-rays from ^{131}I with the two-meter focusing curved-crystal spectrometer[31][7][29][37]: 1544f., 1633f. — Precision wave-length measurement of the 1.1- and 1.3-MeV lines of ^{60}Co with the two-meter focusing curved-crystal spectrometer[31][7]: **76** ('49) 1838–43. — The "1947 values" of the atomic constants and the revision of the Faraday constant: **77** ('50) 411. — x-Ray and gamma-ray reflection properties from 500 x-units to 9 x-units of unstressed and of bent quartz plates for use in the two-meter curved-crystal focusing gamma-ray spectrometer[31][47]: 475–90; **78** ('50) 474. — The masses of the negative and positive electrons: **81** ('51) 468f. — Least-squares adjusted values of the atomic constants as of December 1950[10]: **82** ('51) 555f. — Precision measurements of nuclear gamma-ray wave-lengths of ^{192}Ir, ^{182}Ta, RaTh, Rn, ^{187}W, ^{137}Cs, ^{198}Au, and annihilation radiation[37][26][29]: **88** ('52) 775–93. — Low-angle x-ray diffraction with long wave-lengths[20]: **89** ('53) 1300. — Comparison of gamma-ray reflections from the (550) and (310) planes of quartz[26][38]: **90** ('53) 169f. — Gamma radiation following decay of ^{131}I [26]: **91** ('53) 1027. — The decay of ^{183}Ta [26][34][38]: **92** ('53) 202. — A precision measurement at 24500 volts of the conversion constant $\lambda \cdot \nu$ [15][18]: 1160–75. — Variety of our sources of information on Avogadro's number and other constants[10]: **94** ('54) 1790. — Gamma transitions in ^{182}W [5][34]: **95** ('54) 864f. — Corrected values of tungsten K-series x-ray wave-lengths with the two-meter curved-crystal diffraction spectrometer[45][24]: 1203f. — Decays of ^{182}Ta and ^{183}Ta [38][5][34]: **97** ('55) 1007–16. — Comments on Straumanis' concepts regarding Avogadro's number[10]: **98** ('55) 1128f. — Decay of ^{192}Ir [2][34][5]: **100** ('55) 1364–67. — Need for upward revision of λ_g/λ_s and its consequences[10]: **103** ('56) 1583f. — Pion and muon masses[10][11]: **104** ('56) 266f. — Rotational and intrinsic levels in ^{169}Tm and ^{175}Lu [19][5][34]: 745–52. — Precision measurement of x-ray fine structure. Effects of nuclear size and quantum electrodynamics[43]: **106** ('57) 501 12. — Precision determination of the low-lying energy levels of ^{182}W, ^{183}W, ^{184}W, and ^{186}W [8,9,16,32]: **107** ('57) 745–50. – Precision determination of some energy levels in ^{57}Fe, ^{67}Zn, and ^{99}Tc [8,16,27,32]: **109** ('58) 2036–40. – Precision measurement of the L x-ray spectra of uranium and plutonium[35]: **110** ('58) 79–84. – Precision determination of nuclear energy levels in heavy elements[8,16,27,32]: **112** ('58) 518–31. – Precision determination of gamma-rays following (p, p'γ) and (p, nγ) reactions[8,16,27,32]: 532–35. – K-Series x-ray wave-lengths in rare earth elements [8,16,27,32]: 1183–86.

Physical Rev. Letters Changes in the 1955 atomic constants occasioned by revision of μ_e/μ_0 [10]: **1** ('58) 291f.

Physics today Higher precision in nuclear spectroscopy: **5** ('52) Nr. 11, 13–20. – Improvements in the precision of beta-ray spectroscopy: Nr. 12, 10–13. – Pilgrims' progress in search of the fundamental constants: **18** ('65) Nr. 10, 26–32, 34, 36, 38, 40, 42f.

Proc. nation. Acad. Sci. USA A survey of our present sources of information on the conversion constant, Λ ($=\lambda_g/\lambda_s$) and the absolute wave-lengths of x-ray emission lines: **45** ('59) 1052–80. – Absence of dispersive properties of space for electromagnetic radiation tested to $\pm 14 \times 10^{-5}$. Comments on a proposal of Softky and Squire: **47** ('61) 347f.

Publ., Nation. Acad. Sci., Nation. Res. Council A diffraction monochromator for the study of nuclear resonance excitation[5,21,42]: Nr. **974** ('61) 106–09.

Radiology Present status of the problem of measurement of x-ray intensity and quality [25]: **18** ('32) 787–91. – The technic of stereofluoroscopy: **19** ('32) 366–87.

Res. Rev., Office naval Res., Washington Measuring gamma-ray wave-lengths[31]: **1950**, Apr.-Nr., S. 10–.

Review sci. Instruments Temperatures of continuously operated mobile x-ray focal spots[46,22]: (N.S.) **6** ('35) 183–93. – Two applications of the sylphon bellows in high vacuum plumbing: 285f. – Superiority of a Knudsen type vacuum gauge for large metal systems with organic vapor pumps; its design and operation[40]: 362–70. – A precision two-crystal x-ray spectrometer of wide applicability with worm-wheel drive; an improved precise method of equalizing the spacing of worm-wheel teeth[33]: **8** ('37) 112–21. – The thirty-kilowatt continuous-input x-ray equipment and high constant voltage generating plant of the Watters Memorial Research Laboratory at the California Institute of Technology[48]: 291–307. – An approximate method of cutting short circular cylindrical arcs with very large radii of curvature in the milling machine: **9** ('38) 329. – A precision method of generating circular cylindrical surfaces of large radius of curvature for use in the curved-crystal spectrometer[31,10]: **18** ('47) 617–26. – A high resolving power, curved-crystal focusing spectrometer for short wave-length x-rays and gamma-rays: 626–38. – Conditions for optimum luminosity and energy resolution in an axial beta-ray spectrometer with homogeneous magnetic field: **20** ('49) 160–69, 616. – Point-focus x-ray monochromators for low-angle diffraction: **21** ('50) 188f. – New point-focusing monochromator[4,34]: **25** ('54) 1219f. – Measurement of high-energy gamma-rays with a photographic bent-crystal spectrograph[8,32]: **29** ('58) 1153f.

Reviews modern Physics The linear momenta of electrons in atoms and in solid bodies as revealed by x-ray scattering: **5** ('33) 1–33. – Our knowledge of the atomic constants F, N, m, and h in 1947, and of other constants derivable therefrom[10]: **20** ('48) 82–108; **21** ('49) 651f. – Least-squares adjustment of the atomic constants, 1952 [10]: **25** ('53) 691–708. – Analysis of variance of the 1952 data on the atomic constants and a new adjustment, 1955 [10,30,41]: **27** ('55) 363–80. – Our knowledge of the fundamental constants of physics and chemistry in 1965 [10]: **37** ('65) 537–94.

Science [USA] Investigation of nuclear size by x-ray fine-structure splitting in heavy atoms[43]: **122** ('55) 880.

Suppl. Nuovo Cimento Present sources of precise information on the universal physical constants: (10) **6** ('57) 68–109.

Usp. fizič. Nauk Stand der Kenntnis der Fundamentalkonstanten der Physik und Chemie im Januar 1959: **73** ('61) 333–66 [russ.].

Wissenschaft u. Menschheit Genaue Messungen von physikalischen Universalkonstanten: **1966**, 175–205.

Z. Naturforsch. The present key importance of the fine structure constant, α, to a better knowledge of all the fundamental physical constants: **21a** ('66) 70–79.

Außerdem ein Bericht für das National Research Council, Committee on Constants and Conversion Factors of Physics: A least-squares adjustment of the atomic constants as of December 1950 [10].

Mit: 1) L. Alden; 2) L. L. Baggerly; 3) H. H. Bailey; 4) D. W. Berreman; 5) F. Boehm; 6) V. L. Bollman; 7) J. R. Brown; 8) E. L. Chupp; 9) A. F. Clark; 10) E. R. Cohen; 11) K. M. Crowe; 12) W. E. Danielson; 13) W. F. Edwards; 14) J. Everitt; 15) G. L. Felt; 16) F. J. Gordon; 17) A. E. S. Green; 18) J. N. Harris; 19) E. N. Hatch; 20) B. L. Henke; 21) H. E. Henrikson; 22) B. Hicks; 23) F. R. Hirsh; 24) J. El-Hussaini; 25) A. Hoyt; 26) H. C. Hoyt; 27) R. C. Jopson; 28) H. A. Kirkpatrick; 29) D. J. Klein; 30) T. W. Layton; 31) D. A. Lind; 32) H. Mark; 33) D. Marlow; 34) P. E. Marmier; 35) J. J. Merrill; 36) P. H. Miller; 37) D. Muller; 38) J. J. Murray; 39) W. K. H. Panofsky; 40) W. M. Pickels, jr.; 41) J. S. Rollett; 42) E. J. Seppi; 43) R. L. Shacklett; 44) L. Shenfil; 45) P. Snelgrove; 46) B. B. Watson; 47) W. J. West; 48) J. P. Youtz; 49) H. Crew;

[50]) E. Deeds; [51]) W. E. Dibble; [52]) A. A. McNish; [53]) E. C. Seltzer; [54]) R. J. Stephenson.

VI **MONDAIN-MONVAL,** Paul. Chem. (allg., physikal.). — 1927–39 Prof. Chim. physique, Ecole de Chim., Mulhouse; '40–42 Prof. Chim. physique, Univ. de Toulouse; '42–43 Prof. Chim. gén., Univ. de Clermont-Ferrand; '43–50 Prof. Chim. minér. et Chim. physique, Univ. de Bordeaux; '50–60 Prof. Chim. gén., Conservatoire Nation. des Arts et Métiers, Paris. — '30 Prix Houzeau (Acad. Sci. Paris).

*1898, Mai 10, Paris;

†1960, Dez. 26, Paris.

Nekr. Prévost, Bull. Soc. chim. France **1961,** 434f.

Zur Bibliogr. Notice sur les titres et travaux scientifiques de M. Paul Mondain-Monval (Paris '48) 32 S.

S. Traité de chimie minérale (P. Pascal) 2 (Paris '32) 1–124: Soufre; le soufre et ses combinaisons avec l'hydrogène et les halogènes. — 14e Congrès de chimie industrielle, Paris 1934, Communications 2 (Paris '35): Influence de la température sur l'explosion des mélanges d'air et d'hydrocarbures[9]) (4 S.); Ultraleichtlegierungen auf Magnesiumbasis: Das Dreistoffsystem Mg–Ca–Zn [6]) (5 S.) [französ.].

Annales Chim. Recherches sur l'allotropie et la cristallisation des corps vitreux: (11) **3** ('35) 5–72.

Annales Office nation. Combustibles liquides Influence de la température sur l'explosion des mélanges d'air et d'hydrocarbures[9]): **10** ('35) 278–81. — Oxydation directe des huiles par l'air[4]): **12** ('37) 923–28. — Limites d'inflammabilité des mélanges gazeux d'air et de divers combustibles liquides[9]): 1183–96.

Bull. Soc. chim. France, Mém. Systèmes binaires hétérogènes. Propriétés physiques au voisinage du point critique[8]): (4) **51** ('32) 1104f. — Explosion des mélanges d'hydrocarbures et d'air[9]): (5) **2** ('35) 454. — Les propriétés des mélanges ternaires hétérogènes: 1106–18. — Sur les systèmes ternaires séparés en deux couches liquides. Inversion des densités[7]): **4** ('37) 1980f. — Etude du système ClK–CO_3HK–H_2O entre 10 et 40 °C [6]): **5** ('38) 1142–47. — Sur l'opalescence critique des mélanges ternaires hétérogènes[7]): 1585f. — Etude thermique des réactions en solution, 1: Méthode; cas typiques de réactions[6]): 1641–55. — Etude thermochimique de la neutralisation[6]): **7** ('40) 35. — La miscibilité partielle dans les alliages liquides. Cas du système Pb–Zn–Sn [3]): 113–21. — Systèmes binaires et ternaires séparés en deux couches liquides: Inversion des densités[7]): 240–53; ~: L'accroissement de viscosité et l'opalescence dans la région critique[7]): **12** ('45) 380–86. — Mélanges liquides séparés en deux couches et opalescence critique[7]): **7** ('40) 914–20; **11** ('44) 26–30. — Recherches physico-chimiques sur le déplacement des acides de leurs sels en solution aqueuse[5]): **13** ('46) 527–35; ~ 2: **17** ('50) 97–103. — Sur les complexes cyanés du nickel en solution[2]): **16** ('49) 700–04.

Bull. Soc. Encouragement Industrie nation. L'oxydation des hydrocarbures et le phénomène du choc des moteurs: **131** ('32) 360–65. — Explosion des mélanges d'hydrocarbures et d'air et le choc des moteurs[9]): **134** ('35) 582–85.

Bull. Soc. industr. Mulhouse Expertise en écritures. Faux graphiques et matériels: **98** ('32) 337–70. — Paul Thiébaud Muller: **100** ('34) 73f. — L'explosion des mélanges d'hydrocarbures et d'air et le choc des moteurs[9]): **102** ('36) 291–97.

Chaleur et Industrie Phénomènes d'oxydation lente précédant la combustion des hydrocarbures: **20** ('39) 126f.

Chimie et Industrie Formation de peroxydes dans l'oxydation des hydrocarbures. Application au phénomène du choc: **27** ('32) 771–74.

C.R. hebd. Séances Acad. Sci., Paris Sur l'oxydation directe de l'acétylène par l'air[9]): **196** ('33) 1226–28. — Sur le couple partiellement miscible aniline–eau[8]): **197** ('33) 1632–34. — Étude thermométrique de la formation des complexes minéraux[6]): **198** ('34) 1154–56. — Sur la cristallisation des corps vitreux: 1413–15. — Influence de la température sur l'explosion des mélanges d'air et d'hydrocarbures[9]): **200** ('35) 232–34. — Sur la cristallisation du borate de zinc[6]): **202** ('36) 2075–77. — De l'influence de faibles quantités d'oxydes métalliques sur la cristallisation du borate de zinc[6]): **204** ('37) 579–81. — Sur l'application des lois du déplacement de l'équilibre aux mélanges liquides hétérogènes: **205** ('37) 1154–56. — Sur l'étude thermométrique de la neutralisation des acides et des bases faibles[6]): **207** ('38) 338f., 811. — Sur l'opalescence critique des complexes liquides[7]): **210** ('40) 246–48. — De l'influence des marées sur le régime des puits artésiens[9]): **211** ('40) 479–81. — Sur la constitution des bouillies bordelaises[1]): **225** ('47) 122f.

J. Chim. physique Sur les propriétés physiques des mélanges ternaires hétérogènes. Réponse à M. P. Brun: **30** ('32) 195–97.

Kolloid-Z. In zwei Schichten getrennte Flüssigkeitsgemische und kritische Opaleszenz [7]): **88** ('39) 140–44.

Mit: [1]) J. Bloy; [2]) J. Crémoux; [3]) G. Gabriel; [4]) S. Marteau; [5]) C. Mazières; [6]) R. Pâris; [7]) J. Quiquerez; [8]) H. Schlegel; [9]) R. Wellard.

VI **MONK,** George Spencer. Physik. – 1913–16 Assist. Astronomer, Mount Wilson Observat., Carnegie Inst. of Technol., Pittsburgh, Pa.; '16–17 Assist. Astronomer, Yerkes Observat., Chicago, Ill.; '18–19 Instructor, '19–20 Assist. Prof., Oregon State Agricultural College, Corwallis, Ore.; '20–23 Assist., '23–26 Instructor, '26–42 Assist. Prof., '42–43, '45–49 Assoc. Prof., '49– Assoc. Prof. Emer., Univ. of Chicago, Ill. (☒)

*1884, Juni 18, London.

MH. Optical instrumentation (NewYork–London '54) (National nuclear energy series, Manhattan Project technical section, Division 4, Plutonium Project record, 8).

W. Light; principles and experiments (New York–London '37) 11 + 477 S.; ²(New York '63, Gloucester, Mass. '63) 489 S.

J. opt. Soc. America Some observations on low reflection evaporated fluoride coatings: **30** ('40) 571f. – Hans Georg Beutler †: **33** ('43) 423.

Nucleonics Coloration of optical glass by high-energy radiation: **10** ('52) Nr. 11, 52–55.

Physical Rev. Interferometer measurements of wave lengths in H_2 bands[2]): (2) **51** ('37) 993.

Popular Astron. Daylight meteor: **49** ('41) 550.

Radiation Res. Design and performance of a biological spectrograph[1]): **5** ('56) 88–106.

Review sci. Instruments An adaption of the interferometer for hyperfine structure: (N.S.) **4** ('33) 527f. – Alternating current arc source for the Zeeman effect[3]): **8** ('37) 263f.

Mit: ¹) Ch. F. Ehret; ²) H. Landahl; ³) L. Lieberman.

V,VI **MONTEL,** Paul Antoine Aristide. Math. – 1911–22 Maître de Conférences, '22–46 Prof., '41–46 Doyen, '46 Doyen hon., Fac. Sci., Univ. de Paris; '13–33 Prof., Ecole Nation. Sup. des Beaux Arts, Paris; Dir., Ecole Pratique des Hautes Etudes; Prés. hon., Commiss. Nation. pour l'Educat., la Sci. et la Culture, UNESCO; Vice-Prés., Conseil d'Administrat. du Conservatoire Nation. des Arts et Métiers; Prés., Comité Nation. Franç. des Mathématiciens; Prés., Palais de la Découverte; Prés., Assoc. Raoul Dautry; Prés., Divis. des Sci. exactes, Centre Nation. de la Recherche Sci.; Prés., Comité sci. de l'Inst. des Hautes Etudes Sci.; Prés., Fédérat. des Associations de l'Enseignem. Supér.; '58 Prés., Acad. Sci. Paris. – '35 Dr. h.c. (Univ. Cluj); '47 Dr. h.c. (Univ. cathol. de Louvain); '51 Dr. h. c. (Univ. Bruxelles); '52 Dr. h.c. (Univ. Liège); Dr. h.c. (Univ. Warszawa); Dr. h.c. (Univ. Cernăuţi); Dr. h.c. (Univ. Sofija); Dr. h.c. (Univ. Lima). – '13 Prix Gustave Roux, '18 Prix Francœur, '24 Prix des Sciences mathématiques, '26 Prix Poncelet, '29 Prix Petit d'Ormoy (Acad. Sci. Paris); '21 Lauréat de l'Acad. Roy. de Belgique; Commandeur du Mérite culturel de Roumanie; Commandeur de l'Ordre des Palmes Acad. (Ministre de l'Educat. nationale); Grand Croix de l'Ordre du Mérite pour la Recherche et l'Invention.

*1876, Apr. 29, Nice, Alpes Maritimes; †1975, Jan. 22, Paris.

Zur Biogr. Paul Montel, mathématicien niçois. Essais et témoignages de L. de Broglie, R. Cassin, R. Debré, J. Lépine, J. Romains, J. Rostand, A. Bailly, F.-J. Beer, M. Borel-Appell, E. Borel, R. Cogniat et J. Dieudonné. Avant-propos de J. Médecin (Ville de Nice '66). – D. Pompeiu, Mathematica [Cluj] **13** ('37) 272–74. – Annales Univ. Paris **17** ('47) 209–11 (m. Bildn.).

Nekr. S. Mandelbrojt, C.R. hebd. Séances Acad. Sci., Paris **280** ('75) Vie acad., 186–88.

Teilsammlung (Festband zum 50jährigen wissenschaftlichen Jubiläum) Sélecta. Cinquantenaire scientifique de Paul Montel, 1897–1947 (Paris '47) 286 S. (m. Bildn. u. Schr.verz.).

H. (Redakt.) Exposés sur la théorie des fonctions (Paris '36) (Actualités scientifiques et industrielles, 302).

MH. (Mitredakt.) Encyclopédie française **1**: L'outillage mental, **3**: Mathématique (Paris '37); darin eigene Beiträge: 1·50, 5–7: Avant-propos; 1·72,2–1·74,12 (27 S.): Théorie des fonctions de variables complexes. – Encyclopédie française, Cahiers d'actualité et de synthèse **1**: (Redakt. d. Abschnitts: La mathématique, Compléments) (Paris o. J.); darin eig. Beitr. 11–13: Théorie des fonctions de variables complexes.

S. C.R. Congrès des sciences mathématiques de Liège 1939 (Liège '39) 9–19: La géométrie des polynômes. – Sbornik posvjaščennyj pamjati akademika D. A. Grave [Sammelband, gewidmet dem Akademiemitglied D. A. Grave] (Moskva–Leningrad '40) 166–71: Sur quelques propriétés des couples de fonctions uniformisantes. – Institut de France. Séance annuelle des cinq académies, 1952 (Paris '52) (Institut 1952, 23): Paul Valéry, mathématicien (6 S.). – Colloque sur les questions de réalité en géométrie, Liège 1955 (Liège '56) 9–26: Sur la géométrie finie et les travaux de M. C. Juel; 27–37: Les débuts de la géométrie finie. – Les grands courants de la pensée mathématique (F. Le Lionnais) (Paris '48), ²('62) 173–78: Le rôle des familles de fonctions dans l'analyse mathématique. – Celebrazioni archimedee del sec. XX, Siracusa 1961, 2: Simposio di analisi (A. Denjoy) (Gubbio '62) 1–13: Sur la périodicité des fonctions.

W. Leçons sur les fonctions entières ou méromorphes (P. Sergesco) (Paris '32) 14 + 120 S. (Publications du Séminaire mathématique de l'Université de Cluj). – Leçons sur les fonctions univalentes ou multivalentes professées à la Sorbonne (F. Marty) (Paris '33) 4 + 164 S. – Cours de mécanique rationnelle (J. Renaud, A. Robba), 1 ⁴(Paris '35). – Statique et résistance des matériaux ²(Paris '45) 8 + 371 S.; ³('49) 8 + 371 S. – Les mathématiques et la vie (Alençon '47) 23 S. (Université de Paris. Les conférences du Palais de la Découverte, 25 novembre 1944). – Pascal mathématicien (Alençon '50) 19 S. (~, 24 juin 1950). – La recherche scientifique en mathématiques (Alençon '53) 24 S. (~, Série A, No. 172). – La science et la paix (Alençon '55) 20 S. (~, Série A, No. 213). – Leçons sur les récurrences et leurs applications (J. Dufresnoy, E. Lefebvre) (Paris '57) 12 + 268 S.

Acta Sci. math. [Szeged] Sur les zéros des polynômes associés à un polynôme: **12B** ('50) 131–36.

Anales Soc. ci. argentina, Secc. Santa Fé Über die Quadratur des Kreises: **128** ('39) 321–30 [span.].

Annales sci. Ecole norm. sup. Sur les fonctions méromorphes limites de fractions rationnelles à termes entrelacés: (3) **50** ('33) 171–96. – Sur les fonctions localement univalentes ou multivalentes: **54** ('37) 39–54. – Sur quelques équations aux différences mêlées: **65** ('48) 337–53. – Eléments exceptionnels des fonctions analytiques: **76** ('59) 271–81.

Annales Soc. polon. Math. Sur quelques séries à coefficients récurrents: **15** ('37) 54–72. – Sur un système d'équations fonctionnelles: **21** ('48) 99–106.

Annales Univ. Paris Paul Valéry et la mathématique: **25** ('55) 149–57.

Annali R. Scuola norm. sup., Pisa Sur une formule de Darboux et les polynômes d'interpolation: (2) **1** ('32) 371–84.

Bull. Math. et Physique pures et appl. Ecole polytechn. Bucarest Sur un problème de J. Bertrand: **9** ('38) 3–7.

Bull. math. Soc. roumaine Sci. Sur un théorème de M. Pompeiu: **35** ('33) 179–81. – Sur un théorème de M. Ţiţeica: 183f. – Sur les relations de Cauchy: **38**, 2 ('36) 97–99.

Bull. Sci. math. Sur les méthodes récentes pour l'étude des singularités des fonctions analytiques: (2) **56** ('32) 219–32. – Sur le principe de correspondance et une démonstration de Fatou: **57** ('33) 151–56. – Sur les critères de familles normales: **60** ('36) 240–46. – La vie et l'œuvre d'Emile Picard: **66** ('42) 3–17. – Sur la dispersion des points singuliers des courbes algébriques: 27–31. – Sur les combinaisons avec répétitions limitées: 86–103. – Sur la grande pyramide de Guizeh: **71** ('47) 76–81.

Bull. Soc. math. France Sur les suites de fonctions non bornées dans leur ensemble: **67** ('39) 42–55. – La mathématique méditerranéenne: **86** ('58) 257–70.

Bull. Soc. roy. Sci. Liège Sur le rôle des familles de fonctions dans l'analyse moderne: **15** ('46) 262–78.

Colloquium math. [Polonia] Souvenir de Mieczysław Biernacki: **9** ('62) 362f.

Commentarii math. helvet. Sur quelques limites pour les modules des zéros des polynômes: **7** ('34/35) 178–200.

C.R. hebd. Séances Acad. Sci., Paris Sur les fonctions harmoniques qui admettent des valeurs exceptionnelles: **194** ('32) 40f. – Sur une formule de Darboux: 1205–07. – Sur une classe de fonctions méromorphes: **195** ('32) 643–45. – Sur un théorème de Rouché: 1214–16. – Sur quelques limitations pour les modules des zéros des polynômes: **199** ('34) 651–53. – Sur quelques nouvelles limitations des modules des zéros des polynômes: 760–62. – Sur les fonctions harmoniques positives: **201** ('35) 119–21. – Sur une formule de Weierstrass: 322–24. – Sur un théorème de Jacobi: 586–88. – Sur l'univalence ou la multivalence locale: **203** ('36) 579–81. – Sur les fonctions définies par des séries à coefficients récurrents: 655–57. – Sur les familles de fonctions holomorphes non uniformément bornées: **207** ('38) 605–07. – Sur les valeurs des fonctions holomorphes: **209** ('39) 963–67. – Observations sur la communication de M. Pierre Sergescu: Sur les limites de J.-J. Bret: **210** ('40) 654f. – Sur les points où une fonction analytique est égale à une fonction algébrique: **211** ('40) 217–20. – Sur les fonctions analytiques égales à une fonction algébrique en un nombre borné de points: 370–74. – Notice nécrologique sur M. Henri Lebesgue: **213** ('41) 197–200. – Sur le nombre des combinaisons avec répétitions limitées: **214** ('42) 139–41. – Sur les différences divisées: **215** ('42) 193–95. – Remarque sur la note de M. Germán Ancochea sur les polynômes dont les zéros sont symétriques par rapport à un contour circulaire: **221** ('45) 15. – Sur la pyramide de Chéops: **224** ('47) 1741–43. – Sur les équations fonctionnelles caractérisant les polynômes: **226** ('48) 1053–55. – Sur un système d'équations aux différences finies: **227** ('48) 877–79. – Sur les zéros des polynômes à coefficients réels associés à un polynôme: **229** ('49) 501f. – Sur un critère de normalité: **237** ('53) 536f. – Notice nécrologique sur Leonard Eugene Dickson: **239** ('54) 1741f. – Notice nécrologique sur Emile Borel: **242** ('56) 845–50. – Sur les fonctions linéairement dépendantes: **244** ('57) 22–24. – Séance annuaire des prix: Allocution: **247** ('58) 2233–42. – Sur les éléments exceptionnels des fonctions analytiques: **249** ('59) 7f. – Sur les propriétés périodiques des fonctions: **251** ('60) 2111f. – Notice nécrologique sur Ch.-J. de la Vallée Poussin: **254** ('62) 2473–76.

Enseignement math. Le rôle des familles normales: **33** ('34) 5–21. – Henri Lebesgue, le savant, le professeur, l'homme[1])[2]): (2) **3** ('57) 1–18.

Fundamenta Math. [Warszawa] Sur quelques familles de fonctions harmoniques: **25** ('35) 388–407.

Izvest. mat. Inst., Bŭlgarsk. Akad. Nauk. Sur la dépendance linéaire des fonctions: **3** ('59) No. 2, 99–104 [m. bulgar. u. russ. Zusammenfassg.].

J. Analyse math. Sur un critère principal de normalité: **3** ('53/54) 209–24.

J. Math. pures et appl. Sur quelques propriétés des différences divisées: (9) **16** ('37) 219–31. – Sur les valeurs algébriques d'une fonction entière ou méromorphe: **20** ('41) 305–24.

Janus Petre Sergescu, mathématicien: **55** ('68) 46–49.

Mathematica [Cluj, Timişoara] Sur quelques rapports nouveaux entre l'algèbre et la théorie des fonctions: **9** ('35) 47–55. – Sur un théorème de M. Pompeiu: 182f. – Sur une équation fonctionnelle: **13** ('37) 5–15. – Sur certains cas d'univalence ou de multivalence locales: **14** ('38) 190–95. – Sur les rapports entre les dérivées et les différences divisées: **19** ('43) 1–11. – Sur deux systèmes d'équations fonctionnelles: **21** ('45) 10f.

Mathesis polska Sur les fonctions univalentes et multivalentes: **11** ('38) 1–19 [poln.].

Notices et Discours, Acad. Sci., Paris Inauguration de plaques commémoratives d'Arsène d'Arsonval et de Raoul Dautry: **3**.1949–1956 ('57) 667–71.

Photographe Auguste Lumière, 1862–1954: **44** ('54) 195f.

Prace mat.-fizyczne Sur quelques extensions d'un théorème de Jacobi: **44** ('37) 315–29.

Proc. math. and physic. Soc. Egypt Sur une généralisation d'un théorème de Jacobi: **3** ('48) 47–52.

Publ. math. Univ. Belgrade Sur les séries de fractions rationnelles: **1** ('32) 157–69. – Sur une formule de M. Michel Petrovitch: **6/7** ('38) [Neudruck ('63)] 174–82.

Publicaciones Inst. Mat., Univ. nacion. Litoral Harmonische und subharmonische Funktionen: **2** ('40) 1–23 [span.]. – Sur les fonctions analytiques dont les valeurs couvrent un domaine d'aire bornée: **6** ('46) 273–86.

Rend. Semin. mat. e fisico Milano Le famiglie di funzioni nell'analisi moderna: **20**.1949 ('50) 108–23.

Revista, Univ. nacion. La Plata L'itération: **3** ('40) 201–11.

Revue gén. Sci. pures et appl. Nécrologie: Emil Borel: **63** ('56) 137–41.

Revue Math. pures et appl. [Bucureşti] Sur les propriétés tangentielles des fonctions analytiques: **3** ('58) 5–8.

Revue math. Union interbalkan. Sur quelques interpolations spéciales: **2** ('38) 107–15.

Revue universit. [Paris] Emile Borel†: **65** ('56) 129–32.

Sciences [Paris] L'art et les mathématiques: **76** ('49) 61–80.

Sprawozd. Posiedzeń Towarz. nauk. warszawsk., Wyd. III Sur la limite supérieure du module des racines d'une équation algébrique: **24**. 1931 ('32) 317–26 [poln.].

Suomalaisen Tiedeakatemian Toimituksia, Sarja A I Sur les valeurs algébriques des fonctions analytiques: **250** ('58) Nr. 24, 8 S.

Tôhoku math. J. Sur les bornes des modules des zéros des polynômes: **41** ('35/36) 311–16.

Vjschr. naturforsch. Ges. Zürich Sur la distance des points en lesquels une fonction analytique prend des valeurs données: **85** ('40) Beibl. Nr. 32, 31–39.

Wiadomości mat. L'itération: **40** ('35) 217–30 [poln.].

Ferner „Eléments de mécanique" in Nachauflagen von: „Cours de mathématiques générales professé à la Faculté des Sciences de Paris en 1919–1920" ('36...'56), dazu „Compléments" (m. E. Vessiot) ('52) 68 S.

Mit: [1]) A. Denjoy; [2]) L. Felix.

IV–VI **MONTEMARTINI,** Clemente.

Chem. — 1903–33 Prof. ord. Chim. docimastica, '08–33 Prof. incar. Chim. gen., R. Scuola d'Ingegneria, Torino.

*1863, Juni 12, Montù Beccaria;

†1933, Juni 28, Milano.

Nekr. F. Garelli, Annuario del R. Istituto Superiore di Ingegneria, Torino **1933/34**, 241–50 (m. Bildn. u. Schr.verz.).

Boll. R. Staz. sperim. Industria Pelli e Materie concianti Reazione caratteristica per le soluzioni violette dei sali di cromo, 2[1]): **10** ('32) 98–104.

Industria chim. Sulle trasformazioni di sali di metalli trivalenti in soluzione, 2: Separazione e dosaggio delle forme viola e verdi del solfato e dell'allume cromico [1]): 7 ('32) 432–35; ~ 3: Equilibrio tra la forma viola e le forme verdi nelle soluzioni di allume cromico-potassico[1]): 857–65; ~ 4: Equilibrio tra la forma viola e le forme verdi nelle soluzioni di solfato cromico e di allume cromico-sodico[1]): 1001–64; ~ 5: Solubilità di solfato cromico e di allumi cromico-potassico e cromico-sodico[1]): 8 ('33) 445f. — Decomposizione di nitrati e nitriti di metalli presentanti valenze diverse, 3: Nitrito manganoso[1]): 7 ('32) 577–82.

Mit: [1]) E. Vernazza.

IV,VI **MONTESSUS DE BALLORE,** Robert Fernand Bernard, Vicomte de. Math. — 1919–37 Dir. de l'Index Generalis.

*1870, Mai 20, Lyon;
†1937, Jan. 25, Paris.

Nekr. A. Lacroix, Index generalis 18 (Paris '38) Vf. — H. Villat, Nature [London] **140** ('37) 226.

H. Index generalis; annuaire général des universités et des grandes écoles, académies, archives, bibliothèques, instituts scientifiques, jardins botaniques et zoologiques, musées, observatoires, sociétés savantes [1] (Paris '19)–17 ('37).

S. F. Frenet, Recueil d'exercices sur le calcul infinitésimal [8](Paris '48): Formulaire concernant les fonctions elliptiques.

W. La méthode de corrélation, suivie de la table des carrés des nombres entiers de 1 à 1000 (Paris '32) 84 S. (Scientia, Sér. physico-mathématique, 58). — (Neubearb. d. 6. u. 7. Aufl.) C. de Comberousse, Cours de mathématiques **1**, 1: Arithmétique [6](Paris '29) 13+292+55 S.; **1**, 2: Algèbre élémentaire [7]('33); **2**, 1: Géométrie élémentaire, plane et dans l'espace [6]('25) 29+552 S.; **2**, 2: Trigonométrie rectiligne et sphérique [7]('28) 284 S.; **3**: Algèbre supérieure, 1 [6]('29) 7+599 S.; **4**: Algèbre supérieure, 2 [6]('32) 1019 S.

Annales Soc. sci. Bruxelles, Sér. A Statistique mathématique: Problèmes de degrés supérieurs: **52** ('32) 22–26; ~: Les moments partiels du second ordre de la fonction binomiale: 70–82. — Jeu de la roulette. Etude expérimentale d'écarts probables: **53** ('33) 10–15. — Détermination des écarts probables dans la fonction binomiale: **54** ('34) 83–96, 146.

C. R. hebd. Séances Acad. Sci., Paris Détermination de la médiane dans la fonction binomiale: **198** ('34) 784–86.

Monatsh. Math. u. Physik Statistique mathématique: **39** ('32) 1–14.

Nature [Paris] La quadrature du cercle: **61** ('33) 273. — La densité des étoiles dans la région du système solaire: **62** ('34) 360–62.

Revue gén. Sci. pures et appl. La tuberculose des adultes, étude statistique: **43** ('32) 21–. — La "corrélation comparée" appliquée à l'étude des "statistiques linéaires": **44** ('33) 105–08. — Index generalis 1933: 284. — Les moyennes en statistique mathématique: **45** ('34) 324f.

Revue sci. Statistique mathématique: **70** ('32) 106–12. — La moyenne: **72** ('34) 555–58. — Wronski, mathématicien: **73** ('35) 329–33.

VI **MONTI,** Lydia. Chem. (org.). — 1913 Dott., '27–40 Assist., '30–40 Prof. Libera Doc. Chim. org., '35–40 Prof. incar. Preparazione chim., Univ. di Roma; '40–61 Prof. e Dir. dell'Ist. di Chim. farmac. e tossicol., '62–66 Prof. fuori ruolo, Univ. di Siena. — '59 Medaglia d'oro dei Benemeriti della Scuola, della Cultura e dell'Arte.

*1890, Dez. 23, Roma.

S. Atti del IV Congresso nazionale di chimica pura ed applicata, Roma 1932 (Roma '32) 517–23: Antimalarici sintetici. — Atti del V Congresso ~, Roma 1935, **1** (Roma '36) 403–07: Azione dell'aldeide formica sulle ossichinoline; 407–10: Sulla nitrazione degli idrocarburi aromatici policiclici per mezzo dei vapori nitrosi. — Atti del X Congresso internazionale di chimica, Roma 1938, **3** (Roma '39) 255f.: Sull'azione ossidante del biossido di selenio; 256f.: Sull'ossidazione dell'acenaftene.

Annali Chim. appl. Sopra una cera estratta dalla canapa: **30** ('40) 303–07. — Determinazione acidimetrica del furfurolo: **37** ('47) 101–05.

Annali Chim. Sopra alcuni composti chinolin-tio-glucosidici[7]): **52** ('62) 936–40.

Atti reale Accad. nazion. Lincei, Rend. Sull'azione ossidante del biossido di selenio [,1]: (6) **18** ('33) 505–07; ~ 2: **24** ('36) 145f.; ~ 3: **28** ('38/39) 96–99.

Atti Soc. ital. Progr. Sci. Sulla reazione della talleiochina[2]): **23**, 2 ('35) 547.

Boll. sci. Fac. Chim. industr. Bologna Kondensation von Methylolsäureamiden mit 4-Oxychinazolinen: **1940**, 133 [italien.]. — Derivate des 2-Methyl-4-oxychinazolins[17]): 164 [~]. — Kondensationsprodukte des 2-Methyl-4-oxychinazolins mit Aldehyden[17]): 166f. [~].

Gazz. chim. ital. Sopra alcuni derivati chinolinici [,1][19]): **62** ('32) 14–18; ~ 2[19]): 878–86; ~ 3: **67** ('37) 624–28; ~ 4[6]): **69** ('39) 745–49. — Ricerche sui nitrositi e nitrosati, 2[4]): **62**

('32) 368–76; ~ 3[1]): **63** ('33) 708–12. — Sulla funzione stabilizzante delle vaseline nelle polveri senza fumo[4])[1]): 713–24. — Sopra alcuni derivati acridinici: 724–30. — Sulla reazione della talleiochina [,1][2]): **64** ('34) 947–54; ~ 2[2]): **66** ('36) 38–41; ~ 3: **67** ('37) 621–24. — Sulla nitrazione degli idrocarburi aromatici policiclici per mezzo dei vapori nitrosi[10])[8]): **66** ('36) 31–38. — Azione dell'aldeide formica sulle ossichinoline [,1][2]): 42–48; ~ 2[4]): 732–34. — Sulla preparazione delle α-ossi-γ-metil-chinoline [2]): 723–31. — Sulla nitrazione dei fenoli per mezzo dei vapori nitrosi: **67** ('37) 628–33. — Sull'azione ossidante del biossido di selenio. Ossidazione dell'acenaftene: **68** ('38) 608–12. — Sopra alcuni derivati della 9-acridin-aldeide: **69** ('39) 749–52. — Sopra alcuni azoici solfanilammido-chinolinici[17]): **70** ('40) 369–74. — Sopra alcuni derivati solfanilammidici[5]): 375–80. — Sopra la condensazione dell'etere acetacetico con le fenilen-diammine: 648–56. — Sopra alcuni derivati chinazolinici, 1[17]): **71** ('41) 651–53; ~ 2[11])[15]): 654–58; ~ 3[17]): 658–62. — Sulla preparazione delle p-solfammido-α-ossi-γ-alchil-chinoline[13]): 662–67. — Reazioni di condensazione dello xantidrolo: **72** ('42) 515–20. — Condensazione dello xantidrolo con le ossi-chinoline[3]): 520–24. — Sull'azione ossidante del biossido di selenio: **74** ('44) 23–25. — Sopra alcuni derivati benzimidazolici[18]): **76** ('46) 365–68. — Sopra alcuni derivati tio-pirimidinici [,1][12]): **78** ('48) 638–46; ~ 2[7]): **79** ('49) 447–50; ~ 3[7]): **81** ('51) 191–94; ~ 4: Derivati solfanilammidici del 2-tio-4-metil-uracile[7]): 332–35; ~ 5: Derivati 5-metilen-fenil-ammino sostituiti del 2-tio-4-metil-uracile[7]): **85** ('55) 516–20. — Sopra l'N-ossido dell'acido 2-fenil-chinolin-4-carbonico e suoi derivati[7]): **81** ('51) 544–47. — Sopra l'azione desolforante del biossido di selenio[7]): 764–72. — Sopra alcuni derivati tiochinolinici [,1][9]): **83** ('53) 319–26; ~ 2: Derivati S-sostituiti delle α- e γ-tiochinoline[7]): **85** ('55) 510–15; ~ 3[14])[7]): **89** ('59) 1084–91; ~ 4[14])[7]): 1092–96; ~ 5[7])[14]): 1097–101; ~ 6[7])[14]): 1102–08; ~ 7[7])[14]): **91** ('61) 115–20. — Sopra alcune tio-cromon-chinoline[7])[14]): **93** ('63) 991–99.

J. med. Chemistry Synthesis of N^6,N^6-bis(2-chloro-ethyl)-DL-lysine[21])[20]): **7** ('64) 468–71.

Mit: [1]) F. Bucci; [2]) V. Cirelli; [3]) M. Delitala; [4]) D. Dinelli; [5]) L. Felici; [6]) G. Ferrari di Caporciano; [7]) G. Franchi; [8]) V. Franco; [9]) G. G. Gallo; [10]) V. Martello; [11]) A. Osti; [12]) C. Pacini; [13]) S. Palmieri; [14]) C. Pellerano; [15]) S. Piras; [16]) G. Rapi; [17]) A. Simonetti; [18]) M. Venturi; [19]) G. Verona; [20]) R. Angelucci; [21]) G. Vita.

VI **MONTIGNIE,** Emile André Louis. Chem. — Chimiste, Tourcoing, France. (⊠)

*1894, Dez. 25, Tourcoing.

Annales pharm. franç. Quelques réactions du tellure: **1** ('43) 107–09; 4 ('46) 251–53. — Tellurures de zirconium et de vanadium: 253f. — Quelques réactions complémentaires du tétraiodure de tellure: **5** ('47) 239f.

Bull. Soc. Chim. biol. Les stérols des produits fossiles: **20** ('38) 1276–78.

Bull. Soc. chim. France Un réactif très sensible des hydrazines et composés analogues: (4) **51** ('32) 127. — De l'action de l'anhydride sélénieux sur les stérols: 144. — Nouvelle réaction colorée des composés pyrroliques et indoliques: 689f. — Nouvelle réaction de coloration des stérols: 690. — Etude de la constitution du cholestérol, 16: **53** ('33) 370f. — Quelques réactions du sélénium et de l'anhydride sélénieux: 1392f. — Comparaison des réactions du cholestérol avec les acides sulfurique, sélénique, tellurique: 1394. — Isomérisation du cholestérol: 1408f. — Le cholestérol et les fermentations: 1410f. — Action des oxydes sur le cholestérol: 1411f. — Action de l'iode sur le cholestérol: 1412–14. — De l'action de l'anhydride sélénieux sur le cholestérol: (5) **1** ('34) 290f. — Divers procédés de nitration du cholestérol: 291f. — Etude de quelques sels d'uranyle: 410f. — Au sujet du produit de volatilité: 505f. — Action de l'eau sur le sélénium et le tellure: 507f. — Action de la potasse sur les iodures: 692–96. — Action de l'oxyde mercurique sur le chlorure de nickel et de l'oxyde de nickel sur le chlorure mercurique: 697f. — Action de l'oxyde mercurique sur le chlorure chromeux: 699. — Action de l'oxyde mercurique sur les solutions de chlorure ferrique: 814f. — Action de l'oxyde mercurique sur le chlorure de cobalt: 943f. — Action de l'oxyde mercurique sur les chlorures d'argent, de thallium et de plomb: 1085–87. — Action de l'oxyde mercurique sur le chlorure de cadmium et de l'oxyde de cadmium sur le chlorure mercurique: 1099–101. — Action du tétracétate de plomb sur le cholestérol: 1280. — Action de l'iodure de potassium sur des composés nettement insolubles: 1405–07. — De la présence de stérols dans les algues: **2** ('35) 194f. — Action des bases alcalino-terreuses et de l'oxyde d'argent sur l'iodure mercurique: 220–22. — De l'action à la lumière des solutions de bases alcalines sur l'iodure mercurique: 290f. — De l'action des composés cyanés sur l'iodure mercurique: 296f. — Quelques réactions de l'iodure mercurique: 373–75. — Action de l'iodure mercurique sur les phénols en milieu alcalin: 376. — De l'action lente des vapeurs d'acide azotique fumant sur différents éléments: 625f. — De l'action des solutions chaudes de bases alcalines sur l'iodure mercurique: 657f. — Loi de volatilité: 658–60. — Etude de quelques tellurates: 864–66. — Le diarséniure d'hydrogène As_2H_2: 1020–24. — La présence des stérols dans les cryptogames vasculaires: 1219. — Composés d'addition du chlorure d'arsenic: 1365–67. — Action de l'iodure mercurique sur le cholestérol: 1367.

— Des carbures de plomb et d'argent: 1807–09. — De l'action lente des vapeurs d'acide azotique fumant sur les métaux: 2260f. — Action du trichlorure d'arsenic sur les éléments: **3** ('36) 190f. — L'iodure de bismuth bivalent: 191–93. — Action de l'oxyde mercurique sur les solutions de sulfates et de nitrates: 193–96. — Action de l'oxyde mercurique sur le bichromate de potassium: 419f. — Quelques réactions de l'oxyde mercurique: 459f. — Etude des chromates mercuriques: 460–62. — De l'action de l'iode et de l'acide iodhydrique naissants sur divers oxydes: 704f. — Le bromure de bismuth, Br_2Bi: 1082–84. — De l'action du chlorhydrate d'ammonium sur les oxydes: 1388f. — Action des chlorures sur les oxydes: 2319f. — De l'action du chlorure d'ammonium - acide azotique sur divers composés: 2320f. — Action du chlorure d'ammonium sur les sulfures: 2321f. — Vanadates et xanthogénates de mercure: 2322f. — Les iodures de sélénium: **4** ('37) 132–35. — Phosphure de thallium: 295f. — Le fluorure mercureux: 342–44. — Le bichlorure de bismuth, Cl_2Bi. Existence du bichlorure de bismuth. Modes de formation. Propriétés: 588–91. — Etude de quelques sels d'uranyle: 1142–44. — Note sur le chlorure de thallium: 2085. — Antimoniates mercureux et mercurique: 2086. — La présence des stérols chez les coraux: 2086f. — Tellurates et phosphure de thorium: **5** ('38) 197f. — Action du phosphore blanc sur les sels de mercure: 198–200. — Action du cyanogène sur l'oxyde mercurique: 200. — Des alliages manganèse-bismuth: 343f. — Photolyse du système: sulfate d'uranyle - iodure de potassium - eau: 564–66. — Action du magnésium sur le trioxyde de chrome: 567f. — Etude des tellurates insolubles: **6** ('39) 672–76. — Un réactif spécifique des sels cériques: 889. — Etude thermométrique de la neutralisation[2]): 1143f. — Action des sulfures sur des solutions très diluées de permanganate: 1191–95. — Action des oxydes sur les solutions diluées de permanganate de potassium: 1425–28. — Action de l'oxyde cuivreux sur divers composés: **7** ('40) 229–31. — Classification des tellurites: 681–85. — Action de l'hydrogène sulfuré et des sulfures sur l'iodure mercurique: **8** ('41) 198–202. — Action de l'iode sur le cuivre et de l'iode sur le mercure: 202–09. — Réactions entre solides: 209–12. — Action du phosphore blanc sur une solution glycérinée de potasse. Obtention du phosphure solide, P_5H_2: 541f. — Etude des iodures d'arsenic et d'antimoine: 542–45. — Présence de stérols dans les dates: 545f. — Action des oxydants sur les oxydes et les sulfures à la température ordinaire: **9** ('42) 654–58. — Etude du tritellurure de phosphore: 658–61. — Les arséniures d'aluminium: 739f. — Réactions entre solides: **1946**, 173f. — Quelques propriétés chimiques et analytiques de l'acide tellurique: 174f. — Quelques réactions du bioxyde de tellure: 175f. — Tellurures de vanadium et de zirconium: 176. — Les phosphures d'aluminium: 276–78. — Quelques réactions du tétrabromure de tellure: **1947**, 376f. — Action du mercure sur divers composés: 377f. — Réactions entre solides: 378f. — L'anhydride tellurique $TeO_3\beta$: 564. — Réaction entre solides: 747. — Tellures d'uranium, de thorium, de cérium: 748f. — Etude du tétratellurate de potassium: 749f. — Obtention de tellurures par voie humide: 750f. — Quelques réactions du tellure: **1948**, 180f.

Z. anorg. u. allg. Chem. Zur Kenntnis des Tellurtrioxids: **252** ('43) 111f. — Zur Kenntnis der Tellurverbindungen: **253** ('45) 90f. — Unterscheidung von Selen und Tellur mittels Pyridin: **306** ('60) 234. — Reaktion zwischen farblosem Phosphor und Selendioxid: 235f. — Tellurtetrabromid und Aminderivate: **307** ('60) 109–12. — Einige Reaktionen des Tellurtetrabromides: **315** ('62) 102f. — Neue Reaktionen mit Tellurtetrabromid: **352** ('67) 220f. — Über einige Telluride: $MoTe_2$, La_2Te_3 und V_3Te: **362** ('68) 329f. — Über einige Telluride: Ga_2Te_3, Ga_2Te, $ReTe_2$ und Re_2Te: **366** ('69) 111f.

Z. physik. Chem., Abt. B Notiz über das System Mn–Bi[1]): **42** ('39) 153f.

Mit: [1]) F. Halla; [2]) R. Paris.

V,VI **MOORE,** Charles Napoleon. Math. — 1908–09 Instructor, '09–17 Assist. Prof., '17–24 Assoc. Prof., '24–53 Prof., '37–53 Dir. of Graduate Studies, '53 Prof. Emer., Univ. of Cincinnati, O.; '26–28 Vice-Pres., Amer. Math. Soc.; '31 Vice-Pres., Math. Assoc. of America; '33 Vice-Pres., Amer. Assoc. for the Advancem. of Sci. — '32 Hon. Sc. D. (George Washington Univ., Washington, D.C.).

*1882, Nov. 14, Cincinnati, O.;
†1967, Dez. 12, Cincinnati, O.

S. Verhandlungen des Internationalen Mathematiker-Kongresses, Zürich 1932, **2** (Zürich–Leipzig '33) 121f.: On certain properties of the Fourier constants of L integrable functions of two variables. — Proc. International congress of mathematicians, Amsterdam **1954**, **2** (Amsterdam '54) 44: On the theory of patterns and its application to the prime number theorem.

W. Summable series and convergence factors (New York '38) 6+105 S. (American Mathematical Society Colloquium publications, 22); ('66) 6+105 S. — Electronics in business management (m. T. N. Humble, H. H. Chapman) (University, Ala. '56) 9+82 S. (University of Alabama, Bureau of Business Research).

American math. Monthly Summability of series: **39** ('32) 62–71.

Bull. amer. math. Soc. On the use of Cesàro means in determining criteria for Fourier constants: **39** ('33) 907–13. – Harris Hancock †: **50** ('44) 812–15.

Duke math. J. On criteria for Fourier constants of L integrable functions of several variables: **1** ('35) 293–97.

Proc. amer. math. Soc. On relationships between Nörlund means for double series: **5** ('54) 957–63.

Proc. nation. Acad. Sci. USA On certain criteria for Fourier constants of L integrable functions: **18** ('32) 396–99. – On criteria for Fourier constants of L integrable functions: **19** ('33) 846–48. – On convergence factors for series summable by Nörlund means: **21** ('35) 263–66. – Convergence factors for double series summable by Nörlund means: **22** ('36) 167–70.

Science [USA] Mathematics and science: **81** ('35) 27–32.

VI **MOORE (SITTERLY),** Charlotte Emma. Astron., Astrophys., Spektroskopie. – 1931–35 Research Assist., '36–45 Research Assoc., Princeton Univ. Observat., Princeton, N.J.; '45–68 Physicist, Spectroscopic Sect., Atomic Physics Div., '68–70 Physicist and '71– Guest Worker, Office of Standard Reference Data, U.S. Nation. Bur. of Standards; '71– Research Physicist, Naval Research Labor., Space Sci. Divis.; '52 Vice-Pres., Amer. Assoc. for the Advancem. of Sci.; '58–60 Vice-Pres., Amer. Astron. Soc.; '61–67 Pres., Commiss. on Fundamental Spectroscopic Data, Int. Astron. Union. – '62 Hon. D. Sc. (Swarthmore College, Swarthmore, Pa.); '68 Dr. h.c. (Univ. Kiel); '71 Hon. D.Sc. (Univ. of Michigan, Ann Arbor, Mich.). – '37 Annie Jump Cannon Prize (Amer. Astron. Soc.); '51 Meritorious Service Award, '60 Exceptional Service Award (U.S. Departm. of Commerce); '61 Federal Women's Award (U.S. Civil Service Commiss.); '63 Annie Jump Cannon Centennial Medal (Wesley College, Dover, Del.); '66 Career Service Award (Nation. Civil Service League); '72 William F. Meggers Award (Optical Soc. of Amer.).

*1898, Sept. 24, Ercildoun, Coatesville, Pa.

Zur Biogr. Current Biogr. **23** ('62) 39f. (m. Bildn.).

S. The solar system, **1**: The sun (G. P. Kuiper) (Chicago, Ill.–London '53) 186–206: The identification of solar lines. – Smithsonian physical tables (W. E. Forsythe) [9](Washington, D.C. '54) (Smithsonian miscellaneous collections, 120 = Smithsonian Institution publications, 4169) Table 620: Solar wave lengths; Table 664: Elements in the sun's atmosphere; Tables 710+711: Binding energies of electrons. – Fundamental formulas of physics (D. H. Menzel) (New York '55) 451–64: Atomic spectra. – Vistas in astronomy (A. Beer), **2** (London–NewYork '56) (J. atmospher. and terrestr. Physics, Suppl. 4) 1209–22: Atomic spectra – their rôle in astrophysics; **12** ('70) 307–12: Silicon in the sun; **13** ('70) 161–63: Fundamental spectroscopic data. – P. W. Merrill, Lines of the chemical elements in astronomical spectra (Washington, D.C. '56) (Carnegie Institution of Washington, Publ. 610) 103–65 (= Appendix A): Partial Grotrian diagrams of astrophysical interest[16]). – Recent advances in astro-geophysics. A topical symposium based on lectures delivered at the Summer Conference for college professors of physics and astronomy, Georgetown University, Washington, D.C., 1960 (M. P. Thekaekara) (Washington, D.C. '60) (Georgetown University, Observatory monograph Nr. 14) 21–24: Physics of the sun. – Encyclopaedic dictionary of physics (J. Thewlis) **6** (Oxford–London–NewYork–Paris '62) 529–32: Solar spectrum. – Swarthmore remembered (M. O. Gillespie) (Swarthmore, Pa. '64) 66–70: Friendships. – The solar spectrum. Proc. of a symposium, Utrecht 1963 (C. d. Jager) (Dordrecht '65) 89–101: The current revision of the solar spectrum 2935 Å to 8770 Å. – Atti del Convegno sulle macchie solari, Firenze 1964 (Firenze '66) (Pubblicazioni del Comitato nazionale per le manifestazioni celebrative del IV centenario della nascita di Galileo Galilei, 2,2) 181–85: Molecules in the sun. – Colloquium on late-type stars, Trieste 1966 (M. Hack) (Trieste '67) 15–24: Future spectroscopy for late-type stars.

W. Atomic lines in the sun-spot spectrum (Princeton, N. J. '33) 8+47 S. (Princeton University Observatory). – Term designations for excitation potentials (Princeton, N.J. '34) 39 S. – The masses of the stars, with a general catalogue of dynamical parallaxes (m. H. N. Russell) (Chicago,Ill. - Cambridge,Mass. '40) 9+236 S. – The solar spectrum λ 6600 to 13495 (m. H. D. Babcock) (Washington, D.C. '47) 95 S. (Carnegie Instn. Washington, Publ. 579). – The solar spectrum 2935 Å to 8770 Å. Second revision of H. A. Rowland's preliminary table of solar spectrum wavelengths (m. M. G. J. Minnaert, J. Houtgast) (Washington,

D.C. '66) (U. S. National Bureau of Standards monographs, 61) 30+349 S.

Applied Optics The atomic spectra of the rare earths, their presence in the sun: **2** ('63) 665–74. — International symposium on the solar spectrum, Utrecht, 26–31 August 1963: **3** ('64) 12. — International conference on spectroscopy, Bombay, 9–18 January 1967: **6** ('67) 836, 849, 850.

Astronomical J. Orbit of the binary 20 Persei: **46** ('37/38) 162–64. — Predicted lines of Fe I in the arc and in the sun[11]): **55** ('49/50) 173f.

Astrophysical J. Some results from a study of the atomic lines in the sun-spot spectrum: **75** ('32) 222–73, 298–336. — The presence of sulphur in the sun[2]): **79** ('34) 492–97. — The presence of phosphorus in the sun[2])[11]): **80** ('34) 59f. — A scale of wave-lengths in the infra-red solar spectrum[2])[7]): **83** ('36) 103–20. — New identifications of solar lines: **85** ('37) 79–87. — A comparison of spectroscopic and trigonometric parallaxes[20]): **87** ('38) 389–423. — The systematic and accidental errors of spectroscopic parallaxes: **92** ('40) 354–91. — The stronger lines of singly ionized dysprosium and identifications in the solar spectrum[12]): **98** ('43) 33–42. — Series lines of magnesium in the solar spectrum[2]): **101** ('45) 374–76. — The ultra-violet solar spectrum, λλ 2935–3060[2])[5]): **107** ('48) 287–302. — A revised analysis of the solar spectrum from 2990 to 2635 Å[24])[22])[18])[9]): **119** ('54) 590–612. — The solar spectrum from 2635 to 2085 Å[14])[18])[22]): **132** ('60) 746–66.

Circular, Nation. Bur. Standards Atomic energy levels as derived from the analyses of optical spectra, 1: ^{1}H–^{23}V: Nr. **467**, 1 ('49) 43+309 S.; ~ 2: ^{24}Cr–^{41}Nb: Nr. **467**, 2 ('52) 31+227 S.; ~ 3: ^{42}Mo–^{57}La, ^{72}Hf–^{89}Ac; supplements to part 1 and 2: Nr. **467**, 3 ('58) 38 + 245 S. — An ultraviolet multiplet table [,1]: ^{1}H–^{23}V: Nr. **488**, 1 ('50) 7+78 S.; ~ [,2]: ^{24}Cr–^{41}Nb: Nr. **488**, 2 ('52) 5+115 S.; ~ 3: ^{42}Mo–^{57}La, ^{72}Hf–^{88}Ra: Nr. 488, 3 ('62) 94 S.; ~ 4: Finding list for spectra of the elements hydrogen to niobium (Z = 1 to 41): Nr. **488**, 4 ('62) 65 S.; ~ 5: Finding list for spectra of the elements molybdenum to lanthanum (Z = 42 to 57) and hafnium to radium (Z = 72 to 88): Nr. **488**, 5 ('62) 30 S.

Contributions Princeton Univ. Observat. A multiplet table of astrophysical interest, 1: Table of multiplets: **20**, 1 (Neuaufl. '45) 36+110 S.; ~ 2: Finding list of all lines in the table of multiplets: **20**, 2 (Neuaufl. '45) 3+96 S. [Die 1. Aufl. ist '33 erschienen].

J. opt. Soc. America Infrared multiplets and the solar spectrum: **43** ('53) 1014–19. — Report of Sub-Committee b (collecting of data concerning atomic spectra)[15]): **46** ('56) 147–49. — Joint Commission for Spectroscopy meeting, June, 1956: 1004. — Miguel A. Catalán†: **48** ('58) 138. — The spectra of rare earths (August, 1958): **50** ('60) 407f. — Triple Commission for Spectroscopy: Reports on atomic spectra, Ottawa Meeting, 1960: **52** ('62) 477–80; ~ Columbus Meeting, 1961: 583f.; ~ Tokyo Meeting, 1962: **53** ('63) 885–89; ~ Columbus Meeting, 1963: **54** ('64) 426f., 432; ~ Hamburg Meeting, 1964: **55** ('65) 745f. — Carl C. Kiess†: **58** ('68) 292f.

J. Res. nation. Bur. Standards Description and analysis of the second spectrum of vanadium (V II)[15]): **25** ('40) 83–132. — First spectrum of arsenic[15])[21]): **45** ('50) 346–56. — Binding energies for electrons of different types[20]): **48** ('52) 61–67. — Extension of the arc spectra of palladium and platinum (6500 to 12000 Å)[10])[15]): **53** ('54) 225–28. — The first spectrum of barium (Ba I)[20]): **55** ('55) 299–306.

J. Res. nation. Bur. Standards, A CH in the solar spectrum[3]): **63** ('59) 19–53. — OH in the solar spectrum[3]): 279–95. — Faint lines in the arc spectrum of iron (Fe I)[11])[19]): **65** ('61) 1–29. — The second spectrum of ytterbium (Yb II)[15]): **71** ('67) 397–544. — Temperature classification of the spectra of dysprosium (Dy I, Dy II)[12])[6])[25]): **74** ('70) 355–94.

J. Washington Acad. Sci. The ultraviolet realm of spectroscopy: **54** ('64) Nr. 3, 58–62.

Japan Analyst The present state of atomic spectra: **11** ('62) 1199–202.

Lick Observat. Bull. Measures and dynamical parallaxes of 323 A double stars[1]): **16** ('32/34) 96–110. — Measures and dynamical parallaxes of 108 A double stars[1]): **18** ('36/38) 53–56.

Mémoires Soc. roy. Sci. Liège Molecules in the solar spectrum[3]): (4) **18** ('57) 217–30, 267–69. — Rotational lines of CH, OH, and CN in the solar spectrum[3]): 252–63. — Forbidden transitions in atoms. Catalogs and identifications: (5) **16** ('69) 17–29. — Infrared atomic spectra: (6) **3** ('72) 15–34.

National Standard Reference Data Ser., Nation. Bur. Standards Selected tables of atomic spectra: Atomic energy levels and multiplet tables, 1: Si II, Si III, Si IV: Nr. **3**, 1 ('65) 9+23 S.; ~ 2: Si I: Nr. **3**, 2 ('67) 15 S.; ~ 3: C I, C II, C III, C IV, C V, C VI: Nr. **3**, 3 ('70); ~ 4: N IV, N V, N VI, N VII: Nr. **3**, 4 ('71); ~ 5: N I, N II, N III: Nr. **3**, 5 ('75); ~ 6: ^{1}H, D, T: Nr. **3**, 6 ('72). — Partial Grotrian diagrams of astrophysical interest[16]): Nr. **23** ('68) 65 S. — Ionization potentials and ionization limits derived from the analyses of optical spectra: Nr. **34** ('70) 4+8 S.

NBS Special Publ. Bibliography on the analyses of optical atomic spectra, 1: Nr. **306**, 1 ('68) 80 S.; ~ 2: Nr. **306**, 2 ('69) 62 S.; ~ 3: Nr. **306**, 3 ('69) 3+37 S.; ~ 4: Nr. **306**, 4 ('69) 4+48 S.

Observatory H. N. Russell, 1877–1957: **77** ('57) 67f.

Optica pura y apl. The present state of atomic spectra: **2** ('69) 103–. — Multiplets in astrophysics: **5** ('72) 147–58.

Optika i Spektroskopija The spectra of rare earths (August 1958): **6** ('59) 433–37 [russ.].

Physical Rev. Series lines of magnesium in the solar spectrum[20])[2]): **46** ('34) 826f. — The arc spectrum of vanadium in the violet: **55** ('39) 710–13. — The arc spectrum of cobalt[20])[13]): **58** ('40) 407–36.

Proc. amer. philos. Soc. The composition of the sun: **81** ('39) 125–33. — Thorium in the sun[12]): **86** ('43) 339–41.

Publ., Amer. astron. Soc. On the masses of giant stars[20]): **7** ('32/33) 184. — Identifications of infra-red solar lines[2]): **8** ('35/36) 120f. — Recent identifications of solar lines: 218f. — The spectrum of ionized vanadium[15]): **9** ('39) 225. — Neutral barium in the sun[20]): **10** ('40/42) 64. — Progress on the revision of the multiplet table: 256f.

Publ. astron. Soc. Pacific The presence of ytterbium in the sun[15]): **44** ('32) 175–77. — Remarks on the establishment of a scale of wave-lengths in the infrared solar spectrum[2])[7]): **47** ('35) 212f. — Neutral barium in the sun[20]): **52** ('40) 373–75. — Thorium in the sun[12]): **55** ('43) 36f. — The presence of gold in the sun[12]): 109f.

Science [USA] The presence of phosphorus in the sun[2])[11]): **79** ('34) 390. — Thorium in the sun[12]): **97** ('43) Nr. 2513, Suppl. 10. — Atomic spectra for the astrophysicist: **113** ('51) 669–73. — Technetium in the sun: **114** ('51) 59–61. — Atoms and ions in the sun: **119** ('54) 449–56.

Sky Princeton University Observatory: **5** ('41) Nr. 12, 3–5.

Sky and Telescope Elements in the sun: **2** ('43) Nr. 11, 3–6.

Smithsonian Contribut. Astrophysics Spectroscopy: **1** ('56) 13f.

Spectrochimica Acta The astrophysical importance of rare-earth spectra: **8** ('56) 290.

Technical Note, Nation. Bur. Standards A multiplet table of astrophysical interest. Neuaufl.: **36** ('60) 36+110+3+96 S.

Trans. amer. philos. Soc. The arc spectrum of iron (Fe I), 1: Analysis of the spectrum[20]): **34** ('44) 113–79.

Trans. int. astron. Union Tables of spectra. Report for I.A.U. Commission 14: **9** ('57) 212–. — Draft reports, I.A.U. Commission 14: **12A** ('64) 137–62; **13A** ('67) 229–66; ~ I.A.U. Commission 14, Committee 4: **14A** ('70) 133–37. — Report of meeting, I.A.U. Commission 14: **12B** ('64) 173–85; **13B** ('67) 87–91. — Report of Working Group 1, International Astronomical Union: **14B** ('70) 245–48.

Einige weitere Beiträge in Kongreßberichten.

Mit: 1) R. G. Aitken; 2) H. D. Babcock; 3) H. P. Broida; 4) –; 5) M. F. Coffeen; 6) J. G. Conway; 7) W. P. Hoge; 8) –; 9) F. S. Johnson; 10) K. G. Kessler; 11) C. C. Kiess; 12) A. S. King; 13) R. B. King; 14) H. H. Malitson; 15) W. F. Meggers; 16) P. W. Merrill; 17) –; 18) J. D. Purcell; 19) V. C. Rubin; 20) H. N. Russell; 21) A. G. Shenstone; 22) R. Tousey; 23) –; 24) N. L. Wilson; 25) E. F. Worden.

V,VI **MOORE,** Clarence Lemuel Elisha. Math. — 1904–09 Instructor, '09–16 Assist. Prof., '16–20 Assoc. Prof., '20–31 Prof., Massachusetts Inst. Technol., Cambridge, Mass. (⊠)

*1876, Mai 12, Bainbridge, O.; †1931, Dez. 5.

Nekr. P. Franklin, Proc. amer. Acad. Arts and Sci. **67** ('33) 606–08. — D. J. Struik, Bull. amer. math. Soc. **38** ('32) 155f.; J. Math. and Physics **11** ('32) 1–11 (m. Bildn., Schr.-verz. 40 Nrn.).

MHZ. J. Math. and Physics **1** ('22) – **10** ('30/31).

J. Math. and Physics Dual Pfaffians[1]): **11** ('32) 12–26.

Mit: 1) P. Franklin.

VI **MOORE,** Edmond Eugene. Chem. (org.). — 1931–46 Research Chemist, '46– Head of Special Proj. Research, Abbott Laboratories, North Chicago, Ill. — — Weitere Daten nicht bekannt. (⊠)

*1896, Aug. 14, Ware, Mass.

Industrial and Engng. Chem. Consistency changes in starch pastes. Tapioca, corn, wheat, potato and sweet potato[1]): **27** ('35) 1447–51.

Industrial and Engng. Chem., Analyt. Edit. Determination of mercury in oil preparations of organo-mercurials[7]): **4** ('32) 226.

J. amer. chem. Soc. Carbalkoxythiophanones[4]): **68** ('46) 910. — ω-Aurothio fatty acids and their salts[6]): **69** ('47) 266. — Naphthoquinone antimalarials[2]) u.a.), 1: General survey: **70** ('48) 3151–55; ~4: Synthesis: 3174–80; ~ 5: Cycloalkylalkyl series: 3181–86; ~ 6: 4′-Cyclohexylcyclohexyl and cycloalkyl series (and M-395, M-396): 3186–95; ~ 7: Unsaturated compounds: 3195–97; ~ 8: Aralkyl and substituted aralkyl series: 3197–203; ~ 9: Aryl derivatives: 3203–05; ~ 10: Miscellaneous compounds with oxygen, halogen, or nitrogen in the side chain: 3206–11; ~ 11: Related compounds: 3212–15.

J. amer. pharm. Assoc. Ephedrine salts of fatty acids as solubilizing agents in mineral oil systems: **23** ('34) 34f. — Crystalline forms of ephedrine alkaloid[9]): **24** ('35) 211–13. – A note on ferric cacodylate detoxification[8]): **39** ('50) 302. – Association of aurothiocarboxy acids and their salts[5])[3]): **40** ('51) 184f. – Solubilizing effects of calcium salts on calcium gluconate[3])[8]): **41** ('52) 366f.

Mit: 1) G. V. Caesar; 2) L. F. Fieser; 3) B. March; 4) M. B. Moore; 5) R. J. Ohman; 6) R. T. Rapala; 7) E. F. Shelberg; 8) L. O. Sommers; 9) D. L. Tabern.

IV-VI **MOORE,** Eliakim Hastings. Math. – 1892–1931 Prof., 1896–1931 Head of the Departm. of Math., '31 Prof. Emer., Univ. of Chicago, Ill.; 1898–1900 Vice-Pres., 1900–02 Pres., Amer. Math. Soc.; '21– Pres., Amer. Assoc. for the Advancem. of Sci. – 1904 Hon. LL. D. (Univ. of Wisconsin, Madison, Wis.); '09 Hon. Math. D. (Clark Univ., Worcester, Mass.); '09 Hon. Sc. D. (Yale Univ., New Haven, Conn.); '21 Hon. Sc. D. (Univ. of Toronto, Ont., Can.); '27 Hon. D.Sc. (Univ. of Kansas, Lawrence, Kans.); '27 Hon. D. Sc. (Northwestern Univ., Chicago, Ill.). (☒)

*1862, Jan. 26, Marietta, O.;

†1932, Dez. 30, Chicago, Ill.

Bildnis Trans. amer. math. Soc. **36** ('34) Frontispiece.

Zur Biogr. R. C. Archibald, A semicentennial history of the American Mathematical Society 1888–1938 (New York '38) (American Mathematical Society, Semicentennial publications, 1) 144–50 (m. Bildn., Faks., Schr.-verz. 78 Nrn.).

Nekr. G. A. Bliss, L. E. Dickson, Biographical Mem., Nation. Acad. Sci. USA **17** ('37) 83–102 (m. Bildn., Faks., Schr.verz. 75 Nrn.). – G. A. Bliss, Bull. amer. math. Soc. **39** ('33) 831–38; The scientific work of Eliakim Hastings Moore: ibid. **40** ('34) 501–14 (m. Schr.verz. 74 Nrn.); University Rec., Chicago **19** ('33) 130–34. – L. E. Dickson, Science [USA] **77** ('33) 79f. – H. E. Slaught, American math. Monthly **40** ('33) 191–95. – D. E. Smith, Mathematics Teacher **26** ('33) 109f. – Boll. Mat. **29** ('33) LXXII.

MHZ. Proc. nation. Acad. Sci. USA **1** ('15) – **6** ('20). – Rend. Circolo mat. Palermo 1909–1932. – Trans. amer. math. Soc. **1** (1900) – **8** ('07).

W. General analysis **1** (m. R. W. Barnard) (Philadelphia, Pa '35) 6+231 S. (Memoirs of the American Philosophical Society, 1, 1); **2**: The fundamental notions of general analysis (m. R. W. Barnard) ('39) 6+255 S. (~ 1,2).

VI **MOORE,** Herbert Fisher. Mech., Ingenieurwes. – 1907–14 Assist. Prof., '16–44 Prof., '44 Prof. Emer., Univ. of Illinois, Urbana, Ill.; '18–49 Consulting Engr., U.S. Bureau of Standards and various industr. companies; '25–27 Vice-Pres., '27 Pres., Amer. Soc. Testing Materials. – '22 Hon. D. Sc. (Univ. of New Hampshire, Durham, N.H.). – '30 Medal (Iron and Steel Inst.); '35 Alumni Medal, '39 Alumni Meritorious Award (Univ. of New Hampshire, N.H.).

*1875, Juli 10, Penacook, N.H.;

†1960, Apr. 16, La Grange, Ill.

Ehrung 1958 Bronze Tablet erected in Talbot Laboratory, University of Illinois, by the American Railway Engineering Society and the American Iron and Steel Institute.

Nekr. Illinois Alumni News **39** ('60) Nr. 4, S. 12.

Zur Biogr. National cyclopaedia of American biography **47** (New York '65) 458f. (m. Bildn.).

S. Association internationale pour l'essai des matériaux, [1er] Congrès du Zurich, 1931 **2** (Zürich '32) 482–91: The calibration of testing machines. – Welding handbook (American Welding Society) 1938 (New York '38) 710–31: Fatigue tests[34])[30]); 1942 ('42) 1188–96: Impact resistance of welded joints[34])[30]); 1197–224: Fatigue testing and properties of welded joints [28])[32]). – Proc. 5th International congress for applied mechanics, Cambridge, Mass., 1938 (J. P. DenHartog, H. Peters) (New York '39) 188–92: Stress concentration in steel shafts with semi-circular notches[33]). – Metals handbook (American Society for Metals) 1939 (Cleveland, O. '39) 147–53: Corrosion fatigue of metals; 1948 ('48) 118–24: Fatigue tests. – Michigan-Life conference on new technologies in transportation, 1939 (Ann Arbor, Mich. '40) 160–82: Causes of failure of railroad rails. – Cast metals handbook (American Foundrymen's Association) [2](Chicago, Ill. '40) 39–53, [3]('44) 43–62: The significance of strength and ductility tests of metals. – Standard handbook for electrical engineers (A. E. Knowlton, R. M. Shoop) [7](New York '41) 414–64, [8]('49) 424–66, [9]('57) 426–68: Structural materials[31]). – Shot peening (Mishawaka, Ind. '44) 7–37: Shot peening and the fatigue of metals (m. Bildn.); [2]('46) 77–128, [3]('47) 77–121, . . ., [6]('59) 83–127: Strengthening metal parts by shot peening. – The failure of metals by fatigue. Proc. of a symposium, Melbourne 1946 (Melbourne '48) 8–27: Metallography, fatigue of metals and conventional stress analysis.

W. Textbook of the materials of engineering (m. H. F. Gonnerman, J. O. Draffin) [5](New York '36) 14 + 419 S.; [6]('41) 9 + 454 S.; 7. Aufl. m. H. F. Gonnerman, J. O. Draffin, W. N. Findley [7]('47) 10 + 500 S.; 8. Aufl. m.

M. B. Moore, J. O. Draffin, H. F. Gonnerman, W. N. Findley [8]('53) 9 + 372 S. — Progress reports of investigation of railroad rails and joint bars (m. R. E. Cramer, N. J. Alleman, R. S. Jensen) (Urbana, Ill. '45) 48 S. (University of Illinois Engineering Experiment Station, Reprint 32). — Surface stressing of metals. A series of five educational lectures on effect of surface stressing metals on endurance under repeated loadings, presented to members of the American Society for Metals during the 27th National metal congress and exposition, Cleveland, O., 1946 (mit anderen) (Cleveland, O. '47) 197 S.

Aluminum and Magnesium Fatigue strength of aluminum and magnesium alloys: **2** ('45) Nr. 2, 14–17, 28f.

Automotive Industries An "overnight" endurance limit test[19]: **69** ('33) 211.

Bull. amer. Railway Engng. Assoc. Joint investigation of fissures in rails: Nr. **346** ('32) 31–38. — Progress report of the joint investigation of fissures in railroad rails [,1]: Nr. **376** ('35) 26 S.; ~ 2: Nr. **386** ('36) 15 S.; ~ 3[18][17][1][21][6][13]: Nr. **395** ('37) 57–85; ~ 4[6][20][13][18][1][21]: Nr. **404** ('38) 52 S.; ~ 5[6][20][1][13][21][10][22][18]: Nr. **411** ('39) 34 S.; ~ 6[6][20][1][18][21][13][10][22]: Nr. **418** ('40) 66 S.; ~ 7[18][21][6][13][1]: Nr. **423** ('41) 71 S.; ~ 8[10][1][6]: Nr. **430** ('42) 34 S.; ~ 9[2][6][10]: Nr. **437** ('43) 11 S. — Progress report of the joint investigation of continuous welded rail, 1[18][6][20][13][1]: Nr. **411** ('39) 34 S.; ~ 2[18][6][1][20][13]: Nr. **418** ('40) 20 S. — Progress report on web failures of rail, Appendix 12-d[10]: **451** ('45) 744–49.

Bull., Associated State Engng. Societies The importance of fatigue of metals to the structural engineer: **9** ('34) Nr. 2, 17–20. — Why railroad rails break and what is being done about it: **13** ('38) Nr. 2, 72–76.

Bull., Univ. Illinois, Engng. Exper. Stat. The creep of lead and lead alloys used for cable sheathing[1]: **243** ('32) 26 S. — A study of stresses in car axles under service conditions [17][4]: **244** ('32) 78 S. — The strength of screw threads under repeated tension[9]: **264** ('34) 17 S. — The creep and fracture of lead and lead alloys[4][7]: **272** ('35) 47 S. — Investigation of creep and fracture of lead and lead alloys for cable sheathing[4][7]: **306** ('38) 90 S. — Fracture and ductility of lead and lead alloys for cable sheathing[7]: **347** ('43) 62 S.

Canadian Machinery and Manufacturing News Shot peening and the fatigue of metals: **56** ('45) Nr. 5, S. 130, 132, 134, 136.

Canadian Transportat. Investigation of continuous welded rail[18][6]: **1940**, 601–05. — Field tests for batter of end-hardened rail[10][1][6]: **1942**, 557–59.

Circular Ser., Univ. Illinois, Engng. Exper. Stat. Repeated-stress (fatigue) testing machines used in the materials testing laboratory of the University of Illinois[12]: **23** ('34) 36 S.

Educational Forum What have these honor students achieved?: **7** ('43) 109–19.

Engineering News-Rec. Fatigue of metals: **111** ('33) 18f. — Rail fissures traced to shattered steel and heavy wheel loads: **115** ('35) 395–400. — Stress, strain and structural damage: **123** ('39) Nr. 3, 61f.

Foundry Trade J. Effect of rate of strain on results of tension tests[11]: **63** ('40) 86.

Heat Treating and Forging Test results and service values of materials: **18** ('32) 245–47.

Illinois Health Messenger Social engineering in the health field: An engineer looks at public health problems: **10** ('38) 48–50.

Illinois Technograph Tensile tests of lead[7]: **1943**, Okt.-Nr., 8f. — The factor of safety: Nov.-Nr., 7f., 14, 16.

Iron Age Test results and service value of materials, 1: **130** ('32) Nr. 10, S. 365, [continued on] advertising page 16; ~ 2: Nr. **19**, 724f., [continued on] advertising page 16. — Correlation between metallography and mechanical testing (13th Howe Memorial Lecture): **137** ('36) Nr. 9, 26–29 (m. Bildn.), 106. — Shot peening and the fatigue of metals: **154** ('44) Nr. 18, 67–71, 136, 138, 140, 142. — Strengthening metal parts by shot peening: **158** ('46) Nr. 22, 70–76; Nr. 23, 81–86.

Iron and Coal Trades Rev. "Overnight" test for determining endurance limit[13]: **127** ('33) 243. — Some tests of welded rail joints under repeated wheel load[1]: **141** ('40) 213. — Drop test for rails[1]: **145** ('42) 541f., 544. — Growth of shatter cracks[6]: 586.

Iron and Steel Industry Summary of present-day knowledge of fatigue phenomena in metals [8][15]: **5** ('32) 435f. — Significance and limitations of fatigue test results[27]: 437f.

J. amer. Welding Soc. Ductility: What is its significance? How test for it?: **11** ('32) Nr. 4, 35f.

J. Proc. and Addresses, Assoc. amer. Universities The present trend of engineering research: **34** ('32) 126–32.

J. western Soc. Engr. Test results and service values of materials: **37** ('32) 188–93. — Some engineering tools for social use: **40** ('35) 3–9.

Machine Design Effect of shot peening on fatigue strength: **16** ('44) Nr. 11, 145–50.

Mechanical Engng. Fatigue and fracture of metals: a symposium: **75** ('53) 167.

Mechanical World and Engng. Rec. Summary of present day knowledge of fatigue phenomena of metals[8][15]: **92** ('32) 341f.

Metal Industry [London] Test results and service values of materials: **40** ('32) 419–22.

Metal Progr. Heat treated wire under steady load: **24** ('33) Nr. 3, 45f. – Internal fissures in railroad rails: **28** ('35) Nr. 5, 46–52. – Internal fissures induced in rails by soaking in hydrogen: **32** ('37) 159–61.

Metal Working Press Fatigue testing of sheet metal: **1** ('37) Nr. 9/10, S. 7.

Metallurgist Fissures in railroad rails: **10** ('36) 107f., 179f.; **11** ('37/38) 92f., 189f.; **12** ('40) 140–42; **13** ('41) 28–30.

Metals and Alloys Fatigue of metals – a backward glance: **3** ('32) 195, 207. – Effect of occasional overload on the strength of metals: **6** ('35) 144. – How and when does a fatigue crack start?: **7** ('36) 297–99. – Fatigue of metals. Developments in the United States: **10** ('39) 158–62, 180–83. – Endurance limit under repeated stress: Okt.-Nr., A 70.

Metals Technol. Creep and fracture tests on single crystals of lead[3][4]: **5** ('38) Nr. 3, 1–20.

Mining and Metallurgy Correlation between metallography and mechanical testing: **17** ('36) 100 (m. Bildn.).

Monthly Bull., Int. Railway Congr. Assoc. Rail fissures traced to shattered steel and heavy wheel loads: **18** ('36) 60–72.

Proc. amer. Railway Engng. and Maintenance Way Assoc. Progress report on the joint investigation of fissures in railroad rails [,1]: **36** ('35) 1065–90; ~ 2: **37** ('36) 998–1012; ~ 3[18][17][1][21][6][13]: **38** ('37) 645–73; ~ 4[6][20][13][18][1][21]: **39** ('38) 807–56; ~ 5[6][20][1][13][21][10][22][18]: **40** ('39) 655–86; ~ 6[6][20][1][18][21][13][10][22]: **41** ('40) 673–736; ~ 7[18][21][6][13][1]: **42** ('41) 681–751; ~ 8[10][1][6]: **43** ('42) 607–40; ~ 9[1][6][10]: **44** ('43) 611–21. – Progress report on the joint investigation of continuous welded rail, 1[18][6][20][13][1]: **40** ('39) 687–713; ~ 2[18][6][1][20][13]: **41** ('40) 737–55.

Proc. amer. Soc. Testing Mater. Corrosion-fatigue of metals[8][15]: **32,1** ('32) 139–42. – The significance and limitations of fatigue test results[27]: 142–47. – Full load calibration of a 600,000-lb. testing machine[29][12]: **32,2** ('32) 778–82. – Cooperative short-time high-temperature tension tests of carbon steel K 6 [23][26]: **33,1** ('33) 213–16. – The determination and significance of "proportional limit" and "breaking strength" in short-time high-temperature tests[23][26]: 218–24. – The significance of the results of short-time high-temperature tension tests[23][26]: 225. – An "overnight" test for determining endurance limit[19]: **33,2** ('33) 334–40 (Discussion: 341–47). – Slow-bend and impact tests of notched bars at low temperatures[19][13]: **36,2** ('36) 110–15 (Discussion: 116f.). – Report of the Research Committee on Fatigue of Metals[u.a.]: **37,1** ('37) 157f.; **41** ('41) 132; **42** ('42) 144; **43** ('43) 108; **44** ('44) 136. – Nomenclature for various ranges in stress fatigue[u.a.]: **37,1** ('37) 159–61 (Discussion: 162f.). – Stress, strain, and structural damage (Edgar Marburg Lecture): **39** ('39) 549–70. – An investigation of the effect of rate of strain on the results of tension tests of metals[11]: **40** ('40) 610–24. – Bursting tests and tension tests for lead cable sheathing[7][5]: 904–09 (Discussion: 930–36). – The effect of type of testing machine on fatigue test results: **41** ('41) 133–50 (Discussion: 151–53). – Effect of rate of strain on yield strength, tensile strength, elongation, and reduction of area in tension tests[11]: 488–91. – Progress report on the effect of size of specimen on fatigue strength of three types of steel [,1][14]: **42** ('42) 145–53; ~ 2[14]: **43** ('43) 109–20 (Discussion: 121–24); ~ 3[14]: 137–58. – A study of size effect and notch sensitivity in fatigue tests of steel: **45** ('45) 507–21 (Discussion: 522–31). – Fatigue tests of rail steel under compressive stress[10]: **46** ('46) 799–806 (Discussion: 807–13).

Proc. Soc., Exper. Stress Analysis A study of residual stress and size effect, and a study of the effect of repeated stress on residual stresses due to shot peening of two steels: **2** ('44) Nr.1, 170–77.

Railway Age First published report on joint investigation of fissured rails: **99** ('35) 269–73. – Further progress in study of rails: **101** ('36) 25–28. – More about rail failures: **102** ('37) 980–83, 986f. – Means to prolong rail life featured in investigation: **105** ('38) 160–62. – Rail investigation uncovers more valuable data: **107** ('39) 209–12. – More light on rail defects: **109** ('40) 100–03. – Decade of study reveals secrets of rail defects: **111** ('41) 115–19.

Technical Notes, Nation. Advisory Committee Aeronaut. Fatigue characteristics of bolted lap joints of 24S-T Alclad sheet materials[25][28][24]: Nr. **1030** ('46) 67 S.

Technical Publ., Amer. Inst. Mining and metallurg. Engr. Creep and fracture tests on single crystals of lead[3][4]: **906** ('38) 20 S.

Trans. amer. Foundrymen's Assoc. Fatigue tests of high-strength cast irons[16]: **6** ('35) 525–42.

Trans. amer. Inst. Mining and metallurg. Engr. Correlation between metallography and mechanical testing (13th Howe Memorial Lecture): **120** ('36) 13–35. – Creep and fracture tests on single crystals of lead[3][4]: **128** ('38) 118–37 (Discussion: 137–42).

Trans. ASME, Applied Mech. Div. The fatigue of metals – its nature and significance: **1** ('33) 15–17 (Discussion: 17f.).

Welding J. Second progress report of the joint investigation of continuous welded rail [18][6]: **19** ('40) Nr. 8, Suppl., 293–302.

Wire and Wire Products Fatigue testing of wire: **12** ('37) 235–40.

Die "Progress reports" und einige andere oben zitierte Publikationen sind auch erschienen als Reprints Nr. 4, 8, 9, 11, 12, 13, 14, 15, 16, 17, 21, 22 und 24 der University of Illinois Engineering Experiment Station.

Mit: 1) N. J. Alleman; 2) N. S. Allenson; 3) J. B. Baker; 4) B. B. Betty; 5) W. J. Craig; 6) R. E. Cramer; 7) C. W. Dollins; 8) T. S. Fuller; 9) P. E. Henwood; 10) R. S. Jensen; 11) P. G. Jones; 12) G. N. Krouse; 13) S. W. Lyon; 14) D. Morkovin; 15) P. F. Mumma; 16) J. J. Picco; 17) N. H. Roy; 18) H. R. Thomas; 19) H. B. Wishart; 20) E. C. Bast; 21) J. L. Bisesi; 22) G. B. Bliss; 23) J. W. Bolton; 24) H. J. Grover; 25) L. R. Jackson; 26) J. J. Kantner; 27) R. E. Peterson; 28) W. M. Wilson; 29) J. C. Othus; 30) G. E. Claussen; 31) T. J. Dolan; 32) C. H. Jennings; 33) R. L. Jordan; 34) W. Sparagen.

VI **MOORE,** Hugh Kelsea. Chem., chem. Technol. — 1903–34 Chief Chemist and Chem. Engr., Burgess Sulphite Fibre Co. (→ Brown Co.), Berlin, N.H. — '25–26 Pres., Amer. Inst. of Chem. Engrs. — '24 Hon.D.Sc. (Univ. of Maine, Orono, Me.). — '20 Gold Medal (Amer. Inst. of Chem. Engrs.); '25 Perkin Medal (Soc. of Chem. Industry, Amer. Sect.). (⊠)

*1872, Jan. 3, Andover, Mass.;

†1939, Dez. 18, Dunedin, Fla.

Nekr. Chemical and Engng. News **18** ('40) 24 (m. Bildn.).

VI **MOORE,** Joseph Haines. Astron. — 1913–18 Assist. Astronomer, '18–23 Assoc. Astronomer, '23–36 Astronomer, '36–42 Assist. Dir., '42–45 Dir., Lick Observat., Mount Hamilton, Calif.; '45–48 Scientist (research and instruction), Univ. of California, Berkeley, Calif.; '20, '28 Pres., Astron. Soc. of the Pacific; '31 Vice-Pres. and Chairman of Sect. D, Amer. Assoc. for the Advancem. of Sci. (⊠)

*1878, Sept. 7, Wilmington, O.;

†1949, März 15, Oakland, Calif.

Zur Biogr. W. H. Wright, Biographical Mem., Nation. Acad. Sci. USA **29** ('56) 235–51 (m. Bildn., Faks., Schr.verz.).

Nekr. R. G. Aitken, Publ. astron. Soc. Pacific **61** ('49) 125–28 (m. Bildn.). — R. G. Aitken, C. D. Shane, R. J. Trumpler, W. H. Wright, Popular Astron. **57** ('49) 372–75. — F. J. Neubauer, Sky and Telescope **8** ('49) 165, 197f. (m. Bildn.). — Nordisk astron. Tidskr. **1949**, 79. — Observatory **69** ('49) 159.

W. A general catalogue of the radial velocities of stars, nebulae and clusters (Berkeley, Cal. '32) 16 + 220 S. (Lick Observatory publications, 18). — Astronomical photographs taken at Lick Observatory (m. N. U. Mayall, J. F. Chappell) (Mount Hamilton, Cal. '41).

Astrophysical J. William Wallace Campbell, 1862–1938: **89** ('39) 143–51. — Radial velocities, spectral types, and luminosity classes of 820 stars[5)][6)]: **112** ('50) 48–71. — The cepheid variable S Sagittae, 1: The radial-velocity variation[3)]: **116** ('52) 348–68.

Lick Observat. Bull. Fourth catalogue of spectroscopic binary stars: **18** ('36/38) Nr. 483, 1–38. — Fifth catalogue of the orbital elements of spectroscopic binary stars[4)]: **20** ('48/56) Nr. 521, 1–31.

Publ. astron. Soc. Pacific The Lick-Observatory-Crocker eclipse expedition to Fryeburg, Maine, August 31, 1932: **44** ('32) 341–60. — Spectroscopic evidence of radial motion in the corona: **45** ('33) 147–49. — Note on the radial velocity of γ Canis Minoris: 311f. — The Fraunhofer spectrum of the solar corona: **46** ('34) 298–300. — Note on observations of Saturn's rings: **48** ('36) 225f. — Corrections to the fourth catalogue of spectroscopic binaries: 341. — Fifty years of research at the Lick Observatory: **50** ('38) 189–203. — Spectroscopic observations of the rotation of Saturn: **51** ('39) 274–81. — Arthur Bainbridge Wyse, 1909–1942: **54** ('42) 171–75. — Radial velocity of 3 Ceti: **55** ('43) 287. — William Ferdinand Meyer, 1880–1948: **60** ('48) 285–88.

Science [USA] Solar eclipse problems: **77** ('33) 375–82.

Sky and Telescope [Ganzseitiges Photo:] The northern tip of the waning crescent moon, aged 24,3 days[1)]: **15** ('56) 493.

Mit: 1) J. F. Chappell; 2) —; 3) G. H. Herbig; 4) F. J. Neubauer; 5) G. F. Paddock; 6) N. U. Mayall.

VI **MOORE,** Lucius Terrell. Math. — 1931–36 Assist. Prof., '36–57 Assoc. Prof., Brooklyn College, Brooklyn, N.Y.

*1902, Juni 5, Culverton, Ga.;

†1959, Apr. 16, Sparta, Ga.

Todesanzeige American math. Monthly **66** ('59) 615.

V,VI **MOORE,** Robert Lee. Math., Astron. — 1920–23 Assoc. Prof., '23–69 Prof., Univ. of Texas, Austin, Tex.; '23 Vice-Pres., '36–38 Pres., Amer. Math. Soc.; '47 Vice-Pres., Amer. Assoc. for the Advancem. of Sci.

*1882, Nov. 14, Dallas, Tex.

Zur Biogr. R. C. Archibald, A semicentennial history of the American Mathematical Society 1888–1938 (New York '38) (American Mathematical Society, Semicentennial publications, 1) 240–44 (m. Bildn., Faks., Schr.verz. 55 Nrn.).

HZ. Colloquium Publ., Amer. math. Soc. 1928–1936.

W. Foundations of point set theory (New York '32) 7 + 486 S. (Colloquium Publ., Amer. Math. Soc., 13); Neuaufl.: (Providence, R.I. '62) 419 S.

Fundamenta Math. [Warszawa] A set of axioms for plane analysis situs: **25** ('35) 13–28.

Proc. nation. Acad. Sci. USA Concerning compact continua which contain no continuum that separates the plane: **20** ('34) 41–45. — Concerning accessibility: **25** ('39) 648–53. — Concerning the open subsets of a plane continuum: **26** ('40) 24f. — Concerning separability: **28** ('42) 56–58. — Concerning intersecting continua: 544–50. — Concerning a continuum and its boundary: 550–55. — Concerning domains whose boundaries are compact: 555–61. — Concerning continua which have dendratomic subsets: **29** ('43) 384–89. — Concerning webs in the plane: 389–93. — Concerning tangents to continua in the plane: **31** ('45) 67–70. — A characterization of a simple plane web: **32** ('46) 311–16. — Spirals in the plane: **39** ('53) 207–13.

Rice Inst. Pamphlet Fundamental theorems concerning point sets, 1: Foundations of a point set theory of spaces in which some points are contiguous to others: **23** ('36) Nr. 1, 1–41; ~ 2: Upper semi-continuous collections of the second type: 42–57; ~ 3: On the structure of continua: 58–74.

Trans. amer. math. Soc. Concerning essential continua of condensation: **42** ('37) 41–52.

VI **MOORE,** Thomas Walker. Math. — 1930–33 Assist. Prof., Indiana Univ., Bloomington, Ind.; '35–40 Instructor, '40–46 Assist. Prof., '46– Assoc. Prof., U.S. Naval Acad., Annapolis, Md. (⊠)

*1902, Nov. 5, Washington, Pa.;
†1959, Dez. 17.

W. Logarithms of numbers, chiefly to six places (Bloomington, Ind. '33) 6 + 25 S.

VI **MOORE,** Tom Sidney. Chem. — 1914–46 Prof., '46 Prof. Emer., Roy. Holloway College, Univ. of London; '28–34 Hon. Secretary, '34–37 Vice-Pres., Chem. Soc. London.

*1881, Febr. 19, Islington, London;
†1966, Nov. 26, Windsor, Berkshire.

Zur Biogr. Nature [London] **158** ('46) 159.

Nekr. E. J. Bourne, Nature [London] **214** ('67) 1063.

W. The Chemical Society, 1841–1941; a historical review (m. J. C. Philip) (London '47) 235 S.

J. chem. Soc., London The relative stability of copper derivatives of β-diketo-compounds [1]): **1932**, 2694–709. — Arthur Rudolf Hantzsch, 1857–1935: **1936**, 1051–66. — Mary Boyle †: **1945**, 719.

Nature [London] N. V. Sidgwick †: **169** ('52) 732f.

Proc. chem. Soc., London Arthur Rudolf Hantzsch: **1959**, 1–4.

Mit: [1]) M. W. Young.

VI **MOORE,** William Cabler. Chem. (physikal.). — 1920–49 Research Chemist, U.S. Industr. Alcohol Chemicals Co., Baltimore, Md., and ('32–49) Stamford, Conn.; '46–48 Research Consultant, U.S. Departm. of Commerce, Washington, D. C.; '49 Research Consultant, U.S. Bureau of Mines, Washington, D.C.; '31–33 Vice-Pres., '46–47 Pres., (Amer.) Electrochem. Soc.

*1884, Febr. 10, Nashville, Tenn.;
†1973, Jan. 26, St. Louis County, Mo.

Zur Biogr. 50 years in the ACS: Chemical and Engng. News **33** ('55) 1228.

Nekr. J. electrochem. Soc. **120** ('73) 147 C (m. Bildn.).

Chemical and Engng. News Protection of civilians from vesicant agents[1])[2])[3]): **21** ('43) 373–75.

J. chem. Educat. Industry's interest in the professional training of chemists: **18** ('41) 576–80. — Gas defense organizations: **20** ('43) 271–73.

Mit: [1]) T. F. Bradley; [2]) J. T. Cassaday; [3]) T. G. Moore.

VI **MORAND,** Max Henri. Physik (exper.). — 1930–32 Chargé de Cours, '32–35, '58–71 Prof. extraord., '35–58 Prof. ord. et Dir. du Labor. de Physique expér. I, Univ. de Liège; '45–73 Prof., '58– Dir. du Labor. de Physique-Enseignem., puis du Labor. de Physique générale, '73– Prof. hon., Univ. de Paris; '73– Prof., Ecole Supér. d'Informatique, d'Electronique et d'Automatisme, Paris. — '42 Prix Gaston Planté (Acad. Sci. Paris).

*1900, Nov. 28, Romorantin, Loir-et-Cher.

Zur Biogr. Liber memorialis, L'Université de Liège de 1867 à 1935, 2 (Liège '36) 374–76 (m. Schr.verz.). — Annuaire du corps enseignant et du personnel scientifique d l'Université de Liège [1967 ?] (Liège '67) 491 (m. Bildn.).

MH. Traité pratique de technique du vide (Association Nationale de la Recherche Technique) (Paris '58).

S. Jubilé de M. Marcel Brillouin (Paris '35) 341–: Quelques problèmes de spectrographie dans le domaine intermédiaire, en relation avec la théorie des électrons dans les métaux ou les corps solides. — Cosmic radiation (London–New York '49) (Colston papers, 1) 29f.: Some experimental results on the production of stars and single tracks[16]; 39–42: On the cosmic-ray component producing nuclear events in photographic emulsions[16]. — Fundamental mechanisms of photographic sensitivity. Proc. of a symposium, University of Bristol 1950 (J. M. Mitchell) (London–New York '51) 317–19: Experimental study of the law governing the production of developable grains by charged particles as a function of their energy[41] []. — Proc. 2nd International conference on the peaceful uses of atomic energy, Geneva 1958, **30**: Fundamental physics (Genève '58) 109–14: Study of the nuclear disintegrations produced in nuclear emulsions by 4- and 6-b.e.v. protons[5][49] []. — Photographie corpusculaire. 2e Colloque de photographie corpusculaire, Montreal 1958 (Montreal '59) 304–07: The theory of the latent image produced by charged particles and the effect of fluctuations in specific loss of energy on graininess at the energy of minimum ionization[33] [französ.]. — Korpuskularphotographie. 4. Internationales Kolloquium über Korpuskularphotographie, Vorträge und Diskussionen (H. Frieser, G. Heimann), München 1962 (München '63) 66–73: Sur les courbes de granulation déterminées à partir de la sensibilité des émulsions ionographiques[18].

W. Introduction mathématique aux théories physiques modernes, **1**: Nombres complexes, nombres hypercomplexes, matrices, opérateurs, applications élémentaires (Paris '47) 144 S. — Etude des particules nucléaires et cosmiques au moyen des émulsions sensibles (Alençon '49) 31 S. (Les conférences du Palais de la Découverte, 14 février 1948). — La sensibilité des cristaux et des émulsions photographiques (m. Mme. Vassy) (Paris '53) 12 + 380 S. (Colloques du C.N.R.S.). — Les rayons cosmiques (Paris '62) 212 S. (Collection Armand Colin, 360). — Les spineurs de l'espace euclidien à trois dimensions, 1: Fondements géométriques et algébriques (Paris '65) 79 S. (Université de Liège, Faculté des sciences). — Géométrie spinorielle (Paris '73) 20 + 236 S.

Annales Observat. astron. (,magnét.) et météorol. Toulouse Les traces isolées et les étoiles produites par les rayons cosmiques dans les émulsions sensibles et leurs applications en physique nucléaire et cosmique et en astrophysique: **21** ('52) 14.

Annales Soc. sci. Bruxelles, Sér. I Effet de la dissymétrie est–ouest sur la répartition des branches rapides des étoiles produites dans les émulsions nucléaires par les rayons cosmiques [6][5][49]: **71** ('57) 44–52.

Annales Univ. Lyon, Sci., Sect. B Etude et réalisation d'une source d'ions produisant un faisceau focalisé de protons ou de deutérons de grande intensité: (3) **3** ('43) 47–63.

Bull. Soc. roy. Sci. Liège Sur les principes du calcul des probabilités: **2** ('33) 58–60. — Sur l'introduction de la théorie des groupes en physique: 176–80. — Sur la nature des variables soumises aux relations d'incertitude en mécanique ondulatoire: **3** ('34) 14–16. — Remarques sur la réalisation de machines électrostatiques à très haute tension et à grand débit: **6** ('37) 235–37. — Premiers résultats relatifs à la réalisation d'une machine à haute tension du type Pauthenier[39]: **7** ('38) 176–78. — Structure des raies L_α émises par certaines alliages Ni–Cu et Cu–Zn [21]: 404–07. — Sur la limite du débit électrique fourni par les générateurs électrostatiques: **8** ('39) 510–13. — Remarques sur la communication de MM. A. Hautot et H. Sauvenier, intitulée: Une méthode de photométrie photographique applicable dans le domaine intermédiaire: **9** ('40) 125f. — Sur la dissymétrie est–ouest observée au moyen des traces isolées produites par les rayons cosmiques[49][6]: **18** ('49) 134–36. — Etude des étoiles et des traces isolées produites par le rayonnement cosmique dans les émulsions photographiques nucléaires[6][49]: 481–85. — Etude des étoiles produites dans les émulsions nucléaires par le rayonnement cosmique à 1600 m et à 4500 m au voisinage de l'équateur[49][6]: **23** ('54) 269–79. — Etude des particules de longs parcours provenant des sources de polonium [,1][5][49]: **29** ('60) 28–36; Particules de parcours anormalement longs émises par les sources de polonium, 2[5][49]: **30** ('61) 11–16; Particules de parcours anormalement longs émises par les sources de ^{210}Po [,3][49][5]: **35** ('66) 216–21 [m. engl. Zusammenfassg.].

Cahiers Physique Générateur de neutrons avec source d'ions de très grande intensité: Nr. **1** ('41) 1–5. — Source de neutrons de très grande intensité: Nr. **4** ('41) 60–62. — Jules Farineau (1910–1940): Nr. **5** ('41) 61–64. — Etude sur des pompes à vide à très grande vitesse de pompage: Nr. **11** ('42) 74–76. — Probabilités classiques et matrices de la mécanique quantique: Nr. **14** ('43) 66–68. — Sur la réalisation d'un faisceau focalisé de protons ou de deutérons ayant une intensité de plusieurs milliampères: Nr. **15** ('43) 72–74. — Sur la réalisation d'un nouveau générateur de neutrons: Nr. **18** ('43) 74–76. — Sur l'intensité, l'énergie et la nature des ions produits dans un nouveau tube d'accélération: Nr. **22** ('44) 70–72. — Impression d'émulsions sensibles par des ions lourds[15][16]: 72–74.

C.R. hebd. Séances Acad. Sci., Paris Sur la structure fine de la raie K_α du carbone[24]: **195**

('32) 1070f. — Nouvelles données sur la structure du rayonnement K des atomes très légers [24)]: **197** ('33) 520–22. — Spectre X et structure du cuivre et du nickel dans certains alliages Cu-Ni [21)]: **206** ('38) 1895f. — Sur la théorie et la réalisation des générateurs continus à très haute tension utilisant un courant de poussières[39)]: **209** ('39) 297–99. — Premières mesures de l'intensité d'un générateur de neutrons[15)]: **217** ('43) 145f. — Sur l'intensité, l'énergie et la nature des ions produits par un nouveau tube à accélération: **219** ('44) 413–15. — Sur quelques phénomènes nucléaires d'origine cosmique observés au niveau de la mer[16)]: **225** ('47) 1146–48. — Sur le pouvoir d'arrêt à l'intérieur des noyaux[16)]: **226** ('48) 659–61. — Sur une grande étoile cosmique produite au niveau de la mer[16)][38)]: 713–15. — Sur les phénomènes produits dans l'émulsion sensible par les rayons cosmiques au niveau de la mer[16)][20)][38)]: 1008–10. — Sur les conditions et les conséquences de la production de mésons réels[16)][38)]: 1974–76. — Sur la production des mésons réels dans les événements cosmiques observés au moyen d'une émulsion sensible[16)][38)]: 2066–68. — Sur la production, par une nouvelle réaction nucléaire, de deutérons de grande énergie dus à des neutrons rapides[16)][41)]: **228** ('49) 481–83. — Dosage absolu des neutrons d'une pile atomique par la méthode photographique[16)][29)][34)]: 557–59. — Evidence d'une dissymétrie est–ouest dans la répartition des traces isolées dues aux rayons cosmiques: 1488–90. — Etude de la dissymétrie est–ouest mise en évidence par les traces isolées dans les émulsions sensibles et démonstration de l'existence d'un méson très lourd: **229** ('49) 40–42. — Phénomènes dirigés et effets de latitude produits par les nucléons cosmiques dans les émulsions sensibles[6)][49)]: 1227f. — Sur la dissymétrie est–ouest présentée par les traces isolées, dues aux rayons cosmiques, dans les émulsions sensibles[38)][18)]: **230** ('50) 834–36. — Sur l'identification des traces finissant dans les émulsions sensibles aux électrons[40)][00)]: **231** ('50) 848f. — Effets de latitude sur les densités d'étoiles produites, par les rayons cosmiques, dans les émulsions sensibles[6)][49)]: 851–53. — Sur la répartition angulaire et la dissymétrie est–ouest de l'intensité du rayonnement cosmique, déterminées au moyen des émulsions nucléaires[48)]: **234** ('52) 1875–77. — Réalisation éprouvée d'un générateur électrique pour recherches nucléaires, à très haute tension et à courant de poussières[39)][49)]: 2450–52. — Sur la fluctuation de la densité de grains des particules relativistes observées dans une émulsion nucléaire[48)]: 2534–36. — Sur la répartition de l'intensité des traces isolées produites par le rayonnement cosmique dans les émulsions nucléaires tournantes, axées sur l'étoile polaire et conservant une orientation fixe par rapport au Soleil[18)]: **235** ('52) 294–96. — Sur la répartition angulaire, le spectre des moments et la dissymétrie est–ouest de la composante nucléaire du rayonnement cosmique étudiée au moyen d'une émulsion sensible [48)]: 1502–04. — Effet de latitude sur l'intensité du rayonnement cosmique déterminé au moyen des émulsions nucléaires[1)][41)][17)]: 1639–41. — Analyse spectrale des répartitions de l'intensité angulaire et de la dissymétrie est–ouest de la composante nucléaire du rayonnement cosmique faite au moyen d'une émulsion sensible[48)]: **236** ('53) 2311–13; **237** ('53) 675. — Etude comparative au moyen de l'émulsion sensible des propriétés de la composante nucléaire du rayonnement cosmique au voisinage de l'équateur[48)]: 1080–82. — Sur les répartitions de l'intensité angulaire et de la dissymétrie est–ouest de la composante nucléaire du rayonnement cosmique au voisinage de l'équateur, étudiées au moyen d'une émulsion sensible[48)]: 1517–19. — Sur l'intensité totale et les spectres différentiels des moments de la composante nucléaire du rayonnement cosmique au voisinage de l'équateur observés au moyen d'une émulsion sensible[48)]: **239** ('54) 415–18. — Sur la perte d'énergie, par ionisation, de la composante nucléaire dans l'atmosphère[48)]: 1786–88. — Sur la diffusion de l'uranylcarbonate de sodium dans les plaques photographiques nucléaires[17)]: **240** ('55) 417–19. — Estimations de l'angle de diffusion, de l'augmentation d'intensité aux grandes latitudes et des nombres relatifs des nucléons secondaires lents dans l'atmosphère[48)]: 513–15. — Mesure d'ionisation au moyen des longueurs des paquets des grains dans une émulsion nucléaire[48)][32)]: **242** ('56) 1974–76. — Répartition de points au hasard sur une surface. Application au voile dans les émulsions nucléaires[32)][18)]: **245** ('57) 1920–22. — Sur la représentation des similitudes de l'espace au moyen de spineurs: 2028–31. — Réalisation d'émulsions photographiques "nucléaires" à partir d'argent colloïdal[12)][42)]: **246** ('58) 1847–49. — Influence des fluctuations de la perte spécifique d'énergie sur la granulation dans le domaine voisin du minimum d'ionisation[32)][18)]: 1991f. — Sur la théorie de l'image latente produite par les particules chargées et sur l'influence des fluctuations de la perte spécifique d'énergie et sur la granulation, dans le domaine voisin du minimum d'ionisation[32)]: **247** ('58) 741–44. — Sur les fondements géométriques de la théorie des spineurs de l'espace à trois dimensions: 2299–301. — Influence du diamètre moyen des grains vierges dans une émulsion nucléaire sur la structure des lacunes [26)]: **248** ('59) 1798–800. — Etude au microscope électronique de cristaux de BrAg obtenus par bromuration d'argent colloïdal dispersé dans la gélatine[12)][42)]: **249** ('59) 418–20. — Collisions d'un électron avec un atome d'hydrogène[32)][18)]: 2060f. — Détermination de la sensibilité des émulsions préparées par bromuration d'un hydrosol d'argent[23)][18)]: **252**

('61) 542f. – Détermination de la sensibilité des émulsions Ilford G_0 et G_2 [18)8)]: 2212f.

J. Physique et Radium La structure du rayonnement K des atomes les plus légers[24)]: (7) **5** ('34) 85S–87S. – Electrons de conductibilité du B et du Gl décelés par les raies K d'émission[24)]: **8** ('37) 30S f. – Structure électronique des couches 3d des atomes de nickel et de cuivre dans les alliages nickel–cuivre[21)]: **9** ('38) 447–50. – Sur la réalisation d'un faisceau focalisé de protons ou de deutérons ayant une intensité de plusieurs milliampères: (8) **4** ('43) 21S f. – Sur la réalisation d'un nouveau générateur de neutrons: 31S f. – Sur le calcul de la distribution de potentiel entre les électrodes d'un système à symétrie cylindrique[19)]: 39S f. – Circulation fermée pour gaz rare servant à l'alimentation d'un générateur de neutrons: **5** ('44) 14S. – Diffusions protons–noyaux à 27 GeV/c [7)23)25)22)]: **28** ('67) 139–41. – Analyse des diffusions aux petits angles par ordinateur et application aux diffusions protons–noyaux à 3 GeV/c [7)10)23)30)31)25)22)]: **29** ('68) 1–3. – Etude de la section efficace différentielle dans la réaction π^-p à 11,5 GeV/c [14)23)27)36)]: 391–94.

Mémoires Soc. roy. Sci. Liège Sur les principes de la physique, 1: (3) **17** ('32) Nr. 17, 72 S.; ~ 2: **18** ('33) Nr. 6, 37 S.

Nuclear Instruments and Methods [Amsterdam] Etude et réalisation d'un ensemble électronique destiné au suivage de traces dans une émulsion ionographique[3)7)23)]: **49** ('67) 38–44 [m. engl. Zusammenfassg.].

Nuclear Physics Experimental results on proton–nucleon collisions at 27 GeV [5)48)11)50)37)2)4)35)]: **32** ('62) 452–69. – Study of the A_1 region in π^-p at 7 GeV/c [23)36)45)47)]: **B 13** ('69) 40–44.

Nuovo Cimento Search for antineutron annihilation events in nuclear emulsions[48)9)44)43)]: (10) **17** ('60) 259–62.

Nuovo Cimento, A Diffusions antiprotons-noyaux à 3 GeV/c [7)23)28)25)22)]: (10) **44** ('66) 17–20 [m. engl. u. italien. Zusammenfassg.].

Physical Rev. Multiple production of strange particles[48)]: **104** ('56) 1493.

Review sci. Instruments A new high-intensity neutron source: **13** ('42) 301.

Revue Physique appl. Ensemble électronique de comptage automatique de grains dans les émulsions nucléaires[7)13)23)46)]: **3** ('68) 59f. [m. engl. Zusammenfassg.].

Science et Industries photogr. Mécanisme de formation des traces dans les émulsions ionographiques[18)32)]: (2) **31** ('60) 342–46.

Scientia Sur l'unité des sciences physiques: **57** ('35) 1–15.

Suppl. Nuovo Cimento Sur les évaporations nucléaires et les interactions d'un autre type produits dans les émulsions sensibles par les neutrons de grande énergie, des particules α, des deutérons, des mésons π^- et par les rayons cosmiques[16)41)]: (9) **6** ('49) Nr. 3. – Etude de la dissymétrie est–ouest mise en évidence sur les traces isolées produites dans les émulsions nucléaires par les rayons cosmiques[49)6)38)41)]: ibid. – Etoile produite par la capture d'un méson K^- [48)]: **12** ('54) 280.

Vide [Paris] Le rôle de la technique du vide en physique nucléaire: **1946**, 105–12.

Mit: 1) Y. Avignon; 2) A. Barbaro-Galtieri; 3) J. P. Barbier; 4) G. Baroni; 5) Y. Baudinet(-Robinet); 6) C. Beets; 7) A. Bernheim; 8) M. Betrencourt; 9) G. Bourlet; 10) H. Capette; 11) C. Castagnoli; 12) J. Colomer; 13) M. Combes; 14) J. Cotteron; 15) E. Cotton; 16) P. Cuer (Cüer); 17) R. Desprez; 18) S. Desprez(-Rebaud); 19) R. Duchon; 20) J. Edmont; 21) J. Farineau; 22) G. Faucher; 23) J. C. Fayolle; 24) A. Hautot; 25) M. van Hollebeke; 26) A. Ishfaq; 27) M. C. Jacob; 28) G. Kesler; 29) T. King; 30) J. C. Le Barbu; 31) J. Lefèvre; 32) M.-C. Lefèvre(-LeGentil); 33) C. Le Gentil; 34) R. Locqueneux; 35) A. Manfredini; 36) B. deMontaignac; 37) S. Mora; 38) H. Moucharafyeh (Moucharafieh); 39) A. Raskin; 40) M. Renardier; 41) L. van Rossum; 42) C. Schoebel; 43) D. Schune; 44) C. Simonin; 45) Z. Strachman; 46) H. de Surville; 47) H. Thibaut; 48) Tsai-Chü; 49) L. Winand; 50) G. Dascola.

VI **MORANI,** Valentino. Chem. (landwirtsch.). – **1924–** Assist., '57–69(?) Dir., R. Stazione Chim.-Agrar. → Stazione Chim.-Agrar. speriment. di Roma; '38– Libero Doc., Univ. di Palermo; '49–53 Prof. incar., Univ. di Perugia; '53–58(?) Prof. di ruolo, Univ. di Sassari.

*1899, Dez. 2, Roma;

†1969, Mai 17, Roma.

MH. Studio agro-pedologico del Campidano di Cagliari (Sassari '55) (Ente autonomo del Flumendosa, Cagliari: Collana di studi e memorie, 1).

S. Trabajos IX Congreso internacional de química pura y aplicada, Madrid 1934, **7** (Madrid '36) 125–35: Rappresentazione grafica degli optimum di reazione per la produttività delle colture agrarie. – 2e Congrès mondial des engrais chimiques, Rome 1951 (Roma '51): Determinazione del fabbisogno in sostanze utili alle piante. – [1st] Potassium symposium, Zürich 1954. 21 papers read at the annual meeting of the Board of Technical Advisers of the International Potash Institute (Bern '55) 315–25: Les méthodes chimiques pour la détermination du potassium assimilable dans le sol [m. engl. Zusammenfassg.]. – Atti del Convegno per l'alberatura da legno nella bonifica del mezzogiorno, Roma 1956 (Roma '56): I terreni dei comprensori di bonifica del centro-sud d'Italia in rapporto alle alberature da legno. – Atti del Convegno sulla concimazione azotata nell'Italia meridionale e nelle isole, Bari 1957 (Bari '57) 81–87: Prove di concimazione azotata effettuate in Sardegna. –

Aspetti pedologici e biochimici della nutrizione fosforica delle piante. Atti II Simposio internazionale di agrochimica, Procchio, Isola d'Elba, 1958 (Pisa '59) 596–606: Studi sulla concimazione fosfatica al medicaio; esperienze nel Lazio e in Toscana[3]). — Nuovi problemi della viticoltura. Conferenze tenute al Corso di aggiornamento per technici, 1960 (Roma '61) (Quaderni di "Agricoltura romana", 2) 5–16: Fertilizzazione del suolo in viticoltura. — La fumure potassique dans les conditions mediterranéennes. C.R. 7e Congrès de l'Institut international de la potasse, Athènes 1962 (Bern '62) 343–55, 412f.: La fumure des plantes fourragères.

W. Rilevamento pedologico della Maremma tosco-laziale (m. O. T. Rotini) (Roma '54) 39 S. (I quaderni della Maremma, Serie I: Documenti, 3). — La bonifica di Arborea di Sardegna e i suoi problemi agronomici (Sassari '57) 75 S. — Lezioni di chimica agraria (Roma '58) 178 S. — Chimica agraria (Roma '66) 291 S., ²('69) 307 S.

Agricoltura ital. [Pisa] Sull'effetto residuo delle concimazioni d'impianto al medicaio[3])[7]): **61** ('61) 177–83. — Problemi chimico-fisiologici delle coltivazioni idroponiche: 295–309. — Sulla concimazione di arricchimento del suolo all'impianto del medicaio. Risultati di una sperimentazione pluriennale[3]): **64** ('64) 331–53 [m. engl. Zusammenfassg.].

Agricoltura sarda La fertilizzazione dei terreni della Sardegna in rapporto alla loro costituzione chimica: **1955**.

Agrochimica [Pisa] Studi sulla concimazione fosfatica al medicaio. Esperienze nel Lazio e in Toscana[3]): **3** ('58/59) 39–48. — Antagonismo fosforo–zinco a dosi eccessive di concimi fosfatici e probabile interazione del sodio[12]): **4** ('59/60) 209–15. — Fabbisogno di azotati minerali per l'umificazione dei fossili xiloidi[24]): **5** ('60/61) 256–65. — Azione del sodio nella nutrizione minerale in Avena sativa[12]): **7** ('62/63) 29–37. — Ricerche sulla preparazione di concimi umo-azotati per ammonizzazione delle ligniti [24])[4])[11]): **9** ('64/65) 53–74.

Annali Fac. Agrar. Univ. Studi Perugia La fertilisation des terrains bonifiés: **1952**.

Annali Sperimentaz. agrar. Nuovi concetti sulla correzione dell'acidità del suolo: **31** ('38) 81–88. — Studio chimico-agrario dei terreni italiani: Lazio[32]), 1: Sguardo generale sui terreni delle provincie di Roma e Littoria: **34** ('39); ~ 2: I terreni della parte centro-orientale dell'Agro romano: ibid.; ~ 3: L'Agro pontino settentrionale: **40** ('41). — Determinazione dell'anidride fosforica prontamente assimilabile nel terreno[22])[16]): (N.S.) **5** ('51) 761–70. — Il sodio scambiabile nei terreni italiani[30]): 1447–66 [m. engl. Zusammenfassg.]. — Fertilità residua nei terreni di antichi insediamenti umani[19]): **7** ('53) 1659–73. — Sul sistema spettrofotometrico nell'U.V. per il riconoscimento degli oli di oliva[21]): **14** ('60) 293–307. — Esperienze di concimazione fosfatica e solfatica al medicaio[3])[26]): 437–53.

Annali (R.) Staz. chimico-agrar. sperim. Roma La reazione dei terreni e la produzione delle colture: (2) Nr. **312** ('34) 8 S. — Moderne vedute sulla concimazione degli agrumi: Nr. **340** ('38) 40 S. — Ricerche ed osservazioni sulle acque per uso irriguo: Nr. **370** ('43) 15 S. — Il sodio nel terreno agrario, 1: Determinazione rapida del sodio scambiabile nei terreni privi di calcare: (3) Nr. **4** ('48) 7 S. — I terreni della Sicilia: Nr. **6** ('48) 17 S. — Le arature nel dilavamento dei terreni salsi: Nr. [?] ('48). — Nuovi orientamenti sulle concimazioni: Nr. **40** ('50). — I terreni del comprensorio di Cassino [14]): Nr. **88** ('52) 20 S. — Commemorazione di Luigi Marimpietri tenuta alla Società chimica italiana: Nr. [?] ('53) 8 S. — Relazione sull'attività della Stazione Chimico-Agraria di Roma nel decennio 1947–1956[17]): Nr. **127** ('57). — I fattori della struttura[14]): Nr. **130** ('57) 13 S. — Ricerche e sperimentazioni compiute nella bonifica di Arborea: Nr. **131** ('57) 40 S. — Stati del potassio nei terreni dell'Italia centro-meridionale: Nr. **135** ('58) 10 S. — Osservazioni circa l'impiego agrario dell'urea: Nr. **144** ('58) 5 S. — Studi pedologici e sviluppo colturale delle terre meridionali: Nr. **146** ('59) 14 S. — Considerazioni chimico-agrarie sul convegno dei concimi complessi: Nr. **147** ('59). — Note tecniche sull'impiego del perfosfato: Nr. **148** ('59) 10 S. — Premesse fisico-pedologiche dell'irrigazione: Nr. **162** ('60). — La fertilità del suolo in orticoltura: Nr. **163** ('60) 10 S. — La sperimentazione sui fertilizzanti in Italia: Nr. **164** ('60) 14 S. — Die neuen Perspektiven der Kalidüngung in Italien: Nr. **165** ('60) 6 S. [italien.]. — Versuche mit organischen Kalidüngemitteln an Böden mit hoher Kaliumbindungskapazität [31]): Nr. **173** ('60) 8 S. [italien.]. — Ricerche per l'impiego delle ligniti italiane nella fertilizzazione del suolo: Nr. **193** ('62). — I terreni della Piana di Sibari[14]): Nr. **194** ('62) 20 S. — Progrès de la fumure potassique en Italie au cours des dernières dix années: Nr. **208** ('63) 8 S. — Esperienze sulla coltura idroponica della lattuga: Nr. **209** ('63) 11 S. — La fertilizzazione nella selvicoltura italiana[18]): Nr. **218** ('64). — Sull'emendamento dei terreni anomali dell'Agro Pontino, 1: Risultati dei primi due anni di sperimentazione colla torba del Bassopiano[14]): Nr. **221** ('64) 22 S. — Esperienze di rivestimento superficiale del suolo con resine del petrolio ("mulching" nero)[3]): Nr. **223** ('64) 8 S. — Per l'aggiornamento dei criteri di concimazione alla bietola da zucchero: Nr. **232** ('65) 18 S. — Esperienze triennali sulla concimazione del peperone[14])[36]): Nr. **233** ('65) 18 S. [m. engl. Zusammenfassg.]. — — Die Nummern (2) **335** ('38), **348** ('39), (3) **24** ('50), **129** ('57),

136 ('58), **149** ('59), **156** ('59), **168** ('60), **171** ('60), **174** ('60), **175** ('61), **176** ('61), **177** ('61), **178** ('61), **179** ('61), **191** ('62), **192** ('62), **219** ('64) und **220** ('64) sind Sonderabdrucke von Veröffentlichungen von V. Morani, die in dieser Bibliographie unter den entsprechenden Zeitschriften oder unter den Sammelwerken zitiert sind.

Atti Soc. ital. Progr. Sci. Studi pedologici e sviluppo colturale delle terre meridionali con particolare riferimento alla Sicilia: **46.**1956 ('57 ?).

Avanguardia rurale Norme pratiche di concimazione all'oliva in tempo di guerra: **1942.**

Bodenkunde u. Pflanzenernähr. Der Kalibedarf italienischer Böden[6]): **27** ('42) 213–20.

Chimica e Industria Luigi Marimpietri †: **35** ('53) 274. — Determinazione colorimetrica della nicotina[15]): **37** ('55) 109–12. — Simposio del potassio 1955: **38** ('56) 52–56.

Concimi e Concimazioni Una massima da sfatare: La calce fa ricco il padre e povero il figlio: **1939,** Nr. 9. — La potassa scambiabile e il fabbisogno potassico dei terreni italiani[6]): **1941,** Nr. 7. — Sul miglioramento della flora foraggera con la fertilizzazione[22]): **1943.** — Il fabbisogno di concimazioni potassiche nei terreni diluviali[6]): ibid. — I rapporti fra suolo e piante forestali alla base della fertilizzazione [18]): **1960,** März/April-Nr. — Studi sui fabbisogni nutritivi delle piante forestali[18]): Juni-Nr. — Concimazioni in foresta[18]): Sept./Okt.-Nr. — La concimazione delle piante legnose industriali con particolare riguardo al pioppo: **1961.** — La concimazione delle foraggere: **1962.**

Difesa Piante Gli insetticidi a base di rotenone: **1945.**

Giorn. Agric. Concimazioni di fondo e di arricchimento: **1961,** 7 S.

Humus [Milano] La fertilizzazione del suolo: **9** ('53) Sept.-Nr.

Industria saccarifera ital. Esperienze di concimazione alla bietola da zucchero nel comprensorio di Foligno [,1][1]): **44** ('51) 29–35; ~ 2[13]): **45** ('52) 280–86. — Indagini chimico-analitiche sui terreni bieticoli dell'Italia settentrionale[30])[20])[5]): **44** ('51) 219–29. — Esperienze di concimazione sodico-potassica alla bietola nel comprensorio di Pontelongo: **46** ('53) 167–70.

Italia agric. L'erbaio-prato e l'allevamento ovino in Agro romano: **78** ('41) Nr. 6. — L'errore negli accertamenti chimici del terreno: **86** ('49) 523f. — La concimazione potassica secondo l'evoluzione degli studi italiani ed esteri: **91** ('54) 383–86. — L'urea, il concime che rifornisce meglio di azoto le piante: **96** ('59) 279–84.

Olii minerali, Grassi e Saponi, Colori e Vernici Sul sistema spettrofotometrico nell'U.V. peril riconoscimento degli oli di oliva[21]): **36** ('59) 327f.

Ortofrutticoltura ital. La concimazione degli agrumeti: **7** ('38).

Plant and Soil Sodium in the mineral nutrition of Avena sativa[12]): **18** ('63) 140–42.

Ricerca sci. Sguardo generale sulla pedologia della Provincia di Roma[32]): **2** ('32) 115. — Sulla determinazione del grado di saturazione dei terreni[28]): 116. — Ricerche di paleofertilità del suolo nel territorio di Cerveteri[35]): **23** ('53) 1825f. — Carte geopedologiche e carte agropedologiche: **25** ('55) 1163f. — I contenuti fosforici dei terreni anticamente abitati nell'Etruria meridionale[25]): 2369–71. — Accumulo di gas entro pioppi in vegetazione[2]): **28** ('58) 146–51.

Rivista ital. Essenze, Profumi e Piante officin. Una malattia dei rosai: l'actinonema rosae: **14** ('32). — La concimazione degli agrumeti: **20** ('38) 411–15. — Appunti di chimica agraria inerenti alla floricoltura: **20** ('38).

Studi sassaresi, Sez. III I terreni della Piana di Senorbi-Guasila (Cagliari)[23]): **1** ('53) 145–59. — Studio agro-pedologico del Campidano di Cagliari[23])[34])[33])[10])[9]): **2** ('54) 154–217.

Terra e Sole La scelta del portainnesto americano negl'impianti viticoli: **1946.** — Il catasto chimico dei terreni: **1947.**

Topola La concimazione delle piante legnose industriali con particolare riguardo al pioppo: **1961** [].

Zolfo Le prospettive dello zolfo come fertilizzante: **1961,** 7 S. — Possibilità di impiego dello zolfo macinato in luogo del gesso, come ammendante dei terreni: **1961.**

Einige weitere Veröffentlichungen.

Mit: [1]) C. Antonelli; [2]) G.M. Arru; [3]) A. Baroccio; [4]) H. Beutelspacher; [5]) C. Bighi; [6]) S. Campanile; [7]) G. de Clementi; [8]) –; [9]) A. L. Corbia; [10]) G. Dore; [11]) W. Flaig; [12]) S. Fortini; [13]) F. Francesconi; [14]) G. Gattorta; [15]) E. Giovannini; [16]) A. Gisondi; [17]) M. Gisondi; [18]) G. Giulimondi; [19]) G. Gugnoni; [20]) S. Mantovani; [21]) C. Marignoli-Colloca; [22]) L. Marimpietri; [23]) G. Muscas; [24]) C. Nigro; [25]) U. Pallotta; [26]) G. Pisano; [27]) –; [28]) E. Simoncelli; [29]) –; [30]) G. Stradaioli; [31]) L. Tombesi; [32]) G. Tommasi; [33]) R. Usai; [34]) A. Vodret; [35]) A. Medici; [36]) G. de Philippis.

VI **MORÁVEK,** Vladimír. Biochem. — 1922–35 Assist., '27–35 Privatdoz., '35–72 Prof., '50–72 Dir. d. Biochem. Inst., Masarykova Univ. → Univ. J. E. Purkyně, Brno. — '66 Orden d. Arbeit (Staatspräs. d. ČSSR); '68 Titel „Verdienter Lehrer" (Minister f. Schulwesen).

*1896, Jan. 15, Kukleny.

Zum 70. Geb.tag Festheft: Spisy přírod. Fak. Univ. v Brně **472** ('66) (m. Bildn. u. Faks.); darin: Biogr. von A. Kleinzeller: 122–24; L. Skurský, A review of activities of the Department of Biochemistry founded by Prof. Dr. V. Morávek: 125–29 [tschech. m. engl. Zusammenfassg.].

S. Klinische Pathologie und klinische Chemie. 1. Tagung der Arbeitsgemeinschaft Klinische Pathologie und Klinische Chemie der Gesellschaft für Experimentelle Medizin, Dresden 1961 (M. Buchner, B. E. Wahler) (Dresden–Leipzig '62) 80–84: Automatisch registrierte Trübungsreaktion des Blutserums von Tieren mit Sulfosalizylsäure[19]).

W. Biochemie pro farmaceuty (Praha [?] '50) 118 S. – Biochemie pro přírodovědce, 1 (Praha '52) 113 S. – Klinické laboratorní metody pro farmaceuty (m. V. Vrtílek) (Praha '52) 203 S.

Acta cancrol. [Budapest] Anormale Kristallisation von Salzen im Blutserum bei Gesunden und Krebskranken[2]): **2** ('36) 51–60.

Acta radiol. et cancerol. Bohemiae et Moraviae Beeinflussung der Ionenverteilung des Blutes der Hühner mit Rous-Sarkom: **1** ('38) 67–73. – Electrotitration of the canceromatous sera: 131–33. – A contribution to the serodiagnostic of malignant tumors[6])[8]): 134–38. – Über die Aschensubstanzen im Geschwulstgewebe: **2** ('39) 42–45. – Über die Verteilung der Kationen zwischen dem Blutplasma und den Blutkörperchen bei Geschwulstkranken: 70f. – A new seroreaction based on the sedimentation of the suspension of animal charcoal: **3** ('40) 33–44.

Archives Biochem. and Biophysics Oscillopolarographic assay of cholesteryl esters in the blood serum: **110** ('65) 403f.

Biochemische Z. Über die anorganischen Elemente im malignen Gewebe (Rous-Sarkom der Hühner): **258** ('33) 340–46.

Bull. int., Acad. tchèque Sci. A polarographic study of the human serum[7]): **39**.1938 ('39) 153–56.

Československá Gastroenterol. a Výživa Investigations of some liver diseases by the nonspecific reaction with sulphosalicylic acid[4])[3]): **15** ('61) 382–91 [tschech. m. engl. Zusammenfassg.].

Chemické Zvesti Oszillographische Polarographie der Steroide [,1]: **14** ('60) 774–82 [tschech. m. deutscher u. engl. Zusammenfassg.]; ∼ 2: **16** ('62) 363f. [deutsch].

Folia Fac. Sci. natur. Univ. purkynianae brunensis Some properties of synthetizing cholesteryl esters enzyme in blood serum: **9** ('68) 69–74.

Naturwissenschaften Oszillopolarographie der Steroide: **45** ('58) 571.

Práce moravskoslezské Akad. Věd přírodních, Brno Eine neue Serumreaktion, basierend auf der Fällung von Blutserum durch Sulfosalicylsäure: **19** ('48) Nr. 5 (203), 8 S. [tschech.].

Preslia [Praha] Permeability and swelling of the tissue of nereocystis: **11** ('32) 67–72 [tschech.].

Příroda [Brno] La perméabilité de la membrane végétale, 2[18]): **27** ('33) 42–48 [tschech.].

Scripta med. [Brno] Labormäßige Verfolgung der Proteosynthese und der Cholesterylestere im Blutserum bei chirurgischen Patienten nach Verabreichung von Anabolika [16])[17]): **39** ('66) 231–37.

Spisy vydávané přírod. Fak. Masarykovy Univ., Brno Influence of bacterial metabolites on experimental tumors[6]): **360** ('54) 375–84 [tschech. m. russ. u. engl. Zusammenfassg.]. – Some changes in the blood serum of rats during the growth of tumors[10]): **362** ('55) 55–64 [∼]. – Sedimentation of charcoal suspension in gastric juice, 1: 65–72 [∼]; ∼ 2[13]): 73–88 [∼]. – Estimation of fractions of albumen in the blood serum by means of salting out[14]): 89–94 [∼]. – Seroreaction based on coagulation of the serum by means of sulphosalicylic acid, 2: Healthy persons[15]): 95–110 [∼]; ∼ 3: Concentration of serum, influence of ions[15])[12]): 111–28 [∼]; ∼ 4: Influence of neutral salts and preservation of the serum[15])[12]): 129–40 [∼]; ∼ 5: Determination of the grade of dispersion of the clouding in human blood serum: **377** ('56) 351–75 [∼]; ∼ 6: Reactivity of proteins in non-specific seroreactions: **390** ('58) 1–8 [russ. m. engl. Zusammenfassg.]. – Oscillographic polarography of steroids [,1][5])[11]): **387** ('57) 403–30 [m. russ. Zusammenfassg.]; ∼ 2: Cholesteryl esters: **398** ('58) 389–96 [∼].

Spisy přírod. Fak. Univ. Brno Oscillographic polarography of steroids, 3: Assay of steroids and their structural relations: **400** ('59) 23–36 [m. russ. Zusammenfassg.]; ∼ 4: Assay of cholesterol and cholesteryl oleate: **462** ('65) 175–87 [∼]. – Die Korrelation der Trübungsreaktion des Blutserums mit deren Eiweißfraktionen beim Rind[9]): **472** ('66) 139–42. – Über die Bestimmung von Cholesterylestern und der beteiligten Enzyme im biologischen Material: 158f.

Z. ges. innere Med. u. Grenzgeb. Die Trübungsreaktion bei Lungentuberkulose und Lungenkrebs: **13** ('58) 671–74. – Die Trübungsreaktion der Sulfosalizylsäure mit Blutseren bei einigen Leberkrankheiten[4])[3]): **15** ('60) 641–44. – Automatische Registration der Trübungsreaktion von Blutserum: 739–41. – Oszillopolarographische Bestimmung von Cholesterylestern des Blutserums: **20** ('65) 481–84.

Z. Krebsforsch. Biochemie des Rous-Sarkoms der Hühner, II: Biochemie, 1: Trockensubstanz und Asche: **35** ('32) 492–508; ∼ 2: Natrium: 509–22; ∼ 3: Kalium: 626–40; ∼ 4: Calcium: **36** ('32) 386–98; ∼ 5: Magnesium: 529–36; ∼ 6: Eisen: 537–45; ∼ 7: Chlor:

37 ('32) 293–98; ~ 8: Schwefel: 299–304; ~ 9: Phosphor: 305–12; ~ 10: Veränderungen der relativen Konzentration einiger biogener Elemente: **38** ('32/33) 52–62.

Mit: 1) –; 2) M. Fořt; 3) J. Horecká; 4) V. Houbal; 5) Z. Kadaňka; 6) E. Kiliánová; 7) Ž. Križan; 8) O. Malý; 9) J. Mašck; 10) J. Mělka; 11) L. Minářová; 12) I. Morávková; 13) A. Petrák; 14) J. Ullmann; 15) V. Vrtílck; 16) V. Kilian; 17) D. Táborská; 18) V. Úlehla; 19) Z. Žárská.

V,VI **MORDELL,** Louis Joel. Math. – 1923–45 Prof., Univ. of Manchester; '45–53 Prof., '53 Prof. Emer., Univ. of Cambridge; Visiting Prof. or Visiting Lecturer at 190 universities and institutions in Europe, India, Eastern and Western Africa, Canada and USA; '43–45 Pres., London Math. Soc. – '56 Hon. LL. D. (Univ. of Glasgow); '59 Hon. D. Sc. (Mount Allison Univ., Sackville, New Brunswick, Can.); '70 Hon. D. Math. (Univ. of Waterloo, Ont., Can.). – '41 De Morgan Medal, '46 Berwick Prize (London Math. Soc.); '49 Sylvester Medal (Roy. Soc. London).

*1888, Jan. 28, Philadelphia, Pa.;
†1972, März 12, Cambridge.

Zur Biogr. R. Robinson, Proc. roy. Soc. London, Ser. A **201** ('50) 5f. – Nature [London] **155** ('45) 507f.; **164** ('49) 1025.

Zum 75. Geb.tag H. Davenport, Acta arithmet. [Warszawa] **9** ('64) 3–22 (m. Bildn., Faks., Schr.verz.).

Nekr. J. W. S. Cassels, Biographical Mem. Fellows roy. Soc. **19** ('73) 493–520 (m. Bildn., Schr.verz.); Bull. London math. Soc. **6** ('74) 69–96. – K. Mahler, J. Number Theory **4** ('73) IIIf.

Zur Bibliogr. Acta arithmet. [Warszawa] **23** ('73) 413–16 (= Fortsetzung des Schr.verz. von **9** ('64) 13–22) (m. Bildn.).

H. A. O. Gelfond, Yu. V. Linnik, Elementary methods in analytic number theory (Chicago, Ill. '65, London '66).

MHZ. Acta arithmet. [Warszawa] **1** ('36) – **20** ('72).

S. Verhandlungen des internationalen Mathematiker-Kongresses, Zürich 1932, **2** (Zürich–Leipzig '33) 3f.: On the number of solutions of some congruences in two variables and the Riemann hypothesis. – C.R. Congrès international des mathématiciens, Oslo 1936, **1** (Oslo '37) 226–38: Minkowski's theorems and hypotheses on linear forms; **2** ('37) 12: Note on the four cubes problem. – Proc. 1st Canadian mathematical congress, Montreal 1945 (Toronto '46) 265–84: Geometry of numbers. – Famous problems and other monographs (New York '55, Neuaufl. '62): Three lectures on Fermat's last theorem (ca. 30 S.) [Orig. '21]. – Colloque sur la théorie des nombres, Bruxelles 1955 (Paris–Liège '56) (Centre belge de recherches mathématiques) 67–76: The Diophantine equation $x^3 + y^3 + z^3 + kxyz = 0$. – Proc. International congress of mathematicians, Amsterdam 1954, **1** (Amsterdam '57) 432: Integer solutions of the equation $ax^3 + ay^3 + bz^3 + bc^3 = 0$. – Calcutta Mathematical Society. Golden jubilee commemoration volume 1958/59, **1** (Calcutta '63) 29–32: On a special polynomial congruence and exponential sum. – Abhandlungen aus Zahlentheorie und Analysis. Zur Erinnerung an E. Landau (1877–1938) (P. Turán) (Berlin '68) 219–21: On numbers which can be expressed as a sum of powers; 225–32: On some Diophantine equations $y^2 = x^3 + k$ with no rational solutions, 2; Amerikanische Ausg. u. d. T.: Number theory and analysis, a collection of papers in honor of E. Landau (1877–1938) (New York '68). – Number theory (P. Turán) (Amsterdam '70) (Colloquia mathematica Societatis János Bolyai, 2) 141–45: The Diophantine equation $y^2 = Dx^4 + 1$. – Computers in number theory. Proc. 2nd Science Research Council Atlas symposium, Oxford 1969 (A. O. L. Atkin, B. J. Birch) (London '71) 115–17: On the representation of an integer as the sum of four integer cubes.

W. A chapter in the theory of numbers; an inaugural lecture (NewYork–London '47) 31 S. – Two papers on number theory [Sammelausgabe des vorigen Titels und der 1921 erschienenen "Three lectures on Fermat's last theorem" (Originale mit deutschem Vorwort von O. Neumann)] (Berlin '72) 75 S. – Equazioni diofantee (Roma '55) 32 S. (Centro Internazionale Matematico Estivo, Teoria dei numeri). – Reflections of a mathematician (Montreal '59) 8 + 50 S.; russ.: (Moskva '71). – Diophantine equations (London–New York '69) 12 + 312 S. (Pure and applied mathematics, 30).

Abh. math. Semin. Univ. Hamburg On the inequality $\sum_{r=1}^{n} \frac{x_r}{x_{r+1} + x_{r+2}} \geqq \frac{n}{2}$ and some others: **22** ('58) 229–41. – Integer solutions of simultaneous quadratic equations: **23** ('59) 126–43.

Acta arithmet. [Warszawa] An arithmetical theorem on linear forms: **2** ('37) 173–76. – On the Kusmin-Landau inequality for exponential sums: **4** ('58) 3–9. – On a Pellian equation conjecture: **6** ('60) 137–44. – On a cubic congruence in three variables [,1]: **8** ('62/63) 1–9. – Irrational power series, 2: **11** ('65) 181–88. – The representation of numbers by some quaternary quadratic forms: **12** ('66/67) 47–54. – The Diophantine equation $x^4 + y^4 = 1$ in algebraic number fields: **14** ('67/

68) 347–55. — The Diophantine equation $dy^2 = ax^4 + bx^2 + c$: **15** ('68/69) 269–72. — On sums of four cubes of polynomials: **16** ('70) 365–69. — Harold Davenport, 1907–1969: **18** ('71) 1–4. — Some aspects of Davenport's work: 5–11. — An application of Minkowski's theorem in the geometry of numbers: **21** ('72) 51–53. — On some exponential sums related to Kloosterman sums: 65–69.

Acta math. The definite integral $\int_{-\infty}^{+\infty} \frac{e^{ax^2+bx}}{e^{cx}+d}\,dx$ and the analytic theory of numbers: **61** ('33) 323–60. — The congruence $ax^3 + by^3 + c \equiv 0 \pmod{xy}$, and integer solutions of cubic equations in three variables: **88** ('52) 77–83.

Acta Sci. math. [Szeged] The minimum of a binary cubic form: **13** ('49/50) 69–76.

Aequationes math. [Waterloo, Ont.] The minimum value of a definite integral, 2: **2** ('69) 327–31.

American J. Math. The reciprocity formula for Dedekind sums: **73** ('51) 593–98. — On a cubic exponential sum in three variables: **85** ('63) 49–52.

American math. Monthly Rational points on cubic curves and surfaces: **51** ('44) 332–39. — Congruence $\left[\frac{1}{2}(p-1)\right]! \equiv \pm 1 \pmod p$: **68** ('61) 145f. — The Putnam Competition: **70** ('63) 481–90. — Reminiscences of an octogenarian mathematician: **78** ('71) 952–61. — The sign of the Bernouilli numbers: **80** ('73) Math. Notes section, 547f.

Annali Mat. pura ed appl. Note on cubic equations in three variables with an infinity of integer solutions: (4) **29** ('49) 301–05.

Annals Math. The representation of a definite quadratic form as a sum of two others: (2) **38** ('37) 751–57.

Archiv Math. On the number of solutions in incomplete residue sets of quadratic congruences: **8** ('57/58) 153–57. — On a cyclotomic resolvent: **13** ('62) 486f.

Archiv Math. og Naturvid. On some Diophantine equations $y^2 = x^3 + k$ with no rational solutions: **49** ('47) 143–50.

Arkiv Mat. The Diophantine equation $2^n = x^2 + 7$: **4** ('60/63) 455–60. — On Lerch's class number for binary quadratic forms: **5** ('63/65) 97–100.

Ber. math. Forschungsinst. Oberwolfach Cubic polynomials with the same residues mod p: **5** ('71) 87f.

Bull. amer. math. Soc. Note on the Diophantine equation $ax^2 + by^2 + cz^2 + dt^2 = 0$: **38** ('32) 277–82. — Two statements concerning the article [by Norbert Wiener] on G. H. Hardy[4])[5])[6])[3]): **55** ('49) 1082.

Bull. Calcutta math. Soc. On a special polynomial congruence and exponential sum: **1958/59**, 29–32.

Bull. London math. Soc. The integer solutions of the equation $ax^2 + by^2 + c = 0$ in quadratic fields: **1** ('69) 43f.

Canadian J. Math. Note on the linear symmetric congruence in n variables: **5** ('53) 433–38. — Lattice octahedra: **12** ('60) 297–302. — On a discriminant inequality: 699–704.

Canadian math. Bull. Systems of congruences: **16** ('73) 457–62.

Colloques int. Centre nation. Rech. sci. Note on cubic equations in three variables with an infinity of integer solutions: **24.1949** ('50) 77–79.

Compositio math. On some arithmetical results in the geometry of numbers: **1** ('34) 248–53.

Czechoslovak math. J. Incomplete exponential sums and incomplete residue systems for congruences: **14** ('64) 235–42 [m. russ. Zusammenfassg.].

Duke math. J. The minima of some nonhomogeneous functions of two variables: **19** ('52) 519–27. — On the congruence $ax^3 + by^3 + cz^3 + dxyz \equiv n \pmod p$: **31** ('64) 123–26.

Edinburgh math. Notes Dirichlet's integrals: **34** ('44) 15–17.

Elemente Math. On some ternary quartic Diophantine equations: **21** ('66) 89f.

Fiziko-mat. Spisanie, Bŭlgarsk. Akad. Nauk. Reflections of a mathematician: [N.S.] **7** ('64) 97–119 [bulgar.].

Ganita Note on the integer solutions of $z^2 - k^2 = ax^3 + by^3$: **5** ('54/55) 103f.

Glasgow math. J. On Salié's sum: **14** ('73) 25f.

Illinois J. Math. On Ingham's trigonometric inequality: **1** ('57) 214–16. — The sign of the Gaussian sum: **6** ('62) 177–80.

Indagationes math. [Amsterdam] Lattice points in some n-dimensional non-convex regions, 1: **8** ('46) 476–84; ∼ 2: 485–95.

J. Analyse math. On a distance-function inequality and A. Brauer's inequality for Cassini curves: **6** ('58) 177–81.

J. austral. math. Soc. On the sign of a multiple integral: **3** ('63) 129–33.

J. indian math. Soc. Lattice points in a tetrahedron and generalized Dedekind sums: (N.S.) **15** ('51) 41–46. — On recurrence formulae for the number of classes of definite binary quadratic forms: **24** ('61) 367–78.

J. London math. Soc. Minkowski's theorem on homogeneous linear forms: **8** ('33) 179–82. — On the Riemann hypothesis and imaginary quadratic fields with a given class number: **9**

('34) 289–98. — On the representation of a binary cubic form as a sum of cubes: **11** ('36) 204–08. — On the four integer cubes problem: 208–18; **12** ('37) 80; **32** ('57) 383. — On an arithmetical functional equation in the theory of the elliptic algebraic function fields: **11** ('36) 235–37. — Note on an arithmetical problem on linear forms: **12** ('37) 34–36. — A remark on indeterminate equations in several variables: 127–29. — A theorem of Khintchine on linear Diophantine approximation: 166f. — On the product of two linear homogeneous forms: **13** ('38) 186f. — The product of homogeneous linear forms: **16** ('41) 4–12. — On the minimum of a binary cubic form: 83–85. — On the product of two non-homogeneous linear forms: 86–88. — Some results in the geometry of numbers for non-convex regions: 149–51. — Lattice points in the region $|Ax^4 + By^4| \leqq 1$: 152–56. — The product of three homogeneous linear ternary forms: **17** ('42) 107–15. — On sums of three cubes: 139–44. — On Ryley's solution of $x^3 + y^3 + z^3 = n$: 194–96. — Note on cubic Diophantine equations $z^2 = f(x, y)$ with an infinity of integral solutions: 199–203. — Segre's indeterminate non-homogeneous cubic equation in three variables: **18** ('43) 43–46. — The minimum of a binary cubic form, 1: 201–10; ∼ 2: 210–17. — The product of two non-homogeneous linear forms, 3: 218–21; ∼ 4: **26** ('51) 93–95. — A rational parametric solution of $z^2 - k = ax^3 + bx^2y + cxy^2 + dy^3$: **18** ('43) 222–26. — Observation on the minimum of a positive quadratic form in eight variables: **19** ('44) 3–6. — On the minimum of a ternary cubic form: 6–12. — Lattice points in the region $|x^3 + y^3| \leqq 1$: 92–99. — Thoughts on number theory: **21** ('46) 58–74. — The minimum of a definite ternary quadratic form: **23** ('48) 175–78. — Some aspects of Hardy's mathematical work, 3: Diophantine approximation: **25** ('50) 109–14. — On the integer solutions of the equation $x^2 + y^2 + z^2 + 2xyz = n$: **28** ('53) 500–10; **32** ('57) 383. — Note on Sawyer's paper "The product of two non-homogeneous linear forms": **28** ('53) 510–12. — On an infinity of integer solutions of $ax^3 + ay^3 + bz^3 = bc^3$: **30** ('55) 111–13. — On the evaluation of some multiple series: **33** ('58) 368–71. — Integral formulae of arithmetical character: 371–75. — Integer quotients of products of factorials: **34** ('59) 134–38, 485. — Tschebotareff's theorem on the product of non-homogeneous linear forms, 2: **35** ('60) 91–97. — Rational quadrilaterals: 277–82. — Note on a harmonic double series: 401f. — On a Pellian equation conjecture, 2: **36** ('61) 282–88. — On Lehmer's congruence associated with cubes of Kloosterman's sums: 335–39. — Note on the inequality $\sum_{r=1}^{n} \frac{x_r}{x_{r+1} + x_{r+2}} \geqq \frac{1}{2}n$: **37** ('62) 176–78. — A congruence problem of E. G. Straus: **38** ('63) 108–10. — The series $\sum \frac{a_n}{1 - xe^{2n\pi i\alpha}}$: 111–16. — On a cubic congruence in three variables, 3: 351–55. — On a cubic exponential sum in two variables: 356–58. — On the least residue and non-residue of a polynomial: 450–53. — The Diophantine equation $y^2 = ax^3 + bx^2 + cx + d$, or fifty years after: 454–58. — The Diophantine equation $y^2 = Dx^4 + 1$: **39** ('64) 161–64. — On the conjecture for the rational points on a cubic surface: **40** ('65) 149–58. — The solvability of the equation $ax^2 + by^2 = p$: **41** ('66) 517–22. — The infinity of rational solutions of $y^2 = x^3 + k$: 523–25. — Expansion of a function in terms of Bernouilli polynomials: 526–28. — Binary cubic forms expressed as a sum of cubes of seven linear forms: **42** ('67) 646–51. — Equations $ax^3 + bx^2y + cxy^2 + dy^3 = e$ with no rational solutions: **43** ('68) 433–38. — The Diophantine equations $y^2 = x^4 \pm 1$ in quadratic fields: **44** ('69) 112–14. — The minimum of a singular ternary quadratic form: (2) **2** ('70) 393f. — On sums of four cubes of polynomials[2]): **5** ('72) 74–78. — On rational functions representing all residues mod p [,1]: 166–68.

J. math. Analysis and Appl. Expansion of a function in a series of Bernouilli polynomials, and some other polynomials: **15** ('66) 132–40.

J. Math. pures et appl. The definite quadratic forms in eight variables with determinant unity: (9) **17** ('38) 41–46. — On a cyclotomic Diophantine equation: **42** ('63) 205–08.

J. Number Theory On the magnitude of the integer solutions of the equation $ax^2 + by^2 + cz^2 = 0$: **1** ('69) 1–3. — Note on the product of n inhomogeneous linear forms: **4** ('72) 405–07.

J. reine u. angew. Math. On binary quadratic forms expressable as a sum of three linear squares with integer coefficients: **167** ('32) 12–19.

Kongel. norske Vid. Selsk. Forh. A norm ideal bound for a class of biquadratic fields: **42** ('69) 53–55.

Matematičeskij Sborn. Product of n homogeneous forms: (N.S.) **12** ('43) 273–76 [].

Mathematica scandinav. Note on simultaneous quadratic congruences: **5** ('57) 21–26.

Mathematical Gaz. On geometric problems of Erdös and Oppenheim: **46** ('62) 213–15. — The minimum value of a definite integral [,1]: **52** ('68) 135f.

Mathematics Mag. The representation of a Gaussian integer as a sum of two squares: **40** ('67) 209. — A linear form result in the geometry of numbers: **45** ('72) 152–54.

Mathematika [London] Some Diophantine inequalities: **2** ('55) 145–49. — On the representation of positive integers as sums of three cubes of positive rational numbers: **18** ('71) 98f. — On the exponential sum $\sum_{x=1}^{x} e(2\pi i(ax + bg^x)/p)$: **19** ('72) 84–87.

Mathematische Ann. The Diophantine equation $z^2 = ax^4 + 2bx^2y^2 + cy^4$: **168** ('67) 138–41.

Mathematische Z. On the representation of a binary quadratic form as a sum of squares of linear forms: **35** ('32) 1–15. — The number of solutions of some congruences in two variables: **37** ('33) 193–209. — The minimum of an inhomogeneous quadratic polynomial in n variables: **63** ('55) 525–28.

Michigan math. J. The representation of integers by three positive squares: **7** ('60) 289f.

Monatsh. Math. On the equation $ax^2 + by^2 - cz^2 = 0$: **55** ('51) 323–27. — Some exponential sums in several variables: **73** ('69) 348–53.

Nature [London] Ramanujan: **148** ('41) 642–47.

Pacific J. Math. On the linear independence of algebraic numbers: **3** ('53) 625–30. — On the integer solutions of $y(y + 1) = x(x + 1) \times (x + 2)$: **13** ('63) 1347–51.

Proc. amer. math. Soc. On cubic equations $z^2 = f(x, y)$ with an infinity of integer solutions: **3** ('52) 210–17. — On intervals containing an affinely equivalent set of n integers mod k: **5** ('54) 854–59. — Note on the nonvanishing of L(1) [1]: **12** ('61) 283f. — Irrational power series [,1]: 522–26; ~ 3: **16** ('65) 819–21. — On a cubic congruence in three variables, 2: **14** ('63) 609–14. — Some quartic Diophantine equations of genus 3: **17** ('66) 1152–58; **18** ('67) 190. — On some sextic Diophantine equations of genus 2: **21** ('69) 347–50. — Rational functions representing all residues mod p, 2: **35** ('72) 411f.

Proc. Cambridge philos. Soc. The Diophantine equation $Ax^4 + By^4 + Cz^4 = 0$: **68** ('70) 125–28. — A finite evaluation of a special exponential sum: **71** ('72) 75–78.

Proc. Glasgow math. Assoc. An identity in combinatorial analysis: **5** ('62) 197–200.

Proc., Koninkl. Akad. Wet. Amsterdam Lattice points in some n-dimensional nonconvex regions, 1: **49** ('46) 773–81; ~ 2: 782–92.

Proc. London math. Soc. On numbers represented by binary cubic forms: (2) **48** ('43) 198–228. — On the geometry of numbers in some nonconvex regions: 339–90. — Cubic polynomials with the same residues mod p: (3) **21** ('70) 129–44.

Publicationes math. [Debrecen] Rational points on cubic surfaces: **1** ('49/50) 1–6. — Diophantine inequalities in complex quadratic fields: **4** ('55) 242–55.

Quarterly J. Math., Oxford Ser. On a sum analogous to a Gauss's sum: **3** ('32) 161–67. — Homogeneous linear forms in algebraic fields: **8** ('37) 54–57. — An application of quaternions to the representation of a binary quadratic form as a sum of four linear squares: 58–61. — The Diophantine equation $x^4 + my^4 = z^2$: (2) **18** ('67) 1–6. — A new type of exponential series: **23** ('72) 373f.

Rend. Circolo mat. Palermo The Diophantine equation $y^2 = ax^3 + bx^2 + cx + d$: (2) **13** ('64) 249–56.

Rend. Mat. e Appl., Univ. Roma Product of n homogeneous linear forms: (5) **10** ('51) 12–23. — Integer solutions of cubic equations in three variables: **14** ('55) 431–38.

Revue Math. pures et appl. [Bucureşti] On the representation of a number as a sum of three squares: **3** ('58) 25–27.

S.-Ber. berliner math. Ges. Some new results in number theory: **1961/64** ('64) 66.

Scripta math. [USA] Recent work in number theory: **25** ('60) 93–103. — Rational points on cubic curves and surfaces: **26** ('63) 147–53. — The Diophantine equation $y^2 = ax^2 + bx^2 + cx + d$: **27** ('65) 205–11.

Trans. amer. math. Soc. Further contribution to the geometry of numbers for nonconvex regions: **59** ('46) 189–215.

Trudy mat. Inst. im. Steklova Some exponential sums: **132** ('73) 30–34.

Vjschr. naturforsch. Ges. Zürich Tschebotareff's theorem on the product of nonhomogeneous linear forms: **85** ('40) 47–50.

Wiadomości mat. Die diophantische Gleichung $y^2 = ax^2 + bx^2 + cx + d$: **7** ('64) 203–10 [poln.].

Mit: [1] S. Chowla; [2] J. H. E. Cohn; [3] H. Davenport; [4] J. E. Littlewood; [5] G. Pólya; [6] E. C. Titchmarch.

VI **MORDUCHAJ-BOLTOVSKOJ,** Dmitrij Dmitrievič. Math. — 1915–43, '47–50 Prof., Staatl. Univ. u. '30– Prof., Staatl. Pädagog. Inst., Rostov-na-Donu; '35 Dr. d. physikal.-math. Wiss.; '43–45, '50–52 Prof., Pädagog. Inst. Pjatigorsk; '45–47 Prof., Pädagog. Inst., Ivanovo. (⊠)

*1876, Aug. 9 (Juli 27), Pavlovsk, Gouv. Petersburg;

†1952, Febr. 7, Rostov-na-Donu.

Zum 40jähr. Dienstjubiläum N. Nestorovič, Izvest. rostovsk. gos. pedagog. Inst. **10** ('40) 3–9.

Zur 50jähr. wiss.-pädagog. Tätigkeit V. L. Minkovskij, Matematika v Škole **1949,** Nr. 2, 45–47 (m. Bildn.).

Nekr. M. P. Černjaev, N. M. Nestorovič, N. M. Ljapin, Usp. mat. Nauk **8** ('53) Nr. 4, 131–39 (m. Bildn. u. Schr.verz. 162 Nrn.).

S. Sbornik posvjaščennyj pamjati akademika D. A. Grave [Sammelband, gewidmet dem Akademiemitglied D. A. Grave] (Moskva–Leningrad '40) 172–92: Über das Wachstum transzendenter Funktionen, die sich in endlicher Form durch elementare Transzendente ausdrücken lassen [russ.]. — Rostovskij na Donu gosudarstvennyj universitet im. V. M. Molotova. Jubilejnyj sbornik [Die Staatliche Molotov-Universität Rostov am Don. Jubiläumsband) 1915 - XXV - 1940 (S. E. Belozerov) (Rostov-na-Donu '41) 46–52: Die Mathematik an der Universität Rostov [russ.]. — Trudy soveščanija po istorii estestvoznanija [Arbeiten der Konferenz zur Geschichte der Naturwissenschaft] 1946 (Ch. S. Koštojanc) (Moskva–Leningrad '48) 161–72: Porismen und Daten [russ.]. — Metody načertatel'noj geometrii i ee priloženija. Sbornik statej [Die Methoden der darstellenden Geometrie und ihre Anwendungen. Sammlung von Aufsätzen] (N. F. Četveruchina) (Moskva '55) 305–11: Darstellende Geometrie im Lobačevskijschen Raum [russ.].

Ue. (aus d. Latein.) I. N'juton, Matematičeskie raboty [I. Newton, Mathematische Werke] (Moskva–Leningrad '37) 15 + 452 S.; darin: V–XV: Vorwort [russ.]; 263–416: Kommentare [russ.]. — (aus d. Griech.) Evklid, Načala [Euklid, Elemente] **1–14** in 3 Bänden (Moskva–Leningrad '48–50) 448 S., 512 S., 332 S.; darin eigene Beitr.: Kommentare [russ.].

Annali Mat. pura ed appl. Sur les réductions monômes des intégrales abéliennes: **15** ('36/37) 47–75.

Archeion [Santa Fé, Roma] Genese und Geschichte der Limestheorie: **15** ('33) 45–72.

C.R. hebd. Séances Acad. Sci., Paris Sur les intégrales abéliennes avec les systèmes réductibles des périodes: **198** ('34) 1006–08.

Dokl. Akad. Nauk SSSR Sur l'impossibilité de l'expression en forme finie des fonctions modulaires au moyen des fonctions élémentaires: **1936** I, 307–10. — Sur les conditions pour qu'un nombre s'exprime au moyen d'équations transcendantes d'un type général: **52** ('46) 487–90. — Über hypertranszendente Funktionen und hypertranszendente Zahlen: **64** ('49) 21–24. — Über Bögen algebraischer Kurven, die algebraisch voneinander abhängen: **68** ('49) 993–95. — Bertrand-Kurven im Lobačevskijschen Raume: **69** ('49) 729f. — Der Satz von Poncelet in der Lobačevskijschen Ebene und die elliptischen Integrale: **77** ('51) 961–64. — Die geodätischen Linien eines Ellipsoids im nichteuklidischen Raum: **94** ('54) 991–93. — Über die Bogenlänge einer Kurve zweiter Ordnung in der Lobačevskijschen Ebene: **95** ('54) 449f. — — Alle Arbeiten russ.

Dopovidi Akad. Nauk Ukraïns'k. RSR Über die Fälle einer Zentralbewegung, die in elementaren transzendenten und in elliptischen Integralen lösbar sind: **1949**, Nr. 3, 3–8 [ukrain.].

Izvest. fiziko-mat. Obšč. kazansk. Univ. L'attraction de la couche sphérique et le monde quadridimensionnel: (3) **6**('33/34) 80–87. — Sur les syllogismes en logique et les hypersyllogismes en métalogique: **10** ('38) 161–72.

Izvest. rostovsk. gos. pedagog. Inst. Über irrationale Funktionen, die sehr wenig von Null verschieden sind: **9** ('38) 19–23. — Über ein Problem von Cesaro, das sich auf die Wahrscheinlichkeitsrechnung bezieht: 24–26. — Über eine Verallgemeinerung des Konvergenzkriteriums von Kummer: 27–30. — Über einige Formeln der stereometrischen Transversalentheorie: 31–42. — Die Geometrie als Wissenschaft vom Raum: **10** ('40) 10–25. — Fundamentalsätze der Transversalentheorie in der Lobačevskijschen Ebene: 114–25. — Einige Probleme der Dynamik des Massenpunktes im nichteuklidischen Raum: 126–. — — Alle Arbeiten russ.

Matematičeskij Sborn. Über eine von einer beliebigen algebraischen Kurve getroffene punkthafte Menge: **39** ('32) Nr. 3, 120–28 [russ. m. deutscher Zusammenfassg.]. — Sur les nombres transcendants dont les approximations successives sont définies par des équations algébriques: **41** ('34) 221–32 [russ. m. französ. Zusammenfassg.]. — Sur les constructions steineriennes sur la sphère: **42** ('35) 535–46 [~]. — Über die Krümmung der Raumkurven im Lobačevskijschen Raume: (N.S.) **30** ('52) 483–508 [russ.].

Matematičeskoe Prosvešč. Mathematik und Logik in der Schule: **1935**, Nr. 4, 113–28 [russ.].

Matematika v Škole Methodische Probleme, die sich auf Flächen und Volumina beziehen: **1937**, Nr. 1, 34–40. — Die Methodik geometrischer Definitionen: **1940**, Nr. 2, 1–8. — Die Grundlagen der Arithmetik in der Mitte des 18. Jahrhunderts: **1941**, Nr. 4, 1–5. — Geschichte und Methodik der mathematischen Symbole: **1948**, Nr. 1, 24–28. — — Alle Arbeiten russ.

Naučnye Zap., Kievsk. gos. Univ. Über die Krümmung ebener Kurven im Lobačevskijschen Raum: **10** ('51) Nr. 1, 43–52 [russ.].

Periodico Mat. Sur les modèles du second livre des Eléments d'Euclide: (4) **13** ('33) 169–83. — Sur les constructions au moyen de la règle et d'un arc de cercle fixe dont le centre est connu: **14** ('34). 101–11.

Rend. Circolo mat. Palermo Sur la résolution des équations différentielles de premier ordre en forme finie: **61** ('37) 49–72.

Scripta math. [USA] The concept of infinity. Historical and critical notes: **1** ('32/33) 132–34, 252f.

Tôhoku math. J. Das Theorem über die Hypertranszendenz der Funktion ζ(s, x) und einige Verallgemeinerungen: **35** ('32) 19–34. – Über einige Eigenschaften der transzendenten Zahlen: **40** ('35) 99–127.

Trudy Inst. Istorii Estestvoznanija Aus der Vergangenheit der analytischen Geometrie: **4** ('52) 216–35 [russ.].

Trudy leningr. korablestroitel'nogo Inst. Über die Krümmung von Kurven in der Lobačevskijschen Ebene: **1941**, Nr. 6, 77–96 [russ.].

Uč. Zap., Fiziko-mat. Fak., Rostovsk. gos. pedagog. Inst. Über spezifische Gleichungen von Kurven: **1** ('49) 5–14 [russ.]. – Stereometrische Verallgemeinerung des Satzes von Fagnano: **4** ('57) 25–30 [~]. – Ein Beispiel eines pseudoelliptischen Integrals: 31–33 [~].

(Sborn.) Uč. Zap. naučno-issled. Inst. Mat. i Fiziki, Rostovsk. gos. Univ. Metaalgebra: **1** ('37) 21–25. – Über meromorphe Funktionen, die darstellbar sind durch Entwicklung in Potenzreihen mit Koeffizienten, die algebraische Zahlen oder transzendente Zahlen 1. Klasse sind: 26f. – Über die Nullstellen ganzer Funktionen, die durch Reihenentwicklung mit algebraischen Koeffizienten dargestellt sind: 41f. – Die Entwicklung des Funktionsbegriffs in Vergangenheit und Gegenwart: 51f. – Über die Erfüllung nichteuklidischer Räume mit regelmäßigen Polygonen und Polyedern: **2** ('38) 35–37. – Über algebraische Integrale, die von Raumkurven 3. und 4. Ordnung abhängig sind: 40f. – Über halbregelmäßige Körper: **4** ('40) 3–22. – Die Hauptformeln der Transversalentheorie der Ebene: 23f. – Über die Unlösbarkeit der transzendenten Keplerschen Gleichung in endlicher Form mit Hilfe elementarer Funktionen: 25f. – Metazyklische Gleichungen und Abelsche Integrale: 27f. – Über die Krümmung in der Lobačevskijschen Ebene: 29f. – Bemerkung über hypertranszendente Zahlen: 117f. – Bemerkung über den Satz von Pringsheim: 119–21. – – Alle Arbeiten russ.

Uč. Zap. pjatigorsk. gos. pedagog. Inst. Das Kontinuitätsprinzip und seine methodische Bedeutung: **7** ('50) 3–12 [russ.]. – Über die Pseudozykloide in der Lobačevskijschen Ebene: 13–24 [~]. – Schrägprojektionen im vierdimensionalen euklidischen Raum und ihre Anwendung zur Herleitung stereometrischer Probleme: 25–31 [~].

Uč. Zap., Rostovsk. gos. Univ. Sur les limites des sommes: **1** ('34) 99–110 [russ. m. französ. Zusammenfassg.]. – Sur l'inversion des intégrales définies au moyen de la théorie des résidus: 111–18 [~]. – Über ein arithmetisches Problem im Zusammenhang mit den Abelschen Integralen: **14** ('51) 31–39 [russ.]. – Über die Bedingungen der Rationalität in einem gegebenen Bereich von Zahlen, die durch Reihen ausgedrückt sind: 41–47 [~].

Usp. mat. Nauk Parallelität und Senkrechtstehen von Geraden, Ebenen und Hyperebenen im dreidimensionalen und vierdimensionalen Lobačevskijschen Raume: **6** ('51) Nr. 4, 176–83 [russ.]. – Ein dreidimensionales und vierdimensionales Analogon des Pascalschen Satzes: **8** ('53) Nr. 2, 135–38 [].

Wiadomości mat. Unlösbare Probleme der Scholastik und Paradoxien des Unendlichen unserer Zeit: **47** ('39) 111–17 [neulatein.].

Ž. Inst. mat., Kiev Sur les propriétés diamétrales des courbes algébriques sur une sphère: **1935** II, 105–13 [ukrain.]. – Sur les conditions nécessaires pour réduire les polyèdres au moyen des parties semblables: 115–26 [~]. – Sur les arcs de courbes algébriques: **1936** II, 53–70 [ukrain. m. französ. Zusammenfassg.]. – Sur quelques applications de la théorie analytique des équations différentielles à l'intégration en forme fini: **1937** I, 53–66. – Sur les propriétés du quadrangle gauche et de l'hexaèdre qu'on obtient par la projection de l'espace quadridimensionnel: **1938** I, 53–64 [ukrain. m. französ. Zusammenfassg.].

Ž. mat. Cyklu, Vseukraïns'ka Akad. Nauk Sur quelques problèmes de la mécanique céleste dans l'espace non-euclidien: **1** I ('32) 47–70 [ukrain. m. französ. Zusammenfassg.]. – Sur les constructions dans l'espace euclidien et non-euclidien à l'aide de courbes algébriques: **1** III ('34) 15–30 [ukrain.].

Zap. Mat. i Mech., Char'kov Sur quelques propriétés des transformations irrationnelles des courbes algébriques: (4) **7** ('33) 25–37. – Sur les facteurs primaires de la fonction entière transcendante du genre infini: **10** ('34) 77–85.

Ferner eine Broschüre „Über ‚Fallschirme' und ‚Segelflugzeuge' im Pflanzen- und Tierreich" [russ.] (Rostov-na-Donu '34) sowie einige weitere Veröffentlichungen.

IV-VI **MORE,** Louis Trenchard. Physik. – 1900–40 Prof., '10–13 Dean of Liberal Arts College, '16–40 Dean of Graduate School, '40 Prof. Emer., Univ. of Cincinnati, O.; '27–44 Vice-Pres., Cincinnati Inst. of Fine Arts. – '40 Hon. D. of Humane Letters (Kenyon College, Gambier, O.). – '34 Rosa F. and Samuel S. Sachs Prize (Cincinnati Inst. of Fine Arts).

*1870, Apr. 9, St. Louis, Mo.;
†1944, Jan. 16, Cincinnati, O.

Nekr. H. D. Roelofs, Philosophical Rev. **55** ('46) 440.

W. Isaac Newton; a biography (1642–1727) (New York '34) 12 + 675 S.; Neuaufl. (New York '62, London '63) 675 S. — The life and works of the Honourable Robert Boyle (New York–London '44) 12 + 313 S.

Hibbert J. Humanist revolt against the tyranny of science: **30** ('32) 220–37. — Life and influence of the Honourable Robert Boyle: **35** ('37) 580–91. — Three realms of knowledge: **37** ('39) 271–90.

Scientific Monthly Newton's philosophy of nature: **56** ('43) 491–504.

VI **MOREAU,** Fernand. Astron., Geodäsie. — 1913–53 Astronome, Observat. Roy. de Belgique; '22–53 Prof., Ecole des Mines, Mons. — '46–48 Prés., Soc. Belge d'Astron., de Météorol. et de Physique du Globe; '50 Prés., Comité Nation. des Sciences.

*1888, Apr. 19, Todoigne.

MHZ. Ciel et Terre.

S. C.R. 2e Congrès national des sciences, Bruxelles 1935 (Bruxelles '35) 267–71: La participation de l'Observatoire royal de Belgique à l'Opération internationale des Longitudes[15]). — 5e Congrès international de chronométrie, Paris 1954. Procès-verbaux et mémoires (P. Libessart, R. Baillaud) **1** (Besançon '55) 231–33: La question de l'heure d'été[15]).

W. Les observatoires astronomiques et les astronomes. Supplément (m. P. Stroobant, E. Delporte, J. Delvosal, H. L. Vanderlinden) (Gembloux '36) 106 S. — Eléments d'astronomie et de géodésie [2](Mons '42) 178 S.

Annales franç. Chronométrie Faut-il adopter l'heure de l'Europe centrale?: **10** ('40) 63.

Annales Observat. roy. Belgique Catalogue de 1339 étoiles fondamentales (Liste de Backlund) de déclinaisons comprises entre +90° et −30° équinoxe et époque 1925.0, observées à l'Observatoire royal de Belgique (Uccle)[2])[5]): (3) **2**, Nr. 4 ('33) 159–269. — Amélioration des déclinaisons de 1339 étoiles fondamentales (Liste de Backlund) précédé d'une détermination de la constante de réfraction[2])[5]): **5** ('51) 189–230.

Bull. astron. [Paris] Etude de la forme des tourillons d'une lunette méridienne[15]): **13** ('48) No. 4, 25 S.

Bull. astron., Observat. roy. Belgique Observations astrométriques du Soleil 1928–1932 [2])[5])[15]): **1** ('32/35) 61, 76, 78. — Observations astrométriques de Vénus 1928–1930, 1932[2])[5]) [15]): 62, 77, 86; ~ 1934[15]): 293. — Observations astrométriques de la Lune 1928–1930[2])[5])[15]): 62, 76, 82, 113, 143; ~ 1932–1933[15]): 161, 184, 224, 240; ~ 1933–1934[15]): 268, 292, 306; ~ 1934[15]): 324; ~ 1935[2])[5])[15]): **2** ('35/38) 80; ~ 1936[2])[5])[15]): 94, 124, 154; ~ 1937[2])[5])[15]): 214; ~ 1938[2])[5])[15]): 232, 248, 282; ~ 1939[2])[5])[15]): **3** ('39/45) 10, 36, 56; ~ 1940[5])[15]): 88; ~ 1941 [15]): 130; ~ 1945–1946[15]): **4** ('47/51) 26. — Observations astrométriques de Jupiter 1928–1930, 1932[2])[5])[15]): **1** ('32/35) 62, 77, 88; ~ 1941 [15]): 184, 225; ~ 1934[15]): 306; ~ 1935[2]): **2** ('35/38) 40, 56; ~ 1936[2])[10])[15]): 80f., 154; ~ 1937[15]): 214; ~ 1938[5])[15]); 282; ~ 1939[5])[15]): **3** ('39/45) 57; ~ 1941[15]): 130. — Observations astrométriques d'Uranus 1928–1930, 1932[2])[5]) [15]): **1** ('32/35) 63, 77, 90; ~ 1933[15]): 184; ~ 1933–1934[15]): 268, 293; ~ 1934[15]): 324; ~ 1935: **2** ('35/38) 40; ~ 1939[2])[5])[15]): **3** ('39/45) 10; ~ 1940: 88; ~ 1941: 130. — Observations astrométriques de Saturne 1928–1930, 1932[2])[5]) [15]): **1** ('32/35) 63, 89, 143; ~ 1932[15]): 161, 240; ~ 1933[15]): 268; ~ 1934[15]): 324; ~ 1935 [2])[15]): **2** ('35/38) 80f.; ~ 1936[5]): 154; ~ 1937[5]): 214; ~ 1938[5])[15]): 282; ~ 1940[15]): **3** ('39/45) 88; ~ 1941[15]): 130; ~ 1945–1946[2])[15]): **4** ('47/51) 26f. — Observations astrométriques de Neptune 1928–1930, 1932[2])[5])[15]): **1** ('32/35) 77, 91; ~ 1933[15]): 185, 225; ~ 1934[15]): 293, 306; ~ 1935[2])[15]): **2** ('35/38) 40; ~ 1936[15]): 94, 125; ~ 1938[5])[15]): 232, 248. — Observations astrométriques de Mercure 1929, 1932[2])[5])[15]): **1** ('32/35) 86. — Observations astrométriques de Mars 1928–1930[2])[5])[15]): 86; ~ 1933[15]): 184, 224; ~ 1935[2])[15]): **2** ('35/38) 56; ~ 1937[5]): 214; ~ 1939[2])[5])[15]): **3** ('39/45) 56; ~ 1941: 130; ~ 1946[2])[15]): **4** ('47/51) 26. — Essai d'amélioration des ascensions droites de 291 étoiles du Catalogue d'Eichelberger d'après les observations méridiennes effectuées en 1930[2])[5])[15]): **1** ('32/35) 161–65. — Opération internationale des Longitudes 1933: La longitude de l'Observatoire d'Uccle[15]): 257–59. — Observations de Pluto 1934[15]): 295. — Le cercle méridien Askania[15]): **2** ('35/38) 16–19. — La suppression des relais électromagnétiques en astronomie méridienne[15]): 61–66. — La diffusion automatique de l'heure de précision[15]): 94–97. — Observation astrométrique de la petite planète Pallas, 1936[15]): 125. — Heures de réception des signaux rythmés radiotélégraphiques et longitudes conclues[15])[10]): 141; ~[15]): 185–91, 225–31; ~[15]) [4]): 239–47, 269–81; ~[15]): **3** ('39/45) 29–35; ~[15])[12]): 43–55; ~[15]): 75–87, 117–29, 131–43. — Eclipse de Soleil du 19 avril 1939, observations à Uccle[8])[9])[1])[13])[11])[6]): 16. — Ascensions droites et déclinaisons de la Lune, de Mars et de Jupiter[2])[5])[15]): 56f. — Observations de l'éclipse de Lune des 2–3 mars 1942[1])[u.a.]): 166–68. — Observation de l'éclipse de Lune du 26 août 1942[1])[u.a.]): 169f. — Observations de l'éclipse partielle du Soleil du 10 septembre 1942[16])[u.a.]): 171f.

Bull. Cl. Sci., Acad. roy. Belgique Les projets de réforme du calendrier[14]): **19** ('33) 8–15.

Ciel et Terre Les nouveaux instruments de l'Observatoire royal de Belgique[15])[8])[3]): **51** ('35)

138–55. — Observations inédites d'étoiles variables et de novae effectuées par Félix de Roy[7]): 58 ('42) 239f. — Commission d'étude de la réforme du calendrier: 77 ('61) 394–405.

Circulaire, Union astron. int. [København] Nova Aquilae (1945)[15]): Nr. **1033** ('46).

Gazette astron. Notre calendrier va-t-il être réformé ?: **36** ('54) 85–93.

Weitere Beobachtungsmitteilungen.

Mit: [1]) S. Arend; [2]) G. Becq; [3]) P. Bourgeois; [4]) L. Cattala; [5]) L. de Clerck; [6]) G. Coutrez; [7]) J. F. Cox; [8]) E. Delporte; [9]) J. Delvosal; [10]) P. M. Djurković; [11]) J. Hunaerts; [12]) F. Palmér; [13]) F. Rigaux; [14]) P. Stroobant; [15]) J. Verbaandert; [16]) L. Neven.

VI **MORECROFT,** John Harold. Elektrotechn. — 1907–09 Instructor, Pratt Inst., Brooklyn, N.Y.; '09 Instructor, '10–23 Assist. Prof., '23–34 Prof., Columbia Univ., New York. — '29 Hon. D. Sc. (Syracuse Univ., Syracuse, N.Y.).

*1881, Sept. 19, Barton-under-Needwood, Staffordshire;

†1934, Jan. 26, Pasadena, Calif.

Nekr. New York Times **1934,** 30. Jan. — New York Herald Tribune **1934,** 30. Jan.

W. Electron tubes and their application (NewYork–London '33) 13 + 458 S.; Neuaufl. (H. D. Harris) ('36) 13 + 458 S. — Principles of radio communication (m. A. Pinto, W. A. Curry) [3](New York–London '33) 18 + 1084 S. — Elements of radio communication [2](NewYork-London '34) 12 + 286 S. — Electrical circuits and machinery (m. F. W. Hehre) **1**: Continuous currents [2](NewYork–London '33) 457 S.; **2**: Alternating currents [3]('33) 582 S.

VI **MOREL,** Albert. Chem. (org., pharmaz., toxikol.). — 1910–43 Prof., Univ. de Lyon. (⊠)

*1875, Dez. 20, Lyon;

†1953, Jan. 20, Lyon.

Nekr. M. Chambon, Annales pharm. franç. **11** ('53) 238–41 (m. Bildn.).

S. Traité de chimie organique (V. Grignard, G. Dupont, R. Locquin) **13** (Paris '50) 1–323: Amino-acides.

W. Les produits de dégradation des protéides (Paris '43) 32 S. (Cours-conférences du Centre de Perfectionnement technique, 905). — Le diabète sucré, pourquoi et comment équilibrer un diabète ? (m. G. Pathé) (Paris '54) 110 S.

Acta, Univ. int. contra Cancrum [Louvain] De l'emploi, vis-à-vis du cancer, des sels complexes ferrico-sodiques préparés à partir de l'acide déhydrascorbique à anneau lactonique ouvert[5])[1])[31])[43]): **4** ('39) 664–66.

Annales Hyg. publ., industr. et sociale L'hygiène et l'industrie des soies artificielles [8])[34]): **10** ('32) 465–81.

Annales Inst. Pasteur Effet comparatif en milieu alcalin du fer bivalent et du fer trivalent sur l'activité d'un extrait phosphomonoestérasique provenant d'un épithélioma de l'utérus du rat (souche T8 de Guérin) [31])[24])[12]): **73** ('47) 688–90. — L'alloxane a-t-elle des propriétés antiseptiques ? [31])[52]): **74** ('48) 514–16. — Effet sur l'accroissement d'une tumeur expérimentale du rat blanc (souche T8 de Guérin), de l'administration par voie buccale d'un complexe ferrico-sodique de l'acide tartrique[31])[32]): **78** ('50) 138f.

Annales Musée colon. Marseille Etude morphologique et anatomique de Cassia siberiana [4]): (5) **8** ('40) Nr. 2, 1–16.

Annales pharm. franç. Application de l'électrophotomètre au dosage des composés anthraquinoniques dans les préparations de rhubarbe, de rhapontic et de "Polygonum"[30]): **2** ('44) 7–9.

Avenir méd. La médecine et la protection des populations civiles contre le péril aérochimique: **29** ('32) 193–201.

Bull. Acad. Méd. L'hygiène et l'industrie des soies artificielles[8])[34]): (3) **107** ('32) 812–20. — Acide ascorbique et sclérose en plaques[35])[1])[31]): **116** ('36) 274f. — Sclérose en plaques et acide déhydrascorbique à anneau lactonique ouvert [35])[1])[31])[43]): **121** ('39) 369–72. — Cancers et acide déhydrascorbique à anneau lactonique ouvert: Effets des sels complexes ferrico-sodiques préparés à partir de cet acide sur certains éléments cliniques du processus néoplasique [5])[1])[31])[43]): 451–56. — Préparation opératoire et traitement palliatif du cancer de l'œsophage par injections intraveineuses de sels complexes ferrico-sodiques d'acides cétoniques[54])[1])[31])[53]) [43]): **126** ('42) 500–02.

Bull. Histol. appl. Physiol. et Pathol. et Techn. microscop. Application de la spectrographie à l'étude histochimique de l'aorte normale et pathologique de l'homme[45])[47]): **9** ('32) 22–30. — Application de la spectrographie d'émission aux problèmes histochimiques. L'histospectrographie par étincelage direct des coupes[45]): 57–68.

Bull. Soc. chim. France Techniques spectrographiques de microanalyse: Applications à la détection histologique de certains éléments[45]): (4) **51** ('32) 1125–31. — Nouveau perfectionnement en vue de l'extension de la méthode de Baubigny et Chavanne au microdosage du chlore et du brome dans les substances organiques (chloroforme et tétrachlorure de carbone exceptés)[22]): **53** ('33) 857f. — Sur diverses réactions colorées données par les dinitrobenzènes[36]): (5) **2** ('35) 949f. — Sur la préparation synthétique d'aloxanne[43]): **10** ('43) 439.

Chimie et Industrie L'hygiène et l'industrie des soies artificielles[8])[34]): **28** ('32) 473–81.

C.R. Assoc. Anatomistes Application de la spectrographie d'émission aux recherches histochimiques[45]): **27** ('32) 450–54.

C.R. hebd. Séances Acad. Sci., Paris Etude histospectrographique de la localisation du calcium et du magnésium dans l'aorte humaine et de leurs variations au cours de l'athérome [45])[47]): **194** ('32) 201–03. — Utilisation de la spectrographie de raies en histochimie (histospectrographie)[45]): 491–93. — Utilisation comparative d'une étincelle ou d'un arc dans la spectrographie des coupes (histospectrographie) [45]): 1015–17. — Action sur les tumeurs, en injections intraveineuses, de produits chimiques solubles dans lesquels le fer est associé à la vitamine C (acide ascorbique) [1])[31]): **201** ('35) 456–58. — Action sur les tumeurs, en injections intraveineuses, de nouveaux sels complexes solubles ferrico-ascorbiques[1])[31]): 745–47. — Nouvelles recherches sur les complexes organico-métalliques, solubles, de l'acide déhydrascorbique. Augmentation de leurs effets sur les cancers par variation des métaux [1])[31]): **202** ('36) 598–600. — Configuration stéréochimique du support organique et activité antitumorale des complexes métallo-ascorbiques[1])[31])[43]): **203** ('36) 1404–06. — Nouvelles recherches sur l'action vis-à-vis des cancers des complexes organico-métalliques solubles des acides ascorbique et déhydrascorbique, où le fer est remplacé par le cuivre ou le titane[1])[31]): **204** ('37) 824f.

C.R. (hebd.) Séances (et Mém.) Soc. Biol. Propriétés antitumorales d'extraits de surrénales vis-à-vis de l'épithélioma expérimental de la souris blanche[1])[31])[3]): **109** ('32) 101–03. — Nouvelles recherches sur les propriétés antitumorales d'extraits de surrénales vis-à-vis de l'épithélioma expérimental de la souris blanche [1])[31])[3]): **112** ('33) 156f. — Absence de propriétés antitumorales vis-à-vis de l'épithélioma expérimental de la souris blanche par injections d'adrénaline ou de quelques-uns de ses dérivés quinoniques d'oxydation[1])[31])[3]): **114** ('33) 631–33. — Sur les pouvoirs antiseptique et infertilisant des essences de cannelle et de quelques dérivés cinnamiques[48])[27]): 645–47. — Sur les pouvoirs antiseptique et infertilisant de quelques phénols et éthers-oxydes de phénols à fonction allylique, propénylique ou aldéhydique[48])[43]): 1118–20. — Sur un dérivé ferrique de l'adrénaline probablement de nature quinonique. Préparation chimique. Action cardio-rénale expérimentale sur le lapin[39])[1])[31])[3]): **115** ('34) 517–21. — Sur l'action infertilisante du carvéol-D, du dihydrocarvéol-D et de leurs produits d'ozonisation[48])[21])[19]): 536–38. — Sur les pouvoirs antiseptique et infertilisant du benzène et de quelques-uns de ses dérivés halogénés[48])[23]): **117** ('34) 445–47. — Sur le pouvoir infertilisant du sulfate neutre de 8-hydroxyquinoléine (sunoxol) vis-à-vis des cultures de quelques microbes pathogènes[48])[19])[43])[20]): **118** ('35) 257–60. — Effet, vis-à-vis des cancers expérimentaux, d'un produit d'action du chlorure ferrique sur les sels de l'acide L-ascorbique[1])[31]): 551–54. — Essais d'injections intraveineuses de produits de la réaction ferrico-ascorbique sur des cancéreux[1])[31]): 1435–37. — Sur les pouvoirs bactéricide et infertilisant des éthers des acides amino-benzoïques[48])[18]): **119** ('35) 612–15. — Action, sur les cancers expérimentaux et humains, d'injections intraveineuses de combinaisons du fer et de la vitamine C (acide L-ascorbique). Nouvelles recherches[1])[31]): **120** ('35) 201–04. — Action favorisante, sur une tumeur expérimentale, d'injections intraveineuses d'acide L-ascorbique non associé au fer ou associé au cuivre[1])[31]): 205f. — Action in vitro des complexes fer – vitamine C – diverses bases sur la coagulation sanguine[1])[31]): **121** ('36) 39–41. — Variations de la polypeptidémie chez des cancéreux traités par des injections intraveineuses de sels complexes dérivés de la vitamine C (ferriscorbones)[1])[31])[10])[9]): 683–85. — Nouvelles recherches sur l'action anticoagulante in vitro de sels complexes dérivés de la vitamine C et du cuivre, du titane ou du zinc, associés à d'autres métaux[1])[31]): 1479f. — Action de la ferriscorbone sodique en injections intraveineuses sur l'acétonurie dans le diabète spontané du chien[1])[31])[16])[3]): **122** ('36) 575–77. — Action des complexes organo-métalliques de la vitamine C sur le pouvoir fermentatif de la levure de bière[1])[31])[51])[42]): 577–79. — Sur le pouvoir infertilisant du sulfate neutre de 8-hydroxyquinoléine (sunoxol) pour le bacille de Koch en différents milieux et, notamment, en cultures homogènes[17])[43])[19]): 1110–13. — Pouvoir infertilisant de deux dérivés de la 6-méthyl-8-hydroxyquinoléine vis-à-vis de quelques microbes pathogènes[48])[43])[38]): 1113f. — Sur le pouvoir infertilisant de nouveaux dérivés de la 8-hydroxyquinoléine vis-à-vis des cultures de quelques microbes pathogènes [48])[43])[40]): 1115f. — Sur le pouvoir infertilisant de quelques corps organiques sulfurés vis-à-vis des cultures de certains microbes pathogènes [48])[43])[50]): **124** ('37) 188–90. — Limites de la manifestation du pouvoir antiscorbutique dans les sels complexes dérivés de la vitamine C (ferroscorbone et ferriscorbone sodiques)[37])[1]) [31])[2]): 661–64. — Du pouvoir infertilisant des essences d'ail et de moutarde sur les cultures homogènes de bacille de Koch[17])[43])[50]): 749–51. — Action favorisante du pouvoir pathogène expérimental du vibrion septique exercée par un complexe sodique entre le fer et l'acide L-ascorbique[1])[31])[51]): **125** ('37) 281–83. — Action de la vitamine C et de ses complexes organo-métalliques sur le développement et le pouvoir fermentatif du vibrion septique [1])[31])

[51])[7]): 347–49. — Action de la vitamine C et de ses complexes organo-métalliques sur le développement et le pouvoir fermentatif du Bacterium coli[1])[31])[51])[7]): **126** ('37) 5–7. — Différence d'action du fer sur la fermentation alcoolique par la levure, suivant qu'il se trouve sous forme d'ions ou de complexes ascorbiques ou déhydrascorbiques[1])[31])[42]): 1014f. — Action infertilisante in vitro de quelques composés arylsulfamidés vis-à-vis des cultures homogènes de bacilles de Koch[17])[41]): **129** ('38) 663–67. — Action de l'acide L-ascorbique (vitamine C) et de l'acide déhydrascorbique à anneau lactonique ouvert sur les cultures homogènes du bacille tuberculeux[1])[51])[52]): **135** ('41) 1622f. — Rôle de la configuration stéréochimique du support organique sur l'activité désinfiltrante des complexes ferrico-sodiques dérivés de la vitamine C ou de corps artificiels analogues[1])[31])[43]): 1639–42. — Désinfiltration et désinfection des cancers par injections intra-veineuses de sels complexes ferrico-sodiques d'acides cétoniques autres que l'acide déhydrascorbique: de l'acide alloxanique principalement[1])[31])[43]): **137** ('43) 117–19. — Existence d'une rétention du gentisate de soude dans l'organisme des cancéreux. Relation possible avec la pathologie du collagène[31])[11]): **146** ('52) 1341f.

J. Méd. Lyon Essais cliniques de chimiothérapie anti-cancéreuse par injections intraveineuses de sels complexes dérivés des acides L-ascorbique et déhydrascorbique (vitamine C); emploi de ceux de ces complexes comportant du fer associé à divers métaux (ferriscorbones)[1])[5])[31]): **17** ('36) 245–57. — Indications du traitement des cancers gastriques par les injections intraveineuses de complexes ferrosoferriques ou ferriques préparés à partir de la vitamine C (ferriscorbones); mise au point actuelle de la question[1])[31]): **19** ('38) 7–10. — A propos de deux observations de cancer gastrique opéré grâce à un traitement chimiothérapique par ferriscorbones[1])[31])[46]): 13f.

J. Physique et Radium Application de la spectrographie à la détection histologique de certains éléments[45]): **3** ('32) 88Sf.

Lyon chirurg. A propos du traitement des cancers par les produits ascorbiques[1])[5])[31]): **33** ('36) 593–95.

Lyon méd. Action désinfiltrante des injections intraveineuses de ferriscorbones sur six cas de cancer gastrique sous contrôle du gastroscope[1])[31])[13]): **157** ('36) 333–38. — Sclérose en plaques et acide ascorbique. Emploi thérapeutique des ferriscorbones magnésiennes[35])[1])[31]): 453–55.

Mémoires Acad. Chirurgie Préparation opératoire et traitement palliatif du cancer de l'œsophage par la "ferriscorbone"[54])[1])[31])[53])[43]): **69** ('43) 152–54.

Produits pharm. Les activités pharmacologiques des acides ascorbique et déhydro-ascorbique associés aux oxydes métalliques: **1** ('46) 109–15, 172–79.

Siglo méd. La higiene y la industria de las sedas artificiales[8])[34]): **90** ('32) 455–59.

Mit: [1]) F. Arloing; [2]) S. Armand; [3]) A. Badinand; [4]) J. Balansard; [5]) L. Bérard; [6]) —; [7]) R. Caille; [8]) P. Cazeneuve; [9]) S. Cellière; [10]) M. Chambon; [11]) J. Chappet; [12]) P. Chenevon; [13]) R. Chevalier; [14]) —; [15]) —; [16]) P. Collet; [17]) P. Courmont; [18]) H. Delaborde; [19]) F. Dénard; [20]) C. Dessaignes; [21]) J. Dœuvre; [22]) J. Dorche; [23]) Y. Dumas; [24]) J. Enselme; [25]) —; [26]) —; [27]) P. Genton; [28]) —; [29]) —; [30]) M. M. Janot; [31]) A. Josserand; [32]) J. C. Kalb; [33]) —; [34]) H. L. de Leeuw; [35]) J. Lépine; [36]) Marthoud; [37]) G. Mouriquand; [38]) M. Mouton; [39]) J. Paviot; [40]) A. Pegon; [41]) E. Périer; [42]) J. M. Perret; [43]) L. Perrot; [44]) —; [45]) A. Policard; [46]) E. Pollosson; [47]) P. P. Ravault; [48]) A. Rochaix; [49]) —; [50]) S. Sanlaville; [51]) L. Thévenot; [52]) J. Viallier; [53]) M. Ballivet; [54]) P. Santy.

V,VI **MOREUX,** Théophile. Astron., Math. — Ecrivain sci.; Prof. Math., Séminaire Saint-Célestine, Bourges, Cher; puis 1890– Dir., Observat. privé d'Astron. physique et de Météorol., Bourges, Cher. *1867, Nov. 20, Argent-sur-Sauldre, Cher; †1954, Juli 13, Bourges, Cher.

Nekr. H. d'Halluin, Ciel et Terre **71** ('55) 33f. — A. Luplau Janssen, Urania [København] **11** ('54) 103–09 (m. Schr.verz.). — M. du Martheray, Orion [Schaffhausen] **4** ('53/55) 331–33. — Coelum **23** ('55) 123. — Ephemerides theol. lovanienses **30** ('54) 642. — Tijdschr. Philos. **16** ('54) 522.

H. Bibliothèque d'éducation scientifique, Collection des "Pour comprendre" 1922–.

HZ. Revue Ciel 1916–1939.

W. Pour comprendre le grec (Paris '32) 271 S., Neuaufl. ('47) 272 S. (Bibliothèque d'éducation scientifique, Collection des "Pour comprendre"). — Pour écrire en français (Paris '36) 210 S., ('48), ('55), ('63) 221 S. (∼). — Pour comprendre la physique moderne. Neuaufl. (Paris '36), ('50) 8+300 S. (∼). — Pour comprendre l'astronomie (Paris '37) 222 S., ('48) (∼). — Pour comprendre l'algèbre. Neuaufl. (Paris '37) 218 S., ('47), ('51), ('55), ('59) 218 S. (∼). — Pour continuer l'algèbre. Neuaufl. (Paris '38) 199 S., ('48) 200 S., ('53) 199 S. (∼). — Pour s'initier à la mécanique céleste (Paris '38), ('50) 175 S. (∼). — Pour observer le ciel, astronomie pratique (Paris '38), ('48) 204 S. (∼). — Pour comprendre la géométrie dans l'espace et les sections coniques (Paris '38) 7+204 S., ('47) 214 S. (∼). — Pour comprendre la géométrie plane. Neuaufl. (Paris '38) 247 S., ('46) 258 S., ('54) 248 S.; (m. A. Busson) ('67) 340 S. (∼). — Pour comprendre le calcul différentiel. Neuaufl. (Paris '47) 3+222 S. (∼). — Pour comprendre la philosophie. Neuaufl. (Paris '47), ('53) 296 S. (~). – Pour comprendre la mécanique. Neuaufl. (Paris '48), ('57) 4+257 S. (~). – Pour comprendre la géométrie analytique à deux dimensions. Neuaufl. (Paris '49) 7+235 S. (~). – Que deviendrons-nous après la mort? Neuaufl. (Paris '49) 311 S. (~). – Pour reconnaître les fleurs, flore simplifiée. Neuaufl. (Paris '50) 2+208 S. (~). – Pour reconnaître les fleurs. Atlas de la flore simplifiée. Neuaufl. (Paris '50) 3+341 S. (~). – Pour comprendre le latin. Neuaufl. (Paris '52) 254 S. (~). – Pour comprendre l'arithmétique. Neuaufl. (Paris '54) 207 S. (~). – Le ciel et l'univers. Astronomie moderne. Neuaufl. (Paris '37) 640 S. – Carte du ciel. Aspect des constellations visibles au cours de l'année au-dessus de l'horizon de France et de l'Europe centrale (Paris '37) 2 S. – Les énigmes de la science. Neuaufl. **2** ('38) 284 S., **1** (Paris '49) 302 S. – La science mystérieuse des pharaons. Neuaufl. (Paris '38) 251 S., ('47) 249 S. – D'où venons-nous? Neuaufl. (Paris '39) 14+207 S. – Mon curé chez les savants (Paris '39) 221 S. – Où sommes-nous? Neuaufl. (Paris '39) 221 S. – Les influences astrales (Paris '43) 205 S. (m. Bildn.), ('49) 206 S. – Cosmographie élémentaire. Neuaufl. (Paris '47) 8+119 S. – Atlas céleste. Aspect du ciel visible dans nos régions pour chaque mois de l'année. Neuaufl. (Paris '47) 25 S., ('55); (m. D. Godillon) ('67) 26 S. – Où allons-nous? Neuaufl. (Paris '47) 237 S. – Les confins de la science et de la foi, **1**. Neuaufl. (Paris '49) 304 S. – Etude de la lune avec dictionnaire sélénographique. Neuaufl. (Paris '49) 168 S. – L'Atlantide a-t-elle existé? Neuaufl. (Paris '49) 98 S. – Les autres mondes sont-ils habités? Neuaufl. (Paris '50) 144 S.; span.: (Salvador '56) 139 S. – Sciences et style. Conseils à un jeune écrivain. Neuaufl. (Paris '50) 286 S. – Table de logarithmes à 5 décimales et tables diverses. Neuaufl. (Paris '50) 127 S.

Ferner bis 1939 zahlreiche populärwissenschaftliche astronomische Aufsätze in „Revue du Ciel" (Observatoire de Bourges). – Einige weitere Publikationen.

VI **MOREY,** George Washington. Chem. (physikal.), Geophysik. – 1912–52 Physical Chemist, '53–54 Acting Dir., Geophysic. Labor., Carnegie Instn., Washington, D.C.; '12– Lecturer, Cornell Univ., Ithaca, N.Y.; '56– Physical Chemist, Headquarters of the Geol. Survey, U.S. Departm. of the Interior, Washington, D.C.; '28 Pres., Chem. Soc. Washington. – '39 Hon. D. Sc. (Alfred Univ., Alfred, N.Y.). – '27 Hillebrand Prize (Amer. Chem. Soc., Washington Sect.); '48 Arthur L. Day Award (Geol. Soc. America); '59 Potts Medal (Franklin Inst., Philadelphia, Pa.).

*1888, Jan. 9, Minneapolis, Minn.; †1965, Okt. 3.

Zur Biogr. Chemical and Engng. News **35** ('57) Nr. 13, S. 52. – Proc. geol. Soc. America **1938** ('39) 52–54 (m. Schr.verz.). – Proc. Vol. geol. Soc. America **1948** ('49) vor S. 73, 73–76 (m. Bildn.).

Nekr. F. W. Preston, Bull. amer. ceram. Soc. **45** ('66) 38f. – J. F. Schairer, Bull. geol. Soc. America **77** ('66) P161–P163.

S. A commentary on the scientific writings of J[osiah] Willard Gibbs (F. G. Donnan, A. E. Haas) **1**: Thermodynamics (New Haven, Conn. '36) 233–93: The phase rule and heterogeneous equilibrium. – Rogers' Industrial chemistry (C. C. Furnas) [6](New York '42, London '43) 775–813: Glass. – Encyclopedia of chemical technology (R. E. Kirk, D. F. Othmer) **12** (New York '54) 268–303: Silica and inorganic silicates.

W. The electrical properties of glass (m. J. T. Littleton) (New York '33) 10+184 S. (National Research Council, Committee on Electrical Insulation, Monograph Nr. 3). – The properties of glass (NewYork–London '38) 561+11 S. (American Chemical Society monograph series, 77); [2]('54) 591 S. (~ 124).

American J. Sci. The system water – boron oxide[12])[13]): (5) **35A** ('38) 143–71. – Studies of solubility in systems containing alkali and water[3]), 1: General introduction: 185–93; ~ 2: A filter autoclave for solubility measurements at elevated temperatures and atmospheric pressure: 193–202; ~ 3: Solubility of NaOH in a saturated Na_2CO_3 solution between 60 and 70 °C: 202–15. – The system water – sodium disilicate[11]): 217–25. – The binary system $NaPO_3$–$Na_4P_2O_7$ [11]): **242** ('44) 1–6. – The systems K_2O–ZnO–SiO_2, ZnO–B_2O_3–SiO_2, and Zn_2SiO_4–Zn_2GeO_4 [11])[17]): **246** ('48) 31–40. – The system H_2O–Na_2O–SiO_2 at 400 °C[10]): **250** ('52) 343–71. – The system water-nepheline–albite: a theoretical discussion: **255** ('57) 461–80.

American Mineralogist Some correct and some incorrect statements of elementary crystallographic theory and methods in current text-books[16]): **17** ('32) 365–80. – The melting of danburite: A study of liquid immiscibility in the system CaO–B_2O_3–SiO_2 [11]): **22** ('37) 37–47. – A bomb for use in hydrothermal experimentation[11]): 1121f. – Solubility of solids in "gases" and "vapours" [11]): **27** ('42) 227f. – Preparation and properties of some compounds in the system H_2O–Na_2O–P_2O_5 [11]): **28** ('43) 448–55. – Double fluorides of zinc[11]): **36** ('51) 778–80. – The action of hot water on some feldspars[4]): **40** ('55) 996–1000. – The decomposition of microcline, albite, and nepheline in hot water[7]): **46** ('61) 688–99. – The action of water on calcite, magnesite, and dolomite: **47** ('62) 1456–60. – Some alkali aluminate crystals and potassium ferrite: 1460f.

Annual Survey amer. Chem. Chemistry of the silicates: **9** ('34) 243–53.

Bull. amer. ceram. Soc. The glassy phase in the manufacture and use of refractories: **14** ('35) 202–06.

Bull. geol. Soc. America Equilibrium between vapor and liquid phases in the system CO_2–H_2O–K_2O–SiO_2[6]): **51** ('40) 1035–58.

Bull., U.S. Dep. Interior, Geol. Survey Chemical analysis of thermal waters in Yellowstone National Park, Wyoming, 1960–65[14])[7]): **1303** ('73) 31 S.

Canadian Chem. and Metallurgy Chemical properties of glass: **19** ('35) 293.

Chemistry and Industry Rock formation: nature's chemical industry: **16** ('38) 966–71.

Economic Geol. The pneumatolytic and hydrothermal alteration and synthesis of silicates[11]): **32** ('37) Suppl. zu Nr. 5, 607–761. – Nature of the ore-forming fluid (Discussion)[11]): **35** ('40) 772–85. – Discussion to: F. G. Smith: Transport and deposition of nonsulfide vein minerals, 3: Phase relations at the pegmatitic stage: **44** ('49) 151–54. – The solubility of some minerals in superheated steam at high pressures[10]): **46** ('51) 821–35. – The solubility of solids in gases: **52** ('57) 225–51; **53** ('58) 348f.

Geochimica et cosmochim. Acta [London] The solubility of quartz in water in the temperature interval from 25 to 300 °C[7])[14]): **26** ('62) 1029–43.

Industrial and Engng. Chem. Phase equilibrium relationships determining glass compositions: **25** ('33) 742–48. – Annealing of Pyrex chemical resistant glass (with an x-ray study by B. E. Warren): **27** ('35) 966–71. – Physical tendencies [in glass]: **32** ('40) 1423–27.

Inorganic Chem. System water – sodium oxide – silicon dioxide at 200, 250, and 300°[14])[7]): **6** ('67) 1183–88.

J. amer. ceram. Soc. The effect of boric oxide on the devitrification of the soda–lime–silica glasses. The quaternary system Na_2O–CaO–B_2O_3–SiO_2: **15** ('32) 457–75. – Glass: The bond in ceramics: **17** ('34) 145–55. – The constitution of glass: 315–28. – Volatilization and the constitution of glass. A reply: **18** ('35) 173f. – Silicate science: **20** ('37) 283–87. – Hydrothermal synthesis: **36** ('53) 279–85.

J. amer. chem. Soc. Phase equilibrium relationships in the binary system sodium oxide – boric oxide, with some measurements of the optical properties of the glasses[13]): **58** ('36) 2248–54. – The system sodium metaphosphate – calcium metaphosphate: **74** ('52) 5783f. – The system H_2O–$NaPO_3$: **75** ('53) 5794–97. – The binary systems $NaPO_3$–KPO_3 and $K_4P_2O_7$–KPO_3: **76** ('54) 4724–26. – The system $NaPO_3$–$Na_4P_2O_7$–$K_4P_2O_7$–KPO_3[2])[5])[4]): **77** ('55) 5003–11. – Pressure–temperature curves in some systems containing water and a salt[4]): **78** ('56) 4249–52. – The transition between the low- and the high-temperature form of sodium tripolyphosphate: **80** ('58) 775.

J. Franklin Inst. Glass as a dielectric: **219** ('35) 315–30.

J. geophysic. Res. The solubility of amorphous silica at 25°[7])[14]): **69** ('64) 1995–2002.

J. inorg. and nuclear Chem. The system $K_2Mg_2(SO_4)_3$ (langbeinite) – $K_2Ca_2(SO_4)_3$ (calcium langbeinite)[14])[7]): **26** ('64) 53–58. – The binary system K_2SO_4–$CaSO_4$[14])[8]): **27** ('65) 53–58. – The ternary system K_2SO_4–$MgSO_4$–$CaSO_4$[14])[15]): **29** ('67) 925–42.

J. opt. Soc. America The relation between the composition and the density and optical properties of glass, 1: The soda–lime–silica glasses[13]): **22** ('32) 632–62. – The availability of optical glass in America: **28** ('38) 5–7. – The flow of glass at room temperatures: **42** ('52) 856f.

J. physic. Chem. Equilibrium relations and factors influencing their determination in the system K_2SiO_3–SiO_2[12])[1]): **41** ('37) 1183–93. – Experimental geology: **60** ('56) 718–24. – Studies of solubility in systems containing alkali and water, 4: The field of sodium hydroxide in the system sodium hydroxide – sodium carbonate – water[3]): **68** ('64) 1706–12.

J. Soc. Glass Technol. The studies in silicate chemistry of the Geophysical Laboratory of the Carnegie Institution of Washington: **20** ('36) Trans., 245–56. – The ternary system Na_2O–B_2O_3–SiO_2: **35** ('51) Trans., 270–83.

Proc. amer. Soc. Testing Mater. Solubility of solids in water vapor: **42** ('42) 980–88.

Professional Papers, U.S. Dep. Interior, Geol. Survey Field measurements of silica in water from hot springs and geysers in Yellowstone National Park[7])[9])[14]): **424-C** ('61) 333–36. – The quinary reciprocal salt system Na, K, Mg, Ca / Cl, SO_4. A review of the literature with new data[14])[18]): **741** ('72) 37 S.

Publ., Carnegie Instn. Washington Water in geological processes: **501** ('38) 49–58.

Scientific Monthly The composition of glass: **42** ('36) 541–54.

Supplementary Publ., Carnegie Instn. Washington The composition of glass: **23** ('36) 18 S.

Trans. amer. geophysic. Union The volatility of silica with steam: **13** ('32) 269f. – Aqueous alkali silicate systems at pressures up to 3000 pounds[11]): **1940** II, 362f. – Solubility, transport and crystallization by means of a vapor phase[11]): **1941**, 504.

Trans. amer. Soc. mech. Engr. The solubility of quartz and some other substances in superheated steam at high pressures[10]): **73** ('51) 865–75.

Mit: [1]) N. L. Bowen; [2]) F. R. Boyd, jr.; [3]) J. S. Burlew; [4]) W. T. Chen; [5]) J. L. England; [6]) M. Fleischer; [7]) R. O. Fournier; [8]) I. D. Hansen; [9]) J. J. Hemley; [10]) J. M. Hesselgesser; [11]) E. Ingerson; [12]) F. C. Kracek; [13]) H. E. Merwin; [14]) J. J. Rowe; [15]) C. C. Silber; [16]) G. Tunell; [17]) O. F. Tuttle; [18]) C. S. Zen.

V,VI **MORGAN,** Sir Gilbert Thomas. Chem. (industr.). — 1919–25 Prof., Univ. of Birmingham; '25–27 Superintendent, '27–38 Dir., Chem. Research Labor., Departm. Sci. and Industr. Research, Teddington, Middlesex; '38–40 Research Dir., Inst. of Brewing; '31–32 Pres., Soc. Chem. Industry; '33–35 Pres., Chem. Soc., London. — Hon. LL. D. (Univ. of Birmingham); '35 Hon. D. Sc. (Univ. of Dublin); '38 Hon. LL. D. (Univ. of St. Andrews). — '39 Medal (Soc. Chem. Industry).

*1870, Okt. 20;

†1940, Febr. 1, Richmond, Surrey.

Zur Biogr. W. Wardlaw, H. Drew, J. brit. Assoc. Chemists **1947**, 316–52. — Nature [London] **142** ('38) 200.

Nekr. E. F. Armstrong, Nature [London] **145** ('40) 252f. — W. Bragg, Proc. roy. Soc. London, Ser. A **177** ('40/41) 5f. — J. T. Hewitt, Analyst **65** ('40) 324f. — J. C. Irvine, Obituary Notices Fellows roy. Soc. London **3** ('39/41) 355–62 (m. Bildn., Faks.). — D. D. Pratt, J. Soc. Dyers and Colourists **56** ('40) 400–02 (m. Bildn.). — W. Wardlaw, J. chem. Soc., London **1941**, 689–97. — Chemical and Engng. News **18** ('40) 260. — Chemistry and Industry **18** ('40) 97f. (m. Bildn.).

Autobiogr. Personal reminiscences of chemical research: Chemistry and Industry **17** ('39) 665–73.

S. Acharyya Ray commemoration volume (S. C. Law) (Calcutta '32) 265–88: Experimental researches on coordination. — Proc. 1st World petroleum congress, London 1933, **2** (London '34) 809f.: Oil-coal fuels[9]). — World power conference. Trans. 1st International chemical engineering congress, London 1936 (London '37) G3, 441–62: Applications of high pressure in the synthesis of organic compounds [19])[6])[15])[18])[20])[2]). — International Association for Testing Materials, London congress, 1937 (London '37) 597–600: Chemical researches on plastic materials[10])[15])[11]).

W. Three lectures embodying "A survey of modern inorganic chemistry" (London '33) 106 S. — Hofman memorial lecture, 1936 (On Hofman's work on coal-tar dyes) (London–NewYork '36) 65 S. (Imperial College of Science and Technology). — Inorganic chemistry; a survey of modern developments (m. F. H. Burstall) (Cambridge '36) 9+462 S.; Neudruck (New York '38) 9+462 S. — British chemical industry; its rise and development (m. D. D. Pratt) (NewYork–London '38) 12+387 S. — Achievements of British chemical industry in the last twenty-five years (London '39) 59 S. (Canton lectures, 1939).

Analyst Gravimetric determination of germanium[4]): **63** ('38) 388–97.

Bull., Soc. chim. Belgique Synthèse sous pression des composés aliphatiques: **45** ('36) 287–312.

Chemical Age The autoclave in organic synthesis. High pressures for future industrial usage: **27** ('32) 572f. — Chemical Society at CRL: **30** ('34) 509f. — Chemical nature of low-temperature tar: **32** ('35) 353–. — Plastic materials from rubber and tar products[15]): **38** ('37) 117–19.

Chemistry and Industry Methanol condensation as modified by alkalised catalysts[6])[16]): **10** ('32) 8. — Autoclaves: 1029. — Production of higher alcohols, aldehydes and ketones[6]): **11** ('33) 518f. — Plastics and their genesis: 675–80. — Organic glasses[10])[7]): **14** ('36) 319–24. — Explosions arising from di-iso-propyl ether[14]): 421f. — Modern developments in plastics: **15** ('37) 103–12. — Cyclic 1,3-diazalines[18]): 670. — Germanium and gallium in coal ash and flue dust[4]): 717–21. — New derivatives of p-arsanilic acid[22]): 853–55. — The trend of research in plastic materials: **16** ('38) 3–11. — Colourless ketonic resins[10])[12]): 885–91.

Chimie et Industrie, Congr. Chim. industr. Recherches récentes sur le goudron obtenu par distillation de la houille à basse température: **14.**1934, 2 ('35) No. 159, 14 S.

Dyer and Calico Printer, Bleacher, Finisher and Textile Rev. Shirlacrol, a new phenolic wetting agent[15])[13]): **69** ('33) 549f.

Gas J. [London] Plastics and their genesis: **203** ('33) 351.

Gas World Plastic materials from rubber and tar products[15]): **107** ('37) Coking Sect. Nr. 2770, 109–14.

Highways and Bridges The constituents of tar[11]): **2** ('35) 19. Juni, 7f.

India Rubber J. Plastic materials from rubber and tar products[15]): **94** ('37) 314–16.

J. chem. Soc., London Dehydrogenation of pyridine by anhydrous ferric chloride[2]): **1932,** 20–30. — New derivatives of p-arsanilic acid, 3: p-Arsonoglutaranilic acid and related compounds[22]): 276–80; ~ 4: p-Arsonoadipanilic acid and related compounds[22]): **1933,** 91–93; ~ 5: p-Arsonomethylmalonanilic acid and related compounds[22]): 1064–67; ~ 6: p-Arsonopimelanilic and p-arsonosuberanilic acids and related compounds[22]): **1935,** 290–93; ~ 7: p-Arsonoazelanilic and p-arsonosebacanilic acids and related compounds[22]): **1936,** 902–05; ~ 8: p-Arsono-oxanilic and p-arsonohexadecanedicarboxylanilic acids and related compounds[22]): **1938,** 442–44. — Co-ordination compounds of boron trifluoride and organic esters[19]): **1932,** 1497. — Arsonic acids of the fluorenone series. Derivatives of aminofluorenone-2-arsonic acid[18]): 1634–41. — Search for trypanocidal activity, 2: Derivatives of β-naphthylamine-4,6,8-trisulphonic acid[11]): 1910–12. — Researches in the phenanthridine series, 2: Nitro- and amino-phenanthridines[21]): 2225–31; ~ 5: The colour and antiseptic properties of quaternary salts[21]): **1938,** 389–97. — Formaldehyde condensations with aliphatic ketones, 1[7]): **1932,** 2667–73; ~ 2: Methyl ethyl ketone[5]): **1937,** 841–44. — Henry Burgess (1897–1931): **1932,** 2978–80. — Arsonic acids of the fluorenone and the fluorenol series[18]): **1933,** 1454–57. — William Harrison Martindale (1875–1933): 1648f. — Homologues of phenol[13]): **1934,** 418–22. — Perylene and derivatives[11]): 536. — Unification of the chemical profession (Presidential address): 550–58. — Researches on residual affinity and co-ordination, 34: 2,2′-Dipyridyl platinum salts[2]): 965–71; ~ 35: 2,2′,2″-Tripyridyl platinum salts[2]): 1498–500; ~ 36: The constitution of "ruthenium red" [2]): **1936,** 41–45; ~ 37: Complex metallic salts containing 2,6-di-2′-pyridyl-pyridine (2,2′,2″-tripyridyl)[2]): **1937,** 1649–55; ~ 38: Complex metallic salts containing 6,6′-di-2″-pyridyl-2,2′-dipyridyl (2,2′,2″,2‴-tetrapyridyl)[2]): **1938,** 1672–75; ~ 39: Complex ruthenium derivatives containing nitric oxide and polypyridyls[2]): 1675–78; ~ 40: Some complex compounds of rhenium[4]): 1858–61. — Recent researches on certain of the rarer elements: **1935,** 554–70. — Harford Montgomery Atkinson (1870–1935): 1327f. — Sidney Morgan (1878–1934): 1340f. — Charles Thomas Kingzett (1852 1935): 1899–902. — Pyrido(1′,2′,1,2)benziminazoles and allied compounds (cyclic 1,3-diazalines) [,1][18]): **1938,** 1292–305; ~ 2[18]): **1939,** 1057–66.

J. indian chem. Soc. Dehydrogenation of pyridine by anhydrous metallic chlorides[2]): P. C. Rây volume ('33) 1–16.

J. Inst. Brewing Research activities of the Institute of Brewing: **46** ('40) 133–50.

J. Pathol. and Bacteriol. Trypanocidal action of certain phenanthridinium compounds[1])[17])[21]): **46** ('38) 203f.

J. roy. Soc. Arts Achievements of British chemical industry in the last twenty-five years: **87** ('39) 991–1008, 1011–29, 1035–56.

J. Soc. chem. Industry, Trans. Methanol condensation as modified by alkalised catalysts[6])[16]): **51** ('32) 1–7. — Chemistry of low-temperature tar: 67–80. — Hydrogenation of low-temperature tar products[20]): 80–82. — Ourselves and kindred societies: 223–29. — — Amination of alcohols and phenols with ammonium chloride[15]): 283f. — Application of low-temperature tar in the production of phenol-formaldehyde resins, 2[10])[7]): **52** ('33) 277–80. — Formaldehyde condensations with phenol and its homologues, 2[10]): 418–20. — Anthracenoid hydrocarbons of low-temperature tar[3]): **53** ('34) 71–73. — Separation of 1- and 2-methylnaphthalenes[3]): 73f. — Phenols of low-temperature tar, 1[13]): **54** ('35) 19–22. — Molecular compounds of phenols[13]): 22–24. — Phenolic and other constituents of aqueous liquors from coal carbonisation[13]): **56** ('37) 109–14. — Hydrogenation of coal and coal-tar oils under turbulent flow conditions[20]): **57** ('38) 152–62. — Studies on the constitution of coal, 1: Progressive oxidation of coal humic acids[8]): 289–92. — Synthetic carbazole[21]): 358–60.

J. Soc. Dyers and Colourists Autoclaves: **49** ('33) 46f. — Application of phenolic constituents of tars as wetting agents[15])[13]): 125–27. — Recent studies of phenols and plastics[13]): **54** ('38) 17–23.

J. Soc. Glass Technol. Some research problems in applied chemistry: **16** ('32) 272–83. — Organic glasses [resins][10])[7]): **20** ('36) 19–34.

Pharmaceutical J. New derivatives of p-arsanilic acid[22]): **85** ('37) 296.

Proc. roy. Soc. London, Ser. A Antimonial analogues of the acridine series. Dihydrostibacridines[4]): **143** ('33) 38–47.

Rep. Chem. Res. Board, Dep. sci. and industr. Res., London Report of the Director of Chemical Research: **1934** ('35) 5–75; **1935/1937** ('38) 7–139.

Revue gén. Matières plast. Les verres organiques[10])[7]): **12** ('36) 207–11. — Les résines cétoniques incolores[10])[12]): **15** ('39) 70–73, 102–07.

Revue gén. Routes et Circulat. routières Le rôle du carbon libre dans le goudron[11]): **10** ('35) 191f.

Rubber Age [New York] Plastic materials from rubber and tar products[15]): **42** ('38) 248f.

Trans. Inst. Plastics Industry Modern developments in plastics: **6** ('37) Nr. 11, 41–63. — The trend of research in plastic materials: **7** ('38) Nr. 13, 28–47.

Trans. Instn. chem. Engr. Engineering in the service of chemical research: **11** ('33) 142–61.

Mit: [1]) C. H. Browning; [2]) F. H. Burstall; [3]) E. A. Coulson; [4]) G. R. Davies; [5]) C. F. Griffith; [6]) D. V. N. Hardy; [7]) E. L. Holmes; [8]) J. I. Jones; [9]) R. Lessing; [10]) N. J. L. Megson; [11]) J. G. Mitchell; [12]) K. W. Pepper; [13]) A. E. J. Pettet; [14]) R. H. Pickard; [15]) D. D. Pratt; [16]) R. A. Procter; [17]) J. V. M. Robb; [18]) J. Stewart; [19]) R. Taylor; [20]) J. T. Veryard; [21]) L. P. Walls; [22]) E. Walton.

VI **MORGAN,** Herbert Rollo. Astron., Math. — 1907–24 Assist. Astronomer, '25–28 Astronomer, '28–29 Senior Astronomer, '29–44 Principal Astronomer, U.S. Naval Observat., Washington, D.C.; '47–53 Research Assoc., Yale Univ., New Haven, Conn.; '40–42 Vice Pres., Amer. Astron. Soc. — '52 James Craig Watson Medal (Nation. Acad. Sci. USA).

*1875, März 21, Medford, Minn.;

†1957, Juni 11, Washington, D.C.

Nekr. F. P. Scott, Science [USA] **126** ('57) 497; Sky and Telescope **16** ('57) 473. — Publ. astron. Soc. Pacific **69** ('57) 376.

MHZ. Astronomical J. 1942–1948.

Annals New York Acad. Sci. The fundamental properties of the galactic system: The reference system of stellar positions: **42** ('41) 117–32.

Astronomical J. Observed corrections to Newcomb's equinox: **41** ('32/33) 177–79. — A fundamental equator point from observations of the sun, moon and planets 1894–1930: **42** ('33/34) 149–51. — Fundamental declination observations with 5-inch altazimuth[2]): **45** ('36/37) 30f. — Observations of the sun 1900–1937 compared with Newcomb's tables[6]): **47** ('38/39) 193–98. — The nutation constant from circumpolar observations: **50** ('43) 125f. — The earth's perihelion motion: **51** ('45) 127–29. — Systematic corrections to the Albany General Catalogue: **54** ('49) 1–9, 145–50. — A possible lag in the nutation: 133f. — New star places and the precession: **56** ('51) 97–100. — The short period terms in the nutation as given by observation: **57** ('52) 232. — Proper motions of 650 bright B-type stars: **61** ('56) 90–96. — The galactocentric circular velocity and corrections to the precession constant and the motion of the equinox[7]): 268–71.

Astronomical Papers, Amer. Ephemeris and naut. Almanac Definitive positions and proper motions of primary reference stars for Pluto: **11, 3** ('50) 505–19. — Catalog of 5.268 standard stars, 1950.0 based on the normal system N30: **13,3** ('52) 28 S. + S. 109–231 [oder 109–321 ?].

Bull. astron. [Paris] Report on astronomical constants: **15** ('50) 199–211.

Bull. astron. Inst. Netherlands A new determination of the precession and the constants of galactic rotation[4]): **11** ('51) 379–84. — On the luminosities of the nearest cepheids[1]): **12** ('54) 95–98.

Monthly Notices roy. astron. Soc. W. S. Eichelberger, 1865 Sept. 18 – 1951 Febr. 3: **114** ('54) 289–91.

Popular Astron. Astronomy of position: **51** ('43) 527–42. — Motions in the solar system: **54** ('46) 167–81.

Publ., Amer. astron. Soc. The nutation constant from circumpolar observations: **8** ('34/35) 48f. — Fundamental declination observations with 5-inch altazimuth[2]): 144.

Publ. U.S. naval Observat. Right ascensions and declinations of the 2438 standard stars reduced with proper motions to 1925.0 and compared with other catalogues: (2) **13** ('30/33). — Catalogue of 9989 standard and intermediary stars +90° to −36° declination, observed in the years 1913 to 1926, reduced without proper motion to the equinox 1920.0: **13** ('30/33) 161. — 582 miscellaneous stars: 331–42. — Washington observations of the moon, 1894–1922: Appendix IV, 206–28. — Results of observations on the nine-inch transit circle 1932–1934[3]): **14** ('38/40) Nr. 2, 81–125. — Vertical circle observations made with the five-inch altazimuth instrument 1916–1933[5]): Nr. 3, 127–216. — Proper motions of 2916 intermediary stars mostly in declination −5′ to −30′: Nr. 4, 217–42. — Results of observations made with the nine-inch transit circle 1935–1945. Observations of the sun and planets. Catalog of 5.446 stars. Observed in the years 1935 to 1945, reduced without proper motion to the equinox 1940.0. Corrections to GC and FK 3[6]): **15** ('48) Nr. 5, 51 S. + S. 115–390.

Science [USA] Henry Benjamin Hedrick: **84** ('36) 477. — Some problems in fundamental astronomy: **85** ('37) 1–9.

Mit: [1]) A. Blaauw; [2]) F. B. Littell; [3]) U. S. Lyons; [4]) J. M. Oort; [5]) G. M. Raynsford; [6]) F. P. Scott; [7]) H. F. Weaver.

IV–VI **MORGAN,** John Livingston Rutgers. Chem. (physikal.). — 1905–35 Prof., Columbia Univ., New York.

*1872, Juni 27, New Brunswick, N.J.;

†1935, Apr. 13, New York.

Nekr. New York Herald Tribune **1935**, 14. Apr. — New York Times **1935**, 14. Apr.

J. amer. chem. Soc. The quinhydrone electrode, 4[2]): **54** ('32) 910–18.

Trans. electrochem. Soc. The preparation and reproducibility of the quinhydrone electrode[2])[1]): **61** ('32) 199–220.

Mit: [1]) M. A. Campbell; [2]) O. M. Lammert.

VI **MORGAN,** Sidney. Chem. Technol. — Dir. of several plantations of rubber companies, Malaya. (⊠)

*1878;

†1934, Dez. 24.

Nekr. G. T. Morgan, J. chem. Soc., London **1935**, 1346f.

Zur Biogr. Personalities of the first half century: India Rubber J. **121** ('51) zwischen S. 930 u. 934.

W. Digest of patents dealing with rubber and/or latex in road construction materials, excluding blocks (London '33) 58 S. (Rubber Growers' Association).

Chimie et Industrie Neuzeitliche Entwicklung in der Plantagenpraxis und ihr Einfluß auf die Erweiterung des Kautschukmarktes: **27** ('32) 1025–27 [].

VI **MORGULIS,** Sergius. Chem. (physiol.), Biochem. — 1921–53 Prof. and Chairman of the Departm. of Biochem., '53 Prof. Emer., Univ. of Nebraska College of Med., Omaha, Nebr. — '11 Bowdoin Prize and Medal (Harvard Univ., Cambridge, Mass.); '18 Prize (Fisheries Soc.).
*1885, Aug. 6, Balta, Rußland;
†1971, Dez. 20, Omaha, Nebr.

H. u. Ue. M. Florkin, Biochemical evolution (New York '49) 6+157 S. — A. I. Oparin, Origin of life (New York '38) 8+270 S., [2]('53) 25+270 S.

W. Nutritional muscle dystrophy (Paris '38) 95 S. (Actualités scientifiques et industrielles, 725). — Experiments in physical and physiological chemistry (Minneapolis, Minn. '40) 82 S.

Archives Biochem. The locus of action of α-tocopheryl phosphate in the succinoxidase system[9])[15])[3]): **27** ('50) 9–18. — Enzyme studies on rabbits with incipient muscle dystrophy[9])[15])[18]): 19–21. — Effect of α-tocopheryl phosphate on enzyme activity[9])[3]): 22–28.

Archives Biochem. and Biophysics Creatinuria in normal males[18]): **42** ('53) 69–71.

Biochemische Z. Eine Notiz zur kolorimetrischen Sulfatbestimmung in biologischen Flüssigkeiten[8]): **249** ('32) 409–11. — Studien über die Blutglykolyse, 2: Glykolyse und Verteilung der Phosphatverbindungen[11])[1]): **278** ('35) 89–100; **281** ('35) 447.

Biochimija Studien über Blutglykolyse, 3: Glykolyse und Glutathion[17]): **2** ('37) 638–56 [russ. m. engl. Zusammenfassg.].

Bull. Soc. Chim. biol. Etude critique de la microdétermination iodométrique de l'azote[7]): **18** ('36) 1074–80. — Dystrophie musculaire nutritionnelle et "le quotient de créatine"[10])[18]): **37** ('55) 851–56.

Endocrinology Note on condition of endocrine glands in myopathy of nutritional origin[16]): **20** ('36) 393–95. — Nutritional muscle dystrophy and sex hormones[14]): **27** ('40) 522f.

Industrial and Engng. Chem., Analyt. Edit. Nesslerization applied directly to a macro-Kjeldahl nitrogen determination[16]): 8 ('36) 330.

J. amer. chem. Soc. The oxidation of amino-acids with sodium hypobromite[7]): **58** ('36) 909–12.

J. biol. Chemistry Studies on blood glycolysis, 1: Effect of arsenate[13]): **95** ('32) 621–31; **98** ('32) 385–87. — An iodometric micro method for the determination of sulfates in biological material[8]): **96** ('32) 573–83. — Studies on urinary acidity, 2: **103** ('33) 757–61. — Studies on the catalase and peroxidase activity of the liver cell[4]): **118** ('37) 545–47. — A micromethod for the determination of gelatin and a study of the collagen content of muscles from normal and dystrophic rabbits[16])[18]): **120** ('37) 257–66. — Glycolysis and glutathione[17]): **123** ('38) 1–16. — Studies on the lipid content of normal and dystrophic rabbits[18])[16])[5]): **124** ('38) 755–66. — Mineral composition of the muscles of rabbits on a diet producing muscle dystrophy[12]): 767–73.

J. gen. Physiol. The inhibition of the adenosine triphosphatase activity of acetomyosin by magnesium ions[2]): **31** ('47/48) 411–15.

J. Nutrition [USA] Dietary factors concerned in nutritional muscular dystrophy[16]): **11** ('36) 573–91. — Blood and tissues in nutritional muscular dystrophy[16]): **12** ('36/37) 172–90. — Metabolism in nutritional muscular dystrophy[16]): 191–204. — Dietary factors associated with nutritional muscle dystrophy[18])[5]): **16** ('38) 219–27. — The minimum requirement of rabbits for DL-α-tocopherol[5]): **22** ('41) 415–24. — Factors influencing the onset and cure of nutritional muscular dystrophy[5]): **23** ('42) 473–82.

Proc. Soc. exper. Biol. and Med. Minimal daily requirement of rabbits for α-tocopherol [5]): **45** ('40) 715f.

Quarterly Bull. Northwestern Univ. med. School A perspective of biochemical defects in muscle in vitamin E deficiency[9]): **20** ('46) 92–98.

Z. Vitaminforsch. Nutritional muscular dystrophy – a multiple vitamin deficiency disease: 8 ('38/39) 220–33 [m. deutscher u. französ. Zusammenfassg.].

Mit: [1]) I. Bercovici; [2]) I. Braverman; [3]) J. W. Chappell; [4]) E. E. Dunn; [5]) S. H. Eppstein; [6]) —; [7]) A. H. Friedman; [8]) M. G. Hemphill; [9]) H. P. Jacobi; [10]) J. L. Karel; [11]) J. D. Munsell; [12]) W. Oshcroff; [13]) S. Pinto; [14]) C. E. Richards; [15]) S. Rosenblatt; [16]) H. C. Spencer; [17]) B. Wagner; [18]) V. M. Wilder.

V,VI **MORITZ,** Robert Edouard. Math. — 1904–40 Prof. and Head of the Departm. of Math. and (at various periods) of Astron., Univ. of Washington, Seattle, Wash.
*1868, Juni 2, Christiansthal, Schleswig-Holstein;
†1940, Dez. 28, Seattle, Wash.

Nekr. R. M. Winger, Bull. amer. math. Soc. **47** ('41) 188–90.

S. C. R. Congrès international des mathématiciens, Oslo 1936, **2** (Oslo '37) 170f.: On a Napier's theorem for quadrantal triangles.

W. On mathematics and mathematicians (formerly titled: Memorabilia mathematica, or: The philomath's quotation-book) (New York '58, London '59) 13+410 S.

American math. Monthly A theorem relating to cubic equations: **39** ('32) 56. — Geometrical description of $y-\Sigma \frac{\cos mt}{m^2}$, m integral, prime to 6: 359–63. — Proof of a theorem in the theory of numbers: **40** ('33) 120. — Problem in hydraulics: 248. — A determinant of order (n–1) whose value is $(x-\alpha)^n$ and its generalizations: 271f. — Concerning the sum of the infinite series whose general term is n^2v^n: 433f. — A note on Taylor's theorem: **44** ('37) 31–34.

Annals math. Statistics A new theory of depreciation of physical assets: **3** ('32) 108–26.

Bull. amer. math. Soc. On the extended form of Cauchy's condensation test for the convergence of infinite series: **44** ('38) 441f.

Scripta math. [USA] On the beauty of geometrical forms: **4** ('36) 25–35. — The dual of Napier's rules of the circular parts: **6** ('39) 23–25.

Tôhoku math. J. On sums of integro-geometric series of any order: **38** ('33) 34–37.

IV-VI **MORLEY,** Frank. Math. — 1900–28 Prof. and Head of the Departm. of Math., '28 Prof. Emer., Johns Hopkins Univ., Baltimore, Md.; '02 Vice-Pres., '19–20 Pres., American Math. Soc. (⊠)

*1860, Sept. 9, Woodbridge, Suffolk, England;

†1937, Okt. 17, Baltimore, Md.

Bildnis American J. Math. **60** ('38) Frontispiece.

Zur Biogr. R. C. Archibald, A semicentennial history of the American Mathematical Society, 1888–1938 (New York '38) (American Mathematical Society, Semicentennial publications, 1) 194–201 (m. Bildn., Faks., Schr.-verz. 79 Nrn.).

Nekr. A. B. Coble, Bull. amer. math. Soc. **44** ('38) 167–70. — A. Cohen, Science [USA] **86** ('37) 461. — H. B. Phillips, Proc. amer. Acad. Arts and Sci. **73** ('39) 138f. — H. W. Richmond, J. London math. Soc. **14** ('39) 73–78 (m. Schr.verz. 47 Nrn.); Nature [London] **140** ('37) 880. — Boll. Mat. **34** ('38) XL.

HZ. American J. Math. **23** ('01) - **52** ('30).

MHZ. American J. Math. **21** (1899) - **22** (1900), **53** ('31) - **59** ('37). — Bull. amer. math. Soc. (2) **1** (1895) - **15** (1908/09).

S. C. R. Congrès international des mathématiciens, Oslo 1936, **2** (Oslo '37) 144–46: Planar positions. — The criterion (T. S. Eliot) **15** (London '36) 200–09: When and where.

W. Inversive geometry (m. F. V. Morley) (Boston, Mass.–London '33) 9+273 S.

American math. Monthly The celestial sphere, 2: **39** ('32) 507f. — Note on the division of labor: **45** ('38) 538f.

American J. Math. Tritangent circles of the rational bicubic[1]): **54** ('32) 185–89. — The celestial sphere: 276–78, 489–92. — On the common points of two planar cubics and of two planar cyclides[1]): 493–95. — The rectangular five-point[3]): 496–98. — Note on astatic elements[2]): **58** ('36) 637f. — On 2n points with a real cross-ratio[2]): **59** ('37) 787–92.

Nature [London] The hexlet: **139** ('37) 72f.

Mit: [1]) W. K. Morrill; [2]) J. R. Musselman; [3]) R. C. Yates.

III,IV,VI **MORLEY,** Henry Forster. Chem., Bibliothekswes. — 1900–22 Dir., Internation. Catalogue of Sci. Literature; '22–25 Dir., Roy. Society's Catalogue of Sci. Papers, London.

*1855, Okt. 23, London;

†1943, Apr. 3, Midhurst, Sussex.

Nekr. F. H. Carr, Nature [London] **151** ('43) 608f. — J. A. Gardner, J. chem. Soc., London **1944**, 43–46.

IV-VI **MOROZEWICZ,** Józef. Mineral., Petrogr. — 1919 Mitbegründer d. Berg-akad. Kraków; Mitbegründer u. '19–31 Dir., Poln. Geol. Staatsinst., Warszawa.

*1865, März 27, Rzędziany, Gouv. Łomża;

†1941, Juni 12, Warszawa.

Nekr. S. Małkowski, Roczn. polsk. Towarz. geol. **19**.1950 ('51) 137–55 (m. Bildn., Schr.verz. **143** Nrn.) [poln. m. französ. Zusammenfassg.]; Wiadomości Muzeum ziemi **6** ('52) 1–56 (m. Bildn.) [~].

Schriftenverzeichnis in: R. Fleszarowa, Retrospektywna bibliografia geologiczna Polski **1**: 1900–1950, 1, 2: Ł–Ż (Warszawa '58) 93–108.

Autobiogr. Życie Polaka w zaborach i odzyskanej Ojczyźnie (1865–1937) [Das Leben eines Polen während der Annexionen und Rückgewinnung des Vaterlandes (1865–1937)] (Warszawa '38) 37 S.

Ue. u. Bearb. H. F. Rosenbusch, A. Osann, Zasady nauki o skałach [Elemente der Gesteinslehre] (Warszawa '37) 9+700 S.

S. Świat i życie [Welt und Leben] **1** (Lwów '33) 1194–200: Diamant [poln.]. — Rep. 16th

International geological congress, Washington 1933, **1** (Menasha, Wis. '36) 58f.: Address of greeting.

Posiedzenia nauk. państw. Inst. geol. 2e Conférence de l'Association pour l'Etude du Quaternaire de l'Europe: Nr. **34** ('32) 1–5. — La 16e session du Congrès international de géologie dans les Etats-Unis en 1933: Nr. **37** ('33) 1–5. — Cinquantenaire de la Société Géologique Suisse: Nr. **40** ('34) 1–4. — Centenaire du Service Géologique de la Grande Bretagne et l'ouverture du Musée de Géologie Appliqué à Londres: Nr. **43** ('35) 6–8. — Affaires courantes: Nr. **46** ('36) 1–3. — — Alle Arbeiten poln.

Sprawozd. polsk. Inst. geol. Paweł Radziszewski (1890–1931): **7** ('32/33) Nr. 1, 1f. — Travaux en terrain exécutés pendant l'été 1931: Nr. 1, I–XXXIX; ~ pendant l'année 1932: Nr. 3, LXIII–XCIII; ~ pendant l'été 1933: **8** ('34/37) Nr. 1, I–XIX; ~ pendant l'été 1934: Nr. 2, I–XVII; ~ pendant l'été 1935: Nr. 4, I–XIX. — Chronique du Service Géologique en 1931: **7** ('32/33) Nr. 1, XLVIII–LXI; ~ 1932: Nr. 3, XCIV–CXIII; ~ 1933: **8** ('34/37) Nr. 1, XX–XXXII; ~ 1934: Nr. 2, XVIII–XXX; ~ 1935: Nr. 4, XX–XXX. — Programme des recherches en terrain pour 1932: **7** ('32/33) Nr. 1, XL–XLVII; ~ 1933: Nr. 3, CXIV–CXIX; ~ 1934: **8** ('34/37) Nr. 1, XXXIII–XXXVIII; ~ 1935: Nr. 2, XXXI–XXXVI; ~ 1936: Nr. 4, XXXI–XXXVI. — Berichte der Internationalen Gesellschaft für Quartärforschung: **8** ('34/37) Nr. 1, XXXIX–XLI. — Zygmunt Rosen (1874–1936): Nr. 4, 11–13. — — Alle Arbeiten poln.

VI **MORRELL,** Jacque Cyrus. Chem. Technol. — 1921–42 Assoc. Research Dir. and Head of the Patent Departm., Process Developm. Oil Technol., Universal Oil Products Co., Oak Park, Ill.; '45–48 Vice-Pres. and General Manager, Bowman Gum Inc., Philadelphia, Pa.; '48– Consultant, U.S. Air Force General Staff and Special Research Planning, U.S. Governm.; '33–40 Pres., Board of Educat., Oak Park, Ill.; '36–38 Vice-Pres., Amer. Chem. Soc. — '40 Modern Pioneer Award (Nation. Assoc. Manufacturers).

*1893, Jan. 18, Savannah, Ga.

Zur Biogr. A. D. McFadyen, Chemical Industries **47** ('40) Juli-Nr. (m. Bildn.).

S. Proc. 1st World petroleum congress, London 1933, **2** (London '34) 10–20: Sulphuric acid treatment of cracked distillates[7]); 50–56: Gasoline inhibitors[7])[15])[6]); 85–93: Significance of test methods for gums in gasoline[7])[25])[19]). — 2e Conférence mondiale du pétrole, Paris 1937, **2**, Sect. 2: Physique, chimie, raffinage (Paris '37) 399–406: Sweetening gasolines with copper salts[1])[6])[7]); **4**, Sect. 5: Economie et statistique ('37) 377–417: Cracking oils the world over[7])[20]). — The science of petroleum (A. E. Dunstan) (London '38) 996–1006: The chemical composition of cracked gasolines[7]). — Oil shale and cannel coal [**1**]: Proc. of a conference [Inst. of Petroleum], Glasgow 1938 (London '38) 340–94: Motor fuels from cracking shale oils[7])[26]). — Atti X Congresso internazionale di chimica, Roma 1938, **3** (Roma '39) 734–41: Motor fuel from butane cracking and catalytic polymerization[7]); 767f.: Chemical derivatives from petroleum[7]); **5** ('39) 911–29: Isooctane motor fuels[7]).

W. Catalysis; inorganic and organic (m. S. Berkman, G. Egloff) (New York '40) 11 + 1130 S.

Agricultural Engng. Certain technical aspects of motor fuels: **14** ('33) 220–22.

Booklet, Universal Oil Products Co. Gasoline from cottonseed oil[7]): **119** ('33) 9 S. — Sulfuric acid treatment of cracked distillates[7]): **125** ('33) 38 S. — Gasoline inhibitors[7])[15])[6]): **126** ('33) 23 S. — Bedeutsame Entwicklung in der Ausführung von Erdölraffinerien und in der Erdölraffination: **129** ('33) [engl.]. — The use of inhibitors in reformed gasolines[7])[15])[6]): **147** ('34) 9 S. — Stability of gasoline to light[1])[7]): **177** ('36) 17 S. — The phenomenon of catalysis [2])[7]): **210** ('37) 61 S. — Alkylation of phenols[6])[4])[7]): **211** ('37) 30 S. — Promoters and poisons in catalysis[2])[7]): **213** ('37) 91 S. — Inhibitors in catalysis[2])[7]): **214** ('37) 34 S. — Thermodynamics in hydrocarbon research[23])[7]): **223** ('38) 17 S. — Advances in hydrocarbon chemistry and technology: **237** ('39) 30 S. — — Einige weitere Booklets mit Aufsätzen, die in anderen Publikationen erschienen und dementsprechend an anderen Stellen dieser Bibliographie verzeichnet sind.

Brennstoff-Chem. Über die Umwandlung des Kogasins in klopffeste Motortreibstoffe[7])[20]): **18** ('37) 260–63.

Chemical Reviews Reactions of hydrocarbons in electrical discharges[23])[7]): **28** ('41) 1–70.

Chemistry and Industry Petroleum coke[7]): **10** ('32) 467–69.

Industrial and Engng. Chem. The cracking of fish oil[8])[7]): **24** ('32) 440f. — Corrosion protection in cracking equipment[7]): 509–13. — Pressure vessels for oil cracking [7])[13]): 1264–75. — Inhibitors in cracked gasoline, 1: Relation of structure to inhibiting effectiveness[7])[15])[6]): 1375–82; ~ 2: Correlation of inhibiting action and oxidation-reduction potential[15])[7])[6]): **25** ('33) 804–08; ~ 3: Storage stability as related to induction period and critical oxidation potential[15])[7])[6]): **27** ('35) 15–20. — The cracking of cotton-seed oil[7]): **24** ('32) 1426f. — Peroxides in gasoline: Effects of peroxide formation in cracked gasolines[6)15)7)]: **26** ('34) 497–503; ~: Peroxidation in relation to gasoline composition[6)15)7)]: 655–58. – Mechanism of gum formation in cracked gasoline. Formation of peroxide, aldehyde and acid in storage[6)15)7)]: 885–88. – Gases from cracking hydrocarbon oils[7)]: 940–44. – A pure hydrocarbon standard for evaluating inhibitors[6)15)7)]: **27** ('35) 315–17. – Color stability of gasolines. Effect of mercaptans, alkyl disulfides, and sulfur[7)1)25)]: 323–29. – Inhibitor dyes in cracked gasoline [15)7)6)]: 413–15. – Stability of gasoline to light. Photochemical formation of color, haze gum and reaction products[1)7)]: **28** ('36) 122–28. – Stability of pure hydrocarbons to light. Photochemical formation of color, haze and reaction products[1)7)]: 448–52. – Gum in cracked gasoline. Formation and composition[6)15)7)]: 465–70. – Alcohol-gasoline as motor fuel[7)]: 1080–88, 1478f. – Motor fuel from oil cracking. Production by the catalytic water-gas reaction[7)20)]: **29** ('37) 555–59. – Thermodynamics in hydrocarbon research[23)7)]: 1260–67; **30** ('38) 842. – Olefins and conjugated dienes from gas oil[24)23)7)]: 169–72. – Solvent extraction of Diesel fuels[6)5)7)]: 813–21. – Catalytic effect of metals on paraffin hydrocarbons[23)7)]: **31** ('39) 1090–98. – Chemical reactions of cracked residues[24)23)7)]: 1112–17. – Cracking tars and distillates from coal[7)26)12)]: **32** ('40) 39–47. – Catalytic dehydrogenation of mono-olefins to diolefins. Source materials for synthetic rubber and resins[10)17)]: 309–11. – Catalytic cyclization of aliphatic hydrocarbons to aromatics[10)16)]: 528–31.

Industrial and Engng. Chem., Analyt. Edit. Determination of olefins by bromine titration [14)]: **4** ('32) 319–21. – Approximate determination of olefin and aromatic hydrocarbons[14)]: 321f.

J. amer. chem. Soc. The catalytic cracking of aliphatic hydrocarbons[7)23)3)]: **61** ('39) 3571–80.

J. Soc. chem. Industry, Trans. The cracking of palm oil[7)8)]: **51** ('32) 133f. – Motor fuel from coal and oil shales[9)]: **52** ('33) 228–30.

National Petroleum News Chemical processes in the refining of petroleum distillates[7)]: **28** ('36) Nr. 12, 33–36, 38–40, 42–46, 48, 50, 69; Nr. 13, 24G–24H, 26, 28–30; Nr. 15, 24L–24P, 27f., 30; Nr. 16, 37–40. – Modern cracking of California crude oils[20)7)]: Nr. 45, 78–80, 82f. – Aviation and motor fuels as produced by polymerization[7)20)]: **29** ('37) Nr. 46, Refin. Technol., 318, 320, 322, 324, 326, 328, 330. – Dehydrogenation, polymerization, hydrogenation; new catalytic process in motor fuel production[7)10)11)]: **31** ('39) Nr. 48, Refin. Technol., 520f.

Oil and Colour Trades J. The cracking of palm oil[7)8)]: **81** ('32) 24. Juni.

Oil and Gas J. Colloid chemistry and oil refining[7)]: **30** ('31/32) Nr. 37, S. 22, 166. – Application of inhibitors to cracked gasoline is significant development in plant operation [7)15)6)]: **31** ('32/33) Nr. 45, S. 64. – Refining cracked gasoline from a high-sulfur crude oil by the use of sulfuric acid[25)21)]: **32** ('33/34) Nr. 9, S. 12, 34. – Polymerization is a function of sulfuric acid concentration, temperature and quantity[7)]: Nr. 45, S. 51, 54f., 57. – Inhibitors used for stabilizing reformed gasoline will preserve its nondetonating properties [15)6)7)]: **33** ('34/35) Nr. 12, S. 8. – Alloy steels used in oil-refinery distillation and cracking equipment[18)7)]: **34** ('35/36) Nr. 5, S. 50, 52, 62, 64. – Chemical processes in the refining of petroleum distillates[7)]: Nr. 44, S. 105–07, 109–12; Nr. 45, S. 57–60; Nr. 46, S. 29–32; Nr. 47, S. 36–42. – Antioxidants as stabilizers for cracked motor fuels[6)7)]: **35** ('36/37) Nr. 45, S. 113f., 116f. – Motor fuels from polymerization[7)20)]: **36** ('37/38) Nr. 26, S. 176f., 178, 181–84. – Refining cracked gasoline from oil produced outside of the United States[6)7)]: Nr. 33, S. 101, 104, 109; Nr. 34, S. 54f. – Refining characteristics of Illinois crude oils [7)26)]: **37** ('38/39) Nr. 24, S. 87f., 133f., 136f., 140, 142. – Refining values of some foreign crude oils[7)26)]: Nr. 33, S. 74f., 162. – Developments in hydrocarbon chemistry and technology: Nr. 44, S. 40–42, 55, 57, 58. – Refining characteristics of Illinois basin crude oils[7)26)]: **38** ('39/40) Nr. 24, 81–86. – Catalytic dehydrogenation process (gaseous paraffins to olefins)[10)11)7)]: Nr. 28, S. 53, 55, 56. – Cracking coal-oil distillates[7)26)12)]: Nr. 35, S. 36, 39, 52, 53.

Petroleum [Berlin] Treibmittelherstellung durch Polymerisation[7)20)]: **34** ('38) Nr. 3, 1–6; Nr. 4, 5–8.

Petroleum Engr. Catalytic dehydrogenation process (gaseous paraffins to olefins)[10)11)7)]: **11** ('39/40) Nr. 2, S. 114.

Petroleum Times Motor fuels from polymerization[7)20)]: **38** ('37) 671–74, 703–06.

Proc. amer. Petroleum Inst., Sect. III Catalytic dehydrogenation process[10)11)7)]: **20** ('39) 110–20.

Refiner and natur. Gasoline Manufacturer Motor fuels from polymerization[7)20)]: **16** ('37) 497–506. – Catalytic dehydrogenation process (gaseous paraffins to olefins)[10)11)7)]: **18** ('39) 478–85.

Textile Colorist Inhibitor dyes in cracked gasoline[15)7)6)]: **57** ('35) Nr. 677, 331–33.

Usp. Chim. Thermodynamik bei der Untersuchung von Kohlenwasserstoffen[7)]: **7** ('37) 267–87 [russ.].

World Petroleum Refiners to concentrate on 100-octane[7)]: **12** ('41) Nr. 11, 70–75.

Mit: 1) W. L. Benedict; 2) S. Berkman; 3) H. S. Bloch; 4) W. Brooks; 5) J. A. Chenicek; 6) C. G.

Dryer; 7) G. Egloff; 8) W. F. Faragher; 9) A. Fisher; 10) A. V. Grosse; 11) V. N. Ipatieff; 12) W. E. Lemen; 13) E. C. Leonhardy; 14) I. M. Levine; 15) C. D. Lowry, jr.; 16) W. J. Mattox; 17) J. M. Mavity; 18) L. A. Mekler; 19) G. B. Murphy; 20) E. F. Nelson; 21) J. R. Strong; 22) —; 23) C. L. Thomas; 24) H. Tropsch; 25) C. Wirth III; 26) G. B. Zimmermann.

VI **MORRIS,** Vlon Neilan. Chem. — 1927–35 Research Chemist and Group Leader, Firestone Tire and Rubber Co., Akron, Ohio; '35–39 Research Supervisor, Resinous Products and Chem. Co., Pennsylvania; '39–40 Research Chemist, Nation. Aniline and Chem. Co., New York; '40–51 Chief Chemist and Technical Dir., Industr. Tape Corp.; '51–53 Research Dir., Shellmar Prod. Corp.; '53–56 Research Coordinator, Johnson and Johnson, New Brunswick, N.J.; now retired at Maitland, Fla.

*1901, Apr. 1, Colorado Springs, Colo.

MUe. K. Memmler, Science of rubber [Handbuch der Kautschukwissenschaft] (New York '34) 16 + 770 S.

S. Outline of organic chemistry (E. F. Degering, R. E. Nelson, J. R. Harrod) (New York '37): Resins. — Encyclopedia of chemical technology (R. E. Kirk, D. F. Othmer) **1** (New York '47): Adhesives.

Industrial and Engng. Chem. Rubber latex. Recent scientific and technical developments 1): **24** ('32) 755–70. — Fluorescence of rubber and of compounding ingredients: **26** ('34) 107–11. — Dispersion of channel gas black in rubber. Effect of stearic acid and other so-called dispersing agents2): **27** ('35) 582–86.

Mit: 1) H. W. Greenup; 2) C. R. Park.

IV–VI **MORSE,** Harry Wheeler. Chem., Metallurgie. — 1920–36 Consulting Chemist and Metallurgist, Stanford Univ., Stanford, Calif. (⊠)

*1873, Febr. 25, San Diego, Calif.; †1936, März 12.

American J. Sci. Artificial spherulites and related aggregates3)1): (5) **23** ('32) 421–39. — Spherulite optics1): 440–61. — Composition and structure of artificial spherulites1)2): **25** ('33) 494–98.

American Mineralogist Artificial spherulites 1): **18** ('33) 66f. — Optics and structure of three-dimensional spherulites1): **21** ('36) 391–426.

Mit: 1) J. D. H. Donnay; 2) E. Ott; 3) C. H. Warren.

VI **MORSE,** Harold Calvin Marston. Math. — 1926–28 Assist. Prof., '28–30 Assoc. Prof., '30–35 Prof., Harvard Univ., Cambridge, Mass.; '35–62 Prof., '62– Prof. Emer. with Research Contract, Inst. for Advanced Study, Princeton, N.J.; '33–35 Vice-Pres., '40–42 Pres., Amer. Math. Soc.; '39 Vice-Pres., Amer. Assoc. Advancem. Sci.; '58–62 Vice-Pres., Internation. Math. Union. — '35 Hon. D. Sc. (Colby College, Waterville, Me.); '46 Dr ès sci. h. c. (Sorbonne, Paris); '48 Hon. D. Sc. (Kenyon College, Gambier, O.); '48 Dr. h. c. (Univ. di Pisa); '52 Dr. h. c. (Techn. Hochsch. Wien); '53 Dr. h. c. (Univ. de Rennes); '55 Hon. D. Sc. (Univ. of Maryland, Baltimore, Md.); '55 Hon. D. Sc. (Polytechn. Inst. of Brooklyn, N.Y.); '56 Hon. D. Sc. (Univ. of Notre Dame, Ind.); '58 Hon. D. Sc. (Boston College, Boston, Mass.); '58 Hon. D. Sc. (Fordham Univ., New York); '59 Hon. D. Sc. (Williams College, Williamstown, Mass.); '60 Hon. D. Sc. (La Salle College, Philadelphia, Pa.); '61 Hon. LL. D. (Xavier Univ., Cincinnati, O.); '62 Hon. Litt. D. (Yeshiva Univ., New York); '65 Hon. D. Sc. (Harvard Univ., Cambridge, Mass.). — '33 Bocher Prize (Amer. Math. Soc.); '47 Presidential Certificate of Merit (U.S. Governm.); '64 Nation. Medal of Sci.

*1892, März 24, Waterville, Me.

Ehrung Differential and combinatorial topology; a symposium in honor of Marston Morse (S. S. Cairns) (Princeton mathematical series, 27) (Princeton, N.J. '65) 6 + 265 S. (m. Bildn.); darin eig. Beitr.: 81–103: Bowls of a non-degenerate function on a compact differentiable manifold.

MH. G. D. Birkhoff, Collected mathematical papers **1–3** (New York '50, '51, '68); darin eig. Beitr.: **1**, XXIII–LVII: George David Birkhoff and his mathematical work. — Princeton mathematical series **1** (Princeton, N.J. '39) ff.

S. Verhandlungen des internationalen Mathematiker-Kongresses, Zürich 1932, **1** (Zürich-Leipzig '33) 173–88: The calculus of variations in the large. — C.R. Congrès international des mathématiciens, Oslo 1936, **2** (Oslo '37) 47–: Functional analysis in the large. — Studies and essays; presented to R. Courant on his 60th birthday (New York '48) 253–63: Functions on a metric space and setting for isoperimetric problems. — Proc.

6th International congress of mathematicians, Cambridge, Mass., 1950, 2 (Providence, R.I. '52) 143–56: Recent advances in variational theory in the large. — Lectures on functions of a complex variable (W. Kaplan) (Ann Arbor, Mich. '55) 123–85: Conjugate nets on an open Riemann surface[9]). — Simposio matematico internazionale, Roma 1962 (Roma '63) (Istituto nazionale di alta matematica. Quaderno 1) 84–93: Topological, differential, and analytic formulations of Schoenflies problems. — International colloquium on differential analysis: papers presented at the Bombay colloquium, 1964 (London '64) 1–25: Conditioned differentiable isotopies[8]). — Studies in global geometry and analysis (S. S. Chern) (New York '67): What is analysis in the large? — The spirit and the uses of the mathematical sciences (T. L. Saaty; F. J. Weyl) (New York '69) 105–20: Mathematics in our culture.

W. The calculus of variations in the large (New York '34) 9 + 368 S. (American Mathematical Society. Colloquium publications, 18). — Lectures on analysis in the large, 1936–1937 (Princeton, N.J. '37) 83 S. (Princeton mathematical notes). — Introduction to analysis in the large (Princeton, N.J. '47, '51, '56) 160 + 31 S. — Symbolic dynamics; lectures 1937–1938 (Princeton, N.J. '66) 4 + 87 S. — Critical point theory in global analysis and differential topology. An introduction (m. S. S. Cairns) (New York–London '69) 12 + 389 S. (Pure and applied mathematics, 33). — Variational analysis: Critical extremals and Sturmian extensions (New York '73) 11 + 260 S.

Acta math. Deformation classes of meromorphic functions and their extensions to interior transformations[7]): **79** ('47) 51–103. — Curve families F* locally the level curves of a pseudoharmonic function[9]): **91** ('54) 1–42.

Acta Sci. math. [Szeged] Bilinear functionals over C×C: **12B** ('50) 41–48.

America [New York] Technology: Limited or unlimited? Two views on a problem of our time: **96** ('56) 69f. — Respect for learning: **98** ('57) 231–39.

American J. Math. Symbolic dynamics[6]): **60** ('38) 815–66; ∼ 2: Sturmian trajectories[6]): **62** ('40) 1–42. — The continuity of the area of harmonic surfaces as a function of the boundary representations[15]): **63** ('41) 825–38. — Contour equivalent pseudoharmonic functions and pseudoconjugates[9]): **74** ('52) 23–51.

American math. Monthly What is analysis in the large?: **49** ('42) 358–64.

American Scholar Twentieth century mathematics: **9** ('40) 499–504.

Anais Acad. brasil. Ci. Boundary values of partial derivatives of Poisson integral: **33** ('61) 131–39. — Bowls, F-fibre-bundles and the alteration of critical values: **36** ('64) 245–59.

Annales Inst. Henri Poincaré Sur le calcul des variations: **9** ('39) 1–11.

Annales Soc. polon. Math. L-S-homotopy classes of locally simple curves: **21** ('48) 236–56.

Annali Mat. pura ed appl. Topological methods in the theory of functions of a complex variable: (4) **28** ('49) 21–25. — A characterization of the bilinear sums associated with the classical second variation[16]): 25–68. — Bimeasures and their integral extensions: **39** ('55) 345–56. — The existence of non-degenerate functions on a compact differentiable m-manifold M: **49** ('60) 117–28. — The Schoenflies extension in the analytic case[8]): **54** ('61) 359–78.

Annals Math. The critical point theory under general boundary conditions[14]): (2) **35** ('34) 545–71. — Functional topology and abstract variational theory: **38** ('37) 386–449. — The existence of minimal surfaces of general critical types[15]): **40** ('39) 443–72. — Rank and span in functional topology: **41** ('40) 419–54. — Minimal surfaces not of minimum type by a new mode of approximation[15]): **42** ('41) 62–72. — Corrections to our paper on the existence of minimal surfaces of general critical types[15]): 331. — Variational theory in the large including the non-regular case, 1[4]): **44** ('43) 339–53; ∼ 2[4]): 354–74. — Topological methods in the theory of functions of a single complex variable, 1: Deformation types of locally simple plane curves[7]): **46** ('45) 600–24; ∼ 2: Boundary values and integral characteristics of interior transformations and pseudo-harmonic functions[7]): 625–66; ∼ 3: Causal isomorphisms in the theory of pseudo-harmonic functions[7]): **47** ('46) 233–73. — Functionals F bilinear over the product A×B of two p-normed vector spaces, 1: The representation of F[16]): **50** ('49) 777–815; ∼ 2: Admissible spaces A[16]): **51** ('50) 576–614. — Homotopy and homology related to the Schoenflies problem[1]): **58** ('53) 142–65. — C-Bimeasures Λ and their integral extensions[16]): **64** ('56) 480–504. — The existence of polar non-degenerate functions on differentiable manifolds: **71** ('60) 352–83. — Schoenflies extensions without interior differential singularities[8]): **76** ('62) 18–54. — Quadratic forms Θ and Θ-fibre-bundles: **81** ('65) 303–40.

Annals Math. Studies Topological methods in the theory of functions of a complex variable: Nr. **15** ('47) 2 + 145 S. — The Fréchet variation and Pringsheim convergence of double Fourier series[16]): Nr. **25** ('50) 46–103. — Norms of distribution functions associated with bilinear functionals[16]): 104–44. — Topological methods on Riemann surfaces. Pseudoharmonic functions[9]): Nr. **30** ('53) 111–39.

Bull. amer. math. Soc. Three theorems on the envelope of extremals: **42** ('36) 136–44. —

A special parametrization of curves: 915–22. – Report on the War Preparedness Committee of the AMS and MAA at the Chicago meeting: **47** ('41) 829–31. – Functional topology: **49** ('43) 144–49. – George David Birkhoff and his mathematical work: **52** ('46) 357–91. – Topological methods in the theory of functions of a complex variable[7]): **53** ('47) 1–14. – L-S-homotopy classes on the topological image of a projective plane: **55** ('49) 981–1003. – A reduction of the Schoenflies extension problem: **66** ('60) 113–15. – Conical singular points of diffeomorphisms[8]): **67** ('61) 490–93.

Bull. atom. Scientist Mathematics and the arts: **15** ('59) 55–59.

Canadian J. Math. Functionals of bounded Fréchet variation[16]): (3) **1** ('49) 153–65. – The Fréchet variation, sector limits, and left decompositions[16]): **2** ('50) 344–74. – Products of a C-measure and a locally integrable mapping[16]): **9** ('57) 475–86.

Colloquium math. [Polonia] The existence of vector function spaces with duals of integral type[16]): **6** ('58) 95–117.

Compositio math. Differentiable mappings in the Schoenflies theorem: **14** ('59) 83–151, 274.

C.R. Séances Soc. math. France La dynamique symbolique: **1938** ('39) 46–52.

Duke math. J. Critical point theory under general boundary conditions[14]): **2** ('36) 220–42. – The index theorem in the calculus of variations: **4** ('38) 231–46. – The first variation in minimal surface theory: **6** ('40) 263–89. – Unstable minimal surfaces of higher topological structure[15]): **8** ('41) 350–75. – Unending chess, symbolic dynamics and a problem in semigroups[6]): **11** ('44) 1–7. – The topology of pseudo-harmonic functions: **13** ('46) 21–42. – A new implication of the Young-Pollard convergence criteria for a Fourier series[16]): **18** ('51) 563–71.

Fundamenta Math. [Warszawa] A positive, lower semi-continuous, non-degenerate function on a metric space: **35** ('48) 47–78. – The existence of pseudoconjugates on Riemann surfaces[9]): **39** ('52) 269–87. – Schoenflies problems: **50** ('62) 319–32.

J. Analyse math. Semi-normed vector spaces with duals of integral type[16]): **4** ('55) 149–86. – The local characterization of vector function spaces with duals of integral type[16]): **6** ('58) 225–60. – Topologically non-degenerate functions on a compact n-manifold M: **7** ('59) 189–208. – The dependence of the Schoenflies extension on an accessory parameter[8]): **8** ('60/61) 209–71. – The elimination of critical points of a non-degenerate function on a differentiable manifold: **13** ('64) 257–316. – Non-degenerate functions on abstract differentiable manifolds M_n: **19** ('67) 231–72. – Equilibrium points of harmonic potentials: **23** ('70) 281–96.

J. different. Geometry Focal sets of regular manifolds M_{n-1} in E_n: **1** ('67) 1–19, 309. – Singular homology over Z on topological manifolds[2]): **3** ('69) 257–88. – Orientation of differentiable manifolds[2]): **6** ('71) 1–31. – Singular homology on an untriangulated manifold[2]): **7** ('72) 1–17.

J. Franklin Inst. Trends in analysis: **251** ('51) 33–43.

J. indian math. Soc. A calculus for Fréchet variations[16]): (N.S.) **14** ('50) 65–117. – On elevating manifold differentiability: **24** ('60) 379–400.

J. Math. pures et appl. Instability and transitivity: (9) **14** ('35) 49–71. – La construction topologique d'un réseau isotherme sur une surface ouverte: **35** ('56) 67–75. – Vector subspaces A of C^E with duals of integral type [16]): **37** ('58) 343–63. – Schoenflies extensions and differentiable isotopies: **42** ('63) 29–41.

J. math. Soc. Japan An explicit solution of the Schoenflies extension problem[8]): **12** ('60) 271–89.

Mathematics Mag. Science in the modern world: **28** ('55) 209–11.

Mathematics Teacher Mathematics in the defense program[5]): **34** ('41) 195–202.

Mathematische Ann. Schoenflies extensions of analytic families of diffeomorphisms[8]): **144** ('61) 162–74. – Singular quadratic functionals: **201** ('73) 315–40.

Mémorial Sci. math. Functional topology and abstract variational theory: **92** ('39) 78 S.

Monatsh. Math. Harmonic extensions: **67** ('63) 317–25.

Nagoya math. J. Elementary quotients of abelian groups, and singular homology on manifolds[2]): **39** ('70) 167–98.

Photogrammetric Engng. Projective methods [in photogrammetry]: **32** ('66) 849–55.

Proc. amer. philos. Soc. Equilibria in nature – stable and unstable: **93** ('49) 222–25.

Proc. nation. Acad. Sci. USA A characterization of fields in the calculus of variations[11]): **18** ('32) 724–30. – Does instability imply transitivity?: **20** ('34) 46–50. – On certain invariants of closed extremals[12]): 282–87. – Abstract critical sets[14]): **21** ('35) 258–63. – Generalized concavity theorems: 359–62. – Three theorems on the envelope of extremals: 619–21. – Functional topology and abstract variational theory: **22** ('36) 313–19; **24** ('38) 326–30. – On the existence of minimal surfaces of general critical types[15]): **25** ('39) 153–58. – Unstable minimal surfaces of higher topological types[15]): **26** ('40) 713–16. – Topological methods in the theory of functions of a single complex variable, 1: Deformation types of locally simple plane curves[7]): **31** ('45) 299–301; ~ 2: Boundary values and integral characteristics of interior transformations and pseudo-harmonic functions[7]): 302–06. – Integral representations of bilinear functionals[16]): 35 ('49) 136–43. – The Fréchet variation and the convergence of multiple Fourier series[16]): 395–99. – Homology relations on regular orientable manifolds: 38 ('52) 247–58. – Conjugate nets, conformal structure, and interior transformations on open Riemann surfaces[9]): 39 ('53) 1261–68. – The representation of a C-bimeasure on a general rectangle [16]): 42 ('56) 89–95. – Differentiable mappings in the Schoenflies problem: 44 ('58) 1068–72. – Fields of geodesics issuing from a point: 46 ('60) 105–11. – A singularity in the Schoenflies extension[8]): 1100–02. – The dependence of the Schoenflies extension on an accessory parameter (the topological case)[8]): 50 ('63) 1036f. – The bowl theorem and a model nondegenerate function[8]): 51 ('64) 49–51. – The reduction of a function near a non-degenerate critical point: 54 ('65) 1759–63. – Nondegenerate real-valued differentiable functions: 57 ('67) 32–38. – Bowls, f-fiber bundles and the alteration of critical values: 60 ('68) 1156–59. – A setting for a theorem of Bott[2]): 65 ('70) 8f. – Subordinate quadratic forms and their complementary forms: 68 ('71) 579. – Model families of quadratic forms: 914f. – Axial presentations of regular arcs on M_n: 69 ('72) 3504f. – F-Deformations and F-tractions: 70 ('73) 1634f.

Rend. Circolo mat. Palermo The generalized Fréchet variation and Riesz-Young-Hausdorff type theorems[16]): (2) 2 ('53) 5–35. – C-Bimeasures Λ and their superior integrals Λ^* [16]): 4 ('55) 270–300. – Analytic diffeomorphisms approximating C^m-diffeomorphisms[8]): 11 ('62) 25–46. – Diffeomorphisms of manifolds[8]): 291–318.

Rend., Ist. lombardo Sci. e Lettere, A An arbitrarily small analytic mapping into R_+ of a proper, regular, analytic r-manifold in E_m: 97 ('63) 650–60 [m. italien. Zusammenfassg.].

Rend. Mat. e Appl., Univ. Roma Les progrès de l'analyse variationnelle globale et son programme: (5) 7 ('48) 406–16. – Topological, differential, and analytic formulations of Schoenflies problems: 21 ('62) 286–95.

Revue Math. pures et appl. [Bucureşti] A model non-degenerate function[8]): 10 ('65) 691–722. – Subordinate quadratic forms and their complementary forms: 16 ('71) 559–69.

Rivista Mat. Univ. Parma The Fréchet variation and a generalization for multiple Fourier series of the Jordan test[16]): 1 ('50) 3–18.

Science [USA] A mathematical theory of equilibrium with applications to minimal surface theory: 93 ('41) 69–71.

Scientific Monthly Mathematics and the maximum scientific effort in total war: 56 ('43) 1–6.

Thought Mathematics, the arts and freedom: 34 ('59) 16–24.

Topology Diffeomorphisms inducing automorphisms of $\pi_1(T_p)$ [3]): 4 ('66) 323–41.

Trans. amer. math. Soc. Sufficient conditions in the problem of Lagrange without assumptions of normalcy: 37 ('35) 147–60. – Singular quadratic functionals[10]): 40 ('36) 252–86. – Manifolds without conjugate points [6]): 51 ('42) 362–86.

Yale Rev. Mathematics and the arts: 40 ('51) 604–12.

Mit: [1]) E. Baiada; [2]) S. S. Cairns; [3]) J. Cantwell; [4]) G. Ewing; [5]) W. L. Hart; [6]) G. A. Hedlund; [7]) M. Heins; [8]) W. Huebsch; [9]) J. A. Jenkins; [10]) W. Leighton; [11]) S. B. Littauer; [12]) E. Pitcher; [13]) –; [14]) G. B. van Schaack; [15]) C. B. Tompkins; [16]) W. Transue.

VI **MORSE,** Philip McCord. Physik, Planungsforschung. – 1931–34 Assist. Prof., '34–38 Assoc. Prof., '38– Prof., '56–66(?) Dir. of the Computer Center, '58– Dir. of the Operations Research Center, '58–60 Chairman of the Fac., Massachusetts Inst. of Technol., Cambridge, Mass.; further leading activities in operations research; '46 Vice-Pres., '50 Pres., Acoustical Soc.; '52 Pres., Operations Research Soc. – '40 Hon. Sc. D. (Case Inst. of Technol., Cleveland, O.). – '46 Medal for Merit. (⊠)

*1903, Aug. 6, Shreveport, La.

Zur Biogr. J. acoust. Soc. America 19 ('47) 703f. – Science [USA] 132 ('60) 339f. (m. Bildn.).

MH. Operations research for public systems (Cambridge, Mass.–London '67).

HZ. Annals Physics 1957–.

MHZ. Technology Rev. 1936–1946.

S. Notes from MIT summer course on operations research, 1953 (Cambridge, Mass. '53) 93–101, 102–08: Waiting lines and examples and applications[22]). – Proc. Conference on operations research, computers, and management decisions, Case Institute of Technology, Cleveland, O., 1957 (Cleveland, O. '57) 14–20: Computers in the solution of operations research problems. – Frontiers of numerical mathematics; a symposium, Madison, Wis., 1959 (R. E. Langer) (Madison, Wis. '60) (Publications of the Mathematical Research Center, U.S. Army, University of Wisconsin, 4) 69–82: Operations research [m. Diskussion]. – Progress in operations research, 1 (New York '61) 243–92: Dynamics of operational systems:

Markov and queuing processes. — Handbuch der Physik (S. Flügge) **11**,1: Akustik 1 (Berlin–Göttingen–Heidelberg '61) 1–128: Linear acoustic theory[9]). — Quantum theory of atoms, molecules, and the solid state. A tribute to John C. Slater (P.-O. Löwdin) (New York–London '66) 1–3: John Clark Slater, a biographical note of appreciation.

W. Vibration and sound (New York–London '36) 15 + 351 S.; [2](New York '48) 19 + 468 S. — Elliptic cylinder and spheroidal wave functions, including tables of separation constants and coefficients (m. J. A. Stratton, L. J. Chu, R. A. Hutner) (New York '41) 12 + 127 S. — Methods of operations research (m. G. E. Kimball) (New York–London '51) 7 + 158 S.; ('58) 158 S. — Methods of theoretical physics (m. H. Feshbach) **1** (New York–Toronto–London '53) 22 + 997 S., **2** ('54) 18 S. + S. 999–1978; russ.: **1** (Moskva '58) 930 S., **2** ('60) 886 S. — Tables for the variational determination of atomic wave functions (m. H. Yilmaz) (Cambridge, Mass. '56) 85 S. — Spheroidal wave functions, including tables of separation constants and coefficients (m. J. A. Stratton, L. J. Chu, J. D. C. Little, F. J. Corbato) (New York–London '56) 13 + 613 S. — Queues, inventories and maintenance: the analysis of operational systems with variable demand and supply (New York–London '58) 202 S. (Operations Research Society of America. Publications in operations research, 1); französ.: Files d'attente, stocks et entretien: analyse opérationnelle des systèmes à offre et demande variables (Paris '60) 10 + 205 S. — Thermal physics (New York '62) 11 + 276 S.; Neuauflagen: (New York–Amsterdam '64, '65) 13 + 455 S., (New York '69) 431 S. — Quantum mechanics (m. E. U. Condon) Neuaufl. (New York '63) 250 S. (McGraw-Hill paperbacks, 12402 pa). — Theoretical acoustics (m. K. U. Ingard) (New York '68) 19 + 927 S. — Library effectiveness: a systems approach (Cambridge, Mass.–London '68) 207 S.

Astrophysical J. The opacity of gas mixtures in stellar interiors: **92** ('40) 27–49. — Equation of state of hydrogen, helium, and Russell mixture at high temperatures and pressures [11])[19]): **111** ('50) 214–20.

Bull. amer. math. Soc. Mathematical problems in operations research: **54** ('48) 602–21.

Bull. Inst. int. Statistique Statistics and operations research: **35** ('57) 365–79 [m. französ. Zusammenfassg.].

College and Res. Libraries The prospects for mechanization: **25** ('64) 115–20.

Communications pure and appl. Math., New York Univ. Operations research: **8** ('55) 1–12.

Helvetica physica Acta Acoustic scattering from an inhomogeneity of the medium: **38** ('65) 53–55.

J. acoust. Soc. America Some aspects of the theory of room acoustics: **11** ('39) 56–66. — Transmission of sound inside pipes: 205–10. — Acoustic impedance and sound absorption[3])[4]): **12** ('40) 217–27. — Acoustics and basic physics: **27** ('55) 213–16. — Transmission of sound through a circular membrane in a plane wall: **40** ('66) 354–66.

J. appl. Physics [USA] Acoustic vibrations and internal combustion engine performance, 1: Standing waves in the intake pipe system [2])[15]): **9** ('38) 16–23. — Operations research, what is it?: **23** ('52) 165–72.

J. Operations Res. Soc. America A family of queueing problems[23])[22]): **2** ('54) 444f. — Stochastic properties of waiting lines: **3** ('55) 255–61.

Operations Res. Statistics and operations research: **4** ('56) 1–18. — Solutions of a class of discrete-time inventory problems: **7** ('59) 67–78. — Dynamics of two classes of continuous-review inventory systems[7])[17]): 362–84. — A probabilistic model for obsolescence[21]): **17** ('69) 36–47.

Physical Rev. On the vibrations of polyatomic molecules[13]): **42** ('32) 210–17. — Variable scale atomic wave functions[18]): **43** ('33) 337–40. — The effect of exchange on the scattering of slow electrons from atoms[1]): **44** ('33) 269–76. — Velocity distributions of elastically colliding electrons[1])[10]): **48** ('35) 412–19. — Tables for determining atomic wave functions and energies[20])[8]): 948–54. — Collision of neutron and proton [,1][6])[16]): **50** ('36) 748–54; ~ 2[6])[16]): **51** ('37) 706–10. — The elastic scattering of neutrons by protons[6]): 54f. — The diffraction of waves by ribbons and by slits[14]): **54** ('38) 895–98. — The thermal Rayleigh disk in liquid He II [12]): **78** ('50) 474f. — Excitation of molecular rotation-vibration by electron impact: **90** ('53) 51–55.

Physics today On the use of digital computers: **9** ('56) Nr. 10, 19–23.

Physikalische Bl. Über den Feldbegriff in der theoretischen Physik[5]): **12** ('56) 439–41.

Physikalische Z. Unelastische Streuung von Kathodenstrahlen: **33** ('32) 443–45.

Proc. amer. philos. Soc. Computing machines as research assistants: **108** ('64) 291–97.

Proc. nation. Acad. Sci. USA Addition formulae for spheroidal functions: **21** ('35) 56–62. — Waves in a lattice of spherical scatterers: **42** ('56) 276–86.

Reviews modern Physics Quantum mechanics of collision processes, 2: **4** ('32) 577–634.

Science [USA] Solutions for the propagation of waves through a lattice of spherical scatterers: **123** ('56) 674f.

Technology Rev. Pandora's icebox: **41** ('38/39) 213–15, 233f. — Ultimate and indivisible: **42** ('39/40) 22f., 38f., 40–44. — Rooms for listening: **43** ('40/41) 22f., 38, 40f. – Where is the long hair?: **48** ('45/46) 107f., 130. – Of men and machines: **49** ('46/47) 29–31, 58, 60. – Operations research: **53** ('50/51) 191–94, 214, 216f. – Operations research – an application of scientific method: **55** ('52/53) 367–71, 390, 392, 394, 396, 398. – Teaching machines to reckon: **60** ('57/58) 299–304.

Mit: [1]) W. P. Allis; [2]) R. H. Boden; [3]) R. H. Bolt; [4]) R. L. Brown; [5]) H. Feshbach; [6]) J. B. Fisk; [7]) H. P. Galliher; [8]) E. S. Haurwitz; [9]) K. U. Ingard; [10]) E. S. Lamar; [11]) R. E. Marshak; [12]) J. R. Pellam; [13]) N. Rosen; [14]) P. J. Rubenstein; [15]) H. Schecter; [16]) L. I. Schiff; [17]) M. Simond; [18]) J. P. Vinti; [19]) H. York; [20]) L. A. Young; [21]) C. Elston; [22]) M. L. Ernst; [23]) N. H. Garber.

VI **MORTON,** Richard Alan. Biochem. – 1924–31 Lecturer Chem., '31–44 Special Lecturer Spectroscopy, '44–66 Prof., '66 Prof. Emer., Univ. of Liverpool; Visiting Prof.: '30 Ohio State Univ., Columbus, O., '69 Royal Univ. of Malta, La Valletta, Malta. – '64 Dr. h. c. (Univ. de Coimbra); '66 Hon. D. Sc. (Univ. of Wales, Cardiff); '67 Hon. D. Sc. (Trinity College, Dublin). - '30 Meldola Medal (Roy. Inst. Chem.). *1899, Sept. 22, Liverpool.

Ehrung International symposium on recent knowledge concerning the metabolism and function of fat-soluble vitamins, in honor of Professor R. A. Morton (Vitamins and Hormones **32** ('74) 129–545).

H. Biochemistry of quinones (New York–London '65); darin eigene Beiträge: 1–: Introductory account of quinones; 23–: Spectroscopy of quinones and related substances, 1: Ultraviolet absorption spectra. – Fat-soluble vitamins (Oxford '70) (International encyclopaedia of food and nutrition, 9).

MH. Protein utilization by poultry (Edinburgh–London '67).

S. Chemistry at the centenary (1931) meeting of the British Association for the Advancement of Science (Cambridge '32) 102–07: Spectrographic investigations in connexion with vitamin A [54]). – Thorpe's dictionary of applied chemistry. Supplement (J. F. Thorpe, M. A. Whiteley) **2** (London '35) 397–420: Spectroscopy; Thorpe's dictionary of applied chemistry **8** (M. A. Whiteley) [4]('46) 195–: Molecular spectra (visible and ultraviolet). – C.R. 5e Congrès international technique et chimique des industries agricoles, Scheveningue 1937, **1** (Naarden '37) 58–67: Spectroscopic determination of vitamin A. – Abstracts of communications. 1st International congress of biochemistry, Cambridge 1949 (–'49) 10f.: Sterol metabolism of the small intestine of the guinea pig[98])[41]); 36f.: Changes occurring in the proteins as a result of processing groundnuts under selected industrial conditions, 2: Biological[18]); 69f.: Properties of rhodopsin (visual purple)[22]). – Résumés des communications. 2e Congrès international de biochimie, Paris 1952 (Lons-le-Saunier '52) 131f.: Occurrence of 3,5-cholestadiene-7-one in tissues[66]); 209: The regeneration of rhodopsin[22])[46]); 216f.: Retinene$_2$, vitamin A$_2$, and some epoxides[18]). – Nuove vedute su le vitamine (Roma '56): Carotenoidi e vitamina A [43]). – Biochemical problems of lipids. Proc. 2nd International conference, Ghent 1955 (G. Popják, E. LeBreton) (London '56) 395–400: Minor constituents of unsaponifiable fractions of kidney, liver and other tissues from various sources. – Society of Biological Chemists, India. Silver Jubilee Souvenir 1955 (Bangalore '56) 27–33: Visual pigments[85]). – Visual problems of colour; a symposium, London 1957 (London '58) (National Physical Laboratory, Symposium Nr. 8) 107–: The multiplicity of visual pigments[85]). – Proc. International symposium on microchemistry, Birmingham 1958 (Oxford–New York '60) 355–68: Biochemical applications of absorption spectra in the visible and ultraviolet regions. – Ciba foundation symposium on quinones in electron transport, London 1960 (G. E. W. Wolstenholme, C. M. O'Connor) (London '61) 5–35: Isolation and characterization of ubiquinone (coenzyme Q) and ubichromenol. – Comprehensive biochemistry (M. Florkin, E. H. Stotz) **3**: Methods for the study of molecules (Amsterdam–New York '62) 66–132: Spectrophotometry in the ultraviolet and visible regions; **9** ('63) 200–10: Quinones. – Enzyme chemistry of phenolic compounds. Proc. of the Plant Phenolics Group symposium, Liverpool 1962 (J. B. Pridham) (Oxford–London '63) 57–: The role of ubiquinone and plastoquinone in plant metabolism[55]). – The training of biochemists (G. R. Barker) (London '66) (Biochemical Society) 24–: Training the post-graduate student. – Chemistry, medicine and nutrition; papers delivered at the symposium during the Annual conference of the Royal Institute of Chemistry, Bristol 1966 (London '67) 45–56: Food additives and contaminants. – Vitamine A, E und K. Klinische und physiologisch-chemische Probleme. Symposium, Berlin 1967 (H. v. Kress, K.-U. Blum) (Stuttgart–New York '69) 31–62: Metabolism of vitamin A. – Proc. Univ. of Nottingham residential seminar on vitamins 1970 (M. Stein) (Edinburgh '71) 1–21: The nature and modes of action of vitamins – a re-appraisal. – Current trends in the biochemistry of lipids. Proc. International symposium on lipids, Bangalore 1971 (J. Ganguly, R. M. S. Smellie) (London–New York '72) (Biochemical Society, Symposium Nr. 35) 203–17: Polyprenols, their nature, occurrence and biological roles. – Photochemistry of vision (H. J. A. Dartnall) (Berlin–Heidelberg–

New York '72) (Handbook of sensory physiology 7,1) 33–68: The chemistry of visual pigments.

W. The application of absorption spectra to the study of vitamins and hormones (London '35) 70 S.; 2. Aufl. u. d. T.: The application of absorption spectra to the study of vitamins, hormones, and coenzymes [2]('42) 226 S. — Two lectures on practical aspects of absorption spectrophotometry (London '38) 58 S. — The Biochemical Society. Its history and activities, 1911–1969 (London '69) 160 S. — Biochemical spectroscopy **1.2** (London '75) 14 + 873 S.

Advancement Sci. Lipid co-factors in biochemistry: **19** ('63) 383–95.

Advances Enzymol. and related Areas molecular Biol. Aspects of visual pigment research [65]): **32** ('69) 97–169.

Analyst Carotene and allied substances in foods and feeding stuffs, 1: The constitution and physiological significance of carotene and allied pigments: **65** ('40) 263–65. — Spectrographic determination of linoleic, linolenic, and elaeostearic acids[58])[90]): **70** ('45) 68–74. — The determination of carotene and vitamin A in butter and margarine[43]): **71** ('46) 15–. — Photoelectric spectrophotometry applied to the analysis of mixtures and vitamin A oils[106]): 348–56. — Ultra-violet absorption spectra of pyridoxine and related compounds[76]): **77** ('52) 718–31. — Spectroscopic properties of vitamin A_2. Application to the assay of cod-liver oil[18]): **78** ('53) 74–79. — Comments on the determination of vitamin A in natural products and especially cod-liver oils[12]): **80** ('55) 410–18.

Annual Bull., Int. Dairy Federat. Composition of food fat and its influence on the nutritive value: **1962**, Nr. 2, 93–106.

Annual Rep. Progr. Chem. Absorption spectra: **38.1941** ('42) 7–27. — Carotenoids, vitamin A and visual pigments: **46.1949** ('50) 244–67.

Annual Rev. Biochem. Fat-soluble vitamins: **11** ('42) 365–90; ~[85]): **31** ('62) 491–509.

Archives Biochem. and Biophysics In vivo incorporation of mevalonate-[2-^{14}C] into dolichol of rabbit and pig liver[15])[29])[55]): **113** ('66) 646–53.

Biochemical and biophysic. Res. Commun. The natural occurrence of ubichromenol[55])[69])[83]): **4** ('61) 393–97.

Biochemical J. Absorption spectra of substances derived from vitamin A [34])[39])[54]): **26** ('32) 1164–73. — The isomerisation of carotene by means of antimony trichloride[39])[54])[30]): 1174–77. — Characteristics of highly active vitamin A preparations[54])[57])[113])[88])[30]): 1178–93. — The structure of vitamin A [54])[113]): 1194–96. — The use of 7-methylindole in the antimony trichloride colour test for vitamin A: 1197–201. — The determination of vitamin A in cod-liver oils, (A) biologically, (B) chemically, (C) physically, with a statistical examination of the results, 2: Further evidence that the intensity of absorption at 328 mμ gives the best agreement with the biological measure of vitamin A in cod-liver oils[23])[32]): 1593–600. — Variations in the quality of butter, particularly in relation to the vitamin A, carotene and xanthophyll contents as influenced by feeding artificially dried grass to stall-fed cattle[39])[54])[8])[30]): **27** ('33) 878–88. — Absorption spectra in relation to the constituents of fish oils[34])[74]): 1451–60. — Variations in vitamin A content of fish-liver oils, with particular reference to seasonal fluctuations in the potency of halibut-liver oil[74])[34]): 1461–69. — The absorption spectra of acids from fish-liver oils[34])[74]): **29** ('35) 899–908. — A discrepancy between biological assays and other methods of determining vitamin A, 1[81])[34]): 1645–60; ~ 2[86])[118])[34]): **31** ('37) 258–65. — Distribution of vitamin A in the tissues of the eels Anguilla vulgaris and A. aucklandi Rich.[34])[74]): 416–23. — The distribution of vitamin A and factor A_2, 1[34])[100])[74]): **32** ('38) 118–40; ~ 2[74])[63]): **33** ('39) 325–29; ~ 3[74]): 330–37. — The conversion of carotene to vitamin A_2 by some fresh-water fishes[24]): 318–24. — Halibut intestinal oil[74])[78]): 338–43. — The distribution of the fatty acids in halibut intestinal oil, with a note on the presence of free fatty acids in the intestines of fish[74]): 1734–39. — The spectrophotometric determination of tyrosine and tryptophan in proteins[43]): **40** ('46) 628–32. — Studies on vitamin A, 1: Chromatographic method for separating free and esterified vitamin A [41])[43]): **41** ('47) 94–96; ~ 2: Relationship between blood-vitamin A levels and liver stores in rats[41])[43]): 97–100; ~ 4: Spectrophotometric determination of vitamin A in liver oils; correction for irrelevant absorption [106]): **42** ('48) 195–203; ~ 5: The preparation of retinene$_1$ (vitamin A aldehyde)[3])[43]): 516–23; ~ 6: Conversion in vivo of vitamin A aldehyde (retinene$_1$) to vitamin A_1 [41])[43]): **43** ('48) 109–14; ~ 8: Conversion of β-carotene into vitamin A in the intestine of the rat[41])[43]): 512–18; ~ 10: Vitamin A_1 and retinene$_1$ in relation to photopic vision[3]): **45** ('49) 298–304; ~ 11: Reactions of retinene$_1$ with amino compounds [3])[22])[28]): 304–07; ~ 12: Whale-liver oil analysis: preparation of kitol esters [5]): 308–17; ~ 16: Preparation of neovitamin A esters and neoretinene$_1$ [28]): **50** ('51) 43–48; ~ 17: Spectroscopic properties of all-trans-vitamin A and vitamin A acetate[18])[22]): 48–60; ~ 19: Preparation and properties of retinene$_2$ [18])[28])[94])[103])[106]): **52** ('52) 535–40; ~ 20: Some properties of retinene$_2$ [28])[18])[94]): 540–42; ~ 21: Retinene$_2$ and vitamin A_2 [18])[28])[94]): 542–47; ~ 22: Oppenauer oxidation of vitamin A_1 [18])[37])[41])[94]): 548–

52; ~ 23: Vitamin A and its occurrence in Amblystoma tigrinum[22)73)]: **53** ('53) 626–29; ~ 24: Spectroscopic examination of the lipids of two species of newts[22)73)]: 629–32; ~ 25: Visual pigments in tadpoles and adult frogs [22)73)]: 632–36; ~ 26: Vitamin-A-replacing effect of lard[75)]: **55** ('53) 681–86. – A re-examination of halibut-liver oil. Relation between biological potency and ultraviolet absorption due to vitamin A [106)]: **41** ('47) 525–29. – Crystalline retinene[94)]: **43** ('48) 56f. – Carotenoids, vitamin A and 7-dehydrosteroid in the frog (Rana temporaria)[92)]: **45** ('49) 612–27. – Studies on rhodopsin, 1: Methods of extraction and the absorption spectrum[22)]: **47** ('50) 3–10; ~ 2: Indicator yellow[22)]: 10–18; ~ 3: Rhodopsin and transient orange[22)]: 18–24; ~ 4: Preparation of rhodopsin[22)73)]: **51** ('52) 292–98; ~ 5: Chemical analysis of retinal material[22)73)]: 669–73; ~ 6: Regeneration of rhodopsin[22)46)]: **53** ('53) 152–57; ~ 7: Regeneration of rhodopsin by comminuted ox retina[22)46)]: **56** ('54) 493–98; ~ 8: Retinylidenemethylamine, an indicator yellow analogue[85)22)105)]: **59** ('55) 122–28; ~ 9: pH and hydrolysis of indicator yellow[85)]: 128–34. – Astaxanthin, cholesterol and lipins in developing salmon eggs[42)92)]: **50** ('51/52) 425–29. – Provitamin D_3 in tissues and the conversion of cholesterol to 7-dehydrocholesterol in vivo [42)41)]: **51** ('52) 1–9. – Distribution of copper and zinc in mammalian eyes. Occurrence of metals in melanin fractions from eye tissues [10)99)106)]: 521–30. – Distribution of copper and zinc in the eyes of fresh-water fishes and frogs. Occurrence of metals in melanin fractions from eye tissues[10)]: 530–35. – Microdetermination of manganese in biological material by a modified catalytic method[38)]: 594–98. – The manganese in bone[38)]: 598–600. – Manganese in rabbit tissues[38)]: 600–03. – Manganese in eye tissues[38)]: 603–06. – Spectrophotometric studies on human sebum [36)]: **52** ('52) 168–77. – The association of zinc and other metals with melanin and a melanin-protein complex[10)]: **53** ('53) 620–26. – A constituent of the unsaponifiable portion of animal tissue lipids (λ max. 272 mμ)[36)53)75)]: **59** ('55) 558–66. – Provitamin D in animal tissues[36)]: **60** ('55) 22–25. – Cholesta-3,5-dien-7-one in human atherosclerotic aortas[66)]: 25–28. – Formation of cholesta-3,5-dien-7-one in rats[66)]: 28f. – The administration to rats of cholesta-3,5-dien-7-one [66)]: 30–34. – The effects of administering cholesterol and cholesta-3,5-dien-7-one to cockerels[66)75)85)]: 34–39. – Some minor constituents of liver oils [16)]: 274–83. – The effect of vitamin A deficiency on the cholesterol levels of the plasma and liver of the rat[45)75)]: **61** ('55) 447–53. – Sterol metabolism, 2: The absorption and metabolism of ergosterol-C^{14} in the guinea pig[41)71)]: **66** ('57) 214–22. – Aspects of vitamin A deficiency in the rat[53)75)]: **67** ('57) 208–15. – Vitamin A deficiency in the domestic fowl[75)26)111)]: 215–23. – Vitamin A deficiency in the rat, with and without added dietary cholesterol[45)75)]: 223–28. – Unsaponifiable constituents of kidney in various species[75)111)]: 228–34. – Cholesterol and liver vitamin A in male and female rats[45)61)75)]: 235–38. – Unsaponifiable constituents of liver: ubiquinone and substance SC in various species[26)]: **72** ('59) 92–99. – A study of "unsaponifiable" extracts obtained from hydrolysates of pancreas and spleen[35)]: 99–106. – Unsaponifiable fraction of lipid from normal and diseased human kidney[79)]: 106–14. – Vitamin A deficiency and the ubiquinone and substance SC contents of rat liver: the time factor[84)]: **73** ('59) 416–20. – Unsaponifiable constituents of rat tissues in relation to vitamin K status[84)]: 421–27. – Unsaponifiable constituents of liver, kidney and heart tissues from vitamin-E-deficient rats compared with α-tocopherol-supplemented rats[84)]: 427–30. – Effects of vitamin A deficiency and adrenalectomy on ubiquinone and substance SC in rat liver[84)]: 430–33. – Dietary cholesterol and liver vitamin A in normal and castrated rats[61)]: **74** ('60) 301–04. – Substance SC (ubichromenol): A naturally occurring cyclic isomeride of ubiquinone-50 [69)82)83)]: 541–49. – Biosynthesis of ubiquinone in the rat[70)110)41)]: **79** ('61) 201–08. – The liver-lipid constituents of male and female rats, 1: Effects of the fat-deficiency syndrome[61)]: 631–35; ~ 2: Effects of the fat-deficiency syndrome, aggravated by dietary cholesterol[61)]: 636–42. – Formation of chromenols on alumina from quinones having an isoprenoid side chain[55)83)]: **80** ('61) 445–48. – The intracellular distribution of dolichol in pig liver[14)]: **82** ('62) 454–56. – Unsaponifiable constituents of blowfly larvae (Calliphora erythrocephala)[69)]: **84** ('62) 386–89. – Quinones and related compounds in fish tissues[83)70)69)]: 637–40. – The intracellular distribution of solanesol and plastoquinone in green leaves of the tobacco plant[104)55)]: **88** ('63) 52–56. – Dolichol: a naturally-occurring C_{100} isoprenoid alcohol[14)55)83)]: 470–82. – The characterization and properties of castaprenol-11, -12 and -13 from the leaves of Aesculus hippocastanum (horse chestnut)[115)104)55)]: **102** ('67) 313–24.

Biochemical Soc. Symposia Introduction (to the symposium): **6** ('51) 1f. – Cis-trans isomers of retinene in visual processes[85)]: **19** ('60) 67–89.

Biochimica et biophysica Acta Vitamin A acid and liver levels of ubiquinone and ubichromenol[108)85)]: **45** ('60) 396f. – The taxonomic distribution of plastoquinone and tocopherolquinone and their intracellular distribution in leaves of Vicia faba L.[13)72)48)]: **112** ('66) 19–35.

Biographical Mem. Fellows roy. Soc. Thomas Percy Hilditch, 1886–1965: **12** ('66) 259–89.

Biological Rev. Cambridge philos. Soc. Ubiquinones, plastoquinones and vitamins K: **46** ('71) 47–96.

British J. Nutrition Changes occurring in the proteins as a result of processing groundnuts under selected industrial conditions, 2: Nutritional changes[18]): 4 ('50) 297–316. — Vitamins A and vision: **5** ('51) 100–04.

British med. Bull. The teaching of biochemistry: **7** ('50/51) 93–. — Carotenoids and vitamin A [43]): **12** ('56) 37–44. — The absorption and metabolism of sterols[41]): **14** ('58) 226–33.

British med. J. The herring as a source of vitamins A and D [2)25)56)68)74)80]): **1942** II, 691–93.

Bull. nation. Inst. Sci. India The biochemistry of quinones: 28 ('65) 32–45.

Chemical Age Spectroscopy and chemical problems: **32** ('35) 47–.

Chemistry and Industry The constitution and physiological significance of carotene and allied pigments: **1940**, 301–07. — Edward Charles Cyril Baly. An appreciation: **1948**, 87. — Aspects of the mode of action of vitamin A: **1954**, 809. — Lipids and the problem of atherosclerosis – a survey: **1957**, 517. — Ubiquinone[119)75)71]): 1649f. — Ubiquinone, an active component of the respiratory chain[87)89]): **1958**, 978f. — Ubichromenol: a naturally occurring cyclic isomer of ubiquinone[69)82)83]): **1959**, 1019f. — Polyisoprenoid constituents of lipids. Hilditch memorial lecture: **1968**, 1710–18.

Education Chem. Education in chemistry: **1** ('64) 1–. — Progress report: Biochemistry and food science: **5** ('68) 53–55, 60; **6** ('69) 101–.

Empire J. exper. Agric. Influence of artificially dried grass in the winter ration of the dairy cow on the colour and vitamin-A and -D contents of butter[112)30)54]): **1** ('33) 68–81.

Endeavour Quinones as biological catalysts: **24** ('65) 81–86.

Fortschr. Chem. org. Naturstoffe [Wien] Visual pigments[85]): **14** ('57) 244–316.

Helvetica chim. Acta Die Struktur des Ubichinons aus Schweineherzen[40)96)119)21)55)65)71)83)93)97)120]): **41** ('58) 2343–57. — Die Struktur des Ubichinons aus Hefe[40)65)93)120]): 2357–62.

Information Bull., Brit. industr. biol. Res. Assoc. Scientific aspects of food additives: **5** ('66) 8–.

Internationale Z. Vitaminforsch. The history of vitamin research: Selected aspects: **38** ('68) 5–44.

J. biosoc. Sci. The social responsibility of the scientist: **3** ('71) 69–79.

J. chem. Soc., London Absorption spectra in relation to the constitution of keto-enols[50)17]): **1934**, 883–901. — The absorption spectra of the nitrotoluidines and related substances[77]): 901–11. — Chromophoric groups, 1: Ultraviolet absorption spectra of indene and certain of its derivatives[44]): 911–16; ∼ 2: Absorption spectra of naphthalene, hydronaphthalenes, and related compounds[44]): 916–30. — Absorption spectra in relation to the constitution of derivatives of isatin and carbostyril[1)59]): **1935**, 1653–57. — Absorption spectra of some sulphur compounds[106]): **1939**, 1321–24. — Rottlerin, 6: Spectrographic study of rottlerin and its derivatives[95]): **1940**, 1052–64. — Absorption spectra of hydroxy-aldehydes, hydroxy-ketones, and their methyl ethers[106]): 1347–59. — Absorption spectra in relation to quinones: 1,4-Naphthaquinone, anthraquinone, and their derivatives[33]): **1941**, 159–69. — Triterpene group, 10: Continuation of parts 2 and 4 [101]): **1943**, 477–86. — The ultraviolet absorption spectra of 2,2′-, 2,4′- and 4,4′-dihydroxydiphenylmethanes, of 2,2′-dihydroxy-5,5′-dimethyldiphenylmethane and of its 3-, 4-, and 5-ring polymers, and of 4,4′-dihydroxydiphenylethane[62)19]): **1950**, 441–44. — Ultraviolet absorption spectra of some derivatives of quinoline, quinazoline, and cinnoline[52)101]): **1951**, 3318–29. — Spectrophotometric determination of the second dissociation constant (as pK_a) of 5- and 6-aminoquinoline [52)101]): 3329–32. — The alleged occurrence of vitamin A in baker's yeast[53)75]): **1956**, 4094f. — Constituents of Vitex agnus castus seeds, 1: Casticin[6)7]): **1961**, 2523–25.

J. Ministry Agric., London Computation of the cost of foods for livestock[123]): **45** ('38) 705–14.

J. Pharm. and Pharmacol. The determination of vitamin A: **2** ('50) 129–44.

J. Physiology Surface tension and absorption spectrum of female urine over a menstrual cycle[33]): **95** ('39) 404–09.

J. and Proc. Inst. Chem. Great Britain and Ireland Spectroscopy and chemical problems: **59** ('35) 58–63.

J. roy. Inst. Chem. Absorption spectrophotometry in the ultraviolet and visible regions: **84** ('60) 5–10.

J. Sci. Food and Agric. The modes of action of vitamin A: **6** ('55) 349–56. — Lipides and the problem of atherosclerosis: 8 ('57) 445–57.

J. Soc. chem. Industry, Trans. Milk fats from cows fed on fresh pasture and on ensiled green fodder, 2: Estimation of vitamin A activity [122)43]): **60** ('41) 310–13.

Lancet Vitamins A and D in [beef] dripping [56)68)43]): **240** ('41) 311f. — Cholesteryl ester fatty acids in atheroma and plasma[121)85]): **1959** II, 594–97.

Lectures sci. Basis Med. Vitamin A: **5** ('55/56) 143–64.

Medical History Biochemistry at Liverpool 1902–1971: **16** ('72) 321–53.

Nature [London] Photochemistry of vitamins A, B, C, D[54]: **129** ('32) 866f. – Absorption spectrum of the unsaponifiable matter from wheat-germ oil[34]: **131** ('33) 618. – Estimation of vitamin A[2,30]: **137** ('36) 148f. – A possible vitamin A_2[34,100]: **140** ('37) 234. – A new source of vitamin A[74,34]: 276. – Effect of solvents on the absorption spectrum of vitamin A: **141** ('38) 552. – Chemical aspects of the visual process: **153** ('44) 69–71. – Preparation of retinene in vitro[43]: 405f. – Action of ionising radiations on carotene and vitamin A[20,43]: **155** ('45) 513. – Spectroscopic analysis: **157** ('46) 883. – Retinene$_2$ and vitamin A_2[94,106]: **159** ('47) 744. – Prof. E. C. C. Baly †: **161** ('48) 120. – Chemistry of visual processes[3,22,106]: 424–26. – Indicator yellow and retinene$_1$[3,22]: **162** ('48) 222. – Conversion of cholesterol to provitamin D_3 in vivo[98,41]: **163** ('49) 530f. – Absorption spectra, molecular weights, and visual purple[22]: **164** ('49) 528f. – Retinal receptors[22]: **167** ('51) 673f. – Pure all-trans vitamin A acetate and the assessment of vitamin A potency by spectrophotometry[9,18,22,47,65,67,107,114,11]: **168** ('51) 598. – Aspects of vitamin A deficiency in rats[75,49]: **172** ('53) 716–19. – Indole-3-aldehyde from tissues[35]: **182** ('58) 939. – K. V. Giri †[18]: 1201. – Ubiquinone: 1764–67. – Dolichol: a naturally occurring isoprenoid alcohol[83,55]: **186** ('60) 470–72. – Spectroscopy as a biochemical tool: **193** ('62) 314–18. – Ubiquinone and ubichromenol in torula yeast[104,51,55]: **196** ('62) 1291–93. – Identification and estimation of tocotrienols in Hevea latex[31,117,83]: **207** ('65) 521f.

Nutrition [London] Wheat, flour and bread: **9** ('55) [oder **10** ('56) ?] 1–.

Oléagineux Généralités sur la vitamine A: **11** ('56) 145–51. – Les lipides et le problème de l'athérosclérose. Aperçu général: **13** ('58) 339–44.

Photoelectric Spectrometry Group Bull. Collaborative test on potassium dichromate: **4** ('51) 65f.

Proc. Nutrition Soc. The report of the Panel on Flour: **17** ('58) 20–49. – Ubiquinone, plastoquinone and related substances[4]: **21** ('62) 186–95. – Vitamin A. Chairman's opening remarks: **24** ('65) 127–.

Proc. roy. Soc. London, Ser. B Constituents of the unsaponifiable lipid fraction from the spadix of Arum maculatum[55,83]: **158** ('63) 291–310.

Progress Chem. Fats and other Lipids Ultraviolet spectrophotometry of fatty acids[85]: **4** ('57) 227–74.

Quarterly J. Pharm. and Pharmacol. Assay of crystalline preparations of aneurin by means of the ultraviolet absorption spectrum[60,64,39,80,124]: **19** ('46) 155–72.

Revista Fac. Ci., Univ. Coimbra Lectures on spectrophotometry: **16** ('48) 137–. – Vitamins and provitamins A: **17** ('48) 5–22. – Modes of action of vitamins: 87–100. – Recent work on the vitamin B complex: 138–49.

Royal Soc. Health J. The vitaminisation of margarine: **90** ('70) 21–28 (m. Bildn.).

Science Progr. [London] Chemical aspects of vision: **39** ('51) 13–26.

Veterinary Rec. On recent vitamin studies: **50** ('38) 1169–72. – Modes of actions of vitamins: **60** ('48) 35–.

Vitamins| and Hormones Some aspects of vitamin A metabolism[75]: **14** ('56) 97–137. – Symposium on vitamin A and metabolism, in honor of Professor P. Karrer: Summary discussion: **18** ('60) 543–69. – Ubiquinones (coenzymes Q), ubichromenols, and related substances: **19** ('61) 1–42. – International symposium of recent advances in research on vitamins K and related quinones (vitamins K, ubiquinones or coenzymes Q, plastoquinones), in honor of Professor Henrik Dam. Session 1: Summary and prospects: **24** ('66) 401–08. – The vitamin concept: **32** ('74) 155–66.

Wissenschaftliche Veröff. dtsch. Ges. Ernähr. The chemistry of tocopherols: **16** ('67) 1–13.

Mit: 1) R. G. Ault; 2) A. L. Bacharach; 3) S. Ball; 4) M. McC. Barnes; 5) R. K. Barua; 6) I. Belič; 7) J. Bergant-Dolar; 8) G. Bishop; 9) J. Boldingh; 10) J. M. Bowness; 11) T. Bradbury; 12) F. Bro-Rasmussen; 13) C. Bucke; 14) J. Burgos; 15) P. H. W. Butterworth; 16) J. C. Cain; 17) T. C. Calloway; 18) H. R. Cama; 19) A. T. Carpenter; 20) T. A. Chalmers; 21) L. H. Chopard-dit-Jean; 22) F. D. Collins; 23) K. H. Coward; 24) R. H. Creed; 25) E. M. Cruickshank; 26) N. F. Cunningham; 27) –; 28) P. D. Dalvi; 29) H. H. Draper; 30) J. C. Drummond; 31) P. J. Dunphy; 32) F. J. Dyer; 33) W. T. Earlam; 34) J. R. Edisbury; 35) N. I. Fahmy; 36) G. N. Festenstein; 37) A. C. Field; 38) H. Fore; 39) A. E. Gillam; 40) U. Gloor; 41) J. Glover; 42) M. Glover; 43) T. W. Goodwin; 44) A. J. A. de Gouveia; 45) B. Green; 46) J. N. Green; 47) N. T. Gridgeman; 48) M. Hallaway; 49) R. G. Harrison; 50) A. Hassan; 51) P. J. Hayward; 52) J. M. Hearn; 53) F. W. Heaton; 54) I. M. Heilbron; 55) F. W. Hemming; 56) K. M. Henry; 57) R. N. Heslop; 58) T. P. Hilditch; 59) E. L. Hirst; 60) E. R. Holiday; 61) A. A. Horner; 62) R. F. Hunter; 63) J. Ireland; 64) J. O. Irwin; 65) O. Isler; 66) N. L. Kantiengar; 67) M. Kofler; 68) S. K. Kon; 69) D. L. Laidman; 70) D. E. M. Lawson; 71) W. M. F. Leat; 72) R. M. Leech; 73) R. M. Love; 74) J. A. Lovern; 75) J. S. Lowe; 76) A. K. Lunn; 77) A. McGookin; 78) T. H. Mead; 79) L. Mervyn; 80) T. Moore; 81) R. S. Morgan; 82) J. Y. F. Paterson; 83) J. F. Pennock; 84) W. E. J. Phillips; 85) G. A. J. Pitt; 86) H. Pritchard; 87) A. M. Pumphrey; 88) J. L. Rea; 89) E. R. Redfearn; 90) J. P. Riley; 91) –; 92) D. G. Rosen; 93) R. Rüegg; 94) M. K. Salah; 95) Z. Sawires; 96) O. Schindler; 97) U. Schwieter; 98) M. Scott; 99) M. H. Shakir; 100) G. W. Simpkins; 101) J. C. E. Simpson; 102) –; 103) G. R. Steinberg; 104) J. Stevenson; 105) P. Stok; 106) A. L. Stubbs; 107) R. J. Taylor; 108) J. N. Thompson; 109) –; 110) D. R. Threlfall; 111) J. Vernon; 112) S. J. Watson; 113) E. T. Webster; 114) A. S. Welland; 115) A. R. Wellburn; 116) –; 117) K. J. Whittle;

[118]) H. Wilkinson; [119]) G. M. Wilson; [120]) O. Wiss; [121]) A. S. Wright; [122]) J. W. Lord; [123]) H. T. Matthews; [124]) Y. L. Wang.

VI **MORTON,** Charles. Chem. (pharmaz.), Elektrochem. — 1920–59 Lecturer and subsequently Head of the School of Pharm., Chelsea Polytechnic, London → Departm. of Pharm., Chelsea College, Univ. of London.

*1894, Febr. 12, Great Longstone, Derbyshire.

Chemist and Druggist Assay of solutions of iodine[1]): **127** ('37) 161.

Chemistry and Industry A universal direct-reading hydrogen-ion potentiometer[2]): **52** ('33) 6–8. — The laboratory preparation of p-amino-salicylic acid from phenylacetic acid[5]) [7])[8]): **68** ('49) 328f.

Electronic Engng. An electronic voltage stabilizer with self-regulated heater supply: **24** ('52) 65. — A d.c. amplifier for use in pH measurements: **25** ('53) 74–79.

J. chem. Soc., London The automatic control and recording of hydrogen-ion concentration by means of the glass electrode: **1932,** 2469–75. — The effect of electrical leakage on the electromotive behaviour of the glass electrode: **1934,** 256–60.

J. Pharm. and Pharmacol. Instruments employed in potentiometric determinations: **4** ('52) 281–93. — A linear optical density potentiometer for use in photoelectric spectrophotometry: **6** ('54) 148–52. — Manual polarograph[4]): 274–80. — The stability and sensitivity of instruments used in spectrophotometric analysis: **7** ('55) 541–48. — A method of determining binary mixtures by distribution measurements and its application to the assay of strychnine in the presence of quinine[9]): **8** ('56) 967–72.

J. sci. Instruments A portable thermionic electrometer for the determination of glass electrode potentials: **9** ('32) 289–93. — The application of the gaseous discharge tube to problems of voltage regulation: **14** ('37) 161–64. — Potentiometer for measuring very small resistances[6]): 165f. — Bridge voltage regulators: **21** ('44) 15–17. — A d.c. and a.c. balance detector with automatic protection from overload: **32** ('55) 437–39.

Laboratory Practice The design and performance of pH meters: **2** ('53) 117–20.

Pharmaceutical J. (and Pharmacist) Strong solutions of lead subacetate: **129** ('32) 243. — The official test for carbonate in sodium and potassium bicarbonates: **130** ('33) 3. — Assay of solutions of iodine[1]): **139** ('37) 196.

Quarterly J. Pharm. and Pharmacol. Strong solution of lead subacetate: **5** ('32) 414–20. — The composition of Fowler's solution: **6** ('33) 1–4. — Decomposition of acetylsalicylic acid in aqueous solution: 492–95. — Composition and stability of Donovan's solution[1]): **7** ('34) 447–52. — Assay of saccharated iron compounds[3]): **9** ('36) 480–84. — Assay of [pharmacopœial] solutions of iodine[1]): **10** ('37) 498–502.

School Sci. Rev. Electrometric titration and neutralization reaction, 2: Apparatus and technic: **16** ('34) 16–20.

Trans. Faraday Soc. Glass electrode studies: some cupric hydroxy-acid complexes: **28** ('32) 84–88. — Visual balance-detectors for conductance bridges: **33** ('37) 474–79. — Feed-back potentiometer for measurement of pH values and oxidation-reduction potentials: **44** ('48) 588–96.

Mit: [1]) F. R. C. Bateson; [2]) F. L. Best; [3]) D. C. Harrod; [4]) G. O. Jolliffe; [5]) J. F. McGhie; [6]) P. Kapitza; [7]) B. L. Reynolds; [8]) J. W. Spence; [9]) E. H. Tinley.

IV-VI **MORTON,** William Blair. Physik. — 1897–1909 Prof. Natural Philos., Queen's College, '09–33 Prof. Physics, Queen's Univ. of Belfast; '32–33, '39–40 Vice-Pres., Roy. Irish Acad. (⊠)

*1868, Febr. 17, Belfast;

†1949, Aug. 12, Belfast.

Nekr. K. G. Emeleus, Nature [London] **164** ('49) 604. — Proc. physic. Soc., Sect. A **62** ('49) 832f.; ~, Sect. B 861f. — Proc. roy. irish Acad. **53** ('50/51) Minutes Session 1949/50, S. 6.

Proc. physic. Soc. A. Anderson †: **49** ('37) 694f.

Proc. roy. irish Acad. On the motion near two straight parallel vortices: **41** ('32/33) Sect. A, 1–7. — On some permanent arrangements of parallel vortices and their points of relative rest: 94–101. — On the stability and oscillations of certain permanent arrangements of parallel vortices: **42** ('34/35) Sect. A, 7–14. — Vortex polygons: 21–29. — The settling of a suspension flowing along a tube: **43** ('35/37) Sect. A, 1–4. — Centred vortex polygons: 73–77. — Paths of the particles in a vortex street: **49** ('44) Sect. A, 289–92.

VI **MOSHARRAFA,** Ali Mustafa. Math. — 1925–26 Assist. Prof., '26–52 Prof. appl. Math., '36–50 Dean of the Fac. of Sci., '45–48 Deputy Chancellor, Egyptian Univ. → Fouad I Univ. → Cairo Univ., Cairo → Giza; '37 Founder of the Mathematical and Physical Society of Egypt.

*1898, Juli 11, Damietta, Ägypten;

†1950, Jan. 15, Cairo.

Nekr. M. Sh. Chorbal, Bull. Inst. Egypte **33** ('52) 431f. – A. Lusena, ibid. 433–49. – F. J. Lewis, Nature [London] **165** ('50) 509.

Zur Biobibliogr. Zwei Monographien über A. M. Mosharrafa in arabischer Sprache mit bibliographischen Angaben: a) von A. A. Sabbak (Cairo '50) 148 S. (m. Bildnissen), b) von Atiya M. Mosharafa [Bruder von Ali M.] (Cairo o. J.) 352 S. (m. Bildnissen).

S. Verhandlungen des internationalen Mathematiker-Kongresses, Zürich 1932, **2** (Zürich–Leipzig '33) 323: Can matter and radiation be regarded as two aspects of the same world-condition?

Bull. Inst. Egypte Some views on the relation between matter and radiation: **16** ('33/34) 161–66. – Nicolaus Copernicus and the evolution of scientific thought: **25** ('42/43) 287–91.

Nature [London] Modes in modern Egyptian music[1]): **140** ('37) 548f. – The Egyptian Academy of Sciences: **157** ('46) 573. – Mass-defect curves: **164** ('49) 662f.

Philosophical Mag. Metric of space and mass deficiency: (7) **39** ('48) 729–38.

Proc. math. and physic. Soc. Egypt The equations of Maxwell and a variable speed of light: **1** ('37/40) Nr. 1, 6–10. – Principle of indeterminacy and the structure of world-lines: **2** ('41/44) Nr. 1, 27–29. – Wave surfaces associated with world-lines: Nr. 2, 63–66. – Conical transformations: Nr. 3, 21–28. – On a positive definite metric in the special theory of relativity: Nr. 4, 61–71. – On the metric of space and the equations of motion of a charged particle: **3** ('45/48) Nr. 1, 19–24. – Masses and energies of atomic nuclei: **4** ('49/52) Nr. 1, 15–22. – – Alle Arbeiten m. arab. Zusammenfassg. (am Schluß der Hefte).

Ferner einige Bücher in arabischer Sprache, insbesondere Lehrbücher der Mechanik, Geometrie und Arithmetik für höhere Schulen sowie populärwissenschaftliche Bücher.

Mit: [1]) M. Mokhtar.

V,VI **MOSTOVIČ**, Vladimir Jakovlevič. Metallurgie. – 1912–31 Prof., Technol. Inst. Tomsk; '31–35 Prof., Bergbaumetallurg. Inst. Ordžonikidze. – '34 Ehrentitel „Verdienter Wissenschaftler und Techniker der RSFSR".

*1880, April 20 (8), Riga;

†1935, Aug. 5, Moskva.

Zur Biogr. V. A. Pazuchin, Cvetnye Metally **1934**, Nr. 10, 6–10 (m. Bildn. u. Schr.-verz.); Sovetskaja Zolotopromyšl. **1934**, Nr. 9/10, 31f.

Zum 25. Todestag V. A. Pazuchin, Izvest. vysšich učebnych Zavedenij, Ordžonikidze, Cvetnaja Metallurgija **3** ('60) Nr. **4**, 172–75 (m. Bildn.).

Gesammelte Werke Sbornik trudov prof. V. Ja. Mostoviča **1** (Moskva–Leningrad '36) 756 S.; darin einleitende Biographie von V. A. Pazuchin: V. Ja. Mostovič und seine Schule [russ.] (m. Bildn.).

S. Gidrometallurgija medi na Balchaše. Sbornik rabot [Hydrometallurgie des Kupfers am Balchašsee. Sammlung von Arbeiten] (V. A. Pazuchin) (Moskva–Leningrad '34): Die Erforschung des oxidischen Kupfererzes der Kounrad-Erzlagerstätte[1]) [russ.].

W. Metallurgija svinca [Die Metallurgie des Bleis] (m. S. M. Anisimov) (Moskva–Leningrad '40) 384 S. – Pirometallurgija medi. Kurs lekcij dlja vtuzov [Pyrometallurgie des Kupfers. Vorlesungskurs für Technische Hochschulen] (m. D. G. Novikov) (Moskva–Leningrad '44) 364 S. – Metodika issledovanija zolotosoderžaščich rud [Methodik der Untersuchung goldhaltiger Erze] [2](Sverdlovsk '55) 74 S. (Ural'skij politechničeskij institut im. Kirova. Učebno-metodičeskoe posobie).

Mit: [1]) I. P. Duchanin.

VI **MOTT**, Sir Nevill Francis. Physik. – 1930–33 Fellow and Lecturer, '59–66 Master, Gonville and Caius College, Univ. of Cambridge; '33–54 Prof., '48–54 Dir. of the Henry Herbert Wills Physical Labor., Univ. of Bristol; '54– Cavendish Prof., Univ. of Cambridge; '51–57 Pres., Int. Union of Physics, '55 Pres., Modern Languages Assoc.; '56–58 Pres., Physical Soc. – Hon. D. Sc. or D[r] ès sci. hon.: '47 (Univ. cathol. de Louvain), '50 (Univ. de Grenoble), '53 (Univ. de Poitiers), '55 (Univ. de Paris), '55 (Univ. of Bristol), '55 (Univ. of Ottawa), '60 (Univ. of Liverpool), '61 (Univ. of Reading), '61 (Univ. of Sheffield), '63 (Univ. of London), '71 (Univ. of Warwick, Coventry), '71 (Univ. of Lancaster), '72 (Heriot-Watt Univ., Edinburgh). – '41 Hughes Medal, '53 Royal Medal, '72 Copley Medal (Roy. Soc. London).

*1905, Sept. 30, Leeds.

Zur Biogr. E. D. Adrian, Proc. roy. Soc. London, Ser. A **221** ('54) 143f. – J. Pérès, Annales Univ. Paris **24** ('54) 513–15. – Nature [London] **148** ('41) 700f.; **167** ('51) 260; **172** ('53) 1021, 1128f.

Zum 60. Geb.tag Festschrift: The physics of metals (J. M. Ziman) **1**: Electrons (London '69) 17+433 S. (m. Bildn.).

H. Report of the Conference on defects in crystalline solids, Bristol 1954 (London '55). — Proc. 3rd International conference on amorphous and liquid semiconductors, Cambridge, Engl., 1969 (Amsterdam '70).

HZ. Advances Physics **1** ('52) –. — Philosophical Mag. (7) **39** ('48) - (8) **20** ('69).

MHZ. Philosophical Mag. (8) **21** ('70) ff.

S. Handbuch der Physik (H. Geiger, K. Scheel) **24**, 1 (Berlin '33) 785–841: Wellenmechanik und Kernphysik. — Magnetism. Lectures delivered before the Manchester and district branch of the Institute of Physics 1937 (London '38) (Physics in industry): Magnetism and the electron theory of metals (15 S.). — Report of a Conference on strength of solids, Bristol 1947 (London '48) 1–19: Dislocation theory and transient creep[22]). — Semiconducting materials. Proc. of a conference, Reading 1950 (H. K. Henisch) (London '51) 1–7: Semiconductors. — Imperfections in nearly perfect crystals. Symposium, Pocono Manor 1950 (W. Shockley u. a.) (NewYork–London '52) (National Research Council, Committee on Solids) (London–NewYork '52) 173–96: Mechanical strength and creep in metals. — L'état solide. Institut International de Physique Solvay. 9e Conseil de physique, Bruxelles 1951 (Bruxelles '52) 513–34: Diffusion, work-hardening, recovery, and creep. — Louis de Broglie, physicien et penseur (Paris '52) 175–84: La mécanique ondulatoire. Qu'en avons-nous tiré ? — Proc. International conference of theoretical physics, Kyoto and Tokyo 1953 (Tokyo '54) 565–70: Difficulties in the theory of dislocations. — Verformung und Fließen des Festkörpers. Kolloquium der Internationalen Union für Theoretische und Angewandte Mechanik, Madrid 1955 (R. Grammel) (Berlin '56) 53–59: Theories of fracture in metals. — Action des rayonnements de grande énergie sur les solides (Paris '56) (Monographies de chimie physique) 37 f.: Remarques sur les défauts ponctuels dans les solides. — Report of the meeting on semiconductors, Rugby, Engl., 1956 (London '56) (Physical Society) 5–13: On the transition to metallic conduction in semiconductors. — Surveys in mechanics, written in commemoration of the 70th birthday of Geoffrey Ingram Taylor (G. K. Batchelor, R. M. Davies) (London '56) 32–63: Dislocations in crystalline solids. — Creep and fracture of metals at high temperatures. Proc. of a symposium held at the National Physical Laboratory, Teddington 1954 (London '56, NewYork '57): Creep in metals: The rate determining process (4 S.). — Dislocations and mechanical properties of crystals; an international conference, Lake Placid, N.Y., 1956 (J. C. Fisher u. a.) (New York–London '57) 350–52: Effect of impurities on dislocation climb; 458–78: Behavior of metals under reversed stresses. — Religion and the scientist. Addresses delivered in the University Church, Cambridge (M. Stockwood) (London '59): [Beitrag oder mehrere Beiträge]. — Report of the International conference on the physics of semiconductors, Exeter 1962 (London '62) 1–4: Opening address. — Liquids: Structure, properties, solid interactions. Proc. of the symposium, Warren, Mich., 1963 (T. H. Hughel) (Amsterdam '65) 152–71: An outline of the theory of transport properties. — Proc. International conference on magnetism, Nottingham 1964 (London '65) 67 f.: The theory of magnetism in transition metals. — Electronic and structural properties of amorphous semiconductors. Proc. 13th Session of the Scottish Universities Summer School in Physics, Aberdeen 1972 (P. G. Le Comber, J. Mort) (London–NewYork '73) 1–54: Electrons in non-crystalline materials. — Plenarvorträge der 37. Physikertagung, Hamburg 1973 (Weinheim (Bergstr.) '73) (Plenarvorträge der Physikertagungen, 10) 239–49: Conduction in non-crystalline materials. — Cooperative phenomena (H. Haken, M. Wagner) (Berlin–Heidelberg–NewYork '73) 2–14: Some problems about polarons in transition metal compounds.

W. The theory of atomic collisions (m. H. S. W. Massey) (NewYork–London–Oxford '33) 15+283 S.; ²('49) 15+388 S.; ³('65) 22+858 S. — The theory of the properties of metals and alloys (H. Jones) (NewYork–Oxford '36) 13+326 S.; ²('58) 15+326 S. — Electronic processes in ionic crystals (m. R. W. Gurney) (NewYork–Oxford '40) 12+275 S.; ²(New York '48, '64, Oxford '48, '57) 12+275 S. — Wave mechanics and its applications (m. I. N. Sneddon) (NewYork–Oxford '48) 12+393 S., ('63) 12+393 S.; russ.: (Moskva '66) 427 S. — Elements of wave mechanics (London–Cambridge '52) 9+156 S., ('58) 156 S.; französ.: Eléments de mécanique ondulatoire (Paris–Lille '53) 152 S.; poln.: Podstawy mechaniki kwantowej (Warszawa '61) 1+195 S. — Science and education (Newcastle upon Tyne '56) 15 S. (Earl Grey memorial lectures, 36). — Atomic structure and the strength of metals; an account for the non-scientist of recent researches aimed at understanding why metals have their characteristic strength and ductility (Page-Barbour lecture 1956) (London–NewYork '56) 64 S.; ²('60) 64 S.; französ.: La structure atomique et la résistance des métaux (Paris '58) 91 S.; deutsch: Atomare Struktur und Festigkeit der Metalle (Braunschweig '61) 4+53 S.; poln.: Budowa materii i wytrzymałość metali (Warszawa '62) 1+67 S. — Electronic processes in non-crystalline materials (m. E. A. Davis) (Oxford '71) 13+437 S. — Elementary quantum mechanics (London '72) 8+121 S. (The Wykeham science ser., 22). — Metal-insulator transitions (London–NewYork '74) 278 S.

Acta crystallogr. [Copenhagen] The metallic bond and the Fermi surface: **13** ('60) 980f.

Acta metallurg. A theory of the origin of fatigue cracks: **6** ('58) 195–97.

Advancement Sci. Physics of the solid state: **12** ('55) 148–56. – Training of physicists in the sixth form: 538–40.

Advances Physics The theory of impurity conduction[32]): **10** ('61) 107–63. – Electrons in transition metals: **13** ('64) 325–422. – Electrons in disordered structures: **16** ('67) 49–144. – Polarons in crystalline and non-crystalline material[3]): **18** ('69) 41–102. – Metal-ammonia solutions[6]): 665–80. – The metal-insulator transition in extrinsic semiconductors: **21** ('72) 785–823.

Angewandte Chem. Oxidschichten auf Metallen: **59** ('47) 58.

Annales Inst. Henri Poincaré Théorie de l'absorption interne des rayons γ: **4** ('33) 207–20. – La diffusion des électrons par les atomes d'un gaz: 221–36.

Annual Rep. Progr. Chem. Crystallography[7]) [28]): **34** ('37) 154–95.

Atomic Scientists News International control: the choice before this country: **1** ('47/48).

Atti Convegni, Fondaz. Alessandro Volta On the present status of the theory of the electron: **1** ('32) 23–32.

Biographical Mem. Fellows roy. Soc. A. M. Tyndall, 1881–1961[27]): **8** ('62) 159–65.

Bull. atom. Scientists International control: **3** ('47) 315–20. – Working for a society where science can thrive: **7** ('51) 375f.

Bull. Soc. chim. France L'oxydation des métaux: **1949**, D84–D88.

Canadian J. Physics On the transition to metallic conduction in semiconductors: **34** ('56) 1356–68.

Comments solid State Physics Polarons in transition-metal oxides: **1** ('68) 105–11. – The metal-non-metal transition: **2** ('70) 183–92. – Unsolved problems in the theory of conduction in non-crystalline materials: **3** ('71) 123–27.

Contemporary Physics On teaching quantum phenomena: **5** ('64) 401–18. – Conduction and switching in non-crystalline materials: **10** ('69) 125–38. – Metal-insulator transitions: **14** ('73) 401–13.

Discovery The atomic deadlock could be broken[12])[23]): **9** ('48) 254–58.

Discuss. Faraday Soc. The contact between a solid and a liquid electrolyte[14]): **1** ('47) 3–11. – Conduction in glassy and liquid semiconductors: **50** ('70) 7–12.

Electrochimica Acta The interface between a metal and an electrolyte[33]): **4** ('61) 79–107.

Electronics and Power Conduction in amorphous materials: **19** ('73) 321–24.

Endeavour The present position of theoretical physics: **5** ('46) 107–09. – Transition from metal to insulator: **26** ('67) 155–58.

Festkörperprobleme Charge transport in non-crystalline semiconductors: **9** ('69) 22–45.

Forschungen u. Fortschr. Neuere Arbeiten in Bristol über die Oxydation von Metallen: **26** ('50) Sonderheft 3, 6f.

Iron Age New stainless alloy fills long industry need: **171** ('53) Nr. 25, 149–53.

Iron and Steel [London] Deformation of metals. The mechanism of work-hardening: **26** ('53) 24–28.

J. brit. Kinematograph Soc. Theory of the latent image: **7** ('44) 5, 6.

J. chem. Physics The liquid state[15]): **6** ('38) 222.

J. Chim. physique L'oxydation des métaux: **44** ('47) 172–80.

J. Inst. Metals Atomic physics and the strength of metals: **72** ('46) 367–80.

J. Iron and Steel Inst. Fracture in metals. 9th Hatfield memorial lecture: **183** ('56) 233–43; auch französ. als Sonderdruck (Paris '59).

J. non-crystalline Solids Conduction in glasses containing transition metal ions: **1** ('68) 1–17. – The Hall effect near the metal-insulator transition[11]): **7** ('72) 103–08. – Conduction in non-crystalline materials: **8/10** ('72) 1–18.

J. physic. Soc. Japan A theory of fracture and fatigue: **10** ('55) 650–56.

J. Physics, Sect. F A model for Kondo type intermetallic compounds with small effective moments[43]): **4** ('74) Nr. 2, L16–L20. – The Kondo effect and the highly correlated gas: Nr. 3, L46–L50.

J. Physique et Radium Théorie de l'image latente photographique: (8) **7** ('46) 249–52. – Progrès récents dans la théorie du ferromagnétisme: **19** ('58) 37S. – The structure of metallic solid solutions: **23** ('62) 594–96.

Kagaku [Tokyo] Versetzung und die Theorie der Festkörper: **23** ('53) 494–99 [japan.].

Materials Res. Bull. Etude comparative du comportement magnétique des phases $LaNiO_3$ et $LaCuO_3$[42])[44])[41]): **8** ('73) 647–55.

Metal Treatment Atomic physics and the strength of metals: **13** ('46) 119–26.

Modern Languages Sciences and modern languages: **36** ('55) 45–50.

Nature [London] Sharpness of the magnetic Curie point[26]): **139** ('37) 411. – Conduction of electricity in solids: 951–54. – Theories of the liquid state: **145** ('40) 801f. – Oxidation of metals and the formation of protective films: 996–1000. – International exchange of scientific information: **162** ('48) 417. – Theory of crystal growth: **165** ('50) 295–97. – Dislocations and the theory of solids: **171** ('53) 234–37. — R. W. Gurney †: 910. — International conference on theoretical physics – Meeting in Japan: **172** ('53) 886f. — The physics of the solid state: **174** ('54) 377f. — The photographic process: **175** ('55) 234–36. — Dislocations, work-hardening and creep: 365–67. — Theoretical chemistry of metals: **178** ('56) 1205–07.

New Scientist Dislocations in crystals: **8** ('60) 914f.

Philosophical Mag. Optical constants of copper-nickel alloys: (7) **22** ('36) 287–90. — A contribution to the theory of liquid helium II: **40** ('49) 61–71. — The interpretation of x-ray absorption spectra of solids[38]): 1260–69. — A theory of work-hardening of metal crystals [,1]: **43** ('52) 1151–78; A theory of work-hardening of metals, 2: Flow without slip-lines, recovery, and creep: **44** ('53) 742–65. — Note on the electronic structure of the transition metals: 187–90. — Creep in metal crystals at very low temperatures: (8) **1** ('56) 568–72. — The nature and formation of the photographic latent image[39])[35]): **2** ('57) 1149–70. — The band structure of the transition metals[30]): 1364–86. — The transition to the metallic state: **6** ('61) 287–309. — The capacity of a mercury electrode in electrolytic solution[25])[33]): **7** ('62) 483–93. — The electrical properties of liquid mercury: **13** ('66) 989–1014. — Conduction in non-crystalline systems, 1: Localized electronic states in disordered systems: **17** ('68) 1259–68; ∼ 2: Metal–insulator transition in a random array of centers[9]): 1269–84; ∼ 3: Localized states in a pseudogap and near extremities of conduction and valence bands: **19** ('69) 835–52; ∼ 4: Anderson localization in a disordered lattice: **22** ('70) 7–29; ∼ 5: Conductivity, optical absorption and photoconductivity in amorphous semiconductors[9]): 903–22; ∼ 6: Liquid semiconductors: **24** ('71) 1–18; ∼ 7: Non-ohmic behaviour and switching: 911–34; ∼ 8: The highly correlated electron gas in doped semiconductors and in vanadium monoxide: 935–58; ∼ 9: The minimum metallic conductivity: **26** ('72) 1015–26; ∼ 10: Mobility and percolation edges: **29** ('74) 613–39. — Metallic and non-metallic behaviour in compounds of transition metals: **20** ('69) 1–21. — Metal–non-metal transitions in narrow band materials, crystal structure versus correlation[37]): **21** ('70) 881–95. — On the metal–non-metal transition in sodium–ammonia solutions[1]): **24** ('71) 19–31. — The metal–non-metal transition in nickel sulphide[34]): 845–56. — Evidence for a pseudogap in liquid mercury: **26** ('72) 505–22. — The electrical resistivity of liquid transition metals: 1249–61. — Knight shift at an Anderson transition: **29** ('74) 59–63. — Metal-insulator transitions in VO_2, Ti_2O_3 and $Ti_{2-x}V_xO_3$[11]): **30** ('74) 389–402. — Rare-earth compounds with mixed valencies: 403–16. — The Hall effect and thermopower for expanded fluid mercury: **31** ('75) 217–24.

Photographic J. Description in terms of atomic physics of the action of light on photographic emulsions: **78** ('38) 286–92. — Photographic latent image: **81** ('41) 63–69.

Photographic J., Sect. B Notes on latent image theory: **88** ('48) 119–22.

Physica Mechanical properties of metals: **15** ('49) 119–34.

Physica Status solidi [Berlin] Localized states in disordered lattices[2]): **21** ('67) 343–56.

Physical Rev. A theory of the form of the x-ray emission bands of metals[19])[29]): (2) **45** ('34) 379–84. — Observation of Anderson localization in an electron gas[8]): **181** ('69) 1336–40.

Physical Rev. Letters Transport in disordered materials: **31** ('73) 466f.

Physics and Chemistry Solids A mechanism for the formation of porous anodic oxide films on aluminium[17]): **9** ('59) 97–99.

Proc. Cambridge philos. Soc. The optical properties of metals[36]): **30** ('34) 249–70. — Thermal properties of an incompletely degenerate Fermi gas: **32** ('36) 108–11. — The electrical resistance of dilute solid solutions: 281–90. — Note on contact between a metal and an insulator or semiconductor: **34** ('38) 568–72.

Proc., Ghana Acad. Sci. Physics in the modern world: **2** ('64) 80–84.

Proc. Instn. electr. Engr., Part. 1 The 40th Kelvin lecture: Semiconductors and rectifiers: **96** ('49) 253–60.

Proc. Instn. mech. Engr., (A) Mechanism of work-hardening of metals. Thomas Hawksley lecture: **166** ('52) 413–.

Proc. physic. Soc. Electrical conductivity of metals: **46** ('34) 680–92. — A discussion of the transition metals on the basis of quantum mechanics: **47** ('35) 571–88. — The energy of the superlattice in β brass: **49** ('37) 258–63. — The theoretical interpretation of the optical constants of copper–zinc alloys: 354–56. — Introduction [to the Bristol conference on conduction of electricity in solids]: Sonder-Nr. (Nr. 274), 1f. — Trapped electrons in polar crystals[15]): 32–35. — A note on the theory of photoconductivity: **50** ('38) 196–200. — An attempt to estimate the degree of precipitation hardening, with a simple model[22]): **52** ('40) 86–89. — Theory of indentation and hardness tests[4])[16]): **57** ('45) 147–59. — Slip at grain boundaries and grain growth in metals: **60** ('48) 391–94.

Proc. physic. Soc., Sect. A Note on the slowing down of mesons: **62** ('49) 136f. — The basis of the electron theory of metals, with special reference to the transition metals: 416–

22. — A note on the theory of melting[21]): **63** ('50) 411f.

Proc. physic. Soc., Sect. B The mechanical properties of metals: **64** ('51) 729–41.

Proc. physic. Soc. International Union of Pure and Applied Physics. Ninth General Assembly: **71** ('58) 284–86, 519. — F. J. M. Stratton, 1881–1960: **77** ('61) 1224f. — A. M. Tyndall†: **78** ('61) 1565–68.

Proc. roy. Instn. Great Britain Dislocations, fatigue and fracture: **35** ('53) 666–69.

Proc. roy. Soc. London, Ser. A The polarisation of electrons by double scattering: **135** ('32) 429–58. — Discussion on the structure of atomic nuclei: **136** ('32) 759–62. — Energy exchange between inert gas atoms and a solid surface[40]): **137** ('32) 703–17. — A theory of the internal conversion of γ-rays[31]): **138** ('32) 665–95. — The internal conversion of the γ-rays and nuclear level systems of the thorium B and C bodies [,1][10]): **139** ('33) 369–79; The internal conversion of γ-rays, 2[31]): **142** ('33) 215–36. — Energy relations in the β-ray type of radioactive disintegration[10]): **141** ('33) 502–11. — The resistance of liquid metals: **146** ('34) 465–72. — Contribution to "Discussion on supraconductivity and other low temperature phenomena": **152** ('35) 42–46. — The electrical conductivity of transition metals: **153** ('36) 699–717. — The internal conversion coefficient for γ-rays[18])[24])[31]): **155** ('36) 315–30. — The resistance and thermoelectric properties of the transition metals: **156** ('36) 368–82. — The electronic specific heat and x-ray absorption of metals, and some other properties related to electron bands[19]): **162** ('37) 49–62. — The theory of the photolysis of silver bromide and the photographic latent image[15]): **164** ('38) 151–67. — On the absorption of light by crystals: **167** ('38) 384–91. — A discussion on plastic flow in metals: **168** ('38) 304–07. — The theory of crystal rectifiers: **171** ('39) 27–38. — Note on copper - cuprous oxide photocells: 281–85. — The mean free path of electrons in polar crystals[13]): 496–504. — On the decomposition of metallic azides: **172** ('39) 325–35. — Fragmentation of shell cases: **189** ('47) 300–08. — A discussion on theory of liquids: Introductory remarks: **215** ('52) 1–4. — Dislocations, plastic flow and creep. Bakerian lecture: **220** ('53) 1–14. — Work-hardening and the initiation and spread of fatigue cracks: **242** ('57) 145–47. — The Rutherford memorial lecture, 1962: Atomic physics and the strength of metals: **275** ('63) 149–60.

Progress Metal Physics Recent advances in the electron theory of metals: **3** ('52) 76–114.

Rep. Progr. Physics Recent theories of the liquid state[15]): **5. 1938** ('39) 46–63. — Reactions in solids: **6. 1939** ('40) 186–211. — Theory of the oxidation of metals[5]): **12** ('48/49) 163–84. — The cohesive forces in metals and alloys: **25** ('62) 218–43. — The metal-nonmetal transition[37]): **33** ('70) 881–940.

Research [London] Theories of the mechanical properties of metals: **2** ('49) 162–69.

Review sci. Instruments Physics in Great Britain since the war: **18** ('47) 869–71.

Reviews modern Physics Metal-insulator transition: **40** ('68) 677–83.

Revue univ. Mines, Métallurgie, Trav. publ., Sci. et Arts appl. Industrie L'incidence des imperfections de structure sur les propriétés physiques des métaux soumis à des sollicitations: (9) **6** ('50) 291–96.

Revista Nuovo Cimento Conduction in solids: **1** ('69) Sonder-Nr., 174–83.

Science [USA] Metallic and non-metallic behavior in transition metal oxides[3]): **168** ('70) 71–77.

Science Progr. [London] Cohesive forces in metals: **31** ('37) 414–24. — Conduction of electricity in polar crystals: **32** ('38) 648–59.

Scientific American Solid state: **217** ('67) 80–89.

Scientific J. roy. College Sci. Theories of the photographic latent image[35]): **7** ('37) 134–45.

Suppl. Nuovo Cimento Ricerche recenti in teoria dei solidi: (9) **10** ('53) 211–24. — Introduction: Reviews of works on physics published during the last years in eastern Europe and particularly in Russia: 341–43. — The transition from the metallic to the nonmetallic state: (10) **7** ('58) 312–28.

Technical Rep., Brit. electr. and allied Industries Res. Assoc. Notes on the transistor and surface states in semiconductors: **L/T216** ('49) 6 S.

Times Sci. Rev. Dislocations in crystals. Effects on mechanical properties and growth: **1954**, Nr. 11, 3–5.

Trans. amer. Inst. Mining, metallurg., and Petroleum Engr. The work hardening of metals: **218** ('60) 962–68.

Trans. Faraday Soc. Conduction in polar crystals, 1: Electrolytic conduction in solid salts[20]): **34** ('38) 485–99; ~ 2: Conduction band and ultraviolet absorption of alkali halide crystals: 500–06; ~ 3: Colour centres in alkali halide crystals[15]): 506–11. — Energy levels in real and ideal crystals: 822–27. — Contribution to discussion on "Photochemical processes in crystals" by R. Hilsch and R. W. Pohl: 888f. — Luminescence in solids[15]): **35** ('39) 69–73. — Note on the theory of liquids[15]): 364–68. — Theory of formation of protective oxide films on metals [,1]: 1175–77; ~ 2: **36** ('40) 472–83; ~ 3: **43** ('47) 429–34.

Usp. fizič. Nauk Kohäsionskräfte in Metallen: **17** ('37) 447– [russ.].

Yearb. physic. Soc., London The physics and chemistry of metals: **1957**, 1–13.

Mit: [1]) J. V. Acrivos; [2]) R. S. Allgaier; [3]) I. G. Austin; [4]) R. F. Bishop; [5]) N. Cabrera; [6]) R. Catterall; [7]) E. G. Cox; [8]) M. Cutler; [9]) E. A. Davis; [10]) C. D. Ellis; [11]) L. Friedman; [12]) E. M. Friedwald; [13]) H. Fröhlich; [14]) T. B. Grimley; [15]) R. W. Gurney; [16]) R. Hill; [17]) T. P. Hoar; [18]) H. R. Hulme; [19]) H. Jones; [20]) M. J. Littleton; [21]) J. K. Mackenzie; [22]) F. R. N. Nabarro; [23]) M. L. E. Oliphant; [24]) F. Oppenheimer; [25]) R. Parsons; [26]) H. H. Potter; [27]) C. F. Powell; [28]) J. T. Randall; [29]) H. W. B. Skinner; [30]) K. W. H. Stevens; [31]) H. M. Taylor; [32]) W. D. Twose; [33]) R. J. Watts-Tobin; [34]) R. M. White; [35]) H. H. Wills; [36]) C. Zener; [37]) Z. Zinamon; [38]) Y. Cauchois; [39]) J. W. Mitchell; [40]) J. M. Jackson; [41]) G. Demazeau; [42]) J. B. Goodenough; [43]) G. Grüner; [44]) N. Pouchard.

VI **MOULLIN,** Eric Balliol. Elektrotechn. — 1930–45 Reader, '32–45 Fellow of Magdalen College, '39 D.Sc., Oxford Univ.; '45–60 Prof., '46–63 Professorial Fellow of King's College, Cambridge Univ.; '49–50 Pres., Instn. of Electrical Engrs.; '45–49 Governor, College of Aeronautics, Cranfield. — '58 Hon. LL. D. (Univ. of Glasgow).

*1893, Aug. 10, Sandbanks near Swanage;

†1963, Sept. 18, Cambridge.

Zur Biogr. Nature [London] **186** ('60) 680.

Nekr. W. Jackson, Nature [London] **200** ('63) 404f. — Annual Rep. Council King's College, Univ. Cambridge **1963**, Nov., 13–15.

MH. The Oxford engineering science series (Oxford '31–'55).

W. The principles of electromagnetism (Oxford '32) 8+279 S., [2]('50) 7+311 S., [3]('55) 8+438 S. (Oxford engineering science series). — Spontaneous fluctuations of voltage due to Brownian motions of electricity, shot effect, and kindred phenomena (Oxford '38) 8+251 S. (~). — Electromagnetic principles of the dynamo (Oxford–New York '55) 11+367 S. (~). — Radio aerials (Oxford '49, New York '50) 12+514 S. (International monographs on radio).

J. Instn. electr. Engr. The effect of the curvature of the characteristic on the frequency of the dynatron generator: **73** ('33) 186–95. — Spontaneous background noise in amplifiers due to thermal agitation and shot effect[1]): **74** ('34) 323–56 (m. Diskuss.). — The radiation resistance of aerials whose length is comparable with the wave-length: **78** ('36) 540–63. — The external characteristic of a diode rectifier: **80** ('37) 553–63. — The apparent inter-electrode capacitance of a planar diode: **81** ('37) 667–75. — The molecular nature of a dielectric: **86** ('40) 113–28. — Henry Rottenburg†: (N. S.) **2** ('56) 119. — The puzzle of Poynting's theorem: **4** ('58) 494f.

J. Instn. electr. Engr., Part 1 An elementary description of some molecular concepts of the structure of dielectrics: **91** ('44) 448–55.

J. Instn. electr. Engr., Part 3 The radiation resistance of surfaces of revolution, such as cylinders, spheres and cones: **88** ('41) Nr. 1, 50–58. — Screening properties of a squirrel cage of wires: **91** ('44) Nr. 13, 14–22. — On estimating the total output of a curtain array of aerials and the current distribution among its members: 23–30. — The propagation of electric waves in a rectangular wave guide: **92** ('45) Nr. 17, 8–17. — Theory and performance of corner reflectors for aerials: Nr. 18, 58–67. — Radiation from circular loops: **93** ('46) Nr. 25, 345–51. — The field of a coil between two parallel metal sheets: **94** ('47) Nr. 27, 78–84.

Proc. Instn. electr. Engr., Part 1 Inaugural address, delivered 6th October 1949: **97** ('50) 2–6 (m. Bildn. u. Faks.). — The problem of a non-ohmic resistor in series with an impedance: **98** ('51) 87–96. — The solution of a certain differential equation. Its usefulness in a particular application of silicon-carbide resistors: **101** ('54) 204–06.

Proc. Instn. electr. Engr., Part 2 A robust 1-ohm sub-standard resistor for use at high frequencies: **96** ('49) 309–12.

Proc. Instn. electr. Engr., Part 3 The use of Bessel functions for calculating the self-inductance of single-layer solenoids: **96** ('49) 133–37. — On the current induced in a conducting ribbon by the incidence of a plane electromagnetic wave[2]): **99** ('52) 165f.

Proc. Instn. electr. Engr., Part 4 On the current induced in a conducting ribbon by the incidence of a plane electromagnetic wave[2]): **99** ('52) 137–50. — On the current induced in a conducting ribbon by a current filament parallel to it: **101** ('54) 7–17. — The solution of a certain differential equation. Its usefulness in a particular application of silicon-carbide resistors: 290–99.

Proc. Instn. electr. Engr., Part C On the amplification factor of the triode: **104** ('57) 222–32; On the amplification factor of a triode valve, 2: **105** ('58) 196–202.

Nature [London] Future of technical colleges: **152** ('43) 191f. — Sir Charles Inglis†: **169** ('52) 906–08.

Proc. Cambridge philos. Soc. A measurement of Boltzmann's constant by means of the fluctuations of electron pressure in a conductor[1]): **28.** 1931/32 ('32) 386–402. — A note on the melting-point of paraffins and fatty acids: **34** ('38) 459–64. — Considerations of the effect of space-charge in the magnetron: **36** ('40) 94–100.

Proc. Inst. Radio Engr. An outline of the action of a tone corrected highly selective receiver: **21** ('33) 1252–64. — The temperature coefficient of inductance, with special reference to the valve generator: **23** ('35) 65–84. – The temperature coefficient of inductances for use in a valve generator: **26** ('38) 1385–98.

Proc. roy. Soc. London, Ser. A A method of measuring the effective resistance of a condenser at radio frequencies, and of measuring the resistance of long straight wires: **137** ('32) 116–33. – Measurement of shot voltage used to deduce the magnitude of secondary thermionic emission: **147** ('34) 100–18.

Wireless Engr. Detection by straight line rectifier of modulated signals: **9** ('32) 378–83. – Time of flight of electrons: **12** ('35) 371f. – Three-halves power law of diode: **14** ('37) 193. – The response of a valve generator to a modulating voltage. The approximate solution of a non-linear problem: **15** ('38) 371–77. – Radio as a course for graduation?: **26** ('49) 41f.

Ferner einige Arbeiten zur Geschichte, Familiengeschichte und Architektur der Insel Guernsey.

Mit: [1]) H. D. M. Ellis; [2]) F. M. Philips.

VI **MOULTON,** Elton James. Math. – 1912–13 Instructor, '13–17 Assist. Prof., '17–21 Assoc. Prof., '21–52 Prof., '52 Prof. Emer., Northwestern Univ., Chicago and Evanston, Ill.; '53–62 Visiting Prof., '58–59 Chairman of the Math. Departm., Univ. of Miami, Fla.; '62–63 Visiting Prof., Florida State Univ., Tallahassee, Fla.; '37 Vice Pres., Amer. Math. Assoc.

*1887, Aug. 4, Leroy, Mich.

HZ. American math. Monthly 1937–1941.

W. Brief course in trigonometry (m. D. R. Curtiss) (Boston, Mass.–New York '40) 8 + 117 + 17 S. – Essentials of trigonometry with applications. With tables; also separate tables (m. D. R. Curtiss) (Boston, Mass.–New York '42) 8 + 174 S. – Essentials of analytic geometry (m. D. R. Curtiss) (Boston, Mass. '47) 10 + 259 S.

American math. Monthly The unemployment situation for Ph.D.'s in mathematics: **42** ('35) 143f. – Concerning a conjecture in the preceding paper [of H. T. Davis: Mathematical adventures in social science]: **45** ('38) 105f. – The periodic function obtained by repeated accumulation of a statistical series: 583–86.

J. Proc. and Addresses, Assoc. amer. Universities Symposium on the outlook for the placement of graduate students: **36** ('35 [oder '34?]) 79–84. – Training and utilization of advanced students of mathematics and science: 84–86.

School and Soc. Training of mathematics teachers: **42** ('35) 195–.

Science [USA] The training of teachers of mathematics: **82** ('35) 591f. – The Doctor of Philosophy degree and mathematics research: **84** ('36) 19f.

IV–VI **MOULTON,** Forest Ray. Astron. – 1926–37 Dir., Utilities Power & Light Corporat., Chicago, Ill.; '37–46 Permanent Secretary, '46–48 Administrative Secretary, Amer. Assoc. for the Advancem. of Sci. – Hon. Sc. D. (Albion College, Albion, Mich.); '39 Hon. LL. D. (Drake Univ., Des Moines, Ia.); '40 Hon. Sc. D. (Case Inst. of Technol., Cleveland, O.).

*1872, Apr. 29, Leroy, Mich.;

†1952, Dez. 7, Evanston, Ill.

Zur Biogr. C. E. Gasteyer, Biographical Mem., Nation. Acad. Sci. USA **41** ('70) 341–55 (m. Bildn., Faks., Schr.verz.). – Scientific Monthly **44** ('37) 286–88 (m. Bildn.). – The national cyclopaedia of American biography **43** (New York '61) 314f.

Nekr. A. J. Carlson, Science [USA] **117** ('53) 545f. – F. C. Leonard, J. roy. astron. Soc. Canada **47** ('53) 84. – J. opt. Soc. America **43** ('53) 149. – Publ. astron. Soc. Pacific **65** ('53) 60. – Revista astron. Nr. **133** ('53) 88. – Sky and Telescope **12** ('53) 128. – Vega [Boughton] Nr. **3** ('53) 12.

H. The world and man as science sees them (New York–Chicago, Ill. '37), [2](New York '39); darin eig. Beitr. 1–47: Astronomy. – Publications of the American Association for the Advancement of Science **5** (Washington, D.C. '38) – **19** ('42), **21** ('43) – [**28**] ('49).

MH. Publication of the American Association for the Advancement of Science **20** (Washington, D.C. '43). – The autobiography of science. An anthology of the key passages from the master works of all sciences (New York '45) (Science publications council book); Neuauflagen ('51, '60, London '63); span.: (México '47).

HZ. A. A. A. S. Bulletin 1942–1946.

MHZ. Astronomical J. 1914–1949. – Scientific Monthly **48** ('39) – **59** ('44).

W. Consider the heavens (New York '35) 11 + 332 S. – Differential equations. Neuaufl. (New York–London–Toronto '58) 395 S. – An introduction to celestial mechanics [2](New York '59) 16 + 457 S.; russ.: (Moskva '36) 480 S. – Methods in exterior ballistics. Neuaufl. (New York '62) 257 S. – Periodic orbits (m. D. Buchanan, T. Buck, F. L. Griffin, W. R. Longley, W. D. MacMillan) Neudruck [Orig. '20] (New York '63) 13 + 524 S. (Carnegie Institution of Washington, Publication 161).

Bull., World's Fair Ser., Century Progr. Exposit., Chicago A century of progress in science: Nr. **2** ('33) 11 S.

Engineer [London] Influence of astronomy on science: **166** ('38) 453–.

J. Franklin Inst. Influence of astronomy on science: **226** ('38) 327–39.

Nature [London] The advancement of science and society: **141** ('38) 517f. — The American Association for the Advancement of Science: **145** ('40) 288f.; **148** ('41) 248f. — Centenary of the American Association for the Advancement of Science: **162** ('48) 355f.

Popular Astron. George William Hill: **49** ('41) 305–11.

Science [USA] Significant figures in statistical constants: **84** ('36) 574f. — Science: **85** ('37) 571–75. — Science and society: **86** ('37) 387–91. — A special research conference on chemistry: **88** ('38) 8f. — The British and American Associations: 276f. — War and science: 324–26. — The American Association for the Advancement of Science: 348f. — Birth pains of the Association: **89** ('39) 507. — Special research conferences on chemistry: 559–61. — Grants in aid of research of the American Association for the Advancement of Science: **90** ('39) 349f. — Finances [of the American Association]: **91** ('40) 195f.; Membership: 219f. — The editing of Science. Biographies of the Cattell family as editors of A.A.A.S. journals: **101** ('45) 8–10. — The American Association for the Advancement of Science: a brief historical sketch: **108** ('48) 217f. — — Ferner zahlreiche Ankündigungen und Berichte über die Meetings der American Association for the Advancement of Science.

Scientific Monthly The Denver meeting of the American Association for the Advancement of Science: **44** ('37) 578f.; The Ottawa meeting ∼: **47** ('38) 183f.; The Virginia meeting ∼ : 561–63; The Hampshire meeting ∼: **53** ('41) 185–87. — Science speaks at Indianapolis: **46** ('38) 89f. — American and Canadian scientists meet in Ottawa: **47** ('38) 87–89. — Influence of astronomy on science: 301–08. — Science by radio: 546–48. — Books on science for laymen, science for the citizen: **48** ('39) 83f. — The American Association machine: 89–94. — George William Hill and Josiah Willard Gibbs: 94–97. — How men perished in the arctic: 180f. — Richmond entertained the Association: 183–85. — The Thousand Dollar Prize award: 185–88. — Broadcasts from the Association meeting: 191f. — Forty years of Science: 272f. — The Association – past, present and future: 285f. — The proposed Public Health Program: 287f. — Television in Washington: 289f. — Age of meteorites: 290f. — Award of the Faraday Medal to Dr. W. D. Coolidge: 379f. — Hard copper – Cupaloy: 386–89. — The velocity of light: 481–84. — Composition of gaseous nebulae: 485f. — A new explanation of submarine canyons: 486. — Milwaukee a Mecca for scientists in June: 575f. — Reflections on the Milwaukee meeting: **49** ('39) 86–88. — The complex world – nickel: 98. — The electron microscope: 189–92. — Down into the earth: 195f. — America inhabited for twenty-five thousand years: 196. — American Association in action: **50** ('40) 85–91. — The Columbus meeting in retrospect: 181f. — More speed in camera lenses: 286f. — The American Association meets in Seattle: 568f. — Scientists ponder at Seattle: **51** ('40) 183–85. — Extra-sensory perception: 470f. — The American Association returns to its birthplace: 570–74. — The American Association advances science: **52** ('41) 86–90. — Notable scientific programs at Philadelphia: 184–88. — Salt of the earth: 386–88. — The University of Chicago celebration: **53** ('41) 284–87. — Research conferences in chemistry at Gibson Island: 382–84. — The Theobald Smith Award to Dr. Herald R. Cox: 476–78. — The American Association meets in Dallas: 575–78. — The American Association carries on: **54** ('42) 86–92. — The evening sky: 95–98. — The American Association – an integrating agency in science: 186–88. — Expansion and diversification of science: 293f. — Mathematics returning – at least for a time: 487f. — The AAAS Gibson Island research conference: **55** ('42) 192–94. — The New York meeting of the Association: 573–75.

Social Sci. The natural sciences and social crises: **16** ('41) 356–64. — Our social order: **17** ('42) 5–19.

V,VI **MOURELO,** José Rodriguez. Chem. (org.). — Prof., Ecole supér. Arts industr. et des Industries, Madrid. — — Weitere Daten nicht bekannt. (⊠)

Nekr. G. M. Cardoso, Conferencias y Reseñas ci. Soc. españ. Hist. natur. 8 ('33) 5–18.

Revista Acad. Ci. exactas, físicas y natur. Madrid El Coronel de Ingenieros D. Nicolás Ugarte y Gutiérrez †: **28** ('31/32) 317–23. — El General de Artillería D. Ricardo Aranze e Izaguirre †: 483–93.

IV–VI **MOURET,** Ernest Jean Georges. Geol., Mech. (angew.). — Jusqu'à 1931 Prof. Méc. appl., '31–36 Prof. hon., Ecole nation. des Ponts et Chaussées, Paris; Inspecteur général hon. des Ponts et Chaussées; Collaborateur au Service central de la Carte géol. de France; '25 Prés.,

Soc. géol. de France. — Médaille d'or (Ministère des Travaux publics).
*1850, März 16, Paris;
†1936.

W. Carte géologique de la France au 320000° **22**: Clermont 1935 (m. L. de Launay, P. Glangeaud, E. Raguin) (Paris '35).

VI **MOUREU,** Henri-Bertrand Vincent. Chem. — 1925–30 Assist., Chaire de Chim. org., '30–37 Sous-Dir., Labor. de Chim. minér., '37–41 Sous-Dir., Labor. de Chim. et de Physique nucléaires, Collège de France, Paris; '38–44 Maître de Conférences, Ecole Norm. Supér., Sèvres; '41–64 Dir., '64– Dir. hon., Labor. Municipal, Paris; '41– Dir., Labor. de Chim. des Métalloïdes, Ecole Pratique des Hautes Etudes, Paris; '41–48 Maître de Recherches, Conseil Supér. de la Recherche Sci. Appl.; '45 Fondateur, '45– Dir. Sci. et Membre du Comité de Direct. du Centre d'Etudes des Projectiles Autopropulsés; '51 Vice-Prés., Soc. des Experts-Chimistes de France; '53–55, '58–59 Vice-Prés., '65–66 Prés., Soc. Chim. de France; '58 Prés., Comité de Direct. du Service Central de Microanalyse; '59 Prés. de la Sect. de Chim. analyt., Soc. Chim. de France; '62–63 Vice-Prés., '64 Prés., Soc. Franç. d'Astronautique; '63 Prés., Comité de Direct., Labor. du Feu; '63 Vice-Prés., Assoc. pour l'Aide à la Recherche Sci.; '63 Vice-Prés., '64 Prés., Assoc. pour la Prévent. de la Pollut. Atmosphér.; '64– Administrateur, Soc. d'Air Liquide; '64– Conseiller Sci., Préfet de Police, Paris; '65–69 Prés. du Comité de Direct. commun, Labor. d'Energie et Labor. des Ultra-Réfractaires. — '28 Prix Nicolas Leblanc (Soc. Chim. de France); '29 Fondation Cahours, '33 Prix et Médaille Berthelot, '45 Prix Montyon, '55 Prix en Hommage aux Savants franç. assassinés par les Allemands en 1940–1945, '63 Epée d'Académicien (Acad. Sci. Paris); '38 Prix des Industries Chim.; '47 Ordre des Palmes Acad. (Ministre de l'Educat. Nation.); '48 Officier du Mérite Agricole; '49 Chevalier du Mérite Social; '56 Ordre de la Santé Publ.; '57 Médaille d'Or (Soc. d'Encouragem. pour l'Industrie Nation.); '57 Médaille d'Argent de Sécurité du Travail; '62 Officier du Mérite Civil; '62 Commandeur de l'Ordre du Mérite pour la Recherche et l'Invention; '65 Officier dans l'Ordre Nation. du Mérite.
*1899, Aug. 2, Paris.

Zur Biogr. Hommage à Henri Moureu. Remise de l'Epée d'Académicien (Paris '63) 80 S. (m. Bildn.); darin eig. Beitr. 59–67: Remerciements.

Zur Bibliogr. Aperçu des titres et travaux scientifiques de Henri Moureu (Chartres '55) 38 S. — Notice sur les titres et travaux scientifiques de Henri Moureu (Chartres '55) 165 S. — Titres et travaux scientifiques de Henri Moureu (Paris '60) 98 S.

MH. Astronautique et recherche spatiale, publié sous les auspices du Centre national d'études spatiales et de la Société française d'astronautique (Paris '64) 326 S.

S. Contribution à l'étude de la structure moléculaire. Dédiée à la mémoire de Victor Henri (Liège '48) 125–32: Spectres Raman et structures moléculaires de quelques composés du type ACl_5 [28][18]). — Traité de chimie organique (V. Grignard, G. Dupont, R. Locquin) 7 (Paris '50) 1323–477: Polycétones[6]). — Rapports et communications. Congrès technique national de sécurité et d'hygiène du travail, Aix-les-Bains 1950 (Paris '50) 53–: Etat actuel des recherches en matière de normalisation des méthodes de dosage des hydrocarbures benzéniques dans les solvants complexes et les produits finis[12][31][6][30][21][33]). — Travaux [du] 2e Congrès technique national de sécurité et d'hygiène du travail, La Baule 1951 (Paris '52): Résultats des recherches en matière de normalisation des méthodes de dosage des hydrocarbures benzéniques dans les solvants complexes et les produits finis[12][31][6][30][21][33]). — Travaux [du] 3e Congrès ~, Avignon 1952 (Paris '53) Sect. III, 29–: Dosage des hydrocarbures aromatiques dans les solvants complexes; méthode par sulfonation; applications pratiques[6][30][33]). — Hommage au doyen René Fabre (Paris '56): Application de la polarographie à l'analyse toxicologique[6][30]). — Les hétérocycles oxygénés (Paris '57) (Centre National de la Recherche Scientifique, Colloques internationaux, 64) 99–109: Recherche dans la série du benzile, 10: Considérations sur les configurations stéréochimiques des dinitro-5,5′ hydrosalicyloïnes diastéréoisomères[6][26]). — 19e Congrès du Groupement pour l'avancement des méthodes d'analyse spectrographique des produits métallurgiques, Paris 1956 (Paris '58) 235–53: Sur une microméthode rapide et précise de détermination de la teneur du sang en oxyde de carbone[6][30][16]). — Pollution de l'air. C.R. Colloque international de Royaumont 1960 (R. Truhaut) (Paris '61): Données chimiques générales concernant la pollution de l'atmosphère des villes.

W. (Bearb.) Charles Moureu, Notions fondamentales de chimie organique [10](Paris '32) 8 + 662 S.; (m. P. Chovin) [11]('46) 39 + 828 S. — Aperçu général de la chimie des produits de remplacement (–'41) (Centre de Documentation technique 1941, Nr. 610). — Sur la séparation chromatographique des colorants alimentaires et son application à la détection des fraudes (m. Mme Saenz-Lascaño Ruiz, P. Chovin) (Paris '48) 59 S. (Actualités scientifiques et industrielles, 1046). — Chimie et défense nationale (Paris '52) 24 S. (Les conférences du Palais de la Découverte, Sér. A, No. 171).

Annales Chim. analyt. Une méthode rapide pour l'analyse qualitative des alliages légers [6])[30]): **27** ('45) 104–07.

Chimie analyt. Spectrographie infrarouge quantitative, 1: Application à la détermination de l'oxycarbonémie[6])[30])[16]): **39** ('57) 3–9.

Annales Méd. légale Criminol., Police sci., Méd. soc. et Toxicol. Une mort suspecte après ingestion de fuchsine basique[30]): **27** ('47) 40–.

Annales Mines et Carburants Détermination de la teneur en cendres dans les combustibles solides[13])[26]): (14) **3** ('43) 209–27. — Etat actuel du problème de la valorisation du méthane[6]) [14]): **4** ('44) 236–53.

Archives Maladies profess., Méd. Trav. et Sécurité soc. Sur la transformation photochimique de la chloropicrine en phosgène, 1: Nouveaux réactifs sensibles et spécifiques de ces deux corps[6])[30]): **11** ('50) 445–52; ~ 2: Un cas d'intoxication collective due à cette réaction: 443–. — Sur quelques accidents causés par la manipulation de l'acide perchlorique et des perchlorates[20]): **12** ('51) 157–61. — Nouvelle microméthode pour la détermination rapide et précise de l'oxycarbonémie par absorption sélective dans l'infrarouge[6])[30]) [16]): **18** ('57) 116–24.

L'Astronomie [BSAF] Une première étape vers l'astronautique: Les armes secrètes allemandes: **62** ('48) 65–78, 97–106.

Bull. Assoc. Chimistes Sucrerie, Distillerie et Industries agric. France et Colonies Recherche et dosage du butylèneglycol-2,3 dans les jus de fermentation[10]): **51** ('34) 247–50.

Bull. municipal offic. Ville Paris, Débats Assemblées La pollution de l'atmosphère de Paris: **1961**, [Conseil général oder Conseil municipal ?] Nr. 21, 839–.

Bull. Soc. Chim. biol. Sur la préparation de nouveaux dérivés de la tyrothricine[6])[23]): **31** ('49) 1062–69.

Bull. Soc. chim. France Sur le dosage du butanediol-2,3 [19])[10]): (5) **1** ('34) 411–19. — Sur l'hydratation de l'oxyde d'éthylène[19])[10]): 1308–17. — Etude de la déshydratation catalytique de l'alcool butylique par l'alumine, 1: Isomérisation des butènes[19])[10]): **2** ('35) 1169–81; ~ 2: Dosage et préparation des butènes [19])[10]): 1181–88. — Etude de la réaction de l'ammoniac avec le pentachlorure de phosphore. Amidures de phosphore et phospham, 1: Exposé général[24]): **3** ('36) 821–28; ~ 2: Etude expérimentale[24]): 829–41. — Sur les nitrures de phosphore P_3N_5 et PN [24]): 1801–11. — Sur quelques homologues de l'oxyde d'éthylène et de l'éthanediol-1,2 et sur le mécanisme de formation des chlorhydrines[10]): **4** ('37) 281–95. — Chaleurs de formation de l'oxyde d'éthylène, de l'éthanediol et de quelques homologues[10]): 637–47. — Action de l'ammoniac sur le trichlorure de phosphore: pernitrure P_4N_6, et paranitrure de phosphore $(PN)_n$ [34]): 918–32. — Sur les composés azotés du phosphore. Réponse à M. Paul Renaud[34]): 1293–97. — L'individualité des nitrures de phosphore P_3N_5, P_4N_6, $(PN)_n$ et leurs modes d'hydrolyse, 1: Exposé général[34]): 1839–50; ~ 2: Etude expérimentale[34]): 1850–57. — Synthèse du radical phosphonitrile et sa polymérisation en paranitrure de phosphore $(PN)_n$ [34]): **6** ('39) 457f. — Sur la condensation du dinitrile o-phénylènediacétique avec les composés α-dicarbonylés: Synthèse de composés aromatiques et hydroaromatiques polynucléaires[6])[23]): **13** ('46) 106–09. — Relations entre la structure et l'adsorbabilité de certains colorants synthétiques[6])[27]): 592–94. — Sur l'aldéhyde Δ_2-cyclopenténylacétique et sur quelques dérivés du Δ_2-cyclopentène[6])[3]): **15** ('48) 96–99. — Sur la condensation du dinitrile o-phénylènediacétique avec les composés α-dicarbonylés; obtention d'un nouvel hydrocarbure, le dinaphtylène-2,3,1',8' [6])[23]): 99–103. — Sur quelques dérivés de l'acide cyclopentylacétique[6])[2])[23]): **16** ('49) 475–79. — Sur une méthode pratique d'obtention des esters α,β-éthyléniques[6])[22]): **18** ('51) 203. — Sur la préparation de nouveaux dérivés du benzile [,1][6])[26]): 741–43; Recherches dans la série du benzile [,2: Dinitrosalicylide][2])[26]): 743f.; ~ 3: Dérivés amidés des acides p-nitro et p-amino salicyliques[6])[26]): **1955**, 1152–54; ~ 4: Préparation et propriétés antibiotiques du dinitro-5,5' salicile [6])[26]): 1155–57; ~ 5: Activité antituberculeuse du dinitro-5,5' salicile [6])[26]): 1157–61; ~ 6: Activités antituberculeuses comparées de la dinitro-5,5' hydrosalicyloïne et de composés apparentés[6])[26]): 1258–62; ~ 7: Préparation et propriétés du dinitro-3,5' salicile [6])[26])[11]): 1263–65; ~ 8: Dérivés du dinitro-5,5' salicile résultant de la réduction des fonctions carbonyles et nitrées [6])[26])[11]): 1560–68; ~ 9: Sur les deux (hydroxy-2' nitro-5' phényl)-2 et -3 nitro-5 coumarones isomères[6])[26])[11]): **1956**, 301–06; ~ 11: Dinitro-3,3' dihydroxy-4,4' benzile et composés apparentés[6])[26]): **1957**, 1152–55; ~ 12: Dihydroxydiaminobenziles isomères et quelques-uns de leurs dérivés[6)26)]: **1959**, 952–57; ~ 13: Méthodes d'obtention de dichlorodinitrobenziles et de dichlorodiaminobenziles [6)26)]: **1964**, 1088f.; ~ 14: Dérivés dinitrés du dichloro-2,2′ benzile et quelques-uns de leurs produits de réduction[6)26)]: 1090–94; ~ 15: Dérivés dinitrés des dichloro-3,3′ et dichloro-4,4′ benziles et quelques-uns de leurs produits de réduction[6)26)]: 1095–97; ~ 16: Obtention de cinq nouveaux isomères chlorés et nitrés symétriques[6)26)35)]: **1969**, 624–28. — Action de la pipéridine sur les dérivés bromés des esters α,β-éthyléniques, 1: Mécanisme des réactions[6)14)32)]: **19** ('52) 296–304; Action de la pipéridine sur les esters bromés des acides α,β-éthyléniques, 2: Méthode générale d'obtention des acides α-cétoniques de la forme R-CH_2-CO-CO_2H [6)22)]: 442–45; Action de la pipéridine sur les composés carbonylés bromo-éthyléniques, 3: Composés porteurs de deux substituants géminés; cas particuliers de l'α-bromo-β,β-diméthylacrylate d'éthyle, de l'α-bromo-oxyde de mésityle et de leurs analogues diphénylés[6)11)]: **20** ('53) 586–95; Action des amines primaires et secondaires sur les dérivés bromés des esters α,β-éthyléniques, 4: Dérivés de l'acide éthylène-imine carboxylique-3 et esters α-aminés α,β-éthyléniques[6)22)]: **1955**, 1573–83; Action des amines primaires et secondaires avec les esters α-halogénés α,β-éthyléniques, 5: Cas de l'hydrazine, de la semicarbazide et de la phénylhydrazine[6)22)]: **1956**, 1780–85; ~ 6: Cas de l'éthylènediamine [6)22)]: 1785–87. — Spectrographie infrarouge quantitative, 2: Détermination de la teneur en oxyde de carbone des gaz dits "étalons" [6)30)16)]: **1957**, 1155–61.

Bull. Soc. roy. belge Ing. et Industriels La science au service de la cité: **1951**, 227–.

Chimie et Industrie Le problème de la pollution atmosphérique: **99** ('68) 1723–27.

C.R. hebd. Séances Acad. Sci., Paris Sur les causes de la production simultanée du butène-1 et du butène-2 au cours de la déshydratation catalytique de l'alcool butylique par l'alumine [19)10)]: **196** ('33) 973–77. — Du rôle de la température dans l'isomérisation des butylènes en présence d'alumine[19)10)]: 1560–63. — Sur le produit résultant de l'action de l'ammoniac sur le pentachlorure de phosphore[24)]: **197** ('33) 1643–45. — Sur un nouveau mode de formation du nitrure de phosphore P_3N_5 [13)]: **198** ('34) 1417–19. — Sur la transformation du pentanitrure de phosphore en mononitrure de phosphore[24)]: 1691–93. — Mécanisme de l'action de l'ammoniac liquide sur le pentachlorure de phosphore[24)]: **200** ('35) 1407–10. — Mécanisme de la réaction de l'ammoniac liquide sur le pentachlorure de tantale[15)]: 2184–86. — Sur la structure du pentachlorure de phosphore et de la phosphopentamide $P(NH_2)_5$ [24)]: **201** ('35) 144–47. — Sur le pernitrure de phosphore P_4N_6 [34)]: 1381–83. — Sur le moment électrique du pentachlorure de tantale et la structure des composés AX_5: **202** ('36) 314–16. — Les deux formes du pentachlorure de phosphore[18)34)]: **203** ('36) 257–59. — Remarques relatives au mécanisme de formation des monochlorhydrines de glycols[10)]: 802–04. — Sur l'existence et la stabilité du radical phosphonitrile PN et la synthèse du bichloronitrure de phosphore[34)]: **204** ('37) 51–53. — Sur le phospham de Rose[34)]: 436–39. — Spectres Raman de deux formes moléculaires du pentachlorure de phosphore[18)34)]: **205** ('37) 276–78. — Sur la structure stéréochimique du pentachlorure de phosphore[18)34)]: 545–48. — Sur la formation et la polymérisation du radical phosphonitrile PN [34)]: **207** ('38) 915–17. — Sur la structure du pentachlorure de phosphore en relation avec l'encombrement stérique des atomes[13)18)34)]: **208** ('39) 1579–81. — L'équilibre entre le paranitrure de phosphore $(PN)_n$ et les molécules biatomiques PN, déduit du spectre de bandes[25)34)]: **209** ('39) 207–09. — Sur la phosphonitrilamide de magnésium et l'existence dans la série du phosphore de composés analogues aux cyanamides[34)]: **210** ('40) 436–38. — Sur le spectre des rayons X du pentachlorure de phosphore cristallisé[13)34)]: **211** ('40) 566–68. — Sur les tensions de vapeur des chlorures de phosphonitrile et l'existence d'un équilibre entre le caoutchouc minéral et sa vapeur[13)]: **213** ('41) 306–08. — Une nouvelle méthode d'étude des valences dirigées. Son application à la détermination de la structure des pentahalogénures de phosphore[7)4)]: **218** ('44) 917f. — Le microdosage du thallium à l'aide des méthodes de la radioactivité artificielle[6)7)]: **219** ('44) 127–29. — Sur une synthèse nouvelle de l'acide phénylpyruvique[6)14)]: **221** ('45) 410–12. — Sur le passage de l'acide crotonique à l'acide méthylpyruvique[6)32)]: **222** ('46) 445–47. — Sur un nouvel hydrocarbure polynucléaire, le dinaphtylène-2,3,1′,8′ [6)23)]: **223** ('46) 951f. — A propos des benzofluoranthènes de M. Orchin et L. Reggel[6)23)]: **225** ('47) 501–03. — Sur la transformation photochimique de la chloropicrine en phosgène et la caractérisation de ces deux corps[6)30)]: **228** ('49) 1954–56. — Etude sur les piles à dépolarisation par l'air: Polarisation statique et polarisation dynamique[6)13)]: **232** ('51) 407–09; ~: Interprétation de la polarisation statique[6)13)]: 511–13; ~: Interprétation de la polarisation dynamique[6)13)]: 623f. — Sur une méthode générale de préparation des acides α-cétoniques[6)22)]: 988–90. — Sur la formation d'un composé du type acide rubazonique[6)22)]: **241** ('55) 1954–56. — Application de la spectrographie infrarouge à la détermination quantitative de l'oxycarbonémie[6)30)16)]: **242** ('56) 2417–20. — Sur la formation d'un dérivé du diaza-1,4 norcarane[6)22)]: **243** ('56) 910–12. — Sur quelques enseignements tirés de déterminations de l'oxycarbonémie d'habitants d'une grande ville[6)30)16)]:

247 ('58) 552–55. — 16e Congrès annuel de la Fédération Internationale d'Astronautique, Athènes 1965 (Rapport): **261** ('65) 3247–50.

C.R. hebd. Séances Acad. Sci., Paris, Sér. C Sur de nouveaux époxydes aromatiques[35)26)6)]: **271** ('70) 930–32.

Génie civil L'arme allemande de représaille V1 [6)]: **122** ('45) 1–4; ∼ V2 [6)]: 97–100.

Industrie nation. Problèmes d'actualité dans le domaine des fusées: **1957**, Nr. 1, 1–24.

Industrie Parfumerie Le Laboratoire Municipal de Paris: **3** ('48) 149–.

Industrielle Organisat. La pollution de l'air dans la région parisienne: **31** ('62) 337–48.

J. amer. chem. Soc. The ammonolysis of tantalum pentachloride[15)]: **59** ('37) 33–40.

J. Chim. physique Microbombe calorimétrique adaptable au microcalorimètre type E. Calvet[5)6)29)]: **57** ('60) 593–96.

J. Chromatography Chromatographie en phase gazeuse: Caractérisation univoque des pics des dérivés halogénés dans un chromatogramme complexe[6)16)]: **6** ('61) 363–65.

Lavoro umano Microdeterminazione rapida e precisa del tasso di ossido di carbonio del sangue[6)30)16)]: **9** ('57) 49–.

Mémoires Soc. Ing. civils France Les V1 et V2, formes nouvelles d'artillerie à longue portée: **99** ('46) 66.

Mémorial Artillerie franç. Problèmes d'actualité dans le domaine des fusées: **1958**, 405–.

Mémorial Poudres Sur les esters nitriques du propylèneglycol et des butylèneglycols[19)10)]: **25** ('32) 176–88. — Sur la préparation des glycols à partir des carbures éthyléniques[10)9)]: **28** ('38) 252–64. — Sur la préparation de la pentaérythrite[6)26)]: **32** ('50) 89–97.

Mémorial Serv. chim. Etat, Paris Sur la préparation du diéthylèneglycol[10)9)]: **33** ('47) 409–15.

Métaux et Civilisat. Les nouvelles armes allemandes dites V1 et V2: **1** ('45) 16–.

Mikrochimica Acta [Wien] Sur le microdosage des ions fluorures par alcalimétrie indirecte[8)17)]: **1957**, 396–404.

Palmes académiques La science au service de la cité: Le Laboratoire Municipal de Paris: Nr. **23** ('63) 10–.

Pharmacien France Pollution de l'atmosphère par les véhicules automobiles: Nr. **23** ('60) 731–37.

Pollution atmosphér. Physico-chimie de la pollution des atmosphères urbaines: **12** ('70) No. spéc., 75–82. — Pollutions et nuisances des agglomérations urbaines: **13** ('71) 301–07 [m. engl., deutscher u. russ. Zusammenfassg.].

Proc. indian Acad. Sci., Sect. A Effet Raman et structure des composés AX_5: Pentachlorure de phosphore et homologues[18)34)]: **8** ('38) 356–64.

Proc. roy. Soc. Med. Carbon monoxide as a test for air pollution in Paris due to motor-vehicle traffic: **57** ('64) 1015–20.

Procès-verbaux Séances Cons. Hyg. publ. et Salubrité Dép. Seine Au sujet des appareils de chauffage à combustion catalytique de l'essence: **1954**, 177–. — Influence des gaz d'échappement des véhicules à moteur Diesel sur la pollution atmosphérique: **1959**, 121–. — Pollution atmosphérique par les gaz d'échappement des véhicules automobiles: **1960**, 2–.

Revista chilena Ingenieria La conquista del espacio, y sus bases científicas: **72** ('59) Nr. 1, 7–.

Revue Enseignement sup. Energétique de la fusée: **1959**, No. 4, 95–.

Revue franç. Astronaut. André Louis-Hirsch (1899–1962): **1963**, 3f. — Réflexions à propos de l'enseignement de l'astronautique: 199–201.

Revue gén. Electr. Les clôtures électriques dans l'exploitation rurale[1)]: **58** ('49) 61–64.

Revue Paris La crise des quanta, grains de lumière, ondes de matière: **43** ('36) Juli-Aug., 866–87. — Les dernières armes d'un peuple traqué: **52** ('45) [Nr. ?] 72–. — La conquête de l'espace: **65** ('58) Juli, 83–; Aug., 108–.

Revue Pathol. gén. et Physiol. clin. Les divers aspects de la pollution par les gaz d'échappement des moteurs à combustion interne: **61** ('61) 915–31.

Revue techn. europ. Satellites artificiels, engins balistiques et engins cosmiques: Nr. **701** ('60) 21–.

Revue trimestr., Assoc. Prévent. Pollut. atmosphér. Sur le microdosage par spectrographie infrarouge de l'oxyde de carbone dans le sang et sur quelques enseignements recueillis relativement à l'oxycarbonémie d'habitants d'une grande ville: **1959**, Nr. 1, 17–. — Détermination de la pollution de l'atmosphère due aux gaz d'échappement des véhicules automobiles: **1960**, Nr. 1, 31–. — Etude de la pollution de l'atmosphère de la banlieue nord-ouest de Paris pendant l'année 1959: **1960**. — Sur le choix de l'oxyde de carbone comme substance-test de la pollution par les gaz d'échappement des véhicules automobiles. Application à l'étude de la pollution atmosphérique en 1960[6)30)16)]: **1962**, 187–.

Schweizerische techn. Z. Aspect actuel des problèmes concernant les fusées: **1958**, 121–.

Sécurité et Prévent. Feu Les engins stratégiques à longue portée, forme nouvelle de guerre totale: **3** ('47) 202–. — Les clôtures électriques dans l'exploitation rurale[1)]: **4** ('49) 245–.

Technicarm Aspect physicochimique des problèmes concernant la fusée: **1** ('59) 12–.

Trav. Semaine nation. Sécurité Les engins stratégiques à longue portée, forme nouvelle de guerre totale: **1947**, 17–. — Les clôtures électriques dans l'exploitation rurale[1]): **1948**, 169–. — Le film cinématographique et ses dangers[1]): **1949**, 59–. — La sécurité du public et les dangers d'incendie dans les expositions [1]): **1950**, 29–.

Ferner eine Abhandlung „Sur le radical phosphonitrile PN et la synthèse de son polymère $(PN)_n$, homologue du paracyanogène" (ausgezeichnet mit dem Prix des Industries Chimiques 1938). — Einige weitere Veröffentlichungen.

Mit: [1]) L. Amy; [2]) G. Bloch; [3]) M. Brunet; [4]) A. Bucher; [5]) E. Calvet; [6]) P. Chovin; [7]) R. Daudel; [8]) E. Debal; [9]) H. Dodé; [10]) M. Dodé; [11]) M. Ducros; [12]) R. Fabre; [13]) A. M. de Ficquelmont; [14]) M. Garcin; [15]) C. H. Hamblet; [16]) J. Lebbe; [17]) R. Levy; [18]) M. Magat; [19]) C. Matignon; [20]) H. Munsch; [21]) M. Peron; [22]) L. Petit; [23]) G. Rivoal; [24]) P. Rocquet; [25]) B. Rosen; [26]) R. Sabourin; [27]) Mme Saenz-Lascaño Ruiz; [28]) P. Süe; [29]) H. Tachoire; [30]) L. Truffert; [31]) R. Truhaut; [32]) J. Ventrillard; [33]) S. Weber; [34]) G. Wétroff; [35]) G. Flad.

IV,VI **MRAZEC,** Ludovic Francisc Severin. Geol., Mineral., Petrogr. — 1894–1937 Prof., Univ. din Bucureşti; '06–16 Prof. Geol. d. Erdöls, Nationalschule f. Brücken- u. Straßenbau, Bucureşti; '06 Begründer, '06–30 Dir., Geol. Inst. Rumäniens; '32–35 Präs., Rumän. Akad.; Staatssekretär im Ministerium f. Handel u. Industrie.

*1867, Juli 17, Craiova;
†1944, Juni 9, Bucureşti.

Nekr. M. G. Filipescu, Natura [Bucureşti] **34** ('45) Nr. 2, 1–7 (m. Bildn.). — C. Jacob, C.R. hebd. Séances Acad. Sci., Paris **219** ('44) 5–8.

Zum 100. Geb.tag Analele Acad. Republ. socialiste România **17** ('67) 455f. — A. Codarcea, ibid. 457–62. — D. Giuşcă, Ludovic Mrazec, Professor und Petrograph: ibid. 463–68 [rumän.]. — A. Vancea, D. Ciupagea, Die Tätigkeit Professor L. Mrazecs im Transsilvanischen Becken: ibid. 469–76 [~]. — N. Grigoras, Die Beiträge Professor L. Mrazecs zur Tektonik und zur Geologie des Erdöls: ibid. 477–91 [~]. — G. Macovei, Anuarul Comitetului Stat Geol. **36** ('68) I–XI [französ.] (m. Bildn.). — A. Codarcea, ibid. XIII–XX [französ.]. — V. Ianovici, ibid. XXI–XXIX [~]. — D. Rădulescu, ibid. XXXI–XXXVI [~].

Zur Biogr. D. Giuşcă, Buletinul Societatii de Ştiinţe Geologice din R. S. România **13** ('71) 313–21 (m. Bildn.), 348f. [Zitat unsicher!].

HZ. Buletinul Labor. Mineral. gen. Univ. Bucureşti **1** ('35) f.

S. Karpaty i przedgórze. Les Karpates et l'avant (Karpacki Instytut Geologiczno-Naftowy) **3** (Borysław '35) 1–20: Sur le diapirisme; 21–29: Sur les gisements de gaz naturels de la cuvette Transylvaine. — La vie scientifique en Roumanie, **1** (Bucureşti '37) (Académie roumaine. Connaissance de la terre et de la pensée roumaines, 6) 283–327: Les conquêtes faites en Roumanie dans le domaine des sciences minéralogiques.

W. Curs general de minerale şi roci, **2**: Substanţe constitutive ale scoarţei pămîntului (Bucureşti '38) 542 S.; dazu Tabellenband m. d. Untertitel: Tabele rezumative (m. D. Giuşcă) (Bucureşti '34) 53 S. + 25 Tabellen. — Les phénomènes de diapirisme et la géologie des gisements pétrolifères de Roumanie (m. G. Macovei) (Warszawa–Borysław–Lwow '35) 8 + 164 S. [französ. u. poln.].

Analele Minelor România Le développement de l'exploitation minière en Roumanie: **21** ('38) Nr. 7, 273–77 [].

Anuarul Inst. geol. României La 25e anniversaire de l'Institut Géologique de Roumanie [Ansprache]: **16.1931/1934** ('34) 8–12 [rumän.].

Buletinul Inst. român Energie Rumänien im Petroleumwelthandel: **5** ('37) 492–94 [rumän.].

Buletinul Labor. Mineral. gen. Univ. Bucureşti L'histoire du Laboratoire de Minéralogie Générale de la Faculté des Sciences de l'Université de Bucarest: **1** ('35) IV–XXXI. — Louis Duparc (1866–1932): XXXII–XXXV. — Contributions à la connaissance de l'origine de l'épidote dans le granit (protogine) du Mont Blanc[1]): 54–56. — Les progrès réalisés par les sciences géologiques pendant les 50 dernières années: 109–33. — L'état de nos connaissances actuelles sur la structure des Carpates roumaines: 134–36. — L'origine du relief tectonique majeur du globe terrestre: 139–42. — La région balnéaire du lac Techirghiol[2]): 142–45. — Allocution présidentielle à l'ouverture de la première séance de la Société Roumaine de Géologie, le 9 juin 1930: 145–47. — Les mines d'or de Roumanie. Aperçu géologique: 147–50. — Le progrès de la science minéralogique pendant les quarante dernières années: **2** ('37) 27–47. — — [].

Buletinul Soc. politehn. România Les progrès réalisés pendant les 50 dernières années par les sciences géologiques: **1931/1934** ('34) Nr. 12, 29– [].

Buletinul Soc. române Geol. Allocution présidentielle à l'ouverture de la première séance de la Société Roumaine de Géologie, le 9 juin 1930: **1** ('32) 1–15. — Considérations sur l'origine des dépressions internes des Carpates roumaines: 114–25. — Pierre Ternier: **2** ('35) 1–4. — Considérations sur l'origine de l'épidote, et en particulier dans les roches magmatiques[1]): 174–83.

Bull. Sect. sci., Acad. roumaine Note préliminaire sur la salinité des marnes miocènes du Bassin Transylvain: **18**.1936/37 ('37) 207–12.

C.R. Séances Inst. géol. Roumanie Discussion de la communication faite par M. D. Preda sur la géologie et la tectonique de la partie E. du district de Prahova: **19** ('33) 189–98.

Etudes et Rech., Acad. roumaine Le progrès de la science minéralogique dans les quarante dernières années: **7**('36) 25 S.

Internationale Z. Bohrtechn., Erdölbergbau u. Geol. Übersicht über den Charakter der Erdöllagerstätten Rumäniens: **41** ('33) 229–34, 239–45.

Moniteur Pétrole roumain 2e Congrès mondial du pétrole. Le problème géologique du pétrole en Roumanie en 1907 et en 1937: **38** ('37) 36–40. — Le développement de l'exploitation minière en Roumanie. Les combustibles minéraux: **39** ('38) 771–73.

Revue géol. et Sci. connexes Contributions à la connaissance de l'origine de l'épidote dans le granit (protogine) du Mont Blanc[1]): **16** ('35) 506.

Revue pétrolifère Les réserves de pétrole et la politique pétrolière: **1935**, 1239.

Ferner eine Abhandlung „Le problème pétrole en Roumanie à l'égard du problème mondial en 1915" ('40). — Einige weitere Veröffentlichungen.

Mit: [1]) D. Giușcă; [2]) M. Sturza.

[VI] **MRAZEK,** Josef. Astrophysik. — 1915–45 Astronom, Sternwarte, Deutsche Univ. Praha, u. Observat. Telnice.

*1891, Apr. 11, Podersam; †1946, März 25.

Himmelswelt Zur Geschichte der deutschen Univeristäts-Sternwarte in Prag und ihres Zweiges in Tellnitz: **49** ('39) 2–6.

Veröff. meteorol. Observat. Donnersberg Magnetische Beobachtungen auf dem Donnersberge und in Tellnitz[1]): **19** ('33) 7 S. — Magnetische Deklination in Tellnitz und auf dem Donnersberge: **20** ('37) 34 S.

Mit: [1]) L. W. Pollak.

[VI] **MROZOWSKI,** Stanisław Wojciech. Physik. — 1931 Dr. phil., '33–39 Doz., Univ. Warszawa; '39–40 Research Fellow, Radiat. Labor., Univ. of California, Berkeley, Calif.; '40–45 Research Assoc., Univ. of Chicago, Ill.; '43–45 Assoc. Prof., George Williams College, Chicago, Ill.; '45–49 Head of Physics Departm., Divis. of Research and Develop m., Great Lakes Carbon Corp., Chicago, Ill.; '49 Dir. of Research, Electrophysics Divis., Photoswitch Inc.; '49–72 Prof., '49–74 Dir. of the Carbon Research Labor., '59–64 Chairman of the Departm., '74– Prof. Emer., State Univ. of New York, Buffalo, N.Y.; '72– Adjunct Prof., Ball State Univ., Muncie, Ind.; Visiting Prof.: '63–64 Keio Univ., Tokyo, and Nagoya Univ., '68, '72 Univ. Karlsruhe, '70 Univ. of Tokyo; '65–74 Pres., Polish Inst. of Arts and Sci. in America. — '64 Dr. h. c. (Univ. de Bordeaux). — '31 Kernbaum-Preis (Warschauer Wiss. Ges.); '69 Skakel Award (American Carbon Soc.).

*1902, Febr. 9, Warszawa.

Bildnis Carbon **9** ('71) 97.

MHZ. Proc. Carbon Conf. **1/2**.1953/1955 ('56) - **5**.1961 ('62/63). — Carbon **1** ('63) ff.

S. Industrial carbon and graphite; papers read at the conference, London 1957 (London '58) 7–18: The nature of artificial carbons. — Kinetics of high-temperature processes (W. D. Kingery) (Cambridge, Mass. '59) 264–70: Kinetics of graphitization. — Semiconduction in molecular solids (Princeton, N.J. '60) (Princeton conference series, 24) 1–8: Pi-electrons and hole production in organic molecular solids. — Proc. International conference on spectroscopy, Bombay 1967 **1** (Bombay '67) 145–48: Electronic spectra of P_2, As_2 and Sb_2 molecules[21]).

W. Nadsubtelna budowa prążka rezonansowego rtęci 2537 Å [Über die Hyperfeinstruktur der Quecksilberresonanzlinie 2537 Å] (Warszawa '33) 32 S. — Investigation of elastic and thermal properties of carbon-base-bodies (m. anderen) (Washington, D.C. '62) 45 S. (Wright Air Development Center, Dayton, O., Technical documentary report WADC-TR-58-360).

Acta physica polon. Sur la structure hyperfine des bandes d'hydrure de mercure: **1** ('32) 123–34 [poln. m. französ. Zusammenfassg.]. — Über die Polarisation der ultravioletten Bandenfluoreszenz des Joddampfes: **2** ('33) 229–33 [m. poln. Zusammenfassg.]. — Protonenspin und Hyperfeinstrukturen in Bandenspektren: 235–37 [~]. — Absorptionsmessungen im Bandenspektrum des Quecksilberdampfes: **3** ('34) 215–33 [~]. — Über die Absorption der Hg-Linie 5461 Å im Bromdampf: 447–54 [~]. — Über das Bandenspektrum des ionisierten Quecksilberdeutrids: **4** ('35) 405–18 [~]. — Polarisation der Fluoreszenz von zweiatomigen Dämpfen und ihre

Beeinflussung durch Stöße: **5** ('36) 85–104. – Ergänzende Bemerkungen zu Vorträgen von Finkelnburg und Mrozowski[5])[6])[14]): 107–10. – Über den Isotopieeffekt im Bandenspektrum des ionisierten Quecksilberhydrids (HgH^+/HgD^+)[23]): **6** ('37) 44–57 [m. poln. Zusammenfassg.]. – Über die sensibilisierte Thalliumfluoreszenz bei hohen Quecksilberdampfdrücken: 58–67 [~]. – Über den Einfluß des Magnetfeldes auf die Fluoreszenz des Quecksilberdampfes und den Zeemaneffekt in Bandenspektren sehr lose gebundener Moleküle: 201–09 [~]. – Über die Polarisation der Bandenfluoreszenz einiger Metalldämpfe: **7** ('38/39) 45–48 [~].

Bull. int. Acad. polon. Sci. et Lettres, Sér. A Über die Depolarisation der Fluoreszenz des Joddampfes durch Stöße von Heliumatomen: **1933** ('34) 346–58. – Sur la structure hyperfine des bandes de l'hydrure de mercure: **1935,** 24–29. – Über den Einfluß der Zusatzgase und des Magnetfeldes auf den Polarisationsgrad der Fluoreszenz des Joddampfes: **1937,** 295–311.

Bull. polish Inst. Arts and Sci. America Forbidden radiation in spectroscopy and astrophysics: **2** ('43) 200–09.

Carbon Electron spin resonance in neutron-irradiated and in doped polycrystalline graphite, 1: **3** ('65) 305–20; ~ 2: **4** ('66) 227–42. – Electron spin resonance in turbocrystalline carbons, 1[3]): **6** ('68) 243–56; ~ 2: 841–56. – Studies of the Hall coefficient and of the magneto-resistance of a donor doped soft carbon in the temperature range 1,5–300 °K [24]): **7** ('69) 239–59. – Electronic properties and band model of carbons: **9** ('71) 97–109. – Studies of negative magnetoresistance in neutron irradiated polycrystalline graphite and in boronated kish graphite[9])[25]): 367–81. – Dependence of the Hall coefficient of soft carbon on heat-treatment and doping[25])[28]): **10** ('72) 207–20. – Specific heat of soft carbons between 0.6 and 4.2 °K, 2[13])[25]): 267–75. – Specific heat of soft carbons at room temperature [25]): **11** ('73) 151f. – An ESR study of decomposition of carbon bisulfate compounds: 433–36. – Specific heat of glassy carbon between 0.4 and 4.5 °K, 1[25])[29]): **12** ('74) 645–; ~ 2[25])[30]): 651–.

C.R. hebd. Séances Acad. Sci., Paris, Sér. C Propriétés électroniques de carbones dopés au sodium[27]): **264** ('67) 1621–24.

Helvetica physica Acta Bemerkungen über die Struktur der Quecksilberresonanzlinie 2537 Å: **9** ('36) 27–32.

J. amer. ceram. Soc. Thermal conductivity of carbons and graphite: **35** ('52) 282f.

J. chem. Physics Electric resistivity of interstitial compounds of graphite: **21** ('53) 492–95.

J. Chim. physique Electron spin resonance in chars of some simple carbonaceous materials[26]): **57** ('60) 915–25 [m. französ. Zusammenfassg. auf S. 938–40].

J. opt. Soc. America Superposition fringes in the internally reflected light from a Fabry-Perot etalon: **31** ('41) 209–12. – An aromatic detector for the infrared[19])[16]): **44** ('54) 26–30. – Multipole lines in the first spectrum of polonium I: **46** ('56) 663. – Multipole lines in spectra of elements from the fifth group[10]): **54** ('64) 855–58. – Electronic spectra of AsO and PO: New band systems in the visible[21]): **56** ('66) 1174–78. – Electronic spectra of P_2, As_2 and Sb_2 molecules[21]): **57** ('67) 522–30. – Interference effect in mixed multipole lines of Bi I[8]): **60** ('70) 467–74.

Nature [London] Nuclear spin and hyperfine structure in band spectra: **129** ('32) 399f.

Physical Rev. Structure of the Be I line λ 4573 Å: (2) **55** ('39) 798f. – Hyperfine structure of the quadrupole line 2815 Å and of some other lines of ionized mercury: **57** ('40) 207–11. – Nuclear isotope shift in the spectra of HgH^+ and HgD : **58** ('40) 332–40. – Nuclear isotope shift in the spectrum of ZnH: 597–99. – Hyperfine structure and intensities of the forbidden lines of Pb I: 1086–93. – Hyperfine structure of ionized-mercury lines: **59** ('41) 104. – Zeeman effect of the forbidden lines of Pb I, 1: Pure quadrupole and magnetic dipole lines[12]): 808–13; ~ 2: An interference effect in the mixed line λ 7330[12]): **60** ('41) 225–33. – The ${}^2\Pi_u \rightarrow {}^2\Pi_g$ bands of CO_2^+, 1: 730–38; ~ 2: **62** ('42) 270–79; ~ 3: **72** ('47) 682–91; ~ 4: 691–98. – Quenching and depolarization of resonance radiation by collisions with molecules of a foreign gas: **61** ('42) 379f. – Spectra of Hg II and Hg III: 605–13. – Arc spectrum of bismuth Bi I: **62** ('42) 526–33. – Forbidden lines λ 2967.5 and λ 2269.8 of mercury Hg I: **67** ('45) 161–65. – Forbidden lines of bismuth Bi I: **69** ('46) 169–72. – Structure of the mercury band λ 2540: **73** ('48) 1233f. – Structure of the mercury bands λ 2540 and λ 2476: **76** ('49) 1714–16. – Hyperfine structure in the band spectrum of the mercury hydride, HgH, 3: 1820–26. – Electric resistivity of polycrystalline graphite and carbons: **77** ('50) 838. – Semiconductivity and diamagnetism of polycrystalline graphite and condensed ring systems: **85** ('52) 609–20; **86** ('52) 1056. – Thermal conductivity of carbons and graphite: 251f. – Zone structure of graphite: **92** ('53) 1320f. – The "magnetic-scanning" method for investigating hyperfine structure and isotope shift: **93** ('54) 641f. – Hall effect and magnetoresistivity in carbons and polycrystalline graphites[4]): **104** ('56) 74–83.

Postępy Fizyki Czesław Białobrzeski: recollection: **21** ('70) 573–80 [poln.].

Proc., Carbon Conf. Mechanical strength, thermal expansion and structure of cokes and carbon: 1/2. 1953/1955 ('56) 31–35. – Thermal conductivities of carbons and graphites[11]): 155–66. – Physical properties of carbons and the formulation of green mix: 195–215. – Electron spin resonance in heat-treated nine ring compounds[1])[26]): **3.** 1957 ('59) 135–45. – Changes in the magnetic susceptibility with the degree of carbonization[15]): 165–72. – Electronic properties of heat-treated carbon blacks[4])[17])[20]): 211–22. – Studies of carbon powders under compression, 1: 495–508. – Permeabilities of baked carbons and beds of carbon powders to the flow of a gas[22]): 687–703. – Electron spin resonance of broken carbon bonds[2]): **4.** 1959 ('60) 207–13. – g-Anisotropy and line broadening of electron spin resonance in chars: 271–78. – Further studies of electron spin resonances in chars, carbons and graphites: **5.** 1961, 2 ('63) 79–88. – Trapped radicals in organic deposits[18]): 89–96.

Progress Semiconductors The band structure and electronic properties of graphite crystals[7]): **5** ('60) 273–316.

Reviews modern Physics The emission spectrum of the ion CO_2^+: **14** ('42) 216–18. – Forbidden lines in the laboratory: **16** ('44) 153–74.

Z. Physik Stoßerscheinungen bei optischer Anregung verschiedener Quecksilberisotopen: **78** ('32) 826–43; **79** ('32) 562. – Bemerkungen über die Leuchtdauer der Quecksilberresonanzlinie 2537 Å: **78** ('32) 844–46. – Über die Struktur des Bandenspektrums des Quecksilberdampfes, 1: **87** ('34) 340–55; ~ 2: **104** ('37) 228–47; ~ 3: **106** ('37) 458–62. – Absorptionsmessungen in den Bandenspektren der Zn- und Cd-Dämpfe: **91** ('34) 600–08. – Über die Hyperfeinstruktur der Banden des Quecksilberhydrids, 2: **95** ('35) 524–38. – Über den Isotopenverschiebungseffekt im Bandenspektrum des Quecksilberdeutrids: **99** ('36) 236–51. – Der Isotopieeffekt des ionisierten Quecksilberhydrids (HgH^+/HgD^+). Bemerkungen zu der Arbeit der Herren Takeo Hori und Jirô Huruiti: **102** ('36) 545–47. – Über die Hyperfeinstruktur der verbotenen Quecksilberlinie 2655.8 Å (6^3P_0–6^1S_0): **108** ('38) 204–11. – Über den Isotopenverschiebungseffekt im Spektrum des Bors: **112** ('39) 223–33.

Mit: 1) H. Akamatu; 2) J. F. Andrew; 3) G. Arnold; 4) A. Chaberski; 5) W. Cram; 6) W. Finkelnburg; 7) R. R. Haering; 8) J. Heldt; 9) Y. Hishiyama; 10) M. Hults; 11) C. P. Jamieson; 12) F. A. Jenkins; 13) K. Kamiya; 14) W. Kapuściński; 15) P. Kiive; 16) E. A. Kmetko; 17) E. E. Loebner; 18) R. Mangiaracina; 19) B. D. McMichael; 20) H. T. Pinnick; 21) C. Santaram; 22) E. J. Seldin; 23) M. Szulc; 24) S. Toyoda; 25) A. S. Vagh; 26) D. Wobschall; 27) J. V. Zanchetta; 28) J. Bulava; 29) B. Carton; 30) S. Orzeszko.

VI **MUCHIN,** Gleb Evgen'evič. Chem. (physikal.). – Prof., Begründer u. Leiter d. Physikal.-Chem. Inst. u. zuletzt Dir. d. Chem. Forschungsinst., Staatsuniv. Char'kov; Prof., Inst. f. Volksbildung, Char'kov. (⊠)

*1888, Febr. 11 (Jan. 30), Char'kov; †1932.

Zur Biogr. T. V. Ass in: Iz istorii otečestvennoj chimii. Rol' učenych Char'kovskogo universiteta v razvitii chimičeskoj nauki [Aus der Geschichte der vaterländischen Chemie. Die Rolle der Wissenschaftler der Universität Char'kov bei der Entwicklung der Chemie] (Char'kov '52) 178–85 [russ.] (m. Bildn.). – N. A. Izmajlov, Ukrainskij chim. Ž. **20** ('54) Nr. 2, 153f.

VI **MUDROVČIĆ,** Mate. Photogr. – 1915– Mittelschulprof., Zagreb; später Tätigkeit in d. photogr.-chem. Industrie. – – Genauere Daten nicht bekannt. (⊠)

* 1890, Mai 29, Gospić.

Arhiv Hemiju i Farmaciju Über das Ausbleichen organischer Farbstoffe mit besonderer Berücksichtigung der Photographie: **7** ('33) 74–92 [serbokroat. m. deutscher Zusammenfassg.]. – Über reduzierende und über oxydierende Farbstoffe: **8** ('34) 99–104 [~].

Arhiv Kem. i Tehnol. Farbenphotographie: **14** ('40) Nr. 1/2, 30–49 [serbokroat.].

Arhiv Kem. Über den Lichthofschutz (Antihalo-Schutz) photographischer Schichten: **22** ('50) 243–57 [ ].

Glasn. chem. Druš. [Beograd] Die photochemische Empfindlichkeit des Mercurinitrats: **7** ('36) 41–43 [serbokroat. m. französ. Zusammenfassg.].

Kemija u Industriji Die Regenerierung photographischer Fixierbäder und die Wiedergewinnung des Silbers: **2** ('53) 30–32; **3** ('53/54) 71f. Die Rolle des Silberjodids in photographischen Emulsionen: **4** ('55) Nr. 2, F9–F16. – Die Verwendung von schleierverhindernden Mitteln in Emulsionen und in Entwicklern: **5** ('56) Nr. [?], F13–F23. – Solarisation photographischer Emulsionen: **6** ('57) Nr. [?], F29–F34. – Farbtransformator: **7** ('58) Nr. 2, F17f. – Mechanismus der optischen Sensibilisierung photographischer Emulsionen: **8** ('59) Nr. 10, F43–F54; **11** ('62) 655–63. – Wesen und Mechanismus der Übersensibilisierung und Antisensibilisierung photographischer Emulsionen: **9** ('60) Nr. 6, F32–F38. – Die Herstellung photographischer Kernemulsionen: **12** ('63) 841–56. – Bearbeitung von Kernemulsionen: **13** ('64) 102–07. – – Alle Arbeiten serbokroat., meist m. deutscher Zusammenfassg.

Photographische Korrespondenz Über das Schleiern der photographischen Platten durch basische Farbstoffe: **68** ('32) 203–05. – Beitrag zur Theorie der Persulfatabschwächung: **69** ('33) 182–84. — Über die Unterschiede zwischen Bromsilbergelatine- und Bromsilberkollodiumemulsion, insbesondere in bezug auf die Desensibilisierung: **70** ('34) 23–27. — Sensibilisatoren für das Bromsilberkollodium: 162–65. — Die Dreifarbenphotographie auf Papier mit einfachsten, überall erhältlichen Mitteln: **71** ('35) 146f., 153–56. — Einige praktische Modifikationen der Dreifarbenkopierverfahren: **73** ('37) 93–95. — Einige Erfahrungen mit Feinkornentwicklern, insbesondere mit dem Champlin-15-Entwickler: **74** ('38) 131f.

Science et Industries photogr. La sursensibilisation chromatique: **24** ('53) 47–56. — La solarisation, phénomène de concentration et de cristallisation de l'argent photolytique. Comportement différent des divers halogénures d'argent: **28** ('57) 97–101.

VI **MÜLLER,** Alex (Alexander). Physik. — 1915 Dr. phil., Univ. Zürich; Advanced Stud.: '16–19 Univ. Göttingen, '19–21 Cavendish Labor., Cambridge, Engl.; '22 Assist., Univ. College, London; '23–27 Research Assist., '28–46 Assist. Dir., '46–47 Deputy Dir., Davy-Faraday Research Labor., Royal Instn., London. (⊠)
*1889, April 29, Zürich;
†1947, Juli 2.

Nekr. K. Lonsdale, Nature [London] **160** ('47) 323. — G. Shearer, Proc. physic. Soc. **61** ('48) 585f.

S. Der feste Körper. Vorträge an der Tagung der Physikalischen Gesellschaft Zürich anläßlich der Feier ihres 50jährigen Bestehens (Leipzig '38) 55–64: Organische Kristalle mit Kettenmolekülen.

Acta crystallogr. Low-temperature form of n-octadecane[3]): **1** ('48) 129–31.

Helvetica chim. Acta Zur Kenntnis des Kohlenstoffringes, 21: Über einige Röntgenmessungen an hochgliedrigen cyclischen Verbindungen: **16** ('33) 155–61.

Helvetica physica Acta Über organische Kristalle mit Kettenmolekülen: **9** ('36) 626–34.

J. Instn. electr. Engr. The 50-kW x-ray generator at the Davy-Faraday Laboratory of the Royal Institution[1]): **84** ('39) 261–68.

J. sci. Instruments Soldering molybdenum to copper[1]): **11** ('34) 405.

Nature [London] Rotation of chain molecules in solid paraffins: **129** ('32) 436. — The straight-chain and the many-membered CH_2 ring-molecule: **135** ('35) 994. — Structure of metals: **140** ('37) 1011f. — Crystal structure of methane at the transition point, 20.4 °K[4]): **143** ('39) 375f. — Anomalous x-ray reflections on Laue photographs[2])[3])[5]): **145** ('40) 820. — The background of Röntgen's discovery: **157** ('46) 119–21.

Naturwissenschaften Rotationsbewegungen von Kettenmolekülen in normalen Paraffinen in der Nähe des Schmelzpunktes: **20** ('32) 282f.

Proc. roy. Instn. Great Britain Fiftieth anniversary of the discovery of x-rays, 1895–1945. Background of Röntgen's discovery: **33** ('47) 515–22.

Proc. roy. Soc. London, Ser. A An x-ray investigation of normal paraffins near their melting points: **138** ('32) 514–30. — The van der Waals potential and the lattice energy of an n-CH_2 chain molecule in a paraffin crystal: **154** ('36) 624–39. — The dielectric polarization of normal long-chain ketones near their melting points: **158** ('37) 403–14. — The dielectric polarization of a long-chain ketone at constant volume and variable temperature: **166** ('38) 316–24. — The torsional flexibility of aliphatic chain molecules: **174** ('40) 137–44. — Further investigations of solid n-paraffins (Repulsion potential and compressibility): **178** ('41) 227–41.

Trans. Faraday Soc. Arrangement of chain molecules in liquid n-paraffins: **29** ('33) 990–93.

Mit: [1]) R. E. Clay; [2]) I. K. Knaggs; [3]) K. Lonsdale; [4]) A. Schallamach; [5]) A. R. Ubbelohde.

VI **MÜLLER,** Hans. Physik. — 1925–27 Research Assoc., '28–35 Assist. Prof., '35–42 Assoc. Prof., '42–65 Prof., Massachusetts Inst. Technol., Cambridge, Mass.; '37–38 Guggenheim Fellow, Cavendish Labor., Univ. of Cambridge, Engl. (⊠)
*1900, Okt. 27, Amriswil, Schweiz;
†1965, Juni 10, Belmont, Mass.

Nekr. J. opt. Soc. America **55** ('65) 1194.

MHZ. J. opt. Soc. America 1940–1950.

S. Koaguljacija kolloidov [Koagulation der Kolloide] (A. I. Rabinovič, P. S. Vasil'ev) (Moskva '36) 61–73: Theorie der Koagulation polydisperser Systeme [russ.]; 74–98: Koagulation von Kolloiden mit Teilchen, die die Form von „Stäbchen“ oder „Blättchen“ besitzen; Theorie für beliebige polydisperse Systeme und für die Koagulation bei Strömung [~]; 137–68: Zur Theorie des elektrokinetischen Potentials [~]. — Proteins, amino acids and peptides as ions and dipolar ions (E. J. Cohn, J. T. Edsall) (New York '43) 623–43: The theory of electrophoretic migration.

W. Elements of atomic physics (m. D. C. Peaslee) (New York '55) 9+349 S.

Annals New York Acad. Sci. Theory of electrophoretic migration: **39** ('39) 111–20.

Cold Spring Harbor Sympos. quantitat. Biol. Theory of the diffuse double layer: **1** ('33) 1–8. – Theory of electrophoretic migration: 9–13. – Effects of salts on the electric charge of surfaces in liquids[1]): 29–33. – Theory of ionic adsorption: 34–38. – Stability of colloids and the theory of rapid coagulation: 60–64. – Structure of liquids and solids: **2** ('34) 1–5.

Colloid Sympos. Monogr. The electrokinetic potential and the stability of colloids: **11** ('35) 271–75.

J. amer. ceram. Soc. Theory of photoelasticity: **21** ('38) 27–33.

J. opt. Soc. America Electro-optical field mapping: **31** ('41) 286–91. – Electro-optical properties of colloids[3]): **32** ('42) 309–17.

J. physic. Chem. The electrokinetic potential and the stability of colloids: **39** ('35) 743–47.

Nature [London] Diffraction of light by supersonic waves in solids[2]): **141** ('38) 37.

Physical Rev. Properties of Rochelle salt: (2) **44** ('33) 854f.; **47** ('35) 175–91; **57** ('40) 829–39; ∼ 3: **58** ('40) 565–73; ∼ 4: 805–11. – Theory of the photoelastic effect of cubic crystals: **47** ('35) 947–57. – The optical properties of nonpolar liquids: **50** ('36) 547–59. – The intensity and polarization of the light diffracted by supersonic waves in solids: **52** ('37) 223–29. – Electro-optical effects in colloids: **55** ('39) 508. – Electro-optical effects in bentonite colloids: 792. – A new electro-optical effect[3]): **56** ('39) 615f. – Influence of electrostatic fields on the elastic properties of Rochelle salt: **57** ('40) 842f. – Magneto-optical properties of ferromagnetic suspensions[4]): **61** ('42) 631–34.

Physics Theory of photoelasticity in amorphous solids: **6** ('35) 179–84.

Proc. indian Acad. Sci., Sect. A Light-scattering in anisotropic media: 8 ('38) (Raman-Festband) 267–74.

Proc. roy. Soc. London, Ser. A On the theory of scattering of light: **166** ('38) 425–49.

Z. Kristallogr., Kristallgeom., Kristallphysik, Kristallchem. Determination of elasto-optical constants with supersonic waves: **99** ('38) 122–41.

Mit: [1]) H. A. Abramson; [2]) N. S. N. Nath; [3]) B. W. Sakmann; [4]) M. H. Shamos.

VI **MÜLLER,** John Hughes. Chem. (anorg.). – 1910 Ph. D., '10–18 Instructor, '18–26 Assist. Prof., '26–36 Prof., Univ. of Pennsylvania, Philadelphia, Pa.
*1882, Dez. 26, Philadelphia, Pa.; †1936, Juni 18, Lansdowne, Pa.

Nekr. New York Sun **1936**, 20. Juni. – New York Times **1936**, 20. Juni. – Pennsylvania Gazette **1936**, Okt. 1. – Philadelphia Evening Bulletin **1936**, Juni 19. – Philadelphia Public Ledger **1936**, Juni 19.

Industrial and Engng. Chem., Analyt. Edit. Germanic sulfide. Quantitative conversion of sulfide to dioxide by hydrolysis[3]): **4** ('32) 134–36.

J. amer. chem. Soc. The quantitative separation of germanium and arsenic[1]): **54** ('32) 86–94. – The behavior of germanium tetrachloride and related chlorides, especially arsenious chloride, with concentrated hydrochloric acid[2]): 2833–40. – The conductivity of solutions of germanic oxide[4]): 3142–50. – The conductivity and degree of hydrolysis of sodium bigermanate and the primary dissociation constant of germanic acid[4]): 3151–58. – The precipitation of rhenium sulfide from ammoniacal solution. A separation of rhenium and molybdenum[5]): **55** ('33) 2376–78. – Some tolyl derivatives of germanium[6])[7]): 3705–12.

Proc. amer. philos. Soc. Ionic silver from silver hydroxide as a therapeutic agent: **76** ('36) 303–25.

Mit: [1]) H. J. Abrahams; [2]) E. R. Allison; [3]) A. Eisner; [4]) C. E. Gulezian; [5]) W. A. La Lande, jr.; [6]) J. K. Simons; [7]) E. C. Wagner.

V,VI **MÜNTZ,** Chaim H. (Mjuntz, German Maksimovič). Math. – 1902–09 Stud., '10 Dr. phil., Univ. Berlin; '33– Prof., Staatsuniv. Leningrad. – – Weitere Daten nicht bekannt. (☒)
*1884, Aug. 28 (16), Łódz.

Zur Biogr. M. Pinl, Kollegen in einer dunklen Zeit: Jahresber. dtsch. Mathematiker-Vereinig. **71** ('69) 185–87 (m. Schr.verz. 28 Nrn.).

H. (Redakt.) A. M. Ljapunov, Obščaja zadača ob ustojčivosti dviženija. Dissertacija i stat'i [Ein allgemeines Problem der Stabilität der Bewegung. Dissertation und Aufsätze] [2](Moskva–Leningrad '35).

S. Verhandlungen des Internationalen Mathematiker-Kongresses, Zürich 1932, **2** (Zürich–Leipzig '33) 109–11: Über die Lösung einiger Randwertaufgaben der mathematischen Physik. – Trudy 2-go Vsesojuznogo matematičeskogo s-ezda [Arbeiten der 2. Mathematischen Unionssitzung] Leningrad 1934, **1** (Leningrad–Moskva '35) 318–37: Funktionale Methoden bei Randwertaufgaben [russ.]. – Bol'šaja sovetskaja ènciklopedija [Große Sowjetenzyklopädie] **63** (Moskva '35) 152–55: Einstein, Albert [russ.].

C. R. hebd. Séances Acad. Sci., Paris Sur la résolution du problème dynamique de l'élasticité: **194** ('32) 1456–59. – Sur les problèmes mixtes dans l'espace hétérogène. Equation de la chaleur à n dimensions: **199** ('34) 821–24.

Matematičeskij Sborn. Integralgleichungen der Elastodynamik: **39** ('32) Nr. 4, 113–33 [m. russ. Zusammenfassg.].

Mathematische Z. Zum dynamischen Wärmeleitungsproblem: **38** ('33/34) 323–37.

Prace mat.-fizyczne Zur Theorie der Randwertaufgaben bei hyperbolischen Gleichungen: **43** ('36) 289–305.

III–VI **MUIR,** Sir Thomas. Math. — 1892–1915 Superintendent General of Educat., Cape of Good Hope; 1895–1897 Pres., South African Philos. Soc.; 1897–1901 Vice-Chancellor, Univ. of the Cape of Good Hope; '10 Pres., South African Assoc. for the Advancem. of Sci.; '06–24 Chairman, Board of Trustees, South African Public Library; '30–34 Chairman, Board of Trustees, South African Museum. — 1884 and 1899 Keith Prize, 1916 Gunning-Victoria Prize (Roy. Soc. Edinburgh). (⊠)

*1844, Aug. 25, Stonebyres, Falls of Clyde, Lanarkshire, Schottland; †1934, März 21, Rondebosch, Südafrika.

Zum 89. Geb.tag Nature [London] **132** ('33) 271.

Nekr. A. C. Aitken, Proc. Edinburgh math. Soc. **4** ('36) 263–67. — R. C. Archibald, Bibliographia de mathematicis VI: Scripta math. [USA] **2** ('34) zwischen S. 282 u. 292. — L. Crawford, Trans. roy. Soc. South Africa **22** ('34) 101f. — F. G. Hopkins, Proc. roy. Soc. London, Ser. A **148** ('35) 6f. — E. H. N[eville], Mathematical Gaz. **18** ('34) 257. — H. W. Turnbull, J. London math. Soc. **10** ('35) 76–80; Obituary Notices Fellows roy. Soc. London **1** ('34) 179–84 (m. Bildn., Faks.); Nature [London] **134** ('34) 449f.; Proc. roy. Soc. Edinburgh **54.** 1933/34 ('34/35) 210–12. — Boll. Mat. **30** ('34) LXXVI.

W. Treatise on the theory of determinants. Neuauflagen (W. H. Metzler) (New York '33) 766 S., ('60) 766 S. (Dover science books, S 670). — The theory of determinants in the historical order of development. Neuaufl., 4 Bände in 2 (New York '60).

South african J. Sci. The determinantal properties of oblong matrices: **29** ('32) 132–38. — A twelfth contribution to the bibliography of determinants: **30** ('33) 146–70.

Trans. roy. Soc. South Africa Note on sets of orthogonally related variables: **21** ('32/34) 19–25. — A second note on the coevanescence of primary minors of an axisymmetric determinant: 27–31. — Note on a set of equivalent determinants connected with a 3-by-6 array: 63–66. — Note on relations between the primary minors of a 3-by-9 array: **22** ('34) 1–3. — Note on an overlooked alternant: 5–7.

IV–VI **MUIRHEAD,** Robert Franklin. Math. — Ca. 1900 [?] Founder, then until '41 Principal, Glasgow Tutorial College; 1899 and 1909 Pres., Edinburgh Math. Soc.

*1860, Jan 22, Shawlands, Glasgow; †1941.

Nekr. J. Dougall, Proc. Edinburgh math. Soc. (2) **6** ('41) 259f.

Mathematical Gaz. Approximating to a square root: **17** ('33) 84–86. — Note on the decimal point: **19** ('35) 42f. — Solution of the triangle, given a, b, A (The "ambiguous case"): **20** ('36) 55. — A proof of the binomial theorem for a positive integral exponent: **23** ('39) 473–75.

VI **MUKHERJEE,** Jnanendra Nath. Chem. (physikal.). — 1909–15 Stud., Presidency College, Calcutta; '17 D. Sc., Univ. of London; '15–19 Assist., '17–21 Lecturer, '21–45 Prof., Univ. of Calcutta; '45–50 Dir., Indian Agricultural Research Inst., New Delhi; Founder and '50–52 Dir., Central Building Research Inst., Roorkee; '52–65 Sci. Adviser, Departments of Agric., Forest and Irrigation, West Bengal; '54–65 Administrator, Board of Secondary Educat., West Bengal; '56–58 Member, Union Public Service Commiss., Governm. of India; '29, '52 Pres., '37– Gen. Secretary, '42–47 Hon. Treasurer, Indian Sci. Congr. Assoc.; '35 Pres., Indian Soc. of Soil Sci.; '52 Pres., Surendranath Teaching Institutes; '54–56 Pres., Governing Body of State College of Agric., West Bengal; '57 Pres., Indian Soc. of Soil and Water Conservat.; Pres. and Vice-Pres., Indian Chem. Soc. and Indian Assoc. for the Cultivat. of Sci.; Vice-Pres., Nation. Inst. of Sci. of India; Chairman of many sci. commissions; now Pres., Board of Trustees, Surendranath College, Calcutta. — '42 King George's Medal; '44 Commander of the Order of Brit. Empire; '47 Jaikishan Mukherjee Medal (Indian Assoc. for the Cultivat. of Sci.); '64 Padma Bhusan (Governm. of

India); Jnan Chandra Ghosh Memorial Medal (Indian Chem. Soc.).

*1893, Apr. 23, Mahadebpur, Rajshahi.

Biogr. J. sci. and industr. Res., Sect. A **10** ('51) 97f. (m. Bildn.).

S. Trans. 3rd International congress of soil science, Oxford 1935, **1** (London '35) 90–92: The affinity of the soil colloids for cations and anions.

Biographical Mem. Fellows nation. Inst. Sci. India Jnan Chandra Ghosh, 1893–1959: **1** ('66) 32–43.

Bull., Indian Soc. Soil Sci. [Titel unbekannt] [24])[25]): **4** ('42) 7–. — Electrochemical character of hydrogen clays in relation to their mineralogical compositions[24])[1]): **6A** ('51) 1–18.

Indian J. agric. Sci. The nature of reactions responsible for soil acidity, 2: Titration curves of silicic acid sol, humic acid sol and aluminium hydroxide sol[31])[10])[7]): **2** ('32) 638–66; ~ 3[31])[25])[19]): **4** ('34) 733–57; ~ 4: Interpretation of titration curves[24])[12])[8]): **6** ('36) 517–54; ~ 5: Titration curves of clay acids[24]): 555–77; ~ 6: The variability of the total neutralizable acid of colloidal solutions of hydrogen clays[24])[1]): **10** ('40) 303–16; ~ 7: The electrochemical properties of colloidal solutions of hydrogen clays[24]): 317–43; ~ 8: Acid character of hydrogen clay in relation to some problems of soil science[24])[8])[25]): **12** ('42) 86–104; ~ 9: Acid character of hydrogen clays[24]): 433–73. — Interaction between hydrogen clays and neutral salts, 1: Nature of interaction responsible for liberation of aluminium[8]): 105–12. — [Titel unbekannt][24])[1])[23]): 189–. — Properties of sub-fractions of hydrogen clay prepared from Indian soils, 1[24])[6]): 291–302. — Alterations in properties of hydrogen clays on removal of free inorganic oxides contained in them, 1[24])[3]): 303–12. — Hydrogen clay and hydrogen bentonite and kaolinitic clays[24])[1])[23]): 889–. — Coastal soils[25])[11]): **20** ('50) 1–24.

Indian J. Physics and Proc. indian Assoc. Cultivat. Sci. Velocity gradient method for the measurement of viscous properties of non-Newtonian liquids[36]): **16** ('42) 49–53. — Methods of measuring yield value, viscosity and thixotropy[36])[33]): 54–65. — A simple rotary viscometer for the study of anomalous viscous properties[36]): 66–70. — Effect of sand on the viscosity, yield value and thixotropic gelation of mud suspensions[19]): **17** ('43) 3–6. — Standard state of desiccation of dried blood plasma and the advantages of desiccation in the region of molecular flow[19]): Nr. 4, Proc. 26, 1f.

J. chem. Soc., London Prafulla Chandra Ray, 1861–1944: **1946**, 216–18. — Sir Shanti Swarup Bhatnagar, 1894–1954: **1955**, 2985f.

J. Colloid Sci. Some aspects of the electrochemistry of clays[24]): **1** ('46) 141–59. — Liberation of hydrogen, aluminium, and ferric ions from hydrogen clays by neutral salts[8])[2]): **2** ('47) 247–56. — Liberation of hydrogen, aluminium, and ferric ions from pure clay minerals on repeated salt treatment and desaturation[8])[28]): **3** ('48) 437–45.

J. indian chem. Soc. Adsorption of electrolytes by activated charcoal[31])[20]): P. C. Rây volume ('33) 209–23. — Variation of the electrical charge of colloidal particles, 5: Effect of the manner of preparation of arsenious sulphide sol on the cataphoretic speed in presence of electrolytes[31])[27]): **10** ('33) 27–32; Variation of the cataphoretic speeds of colloidal particles, 6: Further experiments on the variation of the cataphoretic speeds with dilution of the colloidal solution and in presence of added electrolytes[31])[26]): 713–25. — Colloid chemical analysis, 2[31])[10])[32])[19])[7]): 405–30. — On the measurement of the absolute rates of migration of ions by the method of moving boundaries, 1[24])[5]): **12** ('35) 177–89; ~ 2[24])[36]): **13** ('36) 42–68. — Variation of the cataphoretic velocity of colloidal particles during aggregation, 1[9])[4]): 372–89; ~ 2[9])[35]): 428–38. — Variations in the electrochemical properties of silicic acid and hydrogen bentonite sols with temperature[32])[8]): **18** ('41) 283–85. — Mixed cation effects in the estimation of base-exchange capacities of hydrogen clays[24])[14]): **19** ('42) 397f. — Limiting exchange of aluminium ions from hydrogen clays on the addition of neutral salts[8])[15]): 405–07.

J. Inst. Petroleum Diagnostic characteristics of crude oil[16]): **31** ('45) 173–78.

J. physic. Chem. On the preparation of upper liquids producing satisfactory boundary conditions in cataphoretic measurements and the uncertainties of the usual measurements of cataphoretic speed: **36** ('32) 595–603. — Electrochemical properties of clay minerals and the differentiation of hydrogen clays and bentonites by electrochemical methods, 1: Kaolinite and kaolinite clays[24])[23]): **47** ('43) 543–49; ~ 2: Montmorillonitic clays and bentonites[24])[1])[29]): 549–53. — Effect of concentration and pH on the viscous and electrochemical properties of hydrogen bentonites[36])[16]): 553–77.

J. Soc. chem. Industry, Trans. The stability of emulsions, 1: Soap-stabilised emulsions[17]): **58** ('39) 243–49.

Kolloid-Beih. Die kataphoretische Wanderungsgeschwindigkeit anorganischer Kolloide[9])[13]): **43** ('36) 417–66. — Die charakteristischen Eigenschaften saurer Stoffe in kolloiddispersen Lösungen im Gegensatz zu Säuren in molekulardisperser Form[24])[25]): **47** ('38) 1–90.

Kolloid-Z. Über die Eignung von Überschichtungsflüssigkeiten zur exakten Messung der kataphoretischen Wanderungsgeschwindigkeit nach der Methode der wandernden Grenzzone: **58** ('32) 155–57. – Die elektrischen Eigenschaften von Kolloiden, 1: Die Erklärung der Aktivitäts- und Leitfähigkeitsmessungen in kolloiden Lösungen: **62** ('33) 257–68; ~ 2: Das eigengesetzliche Verhalten von Kolloiden als Elektrolyte: **63** ('33) 36–47; ~ 3: Diskrepanzen zwischen den Aktivitäten und den Leitfähigkeiten in kolloiden Lösungen: **65** ('33) 72–77; ~ 4: Der Unterschied zwischen den Eigenschaften von kolloiden Säurelösungen und von Säuren in echter Lösung: **67** ('34) 178–86; ~ 5: Eine Erwiderung auf die kritischen Bemerkungen von W. Pauli und E. Valkó[25]): **72** ('35) 178–86. – Über die Theorie von Kohlrausch über wandernde Grenzen: **65** ('33) 297–301.

Nature [London] Formation of aggregates and structures in dilute solutions of hydrogen bentonites[36]): **145** ('40) 971f. – A method of differentiation of crude oils based on chromatography, capillary analysis and fluorescence in ultra-violet light[16]): **154** ('44) 734f. – Differentiation of hydrogen clays and identification of their mineral constituents by electrochemical and viscous methods[24]): 824. – Effect of hydrogen ion concentration on cation exchange in clay salts[25]): **155** ('45) 49. – Electrochemical properties of silicic acid sols[8]): 85f. – Liberation of H^+, Al^{3+} and Fe^{3+} ions from hydrogen clays by neutral salts[8]): 268f. – Effect of concentration on the free and titratable acids of hydrogen bentonite sols[24])[21]): 329f.

Science and Culture Effect of aggregation on the cataphoretic velocity of colloidal particles[9])[4]): **1** ('35) 111f. – Viscous and electrochemical properties of constituents of oil-well-drilling muds[36])[30]): **6** ('40) 368f. – Trace-element deficiencies in citrus: **15** ('49) 235–37.

Trans. nation. Inst. Sci. India Cataphoretic speed of inorganic colloids[9])[13]): **1** ('35/38) 47–82. – The characteristic properties of colloidal solutions of acidic substances which distinguish them from acids in true solutions [24])[25]): 227–92.

Einige weitere Arbeiten.

Mit: 1) S. N. Bagchi; 2) B. M. Banerjee; 3) S. Banerjee; 4) K. D. Bhabak; 5) A. K. Bhattacharyya; 6) S. K. Chakravorty; 7) A. Chatterjee; 8) B. Chatterjee; 9) S. G. Chaudhury; 10) S. K. Dasgupta; 11) N. P. Datta; 12) S. C. Ganguli; 13) B. N. Ghosh; 14) K. C. Ghosh; 15) P. C. Goswami; 16) M. K. Indra; 17) A. King; 18) –; 19) B. R. Majumdar; 20) M. Majumdar; 21) S. S. Mandal; 22) –; 23) D. K. Mitra; 24) R. P. Mitra; 25) S. K. Mukherjee; 26) S. Palit; 27) S. G. Rajkumar; 28) A. Ray; 29) S. P. Ray; 30) A. Reid; 31) S. Roychoudhury; 32) A. Sen; 33) K. C. Sen; 34) –; 35) J. Sen-Gupta; 36) N. C. Sen-Gupta.

V,VI **MULDER,** Anton Joseph Maria. Physik. – 1929–59 Prof., Berchmanianum, Nijmwegen; '29–51 Berater f. Kirchenakustik.

*1872, Febr. 9, Amsterdam;

†1951, Sept. 14, Nijmwegen.

W. Natuurkunde. De weg der wetenschap naar het atoom (Roermond '48) 200 S. (Berchmanianumserie).

Archives Musée Teyler, Haarlem Sur une nouvelle méthode de construction d'un réflecteur de son, donnant des ondes cylindriques: (3) **7** ('33) 295–99.

J. Inst. Petroleum Oil in the Netherlands and Emsland (Germany): **36** ('50) 123–40.

Physica Sur une nouvelle méthode de construction d'un réflecteur de son, donnant des ondes cylindriques: **12** ('32) 311–15.

Studiën ['s-Hertogenbosch] Der Blitz: **120** ('33) 35–44, 129–41, 238–49. – Schweres Wasser: **124** ('35) 165–72. – Das geheimnisvolle Atom: **126** ('36) 345–53, 466–78. – Der Abbau der Elemente der stofflichen Welt [,1]: Die Atomumwandlung durch Beschuß; das Zyklotron; der Van-de-Graaff-Generator: **129** ('38) 126–36; ~ [2]: Die Wilson-Kamera; die Schule von Rutherford: 246–55; ~ [3]: 327–40. – Der Ultraschall, 1: **131** ('39) 36–45; ~ 2: 344–54. – Naturwissenschaft und Krieg: **133** ('40) 195–202. – Das Elektronenmikroskop: **134** ('40) 401–09. – – Alle Arbeiten niederländ.

Zbl. Bauverwalt. Der neue Schallspiegel der Kathedrale St. Hedwig in Berlin: **55** ('35) 208–10.

VI **MULDER,** Johannes Gijsbertus Wilhelm. Physik. – Ingenieur, Physikal. Labor., N.V. Philips' Gloeilampenfabrieken, Eindhoven. – – Genauere Daten nicht bekannt.

*1899, Apr. 8, Hilversum.

W. De ontwikkeling van gloeidraadgelijkrichterbuizen, in het bijzonder van die voor hooge spanningen (Delft '34) 5+142 S.

Ingenieur ['s Gravenhage] Zündspannungserhöhung bei Gleichrichterröhren infolge eines Elektronenstroms im Vakuum mit kalter Kathode[3]): **50** ('35) E75–E81 [niederländ.]. – Metallische Entladungsröhren („Ignitrons") zur Anwendung in der Elektrotechnik: **65** ('53) O32–O35 [~].

Philips' techn. Rdsch. Ein neues metallenes Gleichrichterrohr mit Quecksilberkathode: **1** ('36) 65–69; **2** ('37) 121. – Eine regelbare Gleichrichteranlage für 20.000 Volt/18 Ampère[2]): **1** ('36) 161–65. – Physikalische Grundlagen der gasgefüllten Gleichrichter mit Glühkathode[1]): **2** ('37) 122–28. – Überspannungsschutz an Freileitungen von Niederspannungsnetzen: 225–32, 337. – Stromregulatorröhren: **3** ('38) 74–79. — Eine Fernsehbildröhre aus Stahl: Einleitung: **15** ('53) 60–62.

Physica Eine Vakuumentladung mit kalter Kathode als Ursache des Zündverzugs bei gewissen Hochspannungsgleichrichterröhren[3]): **2** ('35) 724–30.

Slaboproudý Obzor Fortschritte auf dem Gebiet der Lebensdauer von Gleichrichterröhren mit Oxidkathode und Gasfüllung[1]): **4** ('39) 1–4 [tschech.].

Tijdschr. nederl. Radiogenootschap Die Vor- und Nachteile der verschiedenen Gleichrichter-Schaltungen in bezug auf die Anforderungen, die an die Gleichrichterelemente (Röhren) gestellt werden, und die herrschende Verwirrung in der Nomenklatur: **5** ('32) 99–123 [niederländ. m. engl. Zusammenfassg.].

Mit: [1]) M. J. Druyvesteyn; [2]) H. L. van der Horst; [3]) F. M. Penning.

VI **MULHOLLAND,** Hugh Patrick. Math. — 1928–44 Lecturer, King's College (formerly Armstrong College), Newcastle-upon-Tyne; '44–50 Assoc. Prof., American Univ., Beirut, Lebanon; '51–57 Lecturer, Univ. of Birmingham; '57–60 Senior Lecturer, '60–71 Reader, Univ. of Exeter.

*1906, März 16, London.

S. C.R. du Congrès international des mathématiciens, Oslo 1936, 2 (Oslo '37) 100f.: The length of a curve and the area of a curved surface as continuous functionals.

American math. Monthly An inequality arising in genetical theory[1]): **66** ('59) 673–83; **67** ('60) 161.

Biometrika On distributions for which the Hartley-Khamis solution of the moment-problem is exact: **38** ('51) 74–89. — On singularities of sampling distributions, in particular for ratios of quadratic forms: **57** ('70) 155–74.

J. London math. Soc. On the generalization of Hardy's inequality: **7** ('32) 208–14. — An inequality related to the central limit theorem on probabilities: **28** ('53) 360–69. — On two extremum problems for polynomials on the unit circle: **31** ('56) 191–99. — Inequalities between the geometric mean difference and the polar moments of a plane distribution: **33** ('58) 260–70. — On the product of n complex homogeneous linear forms: **35** ('60) 241–50.

Proc. amer. math. Soc. On the distribution of a convex even function of several independent rounding-off errors: **3** ('52) 310–21.

Proc. Cambridge philos. Soc. On the degree of smoothness and on singularities in distributions of statistical functions: **61** ('65) 721–39.

Proc. London math. Soc. The generalization of certain inequality theorems involving powers: (2) **33** ('31/32) 481–516. — Concerning the generalization of the Young-Hausdorff theorem and the Hardy-Littlewood theorems on Fourier constants: **35** ('33) 257–93. — On the total variation of a function of two variables: **46** ('40) 290–311; **50** ('49) 559f. — Solution of Geöcze's problem for a continuous surface $z = f(x, y)$: **51** ('50) 285–93. — On generalizations of Minkowski's inequality in the form of a triangle inequality: 294–307. — Representation theorems for distribution functions[2]): (3) **8** ('58) 177–223.

Trans. amer. math. Soc. On Geöcze's problem for non-parametric surfaces: **68** ('50) 330–36.

Mit: [1]) C. A. B. Smith; [2]) C. A. Rogers.

IV–VI **MULLER,** Paul Thiébaud. Chem. — 1919–29 Prof. et Dir. de l'Inst. de Chim., '21–29 Doyen de la Fac. des Sci., Univ. de Strasbourg; '25–29 Dir., Ecole Nation. du Pétrole, Strasbourg.

*1863, Okt. 7, Thann, Haut-Rhin; †1933, Aug. 28, Nancy.

Nekr. L. Hackspill, Bull. Soc. chim. France (5) **1** ('34) 581–96 (m. Bildn., Schr.-verz.). — P. Mondain-Monval, Bull. Soc. industr. Mulhouse **100** ('34) 73f.

VI **MULLIKEN,** Robert Sanderson. Physik, Chem. (physikal.). — 1928–31 Assoc. Prof., '31–56 Prof., '56–61 Distinguished Service Prof., '61 Prof. Emer., Univ. of Chicago, Ill.; '64–71 (in winter) Distinguished Research Prof., Univ. of Florida State, Tallahassee, Fla. — '39 Hon. Sc. D. (Columbia Univ., New York); '60 Dr. h. c. (Univ. Stockholm); '67 Hon. Sc. D. (Univ. of Cambridge, Engl.); '67 Hon. Sc. D. (Marquette Univ., Milwaukee, Wis.). — '66 Nobel Prize in Chem. — '60 G. N. Lewis Gold Medal (California Sect., Amer. Chem. Soc.); '60 T. W. Richards Gold Medal (North Eastern Sect., Amer. Chem. Soc.); '63 Peter Debye Award (Amer. Chem. Soc.); '64 J. G. Kirkwood Medal (New Haven Sect., Amer. Chem. Soc., and Yale Univ.); '65 Willard Gibbs Gold Medal (Amer. Chem. Soc.); '65 City College New York Alumni Assoc. Gold Medal.

*1896, Juni 7, Newburyport, Mass.

Zur Biogr. Peter Debye Award in Physical Chemistry [to] Dr. R. S. Mulliken: Chemical and Engng. News **41** ('63) No. 12, S. 90.

Ehrung Molecular orbitals in chemistry, physics and biology. A tribute to R. S. Mulliken (P.-O. Löwdin, B. Pullman) (NewYork–London '64) 578 S.

Zur Verleihung des Nobelpreises Les Prix Nobel en 1966 (Stockholm '67) 99–101 (m. Bildn., Faks. u. Schr.verz.-Auszug 12 Nrn.). – Nobel lectures, Chemistry, 1963–1970 (Amsterdam–London–New York '72) 125–30, 161f. – I. Fischer-Hjalmars, Mulliken und die Molekülorbitale: Svensk kem. Tidskr. **79** ('67) 1–7 [schwed.]. – H. Grünewald, Was die Welt zusammenhält: Zeit **21** ('66) Nr. 46, S. 48. – H. Hartmann, Umschau Wiss. u. Techn. **67** ('67) 2. – J. R. Platt, Science [USA] **154** ('66) 745–47 (m. Bildn.). – B. Susz, Industries atom. **10** ('66) Nr. 11, 37–39. – H. Tsubomura, Kagaku [Kyoto] **21** ('66) 1228f. (m. Bildn.). – Nachr. Chem. u. Techn. **14** ('66) 490 (m. Bildn.).

Zur Bibliogr. In: L. Kasha, M. Kasha, Molecular electronic bibliography, **1** (Tallahassee, Fla. '58).

S. Proc. International conference of theoretical physics, Kyoto and Tokyo 1953 (Tokyo '54) 622–28: Intermolecular charge-transfer forces. – Symposium on molecular physics, held at Nikko, Japan, on the occasion of the International conference on theoretical physics, Tokyo and Kyoto 1953 (Tokyo '54) 17–22: On approximate computation of molecular energies; 45–51: The interaction of electron donor and acceptor molecules. – The threshold of space. Proc. of the Conference on chemical aeronomy 1956 (M. Zelikoff) (London–New York '57) 169–79: Energy levels of the nitrogen molecule. – McGraw-Hill encyclopedia of science and technology, an international reference work (W. H. Crouse) (New York '60) 1547–55: Molecular structure and spectra. – Encyclopaedic dictionary of physics (J. Thewlis), **4** (New York–London '62) 701–05: Molecular orbitals. – Proc. 1st International symposium on molecular structure and spectroscopy, Tokyo 1962 (Tokyo '62) B207/1–B207/8: Molecular Rydberg states. – Quantum theory of atoms, molecules, and the solid state. A tribute to John C. Slater (P.-O. Löwdin) (New York–London '66) 5–13: John Clarke Slater: his work and a bibliography; 231–41: Bonding characteristics of diatomic molecular orbitals. – Les Prix Nobel en 1966 (Stockholm '67) 137–61: Spectroscopy, molecular orbitals, and chemical bonding. – Nobel lectures, Chemistry, 1963–1970 (Amsterdam–London–NewYork '72) 131–60: Spectroscopy, molecular orbitals, and chemical bonding.

W. Molecular complexes, a lecture and reprint volume (m. W. B. Person) (New York '69, '70) 489 S.

Angewandte Chem. Spektroskopie, Molekül-Orbitale und chemische Bindung: **79** ('67) 541–54.

Annual Rev. physic. Chem. Donor–acceptor complexes[17]): **13** ('62) 107–26.

Astrophysical J. Recent progress in the interpretation of molecular spectra and in the study of molecular spectra in celestial objects. Intensities of electronic transitions in molecular spectra: **89** ('39) 283–88. – Dissociation processes in oxygen above 1750 Å [31]): **125** ('57) 594–600. – An electric quadrupole electronic band system in molecular nitrogen[31]): **126** ('57) 10–13.

Canadian J. Chem. The lower excited states of some simple molecules: **36** ('58) 10–23.

Canadian J. Physics A $^1\Sigma^-$–$^3\Pi_r$ spectrum of SiO[30]): **39** ('61) 908–16.

Chemical Physics Letters The role of kinetic energy in the Franck-Condon principle; with application to the iodine molecule emission spectrum: **7** ('70) 11–14. – The nitrogen molecule correlation diagram: **14** ('72) 137–40. – Rydberg and valence-shell character as functions of internuclear distance in some excited states of CH, NH, H_2 and N_2: 141–44. – Mixed V states: **25** ('74) 305–07.

Chemical Rev. Quantum-mechanical methods and the electronic spectra and structure of molecules: **41** ('47) 201–06. – The structure of diborane and related molecules: 207–17. – The twisting frequency and the barrier height for free rotation in ethylene[25]): 219–31.

Chemistry [Washington] Electrons; what they are and what they do: **40** ('67) 13–15.

International J. Quantum Chem. The assignment of quantum numbers for electrons in molecules: **1** ('67) 103–17. – The lowest excited states of BH: **5** ('71) 83–94. – The ground state of BeH: 95–101. – Molecular orbitals of nitrogen at small internuclear distance: **8** ('74) 817–21.

J. amer. chem. Soc. Quantum theory of the double bond: **54** ('32) 4111f. – Hyperconjugation[23])[1]): **63** ('41) 41–56. – Improved computations on conjugation and hyperconjugation[23]): 1770f. – [Molecular compounds and their spectra, 1:] Structures of complexes formed by halogen molecules with aromatic and with oxygenated solvents: **72** ('50) 600–08; ~ 2: **74** ('52) 811–24; ~ 4: The pyridine-iodine system[22]): **76** ('54) 3869–74; Molecular complexes and their spectra, 7: The spectrophotometric study of molecular complexes in solution; contact charge-transfer spectra[13]): **79** ('57) 4839–46; ~ 9: Infrared absorption by iodine in its pyridine complexes and in benzene[20]): **81** ('59) 823–26; ~ 12: Ultraviolet absorption spectra caused by the interaction of oxygen with organic molecules[29]): **82** ('60) 5966–74. – Overlap integrals and chemical binding: **72** ('50) 4493–503. – Hyperconjugation and spectrum of the benzenium ion, prototype of aromatic carbonium ions[12][19]: **76** ('54) 4770–78. – Structures of the halogen molecules and the strength of single bonds: **77** ('55) 884–87. – Bond angles in water-type and ammonia-type molecules and their derivatives: 887–91. – Strong or isovalent hyperconjugation in some alkyl radicals and their positive ions[12]: **80** ('58) 3489–97. – The Rydberg states of molecules, 1: Introduction: **86** ('64) 3183–85; ~ 2: General characteristics of Rydberg orbitals: 3185–88; ~ 3: Rydberg series orbitals and their precursors: 3188f.; ~ 4: Coupling relations in diatomic Rydberg states: 3189–92; ~ 5: The forms and energies of H_2^+ molecular orbitals: 3192–97; ~ 6: Potential curves and dissociation behavior of (Rydberg and other) diatomic states: **88** ('66) 1849–61; ~ 7: **91** ('69) 4615–21. – Note on the charge-transfer band of the pyridine–iodine complex: 1237. – SCF wave functions of P_2 and PO, and the role of d functions in chemical bonding, and of s–p hybridization in N_2 and P_2 [32]: **93** ('71) 6738–44.

J. chem. Physics Electronic structures of polyatomic molecules and valence, 5: Molecules RX_n: **1** ('33) 492–503; ~ 6: On the method of molecular orbitals: **3** ('35) 375–78; ~ 7: Ammonia- and water-type molecules and their derivatives: 506–14; ~ 8: Ionization potentials: 514–17; ~ 9: Methane, ethane, ethylene, acetylene: 517–28; ~ 10: Aldehydes, ketones, and related molecules: 564–73; ~ 11: Electroaffinity, molecular orbitals and dipole moments: 573–85; ~ 12: Electroaffinity and molecular orbitals, polyatomic applications: 586–91; ~ 13: Diborane and related molecules: 635–45; ~ 14: Linear triatomic molecules, especially carbon dioxide: 720–39. – Note on electric moments and infrared spectra, and the structure of CO: **2** ('34) 400–02, 712f. – A new electroaffinity scale; together with data on valence states and on valence ionization potentials and electron affinities: 782–93. – Note on absorption processes in the halogen spectra: **4** ('36) 620f. – Intensities of electronic transitions in molecular spectra, 1: Introduction: **7** ('39) 14–20; ~ 2: Charge-transfer spectra: 20–34; ~ 3: Organic molecules with double bonds; conjugated dienes: 121–35; ~ 4: Cyclic dienes and hyperconjugation: 339–52; ~ 5: Benzene: 353–56; ~ 6: Molecular refractivities of organic compounds: 356–63; ~ 7: Conjugated polyenes and carotenoides: 364–73; ~ 8a: Odd-numbered conjugated polyene chain molecules and organic dyes (with notes on optical anisotropy and Raman intensities): 570–72; ~ 9: Calculations on the long-wavelength halogen spectra: **8** ('40) 234–43; ~ 10: Calculations on mixed-halogen, hydrogen halide, alkyl halide, and hydroxyl spectra: 382–95. – Molecular orbital treatment of the ultraviolet spectra of benzene and borazole[25]: **16** ('48) 118–22. – Overlap integrals and chemical binding[23][24][15]: **17** ('49) 510. – Formulas and numerical tables for overlap integrals[23][14][15]: 1248–67. – LCAO self-consistent field calculation of the π electron energy levels of cis- and trans-1,3-butadiene[16]: **18** ('50) 1338–46. – Lewis acids and bases and molecular complexes: **19** ('51) 514f. – Overlap and bonding power of 2s–2p hybrid orbitals: 900–12. – Orthonormal sets of LCAO molecular orbitals for second-row homopolar diatomic molecules: 912–22. – Linear-combination-of-atomic-orbital–molecular-orbital computation of resonance energies of benzene and butadiene, with general analysis of theoretical versus thermochemical resonance energies[16]: 1271–78. – Hyperconjugation in $C_6H_7^+$ and other hydrocarbon ions[19][12]: **21** ('53) 1400f. – Infrared spectra of solutions of iodine[4][28]: 1407f. – Molecular compounds and their spectra, 5: Orientation in molecular complexes: **23** ('55) 397f. – Electronic population analysis on LCAO-MO [linear combination of atomic orbital – molecular orbital] molecular wave functions, 1: 1833–40; ~ 2: Overlap populations, bond orders, and covalent bond energies: 1841–46; ~ 3: Effects of hybridization on overlap and gross AO populations: 2338–42; ~ 4: Bonding and antibonding in LCAO and valence-bond theories: 2343–46. – Far ultraviolet absorption spectra of ethylene and ethylene-d_4 [31]: 1895–907. – Report on notation for the spectra of polyatomic molecules: 1997–2011. – Emission band spectra of nitrogen. Kaplan's first and second systems[8]: **26** ('57) 1010–17. – Improved molecular orbitals (computations on H_2) [18]: **28** ('58) 1248f. – Forbidden band systems in nitrogen, 2: The $a'^1\Sigma_u^- \leftarrow X^1\Sigma_g^+$ system in absorption[31]: **31** ('59) 674–79. – Charge distribution, hybridization, and bonding in acetylene and carbon dioxide[9][21]: **32** ('60) 1873. – Some neglected subcases of predissociation in diatomic molecules: **33** ('60) 247–52. – Note on Hurley's: Improved molecular orbitals and the valence bond theory[18]: 615f. – Lowest triplet states of ethylene: 1596f. – Criteria for the construction of good self-consistent-field molecular orbital wave functions, and the significance of LCAO-MO population analysis: **36** ('62) 3428–39. – Low-energy $^5\Sigma_g^+$ states of the nitrogen molecule: **37** ('62) 809–13. – $^3\Pi$ levels and predissociations of N_2 near the 12.135 eV dissociation limit[2]: **43** ('65) 2170–79. – Molecular scientists and molecular science: some reminiscences: Nr. 10, Teil 2, S2–S11. – Vibrational structure of the π^*–π electronic transition of ethylene[11]: **50** ('69) 1026f. – Potential curves of diatomic rare-gas molecules and their ions, with particular reference to Xe_2: **52** ('70) 5170–80. – Iodine revisited: **55** ('71) 288–309. – The role of kinetic energy in the Franck-Condon principle: 309–14. – A comparison of two atomic charge definitions as applied to the hydrogen fluoride molecule[33]): 5135f.

J. Chim. physique Quelques aspects de la théorie des orbitales moléculaires: **46** ('49) 497–542, 675–713. – Forces intermoléculaires de transfert de charge: **51** ('54) 341–44. – The interaction of electron donors and acceptors: **61** ('64) 20–36 (Diskuss. 36–38).

J. molecular Spectroscopy Rotational structure of the band spectrum of CCl molecule[30]): **6** ('61) 419–37.

J. opt. Soc. America Research in the Laboratory of Molecular Structure and Spectra at Chicago: **50** ('60) 404f.

J. physic. Chem. Solved and unsolved problems in the spectra of diatomic molecules: **41** ('37) 5–45. – Some proposals concerning nomenclature and symbols for polyatomic molecules: 159–73. – Discussion of papers presented at the Symposium on molecular structure [Princeton, N. J.]: 299, 301f., 305 f., 315, 318–20. – Magic formula, structure of bond energies, and isovalent hybridization: **56** ('52) 295–311. – Molecular compounds and their spectra, 3: The interaction of electron donors and acceptors: 801–22. – The ultraviolet absorption spectrum of chloranil[5]): **64** ('60) 367f. – π-Delocalization in butadiene and cyanogen: **66** ('62) 2306–09. – Single-triplet absorption bands of methyl-substituted ethylenes[6]): **73** ('69) 4332–34.

J. quantitat. Spectroscopy and radiat. Transfer Recent progress in theoretical computations on the electronic states of simple molecules and their spectra: **2** ('62) 415f.

Nucleus [USA] The interaction of electron donors and acceptors: **37** ('60) 269–78.

Optika i Spektroskopija Research at the Laboratory of Molecular Structure and Spectra, University of Chicago: **6** ('59) 437–39 [russ.].

Philosophical Trans. roy. Soc. London, Ser. A A discussion on photoelectron spectroscopy: Introductory remarks: **268** ('70) 3–5.

Physical Rev. The red CN band system[7])[24]): (2) **39** ('32) 16–41. – Electronic structures of polyatomic molecules and valence [,1]: **40** ('32) 55–62; ∼ 2: General considerations: **41** ('32) 49–71; ∼ 3: Quantum theory of the double bond: 751–58; ∼ 4: Electronic states, quantum theory of the double bond: **43** ('33) 279–302; ∼: Magnetism of B_2H_6: 765. – On the interpretation of the rotational structure of the CO_2 emission bands: **42** ('32) 364–72. – New O_2^+ bands. Dissociation energy of O_2^+ and ionization potential of O_2 [26]): **44** ('33) 720–23. – Hopfield's Rydberg series and the ionization potential and heat of dissociation of N_2: **46** ('34) 144–46. – The halogen molecules and their spectra [,1]: J–J-like coupling; moleculal ionization potentials: 549–71; ∼ 2: Intervar relations and relative intensities in the long-wavelength spectra: **57** ('40) 500–15. – Structure, ionization, and ultraviolet spectra of methyl iodide and other molecules: **47** ('35) 413–15. – The low electronic states of simple heteropolar diatomic molecules, 1: General survey: **50** ('36) 1017–27; ∼ 2: Alkali metal hydrides: 1028–40; ∼ 3: Hydrogen and univalent metal halides: **51** ('37) 310–32. – Note on electronic states of diatomic carbon, and the carbon–carbon bond: **56** ('39) 778–81. – Species classification and rotational energy-level patterns of nonlinear triatomic molecules: **59** ('41) 873–89. – Correlation of energy levels of linear and bent triatomic molecules, and the ultraviolet CS_2 absorption spectrum: **60** ('41) 506–13. – Nature of electronic levels in ultraviolet spectra of hydrogen and alkyl halides: **61** ('42) 277–83. – Interpretation of the methyl iodide absorption bands near λ 2000 [27]): 283–96. – Molecular orbital method and molecular ionization potentials: **74** ('48) 736–38. – The electron affinity of O_2: **115** ('59) 1225f. – The interaction of differently excited like atoms at large distances: **120** ('60) 1674–84. – Rare-gas and hydrogen molecule electronic states, noncrossing rule, and recombination of electrons with rare-gas and hydrogen ions: **136** ('64) A962–A965.

Physics today Spectroscopy, quantum chemistry, and molecular physics: **21** ('68) 52–57.

Proc. nation. Acad. Sci. USA Mechanism of the long-wavelength absorption by the carbonyl group[10]): **26** ('40) 312–17. – A comparative survey of approximate ground state wave functions of helium atom and hydrogen molecule: **38** ('52) 160–66. – Broken bottlenecks and the future of molecular quantum mechanics[25]): **45** ('59) 394–98.

Pure and appl. Chem. The path to molecular orbital theory: **24** ('70) 203–15.

Radiation Res. Potential energy curves and radiative transition probabilities for rare-gas molecules: **59** ('74) 357–62.

Record chem. Progr. Overlap integrals and molecular energies: **13** ('52) 67–77.

Recueil Trav. chim. Pays-Bas Molecular complexes and their spectra, 6: Some problems and new developments: **75** ('56) 845–52.

Rend. Semin. mat. e fisico Milano Intermolecular charge-transfer forces: **24**. 1952/53 ('54) 3–9.

Rep. Progr. Physics Molecular electronic spectra, dispersion and polarization. Theoretical interpretation and computation of oscillator strengths and intensities[23]): **8** ('41) 231–73.

Reviews modern Physics Interpretation of band spectra, 3: Electron quantum numbers and states of molecules and their atoms: **4** ('32) 1–86. – Electronic structures and spectra of triatomic oxide molecules: **14** ('42) 204–15. – Bond integrals and spectra[23]): 259. – Structure and ultraviolet spectra of ethylene, butadiene and their alkyl derivatives: 265–74. – Self-consistent field atomic and molecular orbitals and their approximations as linear combinations of Slater-type orbitals: **32** ('60) 232–38. – The role of Coulomb energy in the valence-bond theory[3]): 254–65.

Science [USA] Symbols and names for the hydrogen isotopes: (N. S.) **79** ('34) 228f. – Science and the scientific attitude: **86** ('37) 65–68. – Peace resolution of the American Association of Scientific Workers: **91** ('40) 432, 525f. – Spectroscopy, molecular orbitals, and chemical bonding: **157** ('67) 13–24.

Science and public Affairs Through ZPG to NPG: **30** ('74) 9–.

Tetrahedron Conjugation and hyperconjugation: A survey with emphasis on isovalent hyperconjugation: **5** ('59) 253–74. – Bond lengths and bond energies in conjugation and hyperconjugation: **6** ('59) 68–87. – An epistologue on carbon bonds: General discussion of questions raised in the contributed papers: **17** ('62) 247–54.

Usp. fizič. Nauk Spectroscopy, molecular orbitals, and chemical bonding: **94** ('68) 585–606 [russ.].

Mitautor von Berichten der Atom-Kommission der Internationalen Union für Chemie, veröffentlicht in verschiedenen Zeitschriften.

Mit: [1]) W. G. Brown; [2]) P. K. Carroll; [3]) S. Fraga; [4]) D. L. Glusker; [5]) K. H. Hausser; [6]) M. Itoh; [7]) F. A. Jenkins; [8]) M. A. Lofthus; [9]) A. D. McLean; [10]) H. L. McMurry; [11]) A. I. Merer; [12]) N. Muller; [13]) L. E. Orgel; [14]) D. Orloff; [15]) H. Orloff; [16]) R. G. Parr; [17]) W. B. Person; [18]) P. E. Phillipson; [19]) L. W. Pickett; [20]) E. K. Plyler; [21]) B. J. Ransil; [22]) C. Reid; [23]) C. A. Rieke; [24]) Y. K. Roots; [25]) C. C. J. Roothaan; [26]) D. S. Stevens; [27]) E. Teller; [28]) H. W. Thompson; [29]) H. Tsubomura; [30]) R. D. Verma; [31]) P. G. Wilkinson; [32]) B. Liu; [33]) P. Politzer.

VI **MULLIKEN,** Samuel Parsons. Chem. (org.). – 1895–1905 Instructor, '05–13 Assist. Prof., '13–26 Assoc. Prof., '26–34 Prof., Massachusetts Inst. Technol., Cambridge, Mass.

*1864, Dez. 19, Newburyport, Mass.; †1934, Okt. 24, Newburyport, Mass.

Zur Biogr. T. L. Davis, Industrial and Engng. Chem., News Edit. **12** ('34) 197f. (m. Bildn.).

Nekr. T. L. Davis, Proc. amer. Acad. Arts and Sci. **70** ('35/36) 560–65. – Nucleus [Cambridge, Mass.] **12** ('35) 79f.

W. Identification of pure organic compounds; tables of data on selected compounds of order 1 (compounds of carbon with hydrogen or with hydrogen and oxygen) (m. E. H. Huntress) (New York '41) 17+691 S.

Industrial and Engng. Chem., Analyt. Edit. Estimation of unsaturation in aliphatic hydrocarbons by bromide–bromate titration[2]): **7** ('35) 59. – A procedure for classification of hydrocarbons[2]): 275–78.

J. amer. chem. Soc. The preparation of certain alkenes, alkadienes and alkynes[2])[1]): **57** ('35) 1605–07.

Recueil Trav. chim. Pays-Bas A study of the relation between the structure of hydrocarbons and their miscibility with selective solvents[2]): **54** ('35) 366–72.

Mit: [1]) H. T. Gerry; [2]) R. L. Wakeman.

VI **MULLIN,** Charles Earl. Chem. (industr.). – 1926–31 Prof., '30–31 Head of the Divis. of Textile Chem., Textile School of Clemson Agric. College, Clemson, S.C.; later on Consulting Chemist, Huntingdon, Pa.

*1890, Apr. 13, Hyndman, Pa.; †1953.

Zur Biogr. National cyclopædia of American biography **41** (New York '56) 340f.

Chemical Industries Recent developments in waterproofing [textiles]: **46** ('40) 557–63. – Water-repellent textiles through the new "Zelan" process: **47** ('40) 404–09.

Chemical Markets The cellulose ethers[3]): **30** ('32) 244–48, 348–52, 457–59. – The chemical markets of Asia: **31** ('32) 131–33. – Japanese research and trade conditions: 220–24. – Japan's chemical industries: 512. – Ceramics in Japan: **32** ('33) 39–42. – Chemical process industries in Japan: 129–31. – Synthetic yarns' growth in world industry: 211–15. – Japanese alkalies: 320. – "Rayon oils". Properties, markets and uses of lubricants and softeners on synthetic yarns: **33** ('33) 129–32.

Indian Textile J. The textile industries of India and Japan: **43** ('32/33) Nr. 505, 3f. – Desizing of cotton goods: **44** ('33/34) Nr. 522, 205–07.

J. of Commerce Fabric printing in the Orient: **1933**, Spec. Edit., 16. Jan. – Chemical research offers rich profits: ibid. – Government aids chemical research (in Japan): Spec. Japanese Edit., Febr. – Japan betters silk conditioning houses at Yokohama and Kobe: 15. März.

Petroleum [Berlin] Kunstseidenöle: **30** ('34) Nr. 23, 1–5.

Plastic Products Pyroxylin and camphor in Japan: **9** ('33) 322.

Revue gén. Matières colorantes, Blanchiment, Teinture, Impress. et Apprêts Entwicklung der Acetatseide in Amerika: **36** ('32) 37f. [ ]. — Öle für Kunstseide: 42–47 [ ]. — Die Entschlichtung von Baumwollgeweben: 186–91 [ ]. — Die Industrie der synthetischen Fasern in Amerika während des Jahres 1930: 230–36, 274–78, 314–17 [ ].

Revue univ. Soie et Textiles artific. (Rusta-Rayonne) Die Kunstseidenöle: **11** ('36) 467–73 [ ].

Soap (and sanitary Chem.) The newer detergents [,1]: **13** ('37) Nr. 11, 30–33, 74; ~ 2: Nr. 12, 27–30, 73f.; ~ 3: **14** ('38) Nr. 1, 30–33, 74. — Synthetic detergents: Nr. 2, 32–35, 73f.; Nr. 3, 30–33; Nr. 4, 32f., 73f. — Raw materials for the newer detergents: Nr. 10, 21–23; Nr. 11, 29–31, 70. — Higher fatty alcohols: Nr. 12, 27–29, 69; **15** ('39) Nr. 1, 27–29, 70; Nr. 2, 29–31, 69f.; Nr. 3, 28–31.

Textile Colorist Recent patents covering soaps, soap powders, soap-solvent mixtures, etc.[2]): **54** ('32) 21–25. — The internal linkages and structure of wool and silk[3]): 47–51, 59. — Theory of dyeing with special regard to acetate silk[4]): 83–86, 159–62. — The free amino, carboxyl and other active groups in wool and silk[3]): 111–15, 130. — The sulfur in wool[3]): 171–75, 259–61, 270. — Sulfonated wetting and cleansing agents and related products[5]): 232–35, 274. — Avoiding trouble in manufacturing synthetic yarn goods: 301–04, 346. — Manufacture and constitution of the new wetting and emulsifying agents[5]): 331–34. — The Duhamel system of wool scouring: 381–84. — Various applications of the wetting agents: 402–05. — The improved Duhamel wool-scouring bowl: 446–48. — The sulfonated oils and aromatic wetting agents, 3[2]): 513–16, 565. — The Duhamel wool-scouring patents: 529–31, 562. — The seed-hair fibers: 587–90. — A bit of rayon history: 618–20. — Yusen style (textile) printing: 657–59, 708. — The bast fibers: 671–73, 708. — The animal fibers: 738–41. — Hydrogen-ion concentration control in the textile industry: 803–05. — The silks: 819–21, 852. — Constant-temperature baths for dyeing: **55** ('33) 11f., 59. — pH control in bleaching and finishing cotton: 81–84, 132. — Some causes of uneven dyeing rayon: 99f. — pH control in dyeing and printing cotton: 155–57, 204. — Rayon waste and some difficulties encountered in dyeing it: 225–27, 276. — The present and future of the synthetic yarns: 303–06, 348. — Friction marks in dyeing cotton goods: 369f. — Delustering the synthetic yarns: 443–45. — The Japanese rayon industry: 532–35. — A new English stenter: 590f., 636. — The dull-luster acetate rayon patents: 657–60, 735–38, 780. — The Japanese textile schools: 804–06. — Delustering acetate rayon yarns and fabrics: **56** ('34) 11–15, 89–92. — Dyeing equipment (for raw stock): 157–60, 243–45, 276. — Mordanting, weighting and iron-proofing acetate rayon: 371–74, 455–58, 529f., 564. — Oils for rayons and synthetic yarns: 589–92. — Dyeing equipment (for sliver, slubbing and tops): 664–67, 708. — Dyeing equipment (for yarns): 740–43, 817–20; **57** ('35) 27–29, 60, 304–08, 388–91, 453–55. — Control and prevention of delustering, and relustering processes of synthetic (acetate) yarn materials: 83–86, 159–62, 230–33. — pH indicators[1]): 518–20, 589–92, 668–70, 736–38, 809–11; **58** ('36) 17–19, 89–91, 158–60, 232–34, 307–09, 379–81, 422. — Piece-dyeing equipment, 1: General: 731–33; ~ 2: Padders: 807–10; **59** ('37) 15–19; ~ 3: Jiggers: 90–93, 160–63, 204; ~ 4: Reel- or winch-types: 234–36, 313–16, 378–80; ~ 5: Star machines: **60** ('38) 26–28, 197–99, 204. — Lather or foam: **59** ('37) 409–11. — Recent patents covering wetting, emulsifying, dispersing and cleansing compounds and mixtures, and other textile assistants: 531–33, 558, 599–602, 693–96, 708, 762–64, 811–14. — Velan and similar water-repellent finishes: 96–100, 163–66, 204, 231–33, 276. — Alcohol derivatives as textile assistants: **61** ('39) 371–74, 447–50. — A bibliography of the literature for 1937 on wetting and wetting agents; washing, scouring, cleansing and other detergent agents and processes; emulsifying, emulsifiers and emulsions; their manufacture, testing and use: 519–21, 595–98, 662–66.

Textile Manufacturer Dyeing rayon waste yarns and materials made from them: **58** ('32) 319f.

Textile Mercury and Argus Kontinuierliche Zinnerschwerungsverfahren für Stückware aus Seide oder synthetischem Garn: **90** ('34) 28, 32 [engl.]. — Constant-temperature baths for [laboratory] dyeing: **94** ('36) 119, 123. — The rayon oils. Their properties and application in the various processes: Rayon Suppl. 8. Mai, 35–37.

Textile Recorder Immunized cotton and its uses[4]): **49** ('31/32) Nr. 584, 73; Nr. 585, 61–63; Nr. 586, 63, 65; Nr. 587, 61; Nr. 588, 55f. — pH control and its applications: **50** ('32/33) Nr. 591, 63–65; Nr. 592, 53. — Dyeing aluminum chloride carbonized wool and noils: Nr. 592, 51–53; Nr. 593, 58. — pH control in bleaching and finishing cotton: Nr. 601, 51–53; Nr. 604, 51–53. — pH control in dyeing and printing cotton: **51** ('33/34) Nr. 605, 53; Nr. 606, 49–51, 53. — Possibilities of chemical research in the cotton industry: Nr. 609, 47–49; Nr. 611, 51–53. — The Japanese textile schools: Nr. 613, 23f.

Textile World Friction marks in piece-dyed cotton fabrics: **81** ('32) 1539.

Ferner Lexikon-Artikel auf dem Gebiet der Textil-Industrie.

Mit: [1]) E. Aughey; [2]) L. Hart; [3]) H. L. Hunter; [4]) R. L. McGee; [5]) R. M. Stribling.

VI **MULLINS,** George Walker. Math. — 1912–19 Instructor, '19–23 Assist. Prof., '23–28 Assoc. Prof., '28–48 Prof., '29–31 Acting Dean, '48 Prof. Emer., Barnard College, Columbia Univ., New York; '29–34 Treasurer, Amer. Math. Soc. — '35 Hon. LL. D. (Univ. of Arkansas, Fayetteville, Ark.).

*1881, Febr. 11, Fayetteville, Ark.;
†1956, März 11, Woodstock, Vt.

Todesanz. Science [USA] **123** ('56) 580.

W. College algebra (m. A. M. Harding) Neuaufl. (New York '36) 7+379 S. — Plane trigonometry (m. A. M. Harding) Neuaufl. (New York '37) 7+172 S.

VI **MUND,** Walter Emile Marie. Chem. (physikal.). — 1910–14 Stud., '14 Dr. en Sci. chim., '20–22 Chargé de Cours, '22–56 Prof., Univ. de Louvain. — '19 Prix Jean-Servais Stas, '29 Prix Agathon de Potter pour la Physique, '38 Prix Agathon de Potter pour la Chimie (Acad. Roy. Belgique); '40 Prix décennal de Chimie (Soc. Sci. Bruxelles).

*1892, Jan. 22, Anvers;
†1956, Aug. 15, Louvain.

Nekr. R. Belche, Archives, Inst. grand-ducal Luxembourg **23** ('56) 23–25. — H. van Waeyenbergh, F. Litt, Annuaire, Univ. cathol. Louvain **91.** 1953/56 ('60) CXVIII–CXXIII (m. Bildn.). — A. Bruylants, ibid. CXXIV–CXLVIII.

Ue. M. Ageno, Phénomènes de luminescence provoqués par les rayonnements de grande énergie (siehe **W.**).

S. Trabajos IX Congreso internacional de química pura y aplicada, Madrid 1934 **2** (Madrid '34) 304–22: Quelques considérations sur des réactions chimiques provoquées par les rayons alpha dans les gaz. — La relativité de notre connaissance, trois causeries (Louvain '48) (Essais philosophiques, 4) 41–101: Le langage de la physique.

W. L'action chimique des rayons alpha en phase gazeuse (Paris '35) 53 S. (Actualités scientifiques et industrielles, 275. Exposés de chimie générale et minérale, 6). — Quelques aspects de la chimie physique aux Etats-Unis (Louvain '47) 184 S. — Les effets chimiques produits par les rayons ionisants en phase gazeuse (in einem Band mit: M. Ageno, Phénomènes de luminescence provoqués par les rayonnements de grande énergie, N. Miller, Introduction à la dosimétrie des radiations) (Paris '56) 6+224 S. (insgesamt).

Annales Soc. sci. Bruxelles, Sér. B La répartition du Ra A, du Ra B et du Ra C en équilibre radioactif avec le radon dans un récipent sphérique[16]): **54** ('34) 24–29. — Remarques théoriques sur le mécanisme des réactions provoquées par les rayons alpha dans les gaz: 30–35. — Remarques générales sur l'application de la thermodynamique aux équilibres chimiques dans les systèmes homogènes: **56** ('36) 15–34. — Vérification des lois de Knudsen et de Reynolds au moyen du radon[16]): 196–219.

Annales Soc. sci. Bruxelles, Sér. I Le mécanisme secondaire de la décomposition photochimique de l'ammoniac. L'inhibition par l'hydrogène atomique[25]): **57** ('37) 92–98. — Sur la définition générale de l'entropie et les bases de la thermodynamique chimique: **58** ('38) 65–86, 153. — Polymérisation de l'éthylène dans une décharge électrique[3]): **65** ('51) 149–87.

Bull. Cl. Sci., Acad. roy. Belgique La réaction de l'hydrogène atomique avec le méthane et le benzène[15])[13]): (5) **34** ('48) 651–60. — La polymérisation du chlorure de vinyle sous l'action des rayons alpha[12])[28]): **35** ('49) 656–68. — Etude complémentaire de l'interception des atomes d'hydrogène par les molécules d'ammoniac[13])[15]): 995–1007. — Sur la cinétique et la réaction d'échange entre l'hydrogène et le deutérium sous l'action des rayons alpha[18]): **36** ('50) 47–62. — La polymérisation de l'isobutène sous l'action des rayons alpha[13]): 610–15. — Sur la détermination précise des densités de vapeur et des masses molaires[3]): **37** ('51) 146–54. — Remarques sur la constante d'entropie et le troisième principe de la thermodynamique: 207–12. — Comparaison quantitative des effets radiochimiques en phase liquide et en phase gazeuse: 333–40. — Sur la détermination des masses molaires par une méthode cinétique[12]): 525–31. — Description d'un dispositif pour la mesure des coefficients d'aimantation des substances diamagnétiques[18]): 549–56. — Sur la polymérisation radiochimique du chlorure de vinyle et de isobutène[12])[13]): 696–705. — Sur les densités de vapeur du benzène et du méthanol au voisinage du point de liquéfaction[9])[20]): 706–12. — Nouveau dispositif pour la détermination microchimique des masses molaires par effusiométrie[12])[13]): **38** ('52) 106–12. — Remarques complémentaires sur la détermination des masses molaires par effusiométrie[7])[13]): 770–79. — Sur la probabilité d'évolution des complexes activés: **39** ('53) 175–78. — La détermination précise des densités de vapeur comme critérium de pureté en chimie organique[7])[17]): 666–75. — Sur une variante de la méthode thermoconductimétrique pour l'analyse des systèmes gazeux[18])[10]): 676–83. — L'hydrogène: **40** ('54) 1280–91. — Cinétique et produits de la polymérisation de l'isobutène sous l'action des rayons alpha[10])[26]): **41** ('55) 805–15.

— Action chimique des rayons alpha sur le tétrachlorure de carbone[13][4]: 929–36. — Description d'un appareil tonométrique[13][21]: **42** ('56) 13–18.

Bull., Soc. chim. Belgique Tension de vapeur du système alcool éthylique - acétate d'éthyle [11]: **41** ('32) 349–76. — Sur la détermination par la méthode des scintillations des pouvoirs d'arrêt des gaz pour les particules alpha de vitesses différentes[2]: **42** ('33) 163–71. — Recherches expérimentales quantitatives sur la décomposition de l'hydrogène sulfuré gazeux par les particules alpha[24][6]: **43** ('34) 49–72. — L'influence de l'intensité d'irradiation sur le rendement ionique dans les réactions provoquées par les particules alpha: 100–10. — Le mécanisme secondaire de la décomposition photochimique de l'ammoniac[25]: **46** ('37) 104–28. — L'action des particules alpha sur l'hydrogène sulfuré dilué dans beaucoup d'hydrogène[25]: 129–40. — Influence de la vitesse de décomposition sur le rendement quantique de la photolyse de l'ammoniac[1][14]: 211–26. — A propos des interprétations récentes de l'effet de pression dans la photolyse de l'ammoniac[25]: 227–30. — Vérification expérimentale des calculs relatifs à l'ionisation produite par certaines sources[29]: **47** ('38) 149–61. — Remarques sur une des réactions secondaires intervenant dans la photolyse de l'ammoniac[25]: 940–43. — Expériences complémentaires sur la polymérisation radiochimique de l'acétylène[27][5][30]: **48** ('39) 269–82. — Action des particules alpha sur un mélange équimoléculaire d'hydrogène et de deutérium[14][30][25]: **49** ('40) 187–213.

Bull. Soc. chim. belges Propriétés extensives et grandeurs molaires partielles[8][23]: **55** ('46) 245–305. — Production de deutéro-hydrogène sous l'action des particules alpha[19][18]: **56** ('47) 386–403. — Etude cinétique complémentaire de la réaction $H_2 + D_2 = 2\,HD$, provoquée par les particules alpha[18]: **57** ('48) 88–110. — Interception des atomes d'hydrogène par NH_3, N_2H_4, H_2S et H_2O [15][13]: 469–89. — La capture des atomes d'hydrogène par les hydrocarbures en C_2 [15][13]: 490–92. — Sur la polymérisation radiochimique du chlorure de vinyle sous pression constante[18][20]: **62** ('53) 109–18. — Influence de divers facteurs sur la polymérisation radiochimique isobare, du chlorure de vinyle[18][20]: 645–52.

Chimie analyt. Sur la détermination de la masse molaire par la méthode cinétique[12][13]: (4) **34** ('52) 274.

Chimie et Industrie Les bases intuitives de la thermodynamique moderne: **67** ('52) 741–48.

Industrie chim. belge Thermodynamique intuitive: **16** ('51) 261–71. — Revue des recherches récentes sur la réaction d'échange entre l'hydrogène et le deutérium sous l'action des rayons alpha: 379–82. — Les efforts d'un chimiste pour comprendre la mécanique statistique: **21** ('56) 605–12.

J. Chim. physique et Physico-Chim. biol. Sur l'interception des atomes dans la réaction d'échange radiochimique entre l'hydrogène et le deutérium[13][15]: **48** ('51) 202–05.

J. physic. Chem. The insert gas effect in the radiochemical polymerization of acetylene: **38** ('34) 635–37. — The formation of benzene in the radiochemical polymerization of acetylene[22]: **41** ('37) 469–75.

Natuurwetenschappelijk Tijdschr. Über semipermeable Wände: **18** ('36) 185–87 [niederländ.].

Revue Questions sci. Les termes spectroscopiques des molécules diatomiques et le calcul des fonctions thermodynamiques relatives à l'état gazeux: (5) **5** ('39) 87–128.

Mit: 1) G. Brenard; 2) P. C. Capron; 3) R. Coekelbergs; 4) J. Debaisieux; 5) C. Devos; 6) K. Devriendt; 7) J. Feyten; 8) J. Fripiat; 9) A. Gerbaux; 10) C. Guidée; 11) G. Heim; 12) J. A. Herman; 13) P. Huyskens; 14) L. Kaertkemeyer; 15) R. Lorics; 16) A. Luyckx; 17) P. del Marmol; 18) M. van Meerssche; 19) T. de Menten de Hornes; 20) J. Momigny; 21) P. Piret; 22) C. Rosenblum; 23) E. Sallets; 24) M. Schouwenaars; 25) A. van Tiggelen; 26) J. Vanderauwera; 27) C. Velghe; 28) G. Verfaillie; 29) C. de Vos; 30) M. Vanpee.

IV–VI **MUNROE,** Charles Edward. Chem. (Sprengstoffwes.). — Prof. Emer., George Washington Univ., Washington, D.C.; 1919–33 Chief Explosives Chemist, U.S. Bureau of Mines; '34– Consult. Specialist on Explosives, U.S. Forest Service; 1895–96 Pres., Washington Chem. Soc., Sect. IIb; 1898–99 Pres., Amer. Chem. Soc. — 1929 U.S. Bureau of Mines Medal; '33 Gold Pin (Amer. Chem. Soc.); '33 Gold Certificates (U.S. Treasury). (⊠) *1849, Mai 24, East Cambridge, Mass.; †1938, Dez. 7, Forest Glen, Md.

Zur Biogr. A. B. Lamb, Science [USA] **77** ('33) 384f.

Nekr. C. A. Browne, J. amer. chem. Soc. **61** ('39) 1301–16 (m. Bildn. u. Schr.verz.); Science [USA] **89** ('39) 26f. — H. Collatz, Z. ges. Schieß- und Sprengstoffwesen **34** ('39) 111. — R. V. Wheeler, J. chem. Soc., London **1939**, 731f. — Chemist **15** ('38) 385–89.

Zum 100. Geb.tag Proc. amer. Acad. Arts and Sci. **77** ('48) 43f.

Bull., U.S. Dep. Commerce, Bur. Mines Physical testing of explosives[1]: **346** ('32) 148 S.

Explosives Engr. Dynamite wrappers: **12** ('34) 227–29. — Early American gunpowder manufacture: **13** ('35) 145f., 157. — Faraday-mine inspector: **14** ('36) 76, 90.

Industrial and Engng. Chem. Testing permissible explosives[1]: **27** ('35) 655–58.

Industrial and Engng. Chem., News Edit. Thomas Herbert Norton: **13** ('35) 318f. – Recovery of potassium salts from the Dead Sea: **14** ('36) 60.

J. amer. chem. Soc. Frank Wigglesworth Clarke (1848–1931): **57** ('35) Proc., 21–30.

Proc. United States naval Inst. Standardizing the U. S. naval electric detonator: **60** ('34) 505–08.

Mit: [1]) J. E. Tiffany.

IV-VI **MUNTHE,** Henrik Vilhelm. Geol. – 1896–98 Außerplanmäß. Geologe, 1898–99 Hilfsgeologe, 1899–1914 Geologe, '14–26 Staatsgeologe, Schwed. Geol. Erkundung. – '17 Prof. (h. c.) (Univ. Uppsala). – '11 Letterstedt-Preis (Königl. Akad. d. Wiss., Uppsala); '17 Björkén-Preis (Univ. Uppsala).

*1860, Nov. 1, När, Gotland;
†1958, Aug. 15, Stockholm.

Ehrung Henrik-Munthe-Fonds.

Nekr. E. Fromm, Geologiska Fören. Stockholm Förh. **80** ('58) 359. – G. Lundqvist, Kungl. svenska Vetenskapsakad. Årsb. **1963,** 367–502 (m. Bildn., Faks., Schr.verz.). – R. Sandegren, Geologiska Fören. Stockholm Förh. **81** ('59) 572–81 (m. Schr.verz.).

Zum 105. Geb.tag G. Lundqvist, Levnadsteckningar kungl. svenska Vetenskapsakad. Ledamöter: **9** ('55/67) 547–682 (m. Bildn., Faks., Schr.verz.).

S. Västerviks historia **1** (Västervik '33) 5–16: Übersicht über die geographische Entwicklung des Südbaltikums und des Gambley-Gebietes nach der Eiszeit [schwed.]. – Slite Cement och Kalk AB. 1917–1942 (E. Reklam, A. de Jounge) (Stockholm '42) 15–22: Einiges über die Industrie des Kalks in der Slite-Gegend und dessen Export [schwed.]. – M. Stenberger, E. Dahr, H. Munthe, Das Grabfeld von Västerbjers auf Gotland (Stockholm '43) 9–21: Überblick über die spätquartäre Entwicklung im Gebiet von Gothem in bezug auf die steinzeitliche Besiedlung. – Natur på Gotland (B. Petterson, K. Curry-Lindal) (Stockholm '46) 14–30: Aus Gotlands geologischer Entwicklungsgeschichte[1]) [schwed.].

W. Beskrivning till kartbladet Kappelshamn (m. J. E. Hede, G. Lundqvist) (Stockholm '33) 129 S. (Sveriges Geologiska Undersökning, Ser. Aa, Nr. 171). – Beskrivning till kartbladet Fårö (m. J. E. Hede, G. Lundqvist) (Stockholm '36) 82 S. (~ 180). – Beskrivning till kartbladet Gränna (m. P. Geijer, B. Collini, R. Sandegren) (Stockholm '51) 100 S. (~ 193).

Arkiv Zool. On the development of the Baltic herring in the light of the Late-Quaternary history of the Baltic: (2) **9** ('56) Nr. 10, 333–41.

Årsbok, Sveriges geol. Unders. Neuer Beitrag zur Kenntnis über Härnögyttjan: **40** ('46) Nr. 5, 16 S. [schwed.].

Geologiska Fören. Stockholm Förh. Ein Heringsfund im Yoldiaton von Nora in Westmanland: **54** ('32) 60–64 [schwed.]. – Zur Frage der spätquartären Geschichte des Wettersees: **57** ('35) 29–46 [~]. – Die Art und Weise, in der einige Botaniker über Geologie schreiben: **76** ('54) 505–07 [~]. – Der große Bjers-Fund im Verhältnis zu einigen anderen Funden aus der älteren Steinzeit von Gotland: 697–702 [~]. – Professor Sauramo's view on the Ancylus Lake: **77** ('55) 427–32. – Professor Astrid Cleve-Eulers Ansicht über die Entdeckung des Ancylussees: **79** ('57) 588f.

Gotländskt Ark. Über „Bindesteine" von Gotland: **5** ('33) 67–69. – Neue Daten in bezug auf Gotlands „Schwertschleifsteine": **6** ('34) 3–17. – Über Gamlehamn auf Fårö: **14** ('42) 1–11. – Einige neuere Funde von Schliffrinnen in Gotland: **16** ('44) 7–16. – Über Gotlands Riesenfindlinge: **17** ('45) 86–90. – Über die Steinplatte und die lockeren Erdschichten bei Halsjärnet und Neogards Ansichten darüber: **18** ('46) 96–100. – Über alte Schiffsanlegeplätze in Gotland: **19** ('47) 44–56. – Über Einsturz und Abgleiten von Gotlands früheren und jetzigen Gipfeln: **20/21** ('48/49) 28–41. – Lars Kolmodin: 106–24. – – Alle Arbeiten schwed.

Med Hammare och Fackla Aus der Geschichte der gotländischen Kalkindustrie: **13.** 1943/44 ('45) 1–135 [schwed.].

Kungl. svenska Vetenskapsakad. Handl. On the late-quaternary development and the stone age settlement of North Europe, primarily the Baltic: (3) **19** ('41) Nr. 1, 242 S. [schwed.].

Svenska Landsmål och svenskt Folkliv Ein Streiflicht aus dem Leben in einem Hallute-Gehöft in När in den fünfziger bis siebziger Jahren des 19. Jahrhunderts: **71** ('48) 85–117 [schwed.].

Sveriges Natur Das Djupa-Tal in Westgotland, ein interessantes geologisches Naturdenkmal, das von der Zerstörung bedroht ist: **1938,** 66–77 [schwed.]. – Untersuchung betreffs der „schönsten" Entdeckungen eines Geologen: **1951,** 94–96 [~].

Ymer Über Gotlands sogenannte Schwertschleifsteine: **53** ('33) 141–74 [schwed.]. – Über Schleifblöcke und Schleifplatten in Gegenden außerhalb von Gotland: **55** ('35) 37–62 [schwed. m. engl. Zusammenfassg.].

Mit: [1]) H. Lohmander.

VI **MURAKAMI,** Takejirô. Metallurgie. — 1919 D. Sc., later on Assist. Prof., '22–44 Prof. and Dir. of the Metal Materials Research Inst., for some years Dean of the Engng. Departm., Tôhoku Imperial Univ., Sendai; then Prof., Nagoya Univ. — — Weitere Daten nicht bekannt. (⊠)

*1882, Kyoto.

Annual Rep. Work, Saito Gratitude Foundat. Metallographic investigation of special steels[16] [11]): 8.1931 ('32) 26–28.

Iron Age Effect of heat treatments on the properties of die steels[3]): **134** ('34) Nr. 1, 22–27, 88. — The effect of heat treatment on the corrosion of magnesium–zinc and magnesium–aluminium alloys[7]): **135** ('35) Nr. 23, 10f.

J. Iron and Steel Inst. Japan On the structural constituents of chromium steels[2]): **18** ('32) 399–405. — The effect of carbon on the change occurring on heating high-manganese austenitic steel[17]): **19** ('33) 28–36. — The effects of special elements on the velocity of expansion due to martensitization during quenching of steel[3]): **20** ('34) 649–57. — Effect of decarburization on the microstructure of quenched high-speed steels[3]): **21** ('35) 993–97. — The transformation velocities of nickel–chromium steels[18]): **24** ('38) 517–23. — Effect of certain additives on the heat resistivity of austenitic steels with 18% chromium and 10% manganese[19]): **34** ('48) Nr. 7, 10–17. — — [ ].

J. Japan Inst. Metals Acid resistivity of binary iron alloys [,1][11]): **2** ('38) 91–100; ∼ 2[11]): 535–43; Acid resistivity of iron alloys, 3: Acid resistivity of iron–nickel–copper alloys [11]): **3** ('39) 3–5; ∼ 4: Acid resistivity of iron–nickel–molybdenum alloys[11]): 325–27; ∼ 5: Acid resistivity of iron–chromium–cobalt and iron–chromium–copper alloys[11]): **4** ('40) 66–68; ∼ 6: Acid resistivity of iron–chromium–manganese alloys[11]): 160–62. — Effect of sulphur on metals at high temperatures, 1: Reaction of sulphur with Armco iron, carbon steel and gray cast iron[10]): **3** ('39) 131–37. — Equilibrium diagram of the nickel–chromium–carbon system[16])[9])[8]): 189–98. — Effects of titanium on the quality of high-chromium steels, 1: Effects of titanium on microstructure and some properties of 13% chromium steels [14]): **15B** ('51) 59–63; ∼ 2: Effects of titanium on some properties of 18% chromium steels [15]): 594–99; ∼ 3: Effects of titanium on some properties of 25% chromium steels[14]): **16B** ('52) 454–58. — — [ ].

Japan Nickel Rev. Properties of stainless steels: **4** ('36) 572–91.

Kinzoku no Kenkyu The effect of carbon on the hardness and the transformation points of nickel–chromium steels[6]): **9** ('32) 225–38. — The effect of carbon on the change of structure and of some properties of austenitic manganese steels due to heat treatments[17]): **10** ('33) 148–65. — Change of properties of die steels due to heat treatments[3]): 331–64. — The effect of heat treatment on the corrosion of magnesium–zinc and magnesium–aluminium alloys[7]): **11** ('34) 99–116. — The effect of some alloy elements on the velocity of martensitization during quenching of steel[3]): **12** ('35) 173–88. — Effects of various elements on the corrosion resistance of mild steels[1])[12]): 430–48, 459–77, 522–36. — — [ ].

Science Rep. Res. Inst., Tôhoku Univ., Ser. A An investigation on isothermal transformation in steels, 1: The cause of modification of S-curves of some alloy steels[4]): **1** ('49) 87–92.

Science Rep. Tôhoku imp. Univ., Ser. I The effect of carbon on the hardness and on the transformation points of nickel–chromium steels[6]): **21** ('32) 806–25. — On the equilibrium diagram of the antimony–manganese system[3]): **22** ('33) 88–103. — On the change of properties of die steels due to the heat treatments[3]): **23** ('34/35) 1–44. — The effect of heat treatment on the corrosion of magnesium–zinc and magnesium–aluminium alloys[7]): 612–36. — The equilibrium diagram of the copper–antimony system, 1: Thermal analysis and microscopic examination[13]): **25** ('35/36) 527–68; ∼ 3: The transformations in the solid state[13]): **27** ('38/39) 459–84. — On the change of transformation points of chromium steels due to cooling conditions[5]): **25** ('35/36) 726–44. — The effect of decarburization on the microstructure of quenched high speed steels[3]): Honda Anniversary Volume ('36) 882–95.

Technology Rep. Tôhoku imp. Univ. On the formation of acicular ferrite in tungsten steels [16]): **10** ('31/32) (267)–(293).

Mit: [1]) H. Endo; [2]) K. Hatsuta; [3]) A. Hatta; [4]) Y. Imai; [5]) H. Kishimoto; [6]) M. Mikami; [7]) S. Morioka; [8]) T. Murase; [9]) K. Mutsuzaki; [10]) K. Nagasaki; [11]) T. Satô; [12]) H. Sekiguchi; [13]) N. Shibata; [14]) T. Shoji; [15]) T. Suzuki; [16]) S. Takeda; [17]) T. Yajima; [18]) S. Yuhara; [19]) T. Koinumaru.

VI **MURAKAWA,** Kiyoshi. Physik. — 1927–30 Stud., '33–40 Lecturer, '38 Ph. D., '41–46 Assoc. Prof., '47–67 Prof., '67 Prof. Emer., Tokyo (Imperial) Univ.; '30–32 Research Assoc., Inst. of Physical and Chem. Research, Tokyo; '68– Prof., Tokyo-Denki College.

*1906, Juli 10, Tokyo.

Zur Biogr. Bull. Inst. Space and aeronaut. Sci., Univ. Tokyo **3** ('67) 281–87 (m. Bildn. [Titelbild in Nr. 2]).

W. Hyperfeinstruktur der Spektrallinien (Tokyo [?] '40) [japan.].

J. physic. Soc. Japan On some regularities in the isotope effect in the spectrum of lead [,1][10]: **5** ('50) 382f.; ~ 2: **8** ('53) 382–87. – Revision of the hyperfine structure of the mercury spectrum[10]: **5** ('50) 429–34. – Structure of the line λ 4686 of He II [10]): **7** ('52) 467–69. – Hyperfine structure of the spectrum of Mg I: **8** ('53) 213f. – Hyperfine structure of the spectrum of tungsten: 215–18. – Hyperfine structure of the spectrum of ruthenium [,1]: 535f.; ~ 2: **9** ('54) 427f., 651; ~ 3: **10** ('55) 919–26; **11** ('56) 182. – Hyperfine structure of the spectrum of Pr II[10]): **9** ('54) 93–96. – Quadrupole moment of ^{139}La: 391–95; **10** ('55) 927–29. – Isotope shift in the spectra of tin and lead: **9** ('54) 876f. – Isotope shift in Cd II λ 4415: **10** ('55) 319f. – Hyperfine structure of the spectrum of manganese, 1: 336–38. – The quadrupole moment of ^{51}V: **11** ('56) 422–25. – Hyperfine structure of the spectrum of Cu I and test of the hyperfine structure formulas: 774–77. – Isotope shift in the spectra of Ne II and W I: 778–80. – Nuclear spins of ^{163}Dy and ^{161}Dy: 804f. – Quadrupole moment of ^{93}Nb and test of the hyperfine structure formulas: **13** ('58) 101–08. – The arc spectrum of iodine and the quadrupole moment of ^{127}J: 484–92. – Isotope shift in the spectrum of W I[11]): 663–66. – Measurement of plasma temperature and electron density[5]): **14** ('59) 1235–42, 1824. – Multiplet structure and hyperfine structure of the spectrum of mercury: 1624–33, 1836. – Hyperfine structure of the spectra of Pr I and Pr II: **15** ('60) 2306–09. – Quadrupole coupling in the hyperfine structure of the spectrum of La I: **16** ('61) 2533–37. – Quadrupole coupling in the hyperfine structure of the spectra of Ta I and Os I: **17** ('62) 891–96. – Nuclear moments of ^{173}Yb [9]): **19** ('64) 249–53. – Quadrupole coupling in the hyperfine structure of the spectrum of J II: 1539–41. – Calculation of the quadratic Stark effect in alkali atoms[12]): **20** ('65) 1057–60. – Quadrupole coupling in the hyperfine structure of Hg I: 1094. – The ionization potential of Tm I: 1733. – Calculation of the polarizabilities of alkali atoms[12]): **21** ('66) 821f. – Quadrupole moment of ^{51}V: 1466. – Calculation of the quadratic Stark effect in Ar II[12]): **23** ('67) 416–18. – Quadrupole moment of ^{59}Co: **27** ('69) 1690.

Nature [London] Anomalies in the fine structure of the first spark spectrum of iodine: **137** ('36) 1030f.

Physical Rev. Isotope effect in the spectrum of Ne II [10]): (2) **74** ('48) 1535f. – Quadrupole moment of ^{121}Sb and ^{123}Sb [10]): **76** ('49) 433f. – Structure of the line λ 4686 of He II [10])[3]): 1721. – Revision of the hyperfine structure of the spectrum of mercury: **78** ('50) 480; **79** ('50) 536. – Hyperfine structure of ^{149}Sm, ^{147}Sm, ^{145}Nd, and ^{143}Nd [9]): **82** ('51) 967f. – Structure of Te II[4])[9])[7])[1]): **83** ('51) 654f. – Isotope shift in the Ce II spectrum and the magic number 82 [9]): 1272f. – Hyperfine structure and isotope shift in the spectrum of tellurium[9]): **85** ('52) 559–63. – Hyperfine structure in the spectrum of erbium[10]): 683f. – Hyperfine structure in the spectra of iridium and osmium[10]): **87** ('52) 1048f. – Hyperfine structure of the spectra of dysprosium, cobalt, vanadium, manganese, and lanthanum[3]): **92** ('53) 325–27. – Hyperfine structure in the spectra of antimony, samarium, mercury, and cadmium: **93** ('54) 1232–35. – Hyperfine structure of the spectra of neodymium and gadolinium: **96** ('54) 1543–46. – Nuclear moments of ^{93}Nb, ^{139}La, ^{187}Os, and ^{201}Hg: **98** ('55) 1285–88. – Nuclear moments of ^{95}Mo, ^{97}Mo, ^{91}Zr, ^{127}J, ^{121}Sb, and ^{123}Sb: **100** ('55) 1369–72. – Quadrupole moments of ^{189}Os, ^{181}Ta, ^{175}Lu, and ^{139}La [3]): **105** ('57) 671f. – Quadrupole moments of ^{75}As, ^{139}La, and ^{201}Hg: **110** ('58) 393–96. – Nuclear quadrupole moment of ^{173}Yb [9]): **128** ('62) 1159f. – Stark broadening of an ionized-mercury line: **146** ('66) 135f. – Quadrupole moments of ^{163}Dy and ^{161}Dy: (3) **A7** ('73) 416f.

Proc. amer. Soc. Testing Mater. Effect of cold rolling and heat treatment on the directional properties of beryllium copper strip[8]): **57** ('57) 791–807.

Proc. physico-math. Soc. Japan The spectrum of Hg in the photographic infra-red [,1]: (3) **17** ('35) 14–33; ~ 2: Infra-red spectrum of Hg I, 2: **18** ('36) 345–47, 564. – Discontinuous change in magnetization in ferromagnetic substances: 380–401; **19** ('37) 733; ~ 2: 715–33.

Rep. Inst. Sci. and Technol., Univ. Tokyo Bending elasticity of slice sheets of metals and hardening by precipitation of copper alloys, 1: **1** ('47) 6–8; ~ 2: 17–20; ~ 3: Cold rolled sheet of phosphor bronze: 60–62; ~ 4: Be-Cu alloy: 177–80. – Atomic spectra of Sb II, Sb III, and Bi II, 1[10]): 90–92; ~ 2[10]): 121–24. – Vickers hardness of rolled metallic sheets: **2** ('48) 115–19. – Recrystallization of cold worked nickel: 165–67. – Bending plasticity of rolled sheets of brass, German silver, and manganese-brass, 1: **3** ('49) 10–15; ~ 2: 82–87. – Machinable brass sheets for watch gears: 218–22. – Bending plasticity of rolled sheets of phosphor bronze with low tin content: **6** ('52) 197–200. – Hyperfine structure of the $4s4p^3$ configuration of the spectrum of As II [10]): 209–15. – Precipitation-hardening in beryllium-copper alloy sheets: 325–28. – A table of the intensities of the hyperfine-structure components for rare earth elements[10]): **7** ('53) 139–44. – A table of nuclear moments[3]): 219–28. – Effect of low temperature annealing on cold-rolled sheets of phosphor bronze, 1: **10** ('56) 1–; ~ 2: **11** ('57) 85–90.

Scientific Papers Inst. physic. and chem. Res. [Tokyo] Hyperfine structure of mercury spectrum, 4: **18** ('32) 97–100; ∼ 5: 177–90; ∼ 6: 299–303. – Hyperfine structure of lead spectrum [,1]: 191–204; ∼ 2: 245–48. – Hyperfine structure of arc and spark spectra of barium: 304–14. – Hyperfine structure of the spectra of sodium, mercury and lead. Origin of the intensity variation of hyperfine structure components: **20** ('32/33) 1–12. – Note on the spectra of PbII, HgI, SbI, ClII, and JII: 285–97.

Tôkyô Daigaku Kôkû Kenkyûjo Shûhô Beryllium-copper sheet (Precision instrument material) [13][6]: **2**, Nr. 5 ('61) 209–36 [japan. m. engl. Zusammenfassg.].

Z. Physik Bemerkung zu der Arbeit von H. Schüler und E. G. Jones: Hyperfeinstrukturen und Kernmomente des Quecksilbers, 2: **77** ('32) 699f. – Funkenspektrum des Chlors (ClII): **96** ('35) 117f. – Über das Spektrum HgI: **108** ('38) 168–70. – Über die Spektren JII, JI und ClII: **109** ('38) 162–74. – Über das elektrische Quadrupolmoment des Jodkerns: **112** ('39) 234–41; **114** ('39) 651f. – Das Bogenspektrum des Jods und das Quadrupolmoment von ^{127}J[10]: **137** ('54) 575–82.

Mit: 1) J. C. van den Bosch; 2) –; 3) T. Kamei; 4) J. E. Mack; 5) S. Mizuno-Hashimoto; 6) H. Nakamura; 7) F. A. Pick; 8) J. T. Richards; 9) J. S. Ross; 10) S. Suwa; 11) J. A. Vreeland; 12) M. Yamamoto; 13) Y. Mishima.

IV–VI **MURANI,** Oreste. Physik (exper.). – 1908–28 Prof., Politecn. Milano, seit '29 im Ruhestand. (☒)
*1853, Mai 26, Monterubbiano;
†1937, Aug. 18, Monterubbiano.

Zur Biogr. Oreste Murani 1853–1937. Ricordi autobiografici. Onoranze in vita e in morte (Fratello Giuseppe [Murani]) (Milano '40) 138 S. – G. Polvani, Temistocle Calzecchi-Onesti e Oreste Murani: Ricerca sci. **24** ('54) 12–22.

Nekr. A. Amerio, Rend., Reale Ist. lombardo Sci. e Lettere, Parte gen. e Atti uffic. (3) **71** ('37/38) 73–76 (m. Bildn.); Nuovo Cimento **15** ('38) 622–24.

W. Trattato elementare difisica, compilato ad uso dei licei, degli istituti tecnici e del biennio preparatorio delle scuole degli ingegneri, **1**: Meccanica dei solidi e dei fluidi; acustica; energia termica [9](Milano '33) 24+824 S.

Rend., Reale Ist. lombardo Sci. e Lettere Sulla conduttività elettrica delle limature metalliche: (3) **70** ('37) 392–95.

VI **MURAOUR,** Henri. Chem. Technol. – Jusqu'à 1940 Ingénieur Général, Service des Poudres; '40–45 Ingénieur Général, Services Chimiques de l'Etat. – '43 Prix Henri de Parville, '49 Prix Alexandre Darracq (Acad. Sci. Paris).
*1880, Aug. 31, Paris;
†1954, Febr. 27, Paris.

Zur Bibliogr. Résumé des études et bibliographie méthodique des publications scientifiques de M. H. Muraour: Mémorial Artillerie franç. **24** ('50) 585–609.

W. Poudres et explosifs (Paris '47) 136 S.

L'Astronomie (BSAF) Le bolide du 6 août 1935, considération sur l'origine des luminosités observées: **49** ('35) 453–60. – Les ondes de choc et la luminosité des météores: **50** ('36) 153–66.

Bull. Soc. chim. France Sur la préparation par lavage à l'alcool de nitrocelluloses stables à fort taux d'azote: (4) **51** ('32) 1089–93. – Sur l'instabilité des cotons-poudre et des poudres: 1094–96. – Sur la théorie des réactions explosives. Cas particulier des explosifs d'amorçage: 1152–66. – Actions des électrons sur l'iodure d'azote et sur quelques autres explosifs[20]: **53** ('33) 443f. – Action des rayons α du polonium, des rayons x et des rayons ultraviolets sur l'iodure d'azote et sur quelques autres explosifs: 612f. – Etude de la vitesse de combustion de deux poudres colloïdales de compositions différentes mais de même température d'explosion[3]: 613–17. – Sur l'origine du protoxyde d'azote et de l'acide cyanhydrique formés dans certains modes de décomposition de la nitrocellulose: (5) **3** ('36) 265–67. – Sur l'attaque de éthers nitriques par la diphénylamine en présence de catalyseurs: 2240–51. – Note sur la vitesse de combustion des poudres colloïdales en fonction de la pression et de la température des gaz émis: **9** ('42) 511–16.

Cahiers Physique Remarques au sujet des spectres continus obtenus par rencontre d'ondes de choc sans différents gaz: **29/30** ('47) 51–54.

Chaleur et Industrie Etude de la combustion en vase clos des explosifs: comparaison des pressions et températures expérimentales calculées[3]: **20** ('39) 31–37. – La perte par les parois dans la combustion en vase clos des explosifs[3]: 154–57.

Chimie et Industrie Sur la théorie des réactions explosives à propos d'un récent travail de S. Rogensky[15][14][2][20]: **29** ('33) 507–14. – Action du choc des électrons sur l'azoture de plomb et sur l'acétylure d'argent. Remarques théoriques sur la décomposition thermique des explosifs[20]: **30** ('33) 39f. – Notice bibliographique concernant l'article "Sur la détermination expérimentale des abaissements de température obtenus en additionnant la poudre B de divers produits": 1392. – Notice bibliographique concernant l'article "Note sur le pouvoir érosif des poudres B additionnées de divers produits destinés à abaisser la température de combustion": **31** ('34) 631. — Notice concernant l'article de MM. K. K. Andreev et J. B. Chariton "L'explosion thermique des substances explosives": 1043–45. — Influence de la nature du gaz environnant sur l'intensité des effets lumineux qui accompagnent la détonation des explosifs[15]): **32** ('34) 783–86. — Vitesse de combustion des poudres colloïdales en atmosphère inerte et sous la pression atmosphérique[18]): **33** ('35) 556–58. — Sur la détonation du fulminate de mercure et de la dynamite gomme par inflammation à haute température[23]): **36** ('36) 472f. — Jets gazeux à vitesse supersonique et luminosités de détonation: **42** ('39) 604–06. — Sur la surcompression des explosifs d'amorçage: **45** ('41) No. spéc. 3bis, 216f. — Etude de l'influence des hautes pressions sur la propagation des réactions dans les explosifs et en particulier dans les explosifs d'amorçage[4]): 218–24. — Ondes de choc et luminosités de détonation: **47** ('42) 3–15. — Sur une nouvelle méthode d'essai des détonateurs: 157–61. — Combustion et détonation du fulminate de mercure: 162f. — Vitesse de combustion des poudres: 476f. — La brisance du mélange à combustion complète tétranitrométhane + toluène est-elle variable avec la puissance de l'amorce?: 477. — Etude des lois de combustion des poudres colloïdales: Sur la validité de la loi $V = a + bP$: 602–06. — Etude au quartz piézoélectrique de la variation de ∫pdt avec la densité de chargement: **48** ('42) 11–13. — A propos de la théorie des explosifs d'amorçage: 258–60. — Sur l'influence de la variable "Temps" dans la combustion en vase clos des poudres colloïdales: **49** ('43) 253f. — Influence de la forme géométrique des brins de poudre sur la valeur de l'effet de pseudo-rayonnement: 254f. — Relation entre la température d'explosion d'une poudre et sa vitesse de combustion, 1: **50** ('43) 105–08; ~ 2: Résultats expérimentaux: 168–72. — Augmentation par surcompression de la brisance des explosifs d'amorçage[6]): **56** ('46) 463–67. — Sur la détermination expérimentale de la vitesse de combustion des poudres colloïdales: **62** ('49) 22–25. — Sur les lois de combustion des poudres colloïdales dans l'azote sous des pressions de 100 à 10000 kg/cm². Remarques sur une récente note de Jacques et James Basset[10]): **65** ('51) 53–55. — Action des sels de potassium sur la vitesse de combustion des poudres colloïdales[3]): **66** ('51) 203f. — Remarques sur la diminution des effets brisants des charges creuses sous l'influence de la rotation: 658. — Sur la relation entre la température d'explosion d'une poudre et sa vitesse de combustion. Verifications expérimentales sur des poudres françaises et étrangères[3]): **67** ('52) 920–26.

C. R. hebd. Séances Acad. Sci., Paris Sur une théorie des réactions explosives: **194** ('32) 280–82. — Influence de la diphénylamine, de l'aniline et de certains de ses dérivés sur la biréfringence des nitrocelluloses[15]): 372f. — Influence de la température de la poudre sur la variation de ∫pdt à différentes densités de chargement[3]): 1927–29. — Sur certains corps modifiant la biréfringence des nitrocelluloses [15]): 2049f. — Etude de la vitesse de combustion à basse température, des poudres colloïdales[3]): **195** ('32) 319–21. — Sur les lois de combustion des poudres colloïdales[3]): **196** ('33) 404–06. — Sur les lois de combustion des mélanges de poudres[3]): 478–80. — Lois de combustion des poudres colloïdales à la nitrocellulose[3]): 544–46. — Sur les causes de la disparition progressive de la diphénylamine dans les poudres colloïdales: **197** ('33) 758–60. — Vérification de la loi de combustion des poudres colloïdales [3]): 1117–20. — Sur la possibilité d'utiliser le microscope dans l'étude des phénomènes de détonation[15]): **198** ('34) 825f. — Sur la combustion du fulminate de mercure comprimé dans le vide[18]): 1161f. — Expériences de micropyrotechnie: Les phénomènes lumineux produits par la détonation d'un explosif d'amorçage (azoture de plomb) sont dus à l'onde de choc et non à l'expansion des gaz qui lui succède[15]): 1499–501; ~: Les effects lumineux qui accompagnent la détonation ne sont pas indépendants de la nature du gaz qui entoure l'explosif[15]): 2091–93. — Sur la luminosité des ondes de choc[15]): 1760–62. — Etude de la propagation de la décomposition explosive dans le vide de la trompe à mercure [18]): **199** ('34) 140–42. — Sur une source de lumière d'intensité exceptionnelle et de très faible durée[15]): **200** ('35) 543–45, 868. — Sur l'origine des luminosités qui accompagnent la détonation des explosifs[15]): 924–26. — Sur l'accord entre les pressions calculées et les pressions expérimentales pour des mélanges explosifs donnant naissance à des gaz riches en vapeur d'eau[3]): 1029–31. — Variation des spectres de détonation avec la nature du gaz environnant[15]): **201** ('35) 828–30. — Influence de la pression du gaz environnant sur les luminosités qui accompagnent la détonation des explosifs[15]): **202** ('36) 755–57. — Sur l'obtention de spectres de métaux par rencontre d'ondes de choc[15]): 949f. — Etude des lois de combustion des poudres colloïdales[3]): **203** ('36) 177–79. — Sur l'obtention, par rencontre d'ondes de choc, du spectre du calcium ionisé[15]): 316–19. — Sur l'émission du rayonnement ultraviolet au cours de la décomposition lente des azotures[1]): **204** ('37) 431f. — Suite de photographies, à intervalles du cent-millième de seconde, des phénomènes accompagnant la détonation d'un explosif brisant[15]): 576–79. — Sur une nouvelle méthode pour l'obtention des spectres de métaux[15]): **205** ('37) 1054f. — Sur les spectres métalliques obtenus en utilisant les explosifs brisants[15]): **206** ('38) 1566–68. — Etude de la transformation d'un spectre de bandes en spectre continu sous l'influence de la pression[17]): 1719–21. — Vérification de la loi de combustion par couches parallèles des poudres colloïdales[3]): 1723–26. — Etude des luminosités d'explosion[15])[17]): **208** ('39) 508–10. — Etude de l'influence des hautes pressions sur la propagation des réactions dans les explosifs solides et en particulier dans les explosifs d'amorçage[4]): 809–11. — Sur la détonation de l'iodure d'azote sous l'action des fragments nucléaires de l'uranium bombardé par des neutrons. Essais sur d'autres explosifs[9])[13]): **209** ('39) 436–38. — Etude de l'influence de différents sels sur l'inflammation, à l'air, de mélanges gazeux combustibles[15]): **218** ('44) 551–53. — Variation de la vivacité de combustion des poudres colloïdales en fonction de la température[3]): **220** ('45) 198f. — Observations au sujet des phénomènes lumineux et calorifiques qui accompagnent la détonation de la bombe atomique: **221** ('45) 200f. — A propos des luminosités de détonation: **222** ('46) 1104f. — Sur l'augmentation de la brisance des explosifs d'amorçage par surcompression[6]): **223** ('46) 278–80. — Spectres des décharges électriques très condensées dans l'ultraviolet. Comparaison avec les luminosités obtenues par rencontre d'ondes de choc[16])[22]): 620–22. — Sur l'origine des luminosités qui accompagnent le tir des explosifs en trous de mine sans bourrage[15]): **224** ('47) 695f. — Sur la mesure des pressions absolues à l'aide des crushers: 1762–64. — Sur la relation entre la température des gaz émis par une poudre colloïdale et sa vitesse de combustion[3]): **225** ('47) 381–83. — Comparaison des pressions expérimentales et calculées pour un mélange gazeux à haute température et sous haute pression[3]): **226** ('48) 1588–90. — Sur la perte de pression due au refroidissement par les parois dans les tirs à la bombe: 2056–58. — Etude des lois de combustion des poudres colloïdales. Remarques sur la loi: $V = a + bP$[3]): **228** ('49) 818–20. — Sur l'analogie entre les luminosités d'ondes de choc dans l'argon et les luminosités émises par les lampes à gaz rares sous pression: 1582f. — Relation entre le potentiel et la vitesse de combustion des poudres colloïdales[3]): **229** ('49) 173–75. — Remarques au sujet de la relation entre la température d'explosion d'une poudre colloïdale et sa vitesse de combustion[3]): 749–51. — Sur les lois de combustion des poudres colloïdales dans l'azote sous des pressions de 100 à 10000 kg/cm². Remarques sur une note de MM. Jacques et James Basset[10]): **231** ('50) 1043–45. — La perte par les parois dans les tirs à la bombe[3]): 1438–40. — Remarques sur une note de MM. James et Jacques Basset "Influence de la pression ambiante sur les effets des charges creuses et la combustion des poudres"[10]): **232** ('51) 942–44. — Action des sels de potassium sur la vitesse de combustion des poudres colloïdales[3]): 1912–14. — Sur l'origine des luminosités en forme de croix produites par la détonation d'une cartouche d'explosif de section carrée: **237** ('53) 514–16. — Action d'une flux de neutrons sur les explosifs d'amorçage[8]): 700–02.

Explosivstoffe Die Verbrennungsgesetze kolloider Pulver[3]): **1954**, 154–57.

J. appl. Physics [USA] Note on "Qualitative experimental verification of the change of burning rate of rocket powders with radiation path length": **20** ('49) 819.

J. Chim. physique Sur les chaleurs d'activation des molécules explosives. Observations sur un travail de S. Z. Roginskij et K. K. Andreev: **31** ('34) 138–40, 145f.

J. Observateurs Sur le rôle des ondes de choc dans la luminosité des bolides et dans quelques phénomènes naturels: **24** ('41) 97–104.

J. Physique et Radium Sur la durée des luminosités qui accompagnent la détonation des explosifs[15]): (7) **6** ('35) 496–98. — Etude spectrale de la détonation dans le vide des explosifs d'amorçage: **7** ('36) 411–16. — Etude des phénomènes lumineux produits par la détonation dans l'air et dans le vide de quelques explosifs d'amorçage[12]): 417–19. — Etude des méthodes de mesure des pressions explosives. Comparaison crushers – quartz piézoélectrique, 2: Comparaison des courbes pression–temps déduites: a) des écrasements du crusher; b) des enregistrements au quartz piézoélectrique[12])[3]): 450–52. — Etude des phénomènes lumineux qui accompagnent la propagation des ondes de choc dans différents gaz[15])[5]): **8** ('37) 330f. — Obtention de spectres de métaux par rencontre d'ondes de choc[15]): (8) **1** ('40) 260–64. — Spectre des décharges électriques très condensées dans l'ultraviolet moyen[16])[22]): **8** ('47) 17Sf.

Mémorial Artillerie franç. Note sur la détermination expérimentale des abaissements de température obtenus en additionnant la poudre B de divers produits: **12** ('33) 125–38. — Note sur le pouvoir érosif des poudres B additionnées de divers produits destinés à abaisser la température de combustion: 441–47. — Note sur la détermination de la sensibilité au choc des explosifs: 559–72. — Graphiques donnant directement les différences caractéristiques des poudres du type SD en fonction du taux d'azote nitrique et du taux de centralite: **14** ('35) 323–38. — Contribution à la mesure des pressions à la bombe. Influence des variations de température sur les valeurs de la pression maximum du dp/dt max et du K: **17** ('38) 579–94. — Note sur la théorie des réactions explosives: 595–603. — Au sujet des lois de combustion des poudres: 831–33. — Etude du refroidissement par les parois pour les mélanges de poudres: 835–41. — Perte par les parois dans les tirs à la bombe[11]): **18** ('39) 13–26. — Etude des variations balistiques d'une poudre

SD et d'une poudre B chauffées pendant neuf mois à 50 degrés[3]): 617–26. — Sur la surcompression des explosifs d'amorçage: 895–97. — Etude de l'influence des hautes pressions sur la propagation des réactions dans les explosifs et en particulier dans les explosifs d'amorçage[4]): **19** ('40) 133–44. — Sur l'origine des luminosités qui accompagnent les tirs sans bourrage dans les essais des explosifs de mines: **20** ('46) 141–43. — Sur l'influence de la variable "temps" dans la combustion en vase clos des poudres colloïdales: 145–48. — Sur l'interprétation des luminosités observées dans le tir des explosifs de mine et sur le mécanisme de l'inflammation des mélanges grisouteux par les explosifs: 405–19. — Comparaison entre les pressions explosives expérimentales et calculées[3]): 421–33. — Etude de la relation entre la température d'explosion d'une poudre colloïdale et sa vitesse de combustion[3]): 637–73. — A propos des luminosités de détonation: 675–79. — Sur l'avantage que peut présenter une addition d'aluminium au mélange tolite-hexanitrodiphénylan: 681–84. — Remarques au sujet de la note de E. Jouguet intitulée "Sur les ondes de choc produites dans une atmosphère gazeuse par la détonation des explosifs solides": **21** ('47) 249–61. — Etude spectrale des phénomènes de combustion et de détonation des explosifs[15]): 263–70. — La force et le covolume des poudres colloïdales. Déterminations expérimentales. Comparaison avec les valeurs chimiques[3]): **22** ('48) 133–70. — Détermination à la bombe de la vivacité de combustion des poudres colloïdales: k_1 et $\int pdt$ [3])[7]): 517–93. — Sur l'utilisation des rencontres d'ondes de choc dans l'argon comme source lumineuse brève et puissante[15]): **23** ('49) 105–23. — Etude sur les vitesses[3]): 419–78. — Etude de la vivacité de combustion des poudres colloïdales. Comparaison des k_2 "épaisseur d'étirage" et des k_2 "épaisseur mesurée" pour des pâtes de diverses compositions, étirées sous différentes épaisseurs et sous différentes formes[3]): 859–66. — Sur l'origine des luminosités qui accompagnent les tirs sans bourrage dans les blocs de Trauzl. Tirs dans différents gaz et avec divers explosifs: 867–80. — Résumé des études et bibliographies méthodiques des publications scientifiques: **24** ('50) 586–609. — Etudes des lois de combustion des poudres colloïdales[3]): **25** ('51) 117–65. — Correction à la table de tarage P. Sevran 1931 des crushers en cuivre de 13/8 [3]): 383–86. — Réinflammation au contact de l'air des gaz produits par la détonation de l'acide picrique. Une curieuse photographie: **27** ('53) 639–41. — Remarques sur la note de M. Manheimer intitulée "Sur quelques propriétés balistiques de la panclastite": **28** ('54) 517–21.

Mémorial Poudres Note sur la température d'explosion de la nitroguanidine[3]): **25** ('32/33) 91–96. — Influence de la nature du gaz environnant sur la luminosité qui accompagne la détonation des explosifs[15]): **26** ('34/35) 171–79. — La vitesse de combustion des poudres colloïdales sous la pression atmosphérique[18]): **27** ('37) 87–98. — Etude du rôle éventuel de l'entraînement à la vapeur d'eau dans la perte en nitroglycérine des poudres SD: 98–102. — Sur l'accord entre les pressions explosives expérimentales pour des mélanges donnant naissance à des gaz riches en vapeur d'eau[3]): **28** ('38) 182–203. — Vérification de la loi de combustion par couches parallèles des poudres colloïdales[3]): **29** ('39) 197–203, 211–15. — Influence d'une variation de la surface du piston sur la vitesse d'écrasement du crusher. Application à l'étude de la loi de combustion des poudres colloïdales[3]): 216–21. — Note sur l'emploi des chaleurs de combustion des poudres comme moyen de contrôle de leur fabrication[14])[19]): **35** ('53) 273–79. — Les lois de combustion des poudres colloïdales. Résumé des travaux exécutés en France entre les deux guerres[3]): 287–301. — Sur la formation de sels de plomb explosifs au cours de la fabrication de la tolite: **36** ('54) 37–39.

Nature [Paris] Effets lumineux des détonations: **66A**, II ('38) 267–.

Nitrocellulose Theorie der initialen Explosion: **4** ('33) 25–. — Verändert sich die Brisanz des vollständig verbrennenden Gemisches Tetranitromethan + Toluol mit der Kraft des Zündmittels?: **14** ('43) 11f.

Protar Sur l'avantage que peut présenter une addition d'aluminium au mélange tolite-hexanitrodiphénylamine: **9** ('43) 62f.

Revue gén. Sci. pures et appl. Sur la théorie des réactions explosives: **44** ('33) 567–71.

Revue Inst. franç. Pétrole et Ann. Combustibles liquides Notice concernant l'article de P. Gray "L'ignition d'une bulle de gaz chaud": **5** ('50) 148–52.

Revue Opt. théor. et instrument. Répartition spectrale énergétique dans la lumière émise lors de la rencontre d'ondes de choc[15])[21]): **20** ('41) 149–60. — Source lumineuse très brève pour usage photographique[15])[21]): 161–65.

Trans. Faraday Soc. Note on the theory of explosive reactions: **34** ('38) 989–94.

Z. ges. Schieß- u. Sprengstoffwesen Verpuffungstemperatur der kolloidalen Pulver [15]): **27** ('32) 94. — Theorie explosiver Reaktionen: 134; **28** ('33) 222; **30** ('35) 1–6. — Verbrennungsgeschwindigkeit kolloidaler Schießpulver bei tiefer Temperatur[3]): **27** ('32) 383. — Verbrennungsgesetze von Pulvergemischen[3]): **28** ('33) 193. — Explosionstemperatur des Nitroguanidins[3]): 222. — Verbrennungsgesetze kolloider Nitrozellulose[3]): 261. — Bemerkungen zu den Verbrennungsgesetzen des Pulvers: **34** ('39) 288. — Über die Verbrennung von Explosivstoffen im abgeschlossenen Raum.

Vergleich zwischen gemessenen und berechneten Temperaturen und Drucken[3]): **35** ('40) 54f., 105–07. — Wärmeableitung durch die Wände bei Verbrennung von Explosivstoffen im abgeschlossenen Raum[3]): 127–29. — Über die Rolle der Stoßwellen beim Leuchten von Meteoren und bei einigen anderen Naturerscheinungen: **37** ('42) 166–69.

Mit: [1]) R. Audubert; [2]) P. Auger; [3]) G. Aunis; [4]) J. Basset; [5]) E. Burlot; [6]) A. Demay; [7]) J. Domart; [8]) A. Ertaud; [9]) P. Fabre; [10]) J. Fauveau; [11]) J. Isoire; [12]) A. Langevin; [13]) C. Magnan; [14]) L. Médard; [15]) A. Michel-Lévy; [16]) J. Romand; [17]) J. Rouvillois; [18]) W. Schumacher; [19]) M. Thomas; [20]) J. J. Trillat; [21]) E. Vassy; [22]) B. Vodar; [23]) J. Wohlgemuth.

VI **MURDOCK,** Carleton Chase. Physik. — 1909–19 Instructor, '19–32 Assist. Prof., '32–52 Prof., '45–52 Dean of the Univ. Fac., '52 Prof. Emer., Cornell Univ., Ithaca, N.Y. (⊠)

*1884, Juli 29, Cooperstown, N.Y.

Acta crystallogr. The structure of crystalline uranium[1])[2]): **14** ('61) 313f.

American J. Physics Coulomb's law and the dielectric constant: **12** ('44) 111–, 201–.

J. opt. Soc. America Edward Leamington Nichols †: **28** ('38) 31f.

Physical Rev. Multiple Laue spots: **45** ('34) 117f. — Shape of the Debye-Scherrer lines: **63** ('43) 223.

Physics Polarization impedance at low frequencies[3]): **7** ('36) 211–19.

Z. Kristallogr., Mineral. u. Petrogr., Abt. A The interpretation of Laue photographs in terms of the reciprocal lattice: **99** ('38) 205–16; **101** ('39) 271.

Mit: [1]) A. H. Cash; [2]) E. W. Hughes; [3]) E. E. Zimmerman.

VI **MURNAGHAN,** Francis Dominic. Math., Mech. — 1918–21 Assoc. Appl. Math., '21–28 Assoc. Prof., '28–48 Prof., Johns Hopkins Univ., Baltimore, Md.; '49–60 Mathematician, Centro Técn. de Aeronáut., São José dos Campos, São Paulo, e Centro Brasileiro de Pesquisas Físicas, Rio de Janeiro; '55–63 Consultant, Appl. Math. Labor., David Taylor Model Basin, U.S. Navy. — '40 Hon. D. Sc. (Nation. Univ. of Ireland, Dublin).

*1893, Aug. 4, Omagh, Irland.

MHZ. American J. Math. 1927–1948.

S. Theodore von Kármán, anniversary volume (Pasadena, Calif. '41) 121–36: Compressibility of solids under extreme pressures. — Symposium sobre algunos problemas matemáticos que se están estudiando en Latino América, Punta del Este 1951 (Montevideo '52) (Centro de Cooperación Científica de la UNESCO para América Latina) 65–70: Über geeignete Parametersysteme für die Drehungsgruppe und die unitäre Gruppe [span.].

W. The theory of group representations (Baltimore, Md.–Oxford '38) 11 + 369 S.; (New York '63) 11 + 369 S. — Analytic geometry (New York '46) 8 + 402 S. — Differential and integral calculus; functions of one variable (New York '47) 10 + 502 S. — Introduction to applied mathematics (New York–London '48) 9 + 389 S.; ('63) 9 + 389 S. — Finite deformation of an elastic solid (New York–London '51) 5 + 140 S.; ('67). — Cálculo avançado (São Paulo '54) 476 S. — Equações diferenciais (São José dos Campos, S.P. '55) 401 S. — Theoretical mechanics; an introduction to mathematical physics (m. J. S. Ames) (New York '58) 9 + 462 S. — Lectures on applied mathematics **1**: The Laplace transformation (Washington, D.C. '62) 5 + 125 S.; **2**: The calculus of variations ('62) 93 S.; **3**: The unitary and rotation groups ('62) 151 S. — The converging factor for the exponential integral (m. J. W. Wrench, jr.) (Washington, D.C. '63) 11 + 103 S. (U.S. Department of the Navy, David Taylor Model Basin, Report 1535). — Evaluation of the probability integral to high precision (Washington, D.C. '65) 2 + 128 S. (~ 1861).

Actas, Acad. nacion. Ci. exactas, físicas y natur. Lima The element of volume of the rotation group: **13** ('50) 9–15.

American J. Math. A symmetric reduction of the planar three-body problem: **58** ('36) 829–32. — Finite deformations of an elastic solid: **59** ('37) 235–60. — On the representations of the symmetric group: 437–88. — The characters of the symmetric group: 739–53. — The analysis of the direct product of irreducible representations of the symmetric groups: **60** ('38) 44–65. — The analysis of the Kronecker product of irreducible representations of the symmetric group: 761–84.

Anais Acad. brasil. Ci. A revision of the theory of elasticity: **21** ('49) 329–36. — The analysis of representations of the linear group: **23** ('51) 1–19. — The characters of the symmetric group: 141–54. — A generalization of Hermite's law of reciprocity: 347–68. — On the unitary invariants of a square matrix: **26** ('54) 1–7. — The approximation of differentiable functions by polynomials: **31** ('59) 25–29.

Anuário, Soc. paranaense Mat. Mathematikunterricht an der Technischen Hochschule: **4** ('57) 37–41 [portugies.].

Boletín Soc. mat. mexicana A revision of the theory of elasticity: **2** ('45) 81–89 [].

Bull. amer. math. Soc. Harry Bateman, 1882–1946: **54** ('48) 88–103.

Bull. nation. Res. Council The hydrodynamics of a perfect fluid: **84** ('32, Neudruck '56) 31–88.

Communications Dublin Inst. advanced Studies, Ser. A The orthogonal and symplectic groups: **13** ('58) 146 S.

Mathematical Tables and other Aids Computat. Determination of the Chebyshev approximating polynomial for a differentiable function[1]): **13** ('59) 185–93.

Mathematics Mag. Operational calculus: **21** ('48) 117–38.

Proc. nation. Acad. Sci. USA On the unitary invariants of a square matrix: **18** ('32) 185–89. — On the field of values of a square matrix: 246–48. — The irreducible representations of the symmetric group: **23** ('37) 277–80. — On the direct product of irreducible representations of the symmetric group: 488–90. — The generalized Clebsch-Gordan formula: **24** ('38) 182–84. — The analysis of representations of the real orthogonal group: 184f. — Compressibility of media under extreme pressures: **30** ('44) 244–47. — On the theory of the tension of an elastic cylinder: 382–84. — On the multiplication of S-functions: **36** ('50) 476–79. — Element of volume of the rotation group: 670–72. — Schwarz' inequality and Lorentz spaces: 673–76. — On the analysis of representations of the linear group: **37** ('51) 51–55. — Characters of the symmetric group: 55–58. — A generalization of Hermite's law of reciprocity: 439–41. — Dimensions of the irreducible representation of a finite group: 441f. — Element of volume of the rotation group: **38** ('52) 69–73. — On a convenient system of parameters for the unitary group: 127–29. — On the Poincaré polynomial of the full linear group: 606–08. — On the Poincaré polynomials of the classical groups: 608–11; **39** ('53) 48. — On the multiplication of representations of the linear group: **38** ('52) 738–41. — On the invariant theory of the classical groups: 966–73. — On the decomposition of tensors by contraction: 973–79. — The parametrization and element of volume of the unitary symplectic group: **39** ('53) 324–27. — On the effect of pretwisting on bending: 1218–20. — On the analyses of $\{m\} \otimes \{1^k\}$ and $\{m\} \otimes \{k\}$: **40** ('54) 721–23. — On the symmetry properties of powers of representations of the two-dimensional unimodular unitary group: 822–25. — On the characters of the symmetric group: **41** ('55) 396–98; **68** ('71) 399–401. — On the generation of the irreducible representations of the symmetric group: **41** ('55) 513–15. — On the analysis of the Kronecker product of irreducible representations of S_n: 515–18. — On the irreducible representations of the symmetric group: 1096–103. — On the Kronecker product of irreducible representations of the symmetric group: **42** ('56) 95–98. — Airey's converging factor: **69** ('72) 440f.

Proc. roy. irish Acad. A modern presentation of quaternions: **50** ('44/45) Sect. A, 104–12.

Proc. Symposia appl. Math., Amer. math. Soc. The foundations of the theory of elasticity: **1** ('49) 158–74.

Scientific Monthly Evolution of the concept of number: **68** ('49) 262–69.

Scripta math. [USA] An elementary representation of the theory of quaternions: **10** ('44) 37–47.

Mit: [1]) J. W. Wrench, jr.

VI **MURPHY,** William Parry. Chem. (med.), Physiol. — 1922–23 Assist. Resident Physician, '23–28 Jr. Assoc. in Med., '28–35 Assoc. in Med., '35–58 Sr. Assoc. in Med., '58 Sr. Assoc. in Med. Emer., '58– Consultant in Hematol., Peter Bent Brigham Hospital, Boston, Mass.; '23–28 Assist. in Med., '28–35 Instructor in Med., '35–48 Assoc. in Med., '48–58 Lecturer, '58 Lecturer Emer., Harvard Univ. Medical School, Cambridge, Mass.; '23– Practising Physician. — '63 Hon. D. Sc. (Gustavus Adolphus College, St. Peter, Minn.). — '34 Nobel Prize in Physiol. and Med. — '30 Cameron Prize in Med. (Univ. of Edinburgh); '34 Bronze Medal (Amer. Med. Assoc.); '35 Gold Medal (Massachusetts Humane Soc.); '65 Distinguished Achievem. Award (City of Boston, Mass.); Finnish and Cuban national decorations.

*1892, Febr. 6, Stoughton, Wis.

Zum Nobelpreis F. Müller, Über die Entdeckung der Lebertherapie bei der perniziösen Anämie durch die jüngsten drei Nobelpreisträger: Münchener med. Wschr. **82** ('35) 546f. — S. R. Riedman, E. T. Gustafson, Portraits of Nobel laureates in medicine and physiology (New York '64) 234–36. — L. G. Stevenson, Nobel Prize winners in medicine and physiology, 1901–1950 (New York '54) 171–79 (m. Bildn.). — Nature [London] **134** ('34) 691f. — Les Prix Nobel en 1934 (Stockholm '35) 93f. (m. Bildn. u. Faks.). — The Nobel Prize winners and the Nobel Foundation 1901–1937 (Zürich '38) S. 236 (m. Bildn. S. 514). — Nobel lectures, Physiology or medicine, 1922–1941 (Amsterdam–London–New York '65) 335–45, 372f.

S. Les Prix Nobel en 1934 (Stockholm '35): Pernicious anemia (4 S.). — Medical papers, dedicated to Henry Asbury Christian (Boston, Mass. '36) 591–99: Progress in the treatment of some diseases of the blood. — Nobel lectures, Physiology or medicine, 1922–1941 (Amsterdam–London–New York '65) 369–71: Pernicious anemia.

W. Anemia in practice; pernicious anemia (Philadelphia, Pa.–London '39) 11 + 344 S.

American J. med. Sci. Maintenance of normal blood in pernicious anemia by means of intramuscular injections of a solution of liver extract: **186** ('33) 271–77. – The advantages of intramuscular injections of a solution of liver extract in the treatment of pernicious anemia: 361–64. – Treatment of pernicious anemia with intramuscular injections of a highly concentrated solution of liver extract: **191** ('36) 597–607.

American J. Roentgenol., Radium Therapy and nuclear Med. Roentgen treatment of chronic leukemia[4]): **88** ('62) 902–08.

Annals intern. Med. Pernicious anemia without achlorhydria: case report[2]): **6** ('32/33) 1393–406. – Rational treatment of the anemic patient: **7** ('33/34) 939–47. – The effect of thiamine on the residual neural disturbances of treated pernicious anemia[10])[6]): **15** ('41/42) 33–43. – The effect of vitamin B complex on the residual neural disturbances of treated pernicious anemia[10])[4]): 44.

Archives intern. Med. Treatment of secondary anemia, with special reference to the use of liver extract intramuscularly: **51** ('33) 656–78. – Production of reticulocytes, erythrocytes and hemoglobin in anemia: their response to certain types of therapy: **52** ('33) 829–38. – Profile printing in photomicrography of blood cells[1]): **71** ('43) 814–27. – Symptoms and incidence of anemia in hernia at the esophageal hiatus[3]): **72** ('43) 58–68.

Blood Treatment of pernicious anemia by a special diet[7]): **3** ('48) 8–21. – Twenty years of liver therapy [in pernicious anemia]: 32–35.

Bull. New England med. Centre The management of the pernicious anemia patient with neural disturbance: **2** ('40) 299–301.

Geriatrics Pernicious anemia as a problem in geriatrics: **9** ('54) 99–105.

Industrial and Engng. Chem., News Edit. Scientific research in the solution of medical problems: **15** ('37) 192f.

Internationale Z. Vitaminforsch. The story of liver: **23** ('51/52) 330–38.

J. amer. dent. Assoc. Dentistry in relation to the blood dyscrasias: **23** ('36) 575–78.

J. amer. dietet. Assoc. Deficiency states – anemia: **11** ('36) 406–10.

J. amer. med. Assoc. The parenteral use of liver extract in pernicious anemia: **98** ('32) 1051–60. – The use of concentrated liver extracts in pernicious anemia[4]): **112** ('39) 106–10. – Results of conservative application of x-ray treatment in chronic leukemia. A note of optimism: **115** ('40) 1156–63. – Twenty-five years experience in treatment and management of pernicious anemia: **149** ('52) 907–12.

J. clin. Investigat. Leucocytosis following the intramuscular injection of liver extract[8])[5]): **12** ('33) 713–21.

Lancet The present concept of focal infection: **230** ('36) 1451–54.

Medical Clinics North America Three cases of anemia: **15** ('31/32) 919–28. – Pernicious anemia: **21** ('37) 333–48.

Minnesota Med. Progress in treatment of some diseases of blood: **19** ('36) 73–78.

New England J. Med. The diagnosis and treatment of pernicious anemia: **209** ('33) 329–31. – The diagnosis and treatment of secondary anemia: 331–33. – Pernicious anemia: **211** ('34) 914–16 [mit Diskussion]. – Absence of a toxic effect of folic acid on the central nervous system of persons without pernicious anemia[2])[4]): **242** ('50) 446f. – A comparison of the effect of vitamin B-12 with that of liver extract in the treatment of pernicious anemia during relapse and for maintenance[4]): **247** ('52) 838–40.

New York State J. Med. Facts concerning the treatment of anemia: **35** ('35) 973–76.

Nordisk med. Tidskr. Therapy and prognosis of pernicious anemia: **14** ('37) 1292–96 [dänisch].

Ohio State med. J. Anemia – its recognition and management: **48** ('52) 716–19.

Review Gastroenterol. Analysis of complications occurring in a series of patients with pernicious anemia[4]): **3** ('36) 98–110.

Science [USA] European congress of Nobel Prize winners in medicine: **115** ('52) 280.

Semana méd. El uso parentérico del extracto de hígado en la anemia perniciosa: **1** ('33) 682–98.

Therapeutische Ber. Zur Röntgenstrahlenbehandlung der chronischen Leukämie: **33** ('61) 81–83.

Trans. amer. therap. Soc. Rational treatment of the anemic patient: **33** ('33) 142–50.

Trans. Assoc. amer. Physicians Reticulocyte, erythrocyte and hemoglobin production in anemia and the effect upon them of certain types of therapy: **48** ('33) 305–09 (Diskussion S. 310). – The hemolyzing effect of saponin on erythrocytes and protective qualities of blood plasma[4]): **53** ('38) 185–92. – Pyridoxine in the control of radiation sickness: Preliminary report[9]): **59** ('46) 255–58.

Mit: [1]) E. T. Greene; [2]) E. A. Harvey; [3]) W. E. Hay; [4]) I. Howard; [5]) K. Humphreys; [6]) K. McLean; [7]) G. R. Minot; [8]) J. H. Powers; [9]) M. C. Sosman; [10]) J. C. Zillhardt.

VI **MURRAY,** Forrest Hamilton. Math., Physik. — 1923 Ph.D. (math.), Harvard Univ., Cambridge, Mass.; '22–23 Instructor, West Virginia Univ., Morgantown, W. Va.; '23–26 Prof., Dalhousie Univ., Halifax, Nova Scotia, Can.; '27–30 Research Engineer, Amer. Telegraph and Telephone Co., New York; '34–42 Statistician, Illinois Departm. Labor., Hinsdale, Ill.; '42–45 Physicist, Manhattan District Project; '45–52 Physicist, Clinton Laboratories, Clinton, S.C.; '52– Physicist, Oak Ridge National Laboratories, Oak Ridge, Tenn. (⊠)

*1892, März 28, Mazon, Ill.;

†.

American J. Math. The voltage induced in a transmission line by a lightning discharge: **55** ('33) 119–25. — Optical paths in the ionosphere: **56** ('34) 259–68.

Annalen Physik Diskussion einiger asymptotischer Entwicklungen, den vertikalen elektrischen Dipol betreffend: (5) **17** ('33) 821–24.

J. Math. and Physics The capacity of a long wire: **12** ('33) 306–10.

Physical Rev. Heights of reflection of radio waves in the ionosphere[1]: **51** ('37) 33–41, 779.

Proc. Cambridge philos. Soc. Asymptotic dipole expansions for small horizontal angles: **28**.1931/32 ('32) 433–41.

Proc. Inst. Radio Engr. Mutual impedance of two skew antenna wires: **21** ('33) 154–58.

Trans. amer. math. Soc. Linear transformations between Hilbert spaces and the application of this theory to linear partial differential equations: **37** ('35) 301–38.

Mit: [1]) J. B. Hoag.

VI **MUSCHELIŠVILI,** Nikolaj Ivanovič. Math., Mech. — Bis 1914 Stud., Univ. Petersburg; '15–18 Assist., Elektrotechn. Inst., Petrograd; '17–20 Assist., Univ. Petrograd; '20–22 Doz., '22– Prof. m. Lehrstuhl, '26–28 Dekan d. Polytechn. Fak., '33–35 Dir. d. Inst. f. Math. u. Mech., '33–36 Dekan d. Physikal.-Math. Fak., Staatsuniv. Tbilisi; '21–22 Doz., '22–38 Prof., '28–30 Prorektor f. d. Unterrichtsabteilg., Staatl. Polytechn. Inst. Tbilisi; '33–35 Stellv. Dir. u. Leiter d. Abt. f. theoret. Geophysik b. Inst. f. Geophysik, '35– Leiter d. Abt. f. angew. Math. b. Math. Inst. Tbilisi, '35–38 Stellv. Präs., '38– Präs., Grusin. Filiale d. Akad. Wiss. UdSSR → (seit '41) Akad. Wiss. d. Grusin. SSR; '33–36 Leitender Spezialist am Math. Inst., Akad. Wiss. UdSSR, Moskva; '34 Dr. d. physikal.-math. Wiss.; '47–59 Präs., Grusin. Ges. z. Verbreitg. polytechn. u. wiss. Kenntnisse, Tbilisi; '57– Präs., Nationalkomitee d. UdSSR f. theoret. u. angew. Mech. — '41, '47 Staatspreis (UdSSR); '41, '45, '52, '61 Leninorden (UdSSR); '44 Rotbannerorden (UdSSR); '45 Ehrentitel ,,Held d. Sozialist. Arbeit" (UdSSR); '45 Goldmedaille ,,Sichel u. Hammer" (UdSSR).

*1891, Febr. 16 (4), Tbilisi.

Zur Biogr. S. L. Sobolev, Vestn. Akad. Nauk SSSR **1938**, Nr. 11/12, 41–44. — Vestn. Akad. Nauk SSSR **1939**, Nr. 2/3, S. 225 (m. Bildn.); **1945**, Nr. 7/8, S. 19 (m. Bildn.); **1947**, Nr. 7, 17f.

Zum 60. Geb.tag N. G. Četaev, Ein hervorragender Forscher auf dem Gebiet der angewandten Mathematik und Mechanik – Akademiemitglied N. I. Muschelišvili: Izvest. Akad. Nauk SSSR, Otdel. techn. Nauk **1951**, Nr. 7, 963–68 [russ.] (m. Bildn.); [Glückwunsch d. Akademie] ibid. S. 961 (m. Bildn.). — M. V. Keldyš, S. L. Sobolev, Usp. mat. Nauk **6** ('51) Nr. 2, 185–90 (m. Bildn.). — Prikladnaja Mat. i Mech. **15** ('51) 265–78 (m. Bildn. u. Schr.verz. 70 Nrn.).

Zum 70. Geb.tag Festschrift: Problemy mechaniki splošnoj sredy; k semidesjatiletiju akademika N. I. Muschelišvili (Moskva '61) 578 S. (m. Bildn.), darin S. 3f.: Biogr. (m. Bildn.), S. 5–9: Schr.verz.; engl.: Problems of continuum mechanics; contributions in honor of the seventieth birthday of academician N. I. Muskhelishvili (Philadelphia, Pa. '61) 20 + 601 S. (m. Bildn.), darin S. XIII f.: Biogr., S. XV–XX: The scientific works of N. I. Muskhelishvili. — Festschrift: Trudy tbilissk. gos. Univ. **84** ('62) 292 S.; darin S. 7–10: Biogr. von A. K. Charadze, S. 11–15: Schr.verz. — L. P. Gokieli, Matematika v Škole **1961**, Nr. 4, 72–74 (m. Bildn.). — M. A. Lavrent'ev, S. L. Sobolev in: Letopis' družby gruzinskogo i russkogo narodov s drevnich vremen do našich dnej [Chronik der Freundschaft zwischen dem grusinischen und dem russischen Volk von alters her bis in unsere Tage] (Tbilisi '61) 88–93 (m. Bildn.). — Ehrung: ibid. 93–96. — V. Z. Ošerovič, Inženerno-fizič. Ž. **4** ('61) Nr. 7, 120–23 (m. Bildn.). — G. N. Savin, Prykladna Mech. **7** ('61) 223–27 (m. Bildn.); Ukrainskij mat. Ž. **13** ('61) 119–23 (m. Bildn.). — I. N. Vekua, Akademik Nikolaj Ivanovič Muschelišvili (Kratkaja biografija i obzor naučnych rabot) [Kurze Biographie und Übersicht über die wissenschaftlichen Arbeiten] (Novosibirsk '61) 56 S. (m. Bildn.); grusin.: (Tbilisi '61) 61 S. – I. N. Vekua, Sovetskoe Iskusstvo [Tbilisi] **1961**, Nr. 4, 24–28 [grusin.] (m. Bildn.); Usp. mat. Nauk **16** ('61) Nr. 2, 169–88 (m. Bildn. u. Schr.verz. 54 Nrn., 1915–1954). – Izvest. Akad. Nauk SSSR, Otdel. techn. Nauk: Mech. i Mašinostroenie **1961**, Nr. 2, 3f. (m. Bildn.). – Prikladnaja Mat. i Mech. **25** ('61) 177 (m. Bildn.). – Trudy gruz. politechn. Inst. im. Lenina **1962**, Nr. 1 (= **81**) 5–10 [grusin. u. russ.] (m. Bildn.). – Trudy tbilissk. mat. Inst. im. Razmadze **28** ('62) I–III. – Vestn. Akad. Nauk SSSR **31** ('61) Nr. 5, 103f. – Z. angew. Math. u. Mech. **41** ('61) 184.

Zum 80. Geb.tag A. V. Bicadze, I. N. Vekua, N. P. Erugin u. a., Differencial'nye Uravnenija **7** ('71) 195 (m. Bildn.). – V. I. Smirnov, L. M. Kačanov, Vestn. leningr. Univ. **1971**, Nr. 13, 175f. (m. Bildn.). – Prikladnaja Mech. **7** ('71) Nr. 9, 136f. (m. Bildn.). – Soobšč. Akad. Nauk Gruz. SSR **64** ('71) Nr. 2, 259–61 (m. Bildn.). – Usp. mat. Nauk **27** ('72) Nr. 4, 3–20 (m. Bildn.).

Zur Biobibliogr. I. N. Vekua, A. P. Epifanova, Nikolaj Ivanovič Muschelišvili (Moskva '67) 78 S. (m. Bildn. u. Faks.) (Materialy k biobibliografii učenych SSSR, Serija matematiki, 10).

H. (Redakt.) 40 Jahre Wissenschaft im Sowjetischen Grusinien (Tbilisi '61) [grusin.].

MH. (Hauptredakt.) B. G. Galerkin, Sobranie sočinenij [Gesammelte Werke] **1** (Moskva '52), **2** ('53). – (Mitredakt.) Priloženija teorii funkcij v mechanike splošnoj sredy. Trudy Meždunarodnogo simpoziuma v Tbilisi **1963, 1**: Mechanika tverdogo tela [Anwendungen der Funktionentheorie in der Mechanik des Kontinuums. Arbeiten eines internationalen Symposiums in Tbilisi **1963, 1**: Mechanik des Festkörpers] (Moskva '65), darin eig. Beitr.: 32–75: Applications of the theory of functions of a complex variable to the theory of elasticity [russ. u. engl.]; **2**: Mechanika židkosti i gaza, matematičeskie metody [Mechanik der Flüssigkeit und des Gases, mathematische Methoden] (Moskva '65). – (Mitredakt.) Istorija otečestvennoj matematiki [Geschichte der vaterländischen Mathematik] **4** (Kiev '70). – (Mitredakt.) Mechanika v SSSR za 50 let [50 Jahre Mechanik in der UdSSR] 1917–1967 **1** (Moskva '68), **2** ('70), **3** ('72).

MHZ. (Chefredakt.) Trudy tbilissk. mat. Inst. im. Razmadze.

MUe. A. Vebster, Mechanika material'nych toček, tverdych, uprugich i židkich tel. Lekcii po matematičeskoj fizike [A. G. Webster, The dynamics of particles and of rigid, elastic and fluid bodies, being lectures on mathematical physics] (K. V. Melikov) (Leningrad–Moskva '33) 624 S.

S. Trudy 2-go Vsesojuznogo matematičeskogo s-ezda [Arbeiten des 2. mathematischen Unionskongresses] Leningrad 1934, **2** (Leningrad–Moskva '36) 345f.: Neue Methode zur Lösung ebener Probleme der Elastizitätstheorie [russ.]; 358: Über einige Randwertprobleme der Elastizitätstheorie [~]. – Bol'šaja sovetskaja ėnciklopedija [Große Sowjetenzyklopädie] **56** (Moskva '36) 147–58: Elastizitätstheorie [russ.]. – Die Wissenschaft in der Sowjetunion früher und jetzt (Weimar '46) (Die Sowjetunion wie sie wirklich ist, 4) 22–25: Das Aufblühen der Wissenschaften in Georgien. – Jubilejnaja sessija Akademii nauk SSSR [Jubiläumssitzung der Akademie der Wissenschaften der UdSSR] 1945 **1** (Moskva–Leningrad '48) 231f.: Grußadresse der Akademie der Wissenschaften der Grusinischen SSR [russ.]. – Pamjati Sergeja Ivanoviča Vavilova [Sergej Ivanovič Vavilov zum Gedenken] (Moskva '52) 78–88: S. I. Vavilov und die Entwicklung der Akademien der Wissenschaften der Unionsrepubliken [russ.]. – Trudy Vsesojuznogo s-ezda po teoretičeskoj i prikladnoj mechanike [Arbeiten der Unionskonferenz für theoretische und angewandte Mechanik] 1960. Obzornye doklady [Übersichtsvorträge] (Moskva–Leningrad '62) 310–38: Methoden der Theorie der analytischen Funktionen in der Elastizitätstheorie[12]) [russ.].

W. Lehrgang der theoretischen Mechanik, **1**: Statik ²(Tbilisi '33) 190 S. [grusin.]; **2**: Kinematik ²('32) 208 S. [~]. – Nekotorye osnovnye zadači matematičeskoj teorii uprugosti; osnovnye uravnenija, ploskaja zadača (ab 3. Aufl.: ploskaja teorija uprugosti), kručenie i izgib (Leningrad '33) 397 S., ²(Moskva–Leningrad '35) 453 S., ³('49) 635 S., ⁴(Moskva '54) 648 S., ⁵('66) 707 S.; engl.: Some basic problems of the mathematical theory of elasticity; fundamental equations, plane theory of elasticity, torsion and bending (Groningen '53) 31 + 704 S., ²('63) 31 + 718 S.; rumän.: (Bucureşti '56) 892 S.; chines.: (Peking '58) 17 + 529 S. – Kurs analitičeskoj geometrii [Lehrgang der analytischen Geometrie] **1**: Kurs analitičeskoj geometrii v vektornom izloženii [Lehrgang der analytischen Geometrie in Vektordarstellung] (Leningrad–Moskva '33) 220 S., grusin.: (Tbilisi '34) 268 S.; **2** (Leningrad–Moskva '34) 276 S.; ab 2. Aufl. in 1 Band ²(Moskva–Leningrad '38) 576 S.; ³('47) 644 S.; ⁴('67) 656 S.; grusin.: ²(Tbilisi '39) 16 + 704 S., ³('51) 671 S., ⁴('62) 671 S.; chines.: (Peking '55) 633 S. – Singuljarnye integral'nye uravnenija, graničnye zadači teorii funkcij i nekotorye ich priloženija k matematičeskoj fizike (Moskva–Leningrad '46) 448 S., ²(Moskva '62) 559 S., ³('68) 511 S.; engl.: Singular integral equations, boundary problems of function theory and their application to mathematical physics (Melbourne '49) 11 + 404 S., (Groningen '53) 447 S., ('61)

447 S.; deutsch: Singuläre Integralgleichungen, Randwertprobleme der Funktionentheorie und einige Anwendungen auf die mathematische Physik (Berlin '65) 564 S. (Mathematische Lehrbücher und Monographien, II. Abteilung, 20). — Matematică sovietică (m. I. M. Vinogradov) (București '50) 14 S. — Nauka v Sovetskoj Gruzii. Kratkij obzor [Die Wissenschaft im Sowjetischen Grusinien. Kurze Übersicht] (Tbilisi '61) 88 S.; grusin.: ('63) 98 S.

Bjul., VOKS 20 Jahre Wissenschaft in Grusinien. Zum 20. Jahrestag der Grusinischen SSR: **1941**, März/April, 72–77 [russ.].

Bol'sevik Der Faschismus – Feind der Wissenschaft[4])[1])[6]): **1941**, Nr. 5/6, 36–41 [grusin.].

C.R. (Dokl.) Acad. Sci. URSS Nouvelle méthode générale pour résoudre les problèmes fondamentaux aux limites de la théorie de l'élasticité à deux dimensions: **1934** III, 7–11 [russ. m. französ. Zusammenfassg.]. — Discussion des nouvelles équations intégrales de la théorie de l'élasticité à deux dimensions: 73–77 [~]. — Sur un nouveau problème aux limites de la théorie de l'élasticité: 141–44 [~]. — Solution du problème mixte fondamental de l'élasticité pour un demiplan: **1935** III, 51–54.

C.R. hebd. Séances Acad. Sci., Paris Sur le problème de torsion des poutres élastiques composées: **194** ('32) 1435–37. — Sur l'équivalence de deux méthodes de réduction du problème plan biharmonique à une équation intégrale[5]): **196** ('33) 1947f.

Izvest. Akad. Nauk SSSR Zum Problem der Torsion und Biegung elastischer Balken, die aus verschiedenen Materialien zusammengesetzt sind: **1932**, 907–45 [russ.].

Izvest. inženerno-stroitel'n. Inst. Gruzii Sur le problème de torsion des poutres élastiques composées: **1932**, Nr. 1, 123–27 [russ. m. grusin. u. französ. Zusammenfassg.].

Mathematische Ann. Recherches sur les problèmes aux limites relatifs à l'équation biharmonique et aux équations de l'élasticité à deux dimensions: **107** ('32) 282–312.

Mecniereba da Techn. Der große Stalin und die Entwicklung der Wissenschaft in den nationalen Republiken: **1949**, Nr. 12, 15–19 [grusin.].

Mnatobi Im Kontakt mit der Wissenschaft [Zum 40jährigen Bestehen der Zeitschrift]: **1964**, Nr. 2, S. 9 [grusin.].

Nauka i Žizn' Die Wissenschaft im Sowjetischen Grusinien: **1951**, Nr. 2, 9–12 [russ.]. — Die Wissenschaft im Sowjetischen Grusinien erlebt einen Aufschwung: **1957**, Nr. 7, S. 26 [~].

News [Moskva] A land rejuvenated: **1953**, Nr. 1, 18–21 (m. Bildn.).

Ogonek Ein Jahr großer Aufgaben: **1953**, Nr. 2, S. 6 [russ.]. — Neue Vorräte bei Čiatura: **1956**, Nr. 11, S. 4 (m. Bildn.) [~].

Prikladnaja Mat. i Mech. Lösung des ebenen Problems der Elastizitätstheorie für die ellpitische Scheibe: **1** ('33) Nr. 1, 5–12 [russ. m. deutscher Zusammenfassg.].

Ž. prikl. Mat. i Mech. Über die Lösung der fundamentalen Randwertprobleme des Newtonschen Potentials: (N.S.) **4** ('40) Nr. 4, 3–26 [russ. m. deutscher Zusammenfassg.].

Priroda [SSSR] Perspektiven der Entwicklung der Naturwissenschaften in Grusinien: **1959**, Nr. 5, 45–49 [russ.].

Soobšč. gruz. Filiala Akad. Nauk SSSR Über die Lösung des Dirichletschen Problems in der Ebene: **1** ('40) 99–106 [russ.]. — Bemerkungen hinsichtlich der fundamentalen Randwertprobleme der Potentialtheorie: 169f., 567 [~].

Soobšč. Akad. Nauk Gruz. SSR Über das fundamentale gemischte Randwertproblem der Theorie des logarithmischen Potentials für mehrfach zusammenhängende Gebiete: **2** ('41) 309–13 [russ.]. — Fundamentale Randwertaufgaben der Elastizitätstheorie für eine Halbebene: 873–80 [russ. m. grusin. Zusammenfassg.]. — Fundamentale Randwertaufgaben der Elastizitätstheorie für eine Ebene mit geradlinigen Schnitten: **3** ('42) 103–10 [~]. — Zum Problem des Gleichgewichts eines starren Stempels am Rand einer elastischen Halbebene beim Vorliegen von Reibung: 413–18 [~]. — Systeme singulärer Integralgleichungen mit Cauchyschen Kernen: 987–94 [russ.]; **4** ('43) 99–101 [russ. m. grusin. Zusammenfassg.].

Technika – Molodeži Das industrialisierte Grusinien: **1953**, Nr. 4, 14–18 [russ.].

Technika i Vooruženie Beständige Arbeit, beharrliche Erkundungen: **1963**, Nr. 2, 76f. [russ.].

Trudy tbilissk. mat. Inst. im. Razmadze Über eine numerische Lösung des ebenen Elastizitätsproblems: **1** ('37) 83–87 [grusin. m. russ. Zusammenfassg.]. — Über die Lösung der fundamentalen Randwertprobleme in der Theorie des logarithmischen Potentials[2]): **7** ('39/40) 1–24 [russ. m. deutscher Zusammenfassg.]. — Eine Anwendung des Cauchyschen Integrals auf eine Klasse singulärer Integralgleichungen: **10** ('41) 1–43, 161f. [russ.]. — Singuläre Integralgleichungen mit Cauchyschen Kernen auf offenen Kurven[9]): **11** ('42) 141–72 [russ. m. grusin. Zusammenfassg.]. — Das Randwertproblem von Riemann für mehrere unbekannte Funktionen und seine Anwendung auf Systeme singulärer Integralgleichungen[13]): **12** ('43) 1–46 [russ.]. — Giorgij Nikoladze: **15** ('47) 1–17 [grusin.].

Usp. mat. Nauk Gurij Vasil'evič Kolosov †: **1938**, Nr. 4, 279–81 [russ.]. — Il'ja Nestorovič Vekua[3])[11]): **22** ('67) Nr. 5, 185–95 [russ.].

Vestn. Akad. Nauk SSSR Die grusinische Filiale der Akademie der Wissenschaften der UdSSR: **1938**, Nr. 11/12, 76–83 [russ.]. – Der Organisator und Leiter unserer Filialen [V. L. Komarov][10])[8])[7]): **1939**, Nr. 10, 43–55 [∼]. – 20 Jahre Wissenschaft in Grusinien. Zum 20. Jahrestag der Grusinischen SSR: **1941**, Nr. 2/3, 16–26 [∼]. – Der Beitrag der Wissenschaftler Grusiniens zum Fortschritt in Wissenschaft und Technik: **1966**, Nr. 7, 53–58 [∼].

Z. angew. Math. u. Mech. Praktische Lösung der fundamentalen Randwertaufgaben der Elastizitätstheorie in der Ebene für einige Berandungsformen: **13** ('33) 264–82.

Mit: [1]) G. S. Achvlediani; [2]) D. Z. Avazašvili; [3]) I. I. Daniljuk; [4]) S. Džanašia; [5]) V. A. Fok; [6]) L. Gokieli; [7]) A. A. Jakubov; [8]) S. K. Karapetjan; [9]) D. A. Kveselava; [10]) E. N. Pavlovskij; [11]) I. G. Petrovskij; [12]) I. N. Vekua; [13]) N. P. Vekua.

VI **MUSKAT,** Irving Elkin. Chem. — 1927–28 Research Chemist, Mariner & Hoskins, Chicago, Ill.; '27 Ph. D. (chem.), '28–30 Instructor, '30–34 Research Assoc., Univ. of Chicago, Ill.; '35–42 Dir. of Research, Chem. Divis., Pittsburgh Plate Glass Co., Barberton, Ohio; '42–53 Pres., Marco Chem. Co., Linden, N.J.; '54–60 Pres., Elkin Chem. Co., Miami, Fla.; some other leading positions in chemical industry; '60–66 Chairman, Interamerican Culture and Trade Center, Miami, Fla.; '60–63 Vice Pres. for Research, Miami Univ., Miami., Fla.; '60–64 Pres., Industr. Research Center, Miami, Fla. — '63 Hon. D.Sc. (Marietta College, Marietta, O.).

*1905, Dez. 25, Riga.

Bull. schweizer. Vereinig. Lack- u. Farbenchemiker u. -techniker Unsaturated polyester resins: 8 ('50) 19–27.

J. amer. chem. Soc. The reactions of carbohydrates in liquid ammonia [,1]: Preliminary paper: **56** ('34) 693–95; ∼ 2: Apparatus and methods; alkyl, acyl and certain metallic and non-metallic derivatives of diacetoneglucose: 2449–54. – Studies of conjugated systems, 10: The electrolytic reduction of vinylacrylic acid[4]): 943–45; ∼ 11: The oxidation of cis-phenylbutadiene by means of perbenzoic acid [2]): **54** ('32) 2001–09; ∼ 12: The addition of bromine, hydrogen bromide and hypobromous acid to 1-bromobutadiene[1]): **55** ('33) 2140–45; ∼ 13: The preparation and properties of 1-phenyl-4-bromobutadiene[1]): 2860–67; ∼ 14: The preparation and properties of 1-phenyl-4-aminobutadiene and 1-phenyl-4-anilidobutadiene[1]): 3762–69; ∼ 15: The addition of hydrogen chloride to the geometric isomers of phenylbutadiene[3]): **56** ('34) 1239–41. – The mechanism of Walden inversion in sugars: The inversion of p-toluene-sulfonyl esters of rhamnose: 2653–56. – 6-Desoxy-D-gulose: **57** ('35) 778.

J. biol. Chemistry The structure and the properties of acetone-methylrhamnopyranoside[5]): **105** ('34) 431–42. – The synthesis of theophylline-5-methyl-rhamnofuranoside[5]): **106** ('34) 761–71.

Kunststoffe Kontaktharze: **40** ('50) 257.

Mit: [1]) L. B. Grimsley; [2]) M. Herrman; [3]) K. A. Huggins; [4]) B. H. Knapp; [5]) P. A. Levene.

VI **MUSKHELIŠVILI,** Nikolos →
VI **MUSCHELIŠVILI,** Nikolaj Ivanovič

VI **MUSSELMAN,** John Rogers. Math. — 1928–61 Prof., '36–59 Chairman of the Math. Divis., '61 Prof. Emer., Western Reserve Univ., Cleveland, O.; '53–54 Pres., Western Reserve Soc. of Sigma Xi.

*1890, Dez. 1, Gettysburg, Pa.; †1968, Aug. 8.

MHZ. American math. Monthly **36** ('29) – **50** ('43).

American J. Math. On certain types of hexagons: **57** ('35) 503–08. – Note on astatic elements[1]): **58** ('36) 637f. – On circles connected with three and four lines: **59** ('37) 371–75. – On 2 n points with a real cross-ratio[1]): 787–92. – The equation of motion of equal maps: **61** ('39) 123–30.

American math. Monthly On equilateral triangles: **39** ('32) 290–92. – On certain types of polygons: **40** ('33) 157–60. – A rectangular hyperbola theorem: 480f. – The triangle bordered with squares: **43** ('36) 539–48. – On four lines and their associated parabola: **44** ('37) 513–21. – On a triangle connected with any triangle: 524. – On the line of images: **45** ('38) 421–30. – On the geometry of the triangle: **46** ('39) 347f. – Some loci connected with a triangle: **47** ('40) 354–61. – On the rectangular hyperbola: **59** ('52) 11–19. – On a geometrical theorem: **64** ('57) 660.

Tôhoku math. J. A classification of planar sixpoints: **42** ('36) 114–17.

Mit: [1]) F. Morley.

VI **MYARD,** Francis Emile. Math., Mech. — Stud., 1917 Diplomé comme Ing. des Arts et Manufactures, '25–59 Chef des Travaux, '59– Chef des Travaux hon., Ecole Centrale des Arts et Manufactures, Paris; '48–50 Chargé de Recherches de 1ère Classe, Centre National de la Recherche Scientifique. — '32 Prix Alhumbert (Acad. Sci. Paris); 3 Prix (Soc. des Ing. Civils de France); Prix (Assoc. Techn. du Gaz de France); '72 Médaille d'Or Oppenheim (Soc. d'Encouragement à l'Industrie).

*1893, Okt. 18, Armentières, Nord.

Erfindungen Zahlreiche Patente auf d. Gebieten d. Motoren- u. Maschinenwesens.

Arts et Manufactures Cinématique théorique. Equation générale du mouvement plan: No. **213** ('70). — Sur une génération des surfaces réglées développables, dont l'hélicoïde: No. **225** ('72). — Une théorie générale des engrenages: No. **226** ('72). — Curvigrammétrie: No. **235** ('72).

Bull., Soc. franç. Mécaniciens Vis globique pseudo-développable: No. **4** ('52). — Théorème général sur les liaisons rotatives dans l'espace: No. **7** ('53).

C.R. hebd. Séances Acad. Sci., Paris Sur une théorie générale de tous les joints de transmission de rotations à couples d'emboîtement: **196** ('33) 843–45. — Sur une liaison absolument générale entre deux axes de rotation quelconques dans l'espace: 997–99. — Sur un appareil intégrateur propre à la mesure des aires situées sur des surfaces quelconques: 1573f. — Sur un appareil permettant de tracer la dérivée moyenne d'une fonction représentée par sa courbe en coordonnées cartésiennes: 1865f. — Sur un engrenage d'angle à couples d'emboîtement: **199** ('34) 120–22; **217** ('43) 525f. — Principe de similitude hydromécanique: **224** ('47) 714–17. — Liaison cinématique réversible, à mouvements louvoyants, entre une rotation continue et n translations rectilignes, alternatives, déphasées, et à loi sinusoïdale: **231** ('50) 108–10. — Vis globique à surface pseudo-développable et engrènement par roulement: **232** ('51) 207–09. — Résolution grapho-mécanique et simultanée des intégrales successives $\int_c y^n$ xdy prises le long d'une courbe fermée: **236** ('53) 1947–49. — Résolution grapho-mécanique des relations $\varphi(x) = f(x) \cdot f'(x)$, $\psi(x) = f(x)/f'(x)$: 2143–45. — Rotations inverses, ou différentielles, par interférence de mouvements sinusoïdaux: **238** ('54) 201f. — Engrenages hélicoïdaux externes de mêmes sens et vitesse angulaire: **248** ('59) 3404f. — Anamorphose par élimination paramétrique: **255** ('62) 2356f.

C.R. hebd. Séances Acad. Sci., Paris, Sér. A Equation générale du mouvement plan: **269** ('69) 787–90. — Sur une liaison cinématique par rotules sphériques: 1090–92. — Sur une génération des surfaces réglées développables, dont l'hélicoïde: **273** ('71) 161–63. — Résolution sous forme unique, et par une seule et même famille géométrique de surfaces réglées développables conduisant à des contacts linéaires rectilignes d'engrènement, de tous les engrenages quels qu'ils soient: 846–49. — Curvigrammétrie: **275** ('72) 69–72.

Génie civil Théorie générale des joints de transmission de rotation à couples d'emboîtement: **102** ('33) 15. April. — Les transmissions de rotation à couples d'emboîtement. Application aux automobiles: 10. Juni. — Méthode géométrique d'intégration et appareil pour mesurer les aires des surfaces courbes: **103** ('33) 2. Sept. — Nouvelles solutions de calcul grapho-mécanique. Dérivographe et planimètre: **104** ('34) 103–06. — Applications des trains épicycloïdaux à des problèmes de mécanique cinématique. Mesures ou commandes à distance par solutions différentielles: 16. Juni. — Nouveaux mécanismes de liaisons rotatives: **105** ('34) 15. Sept. — Applications mécaniques du mouvement louvoyant: excentrique réversible, compresseur, pompe, nouveau moteur: 17. Nov. — Boîte de vitesse continue, automatique ou commandée pour automobiles ou autres applications mécaniques: **106** ('35) 580–84. — Frein à inertie et récupération: **127** ('50) 88–91.

Mémoires Soc. Ing. civils France Principe de similitude hydro-mécanique. Variateurs de vitesses sans discontinuités: **100** ('47) 776–95.

Usine Les liaisons à couples d'emboîtement: **43** ('34) 26. Apr. — Essai d'une étude rationnelle critique des machines-outils en fonction des effets dynamiques: 23. Aug.

VI **MYERS,** Sir James Eckersley. Chem. — 1920–38 Senior Lecturer, Secretary and Tutor of the Fac. of Sci. and Pres. of the Assoc. of Univ. Teachers, '38–41 Chairman of the Joint Matriculat. Board, '38–51 Dean of the Fac. of Technol., '51–55 Dir. of the School of Educat., Victoria Univ. of Manchester; '38–51 Principal of Manchester Municipal College of Technol. (⊠)

*1890, Juni 24, Bolton, Lancashire; †1958, Dez. 5, Colwyn Bay.

Zur Biogr. Nature [London] **142** ('38) 323.

Nekr. F. Fairbrother, Proc. chem. Soc., London **1959**, 280.

V,VI **MYLLER,** Alexandru. Math. (Geometrie). — 1910–47 Ord. Prof., Univ. Iași. — '60 Dr. h.c. (Humboldt-Univ. Berlin). — '55 Orden d. Arbeit Klasse I (Rumän. Volksrepublik); '60 Stern d. Rumän. Volksrepublik.

*1879, Dez. 3, București; †1965, Juli 4, Iași.

Gatte von Vera Myller-Lebedev V, VI, VIIb

Zur Biogr. G. Ș. Andonie, Istoria matematicii în România 2 (București '66) 214–29 (m. Bildn.). – O. Mayer in: Contribuții la istoria dezvoltării Universității din Iași, 1860–1960, 2 (București '60) 40–46 (m. Bildn.). – I. Popa, Vera und Alexandru Myller: Gazeta mat. și fizică, Ser. B **6** ('55) 101f. [rumän.]; Alexandru und Vera Myller: Studii și Cercetări ști., Acad. Republ. popul. romîne, Filiala Iași, Ser. 1 **6** ('55) 1–12 [rumän.] (m. Bildn. u. Schr.verz. 104 Nrn.), Nachdruck: Analele ști. Univ. "Al. I. Cuza" Iași, Secț. I **1** ('55) XI–XXIV [rumän.] (m. Bildn. u. Schr.verz. 109 Nrn.).

Zum 75. Geb.tag G. C. Moisil, Alexandru und Vera Myller: Gazeta mat. și fizică, Ser. A **7** ('55) 185–89 [rumän.].

Nekr. Analele Acad. Republ. socialiste România **15** ('65) 585f. – Analele ști. Univ. "Al. I. Cuza" Iași, Secț. Ia **11A** ('65) Nr. 2, I–XIV (m. Bildn. u. Schr.verz. 124 Nrn.). – Gazeta mat. [București], Ser. A **71** ('66) 115–18 (m. Bildn.).

Gesammelte Werke Scrieri matematice. Ecrits mathématiques (București '59) 11 + 594 S. (m. Bildn.).

S. Lucrările Sesiunii generale științifice, Academia R.P.R., București și Iași 1950 (București '51) 1643–48: Sur la courbe "fibre" [rumän. m. russ. u. französ. Zusammenfassg.]. – Bolyai János. Élete és müve (București '53) 171–78: Entwicklung des Begriffs des Raumes (Die Schöpfer der euklidischen und nichteuklidischen Geometrie) [ungar.]. – Lucrările Consfătuirii de geometrie diferențială, Timișoara 1955 (Timișoara '56) 17–22: Über die Anfänge der Differentialgeometrie in unserem Lande [rumän.].

W. Curs de geometrie analitică pentru elevii clasei a VIII-a, secția științifică (Iași '36) 4 + 174 S.; (I. Popa) ²('46) 194 S.; 3. Aufl. u. d. T.: Geometrie analitică (I. Popa, G. Gheorghiev) (București '72) 192 S.

Analele Acad. Republ. popul. romîne Professor David Emmanuel zum 100. Geburtstag: **4**.1954 ('60) 17–20 [rumän.].

Analele Acad. române, Mem. Secț. ști. David Emmanuel. Seine Rolle in der Entwicklung der mathematischen Wissenschaften im Lande: (3) **16** ('40/41) 969–73 [rumän.].

Analele ști. Univ. "Al. I. Cuza" Iași, Secț. I Un chapitre d'une géométrie de la récurrence. Suites de triangles dérivés de deux triangles données: **2** ('56) 1–14 [rumän. m. russ. u. französ. Zusammenfassg.]. – La genèse des idées mathématiques: **8** ('62) 553f. [rumän.].

Analele ști. Univ. "Al. I. Cuza" Iași, Secț. Ia Les différentes formes du problème mathématique. Son origine, son élaboration et sa présentation: **11B** ('65) 1–7 [rumän.].

Annales sci. Univ. Jassy La correspondance par tangentes parallèles: **18**.1931/1932 ('32/33) 1–6. – Géométrie centro-affine différentielle des courbes planes[1]): 234–80. – Théorème complémentaire de celui de Minding sur la déformation des surfaces réglées: **20**.1934 ('35) 1–4. – Remarque sur l'heptaèdre de Reinhardt: **21** ('35) 244f.

Annales sci. Univ. Jassy, Partie I La courbure de Bacaloglo: **23** ('37) 1–6. – Surface d'apparence semblable dans le voisinage de chacun de ses points: **25** ('39) 1–8. – Sur les surfaces spirales: 680–87.

Annales sci. Univ. Jassy, Sect. I Une surface remarquable engendrée par la tractrice: **26** ('40) 390–93. – La courbe SMJ: **27** ('41) 127–35. – La discrimination des podaires des courbes planes selon leurs propriétés géométriques: **30**.1944–1947 ('48) 171–78.

Atti reale Accad. nazion. Lincei, Rend. Le coniche geodetiche: (6) **17** ('33) 112–15. – Sulla flessione delle superficie rigate: **19** ('34) 74–76.

Buletin ști., Acad. Republ. popul. române, A Les podaires négatives des courbes gauches: **1** ('48) 29–32 [rumän.], 33–36 [französ.]. – Courbes tracées sur une surface remarquables dans une géométrie polaire: 655–60 [rumän. m. russ. u. französ. Zusammenfassg.].

Buletin ști., Acad. Republ. popul. române, Ser. Mat., Fiz., Chim. Surfaces développables dont les génératrices sont situées dans les plans tangents d'une surface développable donnée et passent par une courbe donnée: **2** ('50) 91–99 [rumän. m. russ. u. französ. Zusammenfassg.].

Buletinul ofic. Ministerului Instrucț., Cultelor și Artelor Bericht über die Feststellungen des wissenschaftlichen Inspektors des Gebietes Moldau, A. Myller, im II. Quartal des Schuljahres 1931–1932: (2) **1** ('32) 305–08 [rumän.].

Buletinul Politehn. "Gh. Asachi" Iași Equations itérales linéaires du second ordre à coefficients constants: **1** ('46) 270–73 [rumän. m. französ. Zusammenfassg.]. – Cordes orthoptiques: **3** ('48) 95–97 [∼].

Buletinul Inst. politehn. Iași Sur la construction d'une table: (N. S.) **3** ('57) Nr. 1/2, 1–6 [rumän. m. russ. u. französ. Zusammenfassg.].

Bull. Sect. sci. Acad. roumaine Indicatrice de troisième ordre de la courbure des surfaces: **26** ('43/44) 147–50. – Surfaces à lignes méridiennes dans un faisceau de plans: 435–39. – Surfaces à lignes méridiennes géodésiques: **27** ('44/45) 103f.

C. R. hebd. Séances Acad. Sci., Paris La torsion moyenne d'une surface: **203** ('36) 1487f.

C. R. Séances Acad. Sci. Roumanie Surfaces spirales archimédiennes: **2** ('37/38) 606–08.

Gazeta mat. [Bucureşti] Parallele und antiparallele Kurven: **37** ('31/32) 403–05 [rumän.]. — "Formule de M. Botesu de Jassy": **40** ('34/35) 337f. [rumän. außer dem Titel]. — Courbure de Bacaloglo: **41** ('35/36) 123–26 [rumän. m. französ. Zusammenfassg.]. — Surface de rotation applicable sur une autre semblable à elle: **43** ('37/38) 18f. [~]. — Une classe importante de surfaces: 342–44 [~]. — Sur une courbe spéciale: **45** ('39/40) 623–28 [~]. — La courbe qui étant courbée se transforme en elle-même: **47** ('41/42) 251f. [~]. — Eine geometrische Transformation: **48** ('42/43) 297–99 [rumän.]. — Courbure moyenne et les lignes asymptotiques: 494 [rumän. m. französ. Zusammenfassg.].

Gazeta mat. şi fizică, Ser. A Sur l'inversion des intégrales elliptiques (Au 100e anniversaire de la naissance du professeur de mathématiques David Emmanuel): **5** ('53) 535–38. — La question des parallèles, une impulsion et un instrument pour l'étude de l'espace: **6** ('54) 477–85. — Evolutes et evolutoïdes secondaires: 537–42. — La surface c'est un monde entier: **9** ('57) 1–7. — Sections dans une prisme triangulaire[2]): **10** ('58) 76–84 [m. französ. u. russ. Zusammenfassg.]. — Triangles aréolairerationnaux: **12** ('60) 337–39 [~]. — Théorème sur les quadrilatères semblables à celui de Ptolémé: **14** ('62) 57f. [~]. — — Alle Arbeiten rumän.

Gazeta mat. şi fizică, Ser. B De l'histoire du développement des mathématiques et de ses méthodes de travail: **6** ('55) 486–90 [rumän.]. — Archimède: **13** ('62) 705–11 [~].

Gazeta mat. [Bucureşti], Ser. A Une école de recherches mathématiques: **69** ('64) 441–48 [rumän. m. russ. u. französ. Zusammenfassg.].

Matematikai és fizikai Lapok [Cluj] Ist die Mathematik schwierig?: (N. S.) **2** ('58) 129–32 [ungar.].

Natura [Bucureşti] Dreihundert Jahre analytische Geometrie: **26** ('37) 1–4 [rumän.].

Revista şti. "V. Adamachi" Skizze der Entwicklung des Mathematikunterrichts an der Universität Iaşi: **21** ('35) 3–9 [rumän.].

Studii şi Cercetări şti., Acad. Republ. popul. române, Filiala Iaşi David Emmanuel. Seine Rolle bei der Entwicklung der mathematischen Wissenschaften in Rumänien: **1** ('50/51) Nr. 2, XLVII–LIII [rumän.]. — Nicolai Luzin, ein großer sowjetischer Mathematiker: LIII–LXI [~]. — Sur la podaire de droite: **2** ('51) Nr. 1/2, 6–18 [rumän. m. russ. u. französ. Zusammenfassg.]. — Extension du théorème de Réaumur relatif aux développoïdes: 19–26 [~]. — La courbe des billes de Mariotte: **3** ('52) 1–14 [~]. — Chemins de profil longitudinal donné: **4** ('53) 1–17 [~]. — L'équation arco-radiale de Sylvester: 19–28 [~]. — Courbes et surfaces parallèles au sens large: **5** ('54) Nr. 1/2, 1–15 [~].

Studii şi Cercetări şti., Acad. Republ. popul. romîne, Filiala Iaşi, Ser. 1 La transformation de Legendre vue géométriquement: **5** ('54) Nr. 3/4, 1–12 [rumän. m. russ. u. französ. Zusammenfassg.].

Studii şi Cercetări şti., Acad. Republ. popul. romîne, Filiala Iaşi, Mat. Triangles remarquables du point de vue centro-affine: **9** ('58) 1–4. — Triangles en géométrie aréolaire: **10** ('59) 269–76. — Les théorèmes fondamentaux de la trigonométrie dans la géométrie centro-affine: **12** ('61) 279–84. — —Alle Arbeiten rumän. m. russ. u. französ. Zusammenfassg.

Mit: [1]) O. Mayer; [2]) I. Popa.

V,VI **MYLLER-LEBEDEV**, Vera. Math. — 1918–46 Ord. Prof., Univ. Iaşi. — '54 Staatspreis Klasse II, '55 Orden d. Arbeit Klasse I (Rumän. Volksrepublik); '60 Stern d. Rumän. Volksrepublik.

*1880, Dez. 1, Petersburg;

†1970, Dez. 12, Iaşi.

Gattin von Alexandru Myller V, VI, VIIb

Zur Biogr. G. Ş. Andonie, Istoria matematicii în România **3** (Bucureşti '67) 16–21 (m. Bildn.). — I. Popa, Vera und Alexandru Myller: Gazeta mat. şi fizică, Ser. B **6** ('55) 101f. [rumän.]; Alexandru und Vera Myller: Studii şi Cercetări şti., Acad. Republ. popul. romîne, Filiala Iaşi, Ser. 1 **6** ('55) 1–12 [rumän.] (m. Bildn. u. Schr.verz. 16 Nrn.), Nachdruck: Analele şti. Univ. "Al. I. Cuza" Iaşi, Secţ. I **1** ('55) XI–XXIV [rumän.] (m. Bildn. u. Schr.-verz. 16 Nrn.).

Zum 75. Geb.tag G. C. Moisil, Alexandru und Vera Myller: Gazeta mat. şi fizică, Ser. A **7** ('55) 185–89 [rumän.].

Nekr. I. Creangă, Gazeta mat. [Bucureşti], Ser. A **76** ('71) 75f. (m. Bildn.).

W. Lecţii de algebră (Bucureşti '53) 395 S.

Analele şti. Univ. "Al. I. Cuza" Iaşi, Secţ. Ia Sur les racines primitives et les systèmes de bases et indices dans le corps quadratique général: **11B** ('65) 25–41 [m. rumän. u. russ. Zusammenfassg.] [= Neudruck aus J. Math. pures et appl. (8) **2** ('19) 81–98].

Annales sci. Univ. Jassy, Partie I Sur une application de lemme de M. Carleman: **24** ('38) 1–4. — Sur le cas extrême des inégalités de Cauchy: **25** ('39) 688–91.

Gazeta mat. şi fizică, Ser. A David Hilbert zum hundertsten Geburtstage: **14** ('62) 47–50 [rumän.].

Revista şti. "V. Adamachi" David Hilbert in memoriam: **24** ('43) 113–16 [rumän.].

VI **MYRBÄCK**, Karl David Reinhold. Chem. (org.), Biochem. — 1932–67 Prof.,

Univ. Stockholm. — '47 Prof. h.c. (Ecole Supér. de Fermentat. de Gand). — '35 Scheele Medalj (Kemiska Sällskapet, Stockholm); '48 Norblad-Ekstrandska Medalj (Svenska Kemistsamfundet).

*1900, Sept. 7, Vendel.

Zum 60. Geb.tag H. Winberg, Acta chem. scand. **14** ('60) Nr. 5, 2 S. vor S. 965 (m. Bildn. u. Faks.); Svensk kem. Tidskr. **72** ('60) 505f. (m. Bildn.).

MH. Die Methoden der Fermentforschung **1–4** (Leipzig '41); darin eigene Beiträge: **1** ('41) 1–8: Natur und Wirkung der Fermente, allgemeine Betrachtung über die Methodik bei enzymatischen Versuchen, Nomenklatur und System der Fermente[52]); **2** ('41) 1494–502: Direkter und indirekter Nachweis von Atomgruppen in Enzymen; 1503–18: Affinität der Enzyme zum Substrat, zu Reaktionsprodukten und zu anderen Stoffen; 1837–61: Phyto-Amylasen[34]); 2014–33: Zur Untersuchung des Pepsins, der Trypsine und ähnlicher Enzyme; **3** ('41) 3042–45: Die Enzyme des phosphorolytischen Abbaues; Nachdruck: (New York '45). — Handbok i kemisk teknologi **1** (Stockholm '47) – **4** ('49). — The enzymes; chemistry and mechanism of action **1, 1** (New York '50) – **2, 2** ('52) [4 Bände]; darin eigene Beiträge: **1, 1** ('50) 1–27: Introduction[57]); 654–724: Amylases and the hydrolysis of starch and glycogen[31]); Neuaufl.: The enzymes **1** ²(New York '59) – **8** ²('63); darin eigene Beiträge: **1** ('59) XIII: James Batcheller Summer, 1887–1955 [54])[56]); **4** ('60) 379–96: Invertases.

MHZ. (Chefredakt.) Svensk kem. Tidskr. 1937–1946. — (Hauptherausgeber) Acta chem. scand. **1** ('47) ff.

S. Handbuch der biologischen Arbeitsmethoden (E. Abderhalden) Abt. **4**, 1 (Berlin–Wien '33) 2010–88: Das Co-Enzym der alkoholischen Gärung, die Co-Zymase, ihre Bestimmung und Isolierung[8]). — IVᵉ Congrès international technique et chimique des industries agricoles, Bruxelles 1935, **3** (Bruxelles '35): Untersuchungen über Amylase und Stärkespaltung in Gerste und Malz (8 S.). — Forhandlinger, Det 5. nordiske Kemikermøde, København 1939 (København '40) 218–23: Das Verhalten verschiedener Zuckerarten gegenüber Hypojodit [ ]. — The Svedberg 1884 30/8 1944 (A. Tiselius, K. O. Pedersen) (Stockholm–Uppsala '44) 474–83: Constitution and enzymic degradation of starch and glycogen. — Abstracts of communications, 1ˢᵗ International congress of biochemistry, Cambridge, Engl., 1949 (Glasgow '49) 227f.: Mechanism of the α-amylase action. — Festschrift Prof. Dr. Arthur Stoll zum 70. Geburtstag (Basel '57) 551–64: Inaktivierungsversuche an Hefesaccharase. — Fermente, Hormone, Vitamine und die Beziehungen dieser Wirkstoffe zueinander (R. Ammon, W. Dirscherl) **1**: Fermente ³(Stuttgart '59) 340–409: Transferasen, Überführende Enzyme; 410–15: Isomerasen; 416–32: Lyasen; 433–51: Die enzymatische Decarboxylierung; 452–530: Die biologische Oxydation; 531–40: Der anaerobe Kohlenhydratabbau; 541–45: Der Citronensäurezyklus; 546f.: Oxydative Phosphorylierung; 548f.: Der Fettsäurezyklus; 550–56: Die Photosynthese. — Handbuch der Pflanzenphysiologie (W. Ruhland) **12**, 1 (Berlin–Göttingen–Heidelberg '60) 804–43: Der Chemismus der alkoholischen Gärung.

W. Alkoholjäsningen. Ur dess historia, teknik och kemi (Stockholm '37) 70 S. (Verdandis småskrifter, 391). — Kemi med biokemi (m. H. Willstaedt, E. Virgin) ²(Stockholm '53) 10+458 S.; ³('58, '60); ⁴('65) 14+496 S. — Enzymatische Katalyse. Einführung in die Enzymchemie ²(Berlin '53) 8+181 S. — Biokemi (Stockholm '66) 1+373 S.

Acta chem. scand. Zur Wirkungsweise der Hydrolasen: **1** ('47) 142–48. — On the action of Bacillus macerans amylase[50]): **3** ('49) 91–93. — Equilibrium state of a branched molecule[42]): 190–200. — Studies on yeast invertase, 3: Inhibition by Ag^+. Model experiments with egg albumin: **12** ('58) 839–50.

Acta med. scand. Biochemical studies on B_1-avitaminosis in animals and man[5])[15])[20]): **102** ('39) 175–213.

Actualités biochim. Action of the amylases on starch and glycogen: **10** ('47) 12–14.

Advances Carbohydrate Chem. Products of the enzymic degradation of starch and glycogen: **3** ('48) 251–310.

Annual Rev. Biochem. Nonproteolytic enzymes: **8** ('39) 59–80. — Nonoxidative, nonproteolytic enzymes: **18** ('49) 59–86.

Archives Biochem. Mechanism of the malt α-amylase action: **14** ('47) 53–56. — Isolation of crystalline trehalose after fermentation of glucose by maceration juice[6]): **21** ('49) 249–55.

Archives Biochem. and Biophysics Studies on yeast invertase [,1]: Soluble and insoluble invertase (saccharase) of bakers' yeast: **69** ('57) 138–48; ~ 7: Inhibition by silver ions and reversal of inhibition by nucleic acids: **83** ('59) 17–27.

Arkiv Kemi, Mineral. och Geol. Über die Hydrolyse von Maltohexaose und die dabei entstehenden Produkte, vornehmlich die Maltotriose[22]): **17A** ('43/44) Nr. 18, 22 S. — Über das dextrinbildende Enzym in Malz (Dextrinogenamylase)[35]): **18A** ('44/45) Nr. 6, 10 S. — Über die Stärkespaltung durch Bacillus macerans[11]): **20A** ('45) Nr. 5, 13 S. — Über die Wirkungsweise der Amylasen und ihre Affinität zu verschiedenen Substraten[17]): Nr. 6, 9 S. — Über Säurehydrolyse der Stärke[28]): Nr. 14, 22 S. — Über Vergärung der Maltose[37]): **23A**

('46/47) Nr. 6, 12 S. – Zwischenprodukte der enzymatischen Stärkespaltung[24]): Nr. 7, 10 S. – Disulfide der Aneurinphosphorsäureester[49]): **24A** ('47) Nr. 8, 9 S. – Über Inaktivierung der α-Malzamylase [,1][9]): Nr. 11, 11 S. – Identifizierung von Oligosacchariden als Flavazole[38])[31]): Nr. 14, 9 S. – Über die Wirkungsweise der α-Malzamylase: **26A** ('48/49) Nr. 7, 1–9.

Arkiv Kemi Wirkung der Malzamylasen auf niedrigmolekulare Hydrolyseprodukte der Stärke[41]): **1** ('49/50) 1–16. – Über die Schardingerdextrine, 1: Oxydation des β-Dextrins mit HJO_4; saure Hydrolyse[16]): 129–43; ∼ 2: Berechnung der sauren Hydrolyse: 161–77. – Über die aus Glucose durch Reversion gebildeten Saccharide[13])[10]): 235–46. – Studien zur Chemotherapie der Tuberkulose, 5[51])[4]): 331–36. – On the amylase–substrate compounds: **2** ('50) 417–22. – Insoluble saccharase in bakers' yeast[46]): **3** ('51/52) 323–29. – Enzyme-substrate compounds and activity–pH-curves of the amylases, 1: Theoretical considerations: 437–43; ∼ 2: pH-Curves of a mold amylase[50]): 443–46; ∼ 3: pH-Curves of barley β-amylase[36]): **4** ('52) 495–502. – Inactivation of saccharase and salivary amylase by 1-fluoro-2,4-dinitrobenzene[2]): 7–10. – Über die Natur der Stärkegrenzdextrine, 1: Die theoretisch möglichen Grenzdextrine: 433–41; ∼ 2: Die Grenzdextrine einer Pilzamylase[50]): 523–29. – Activity-pH-curves of the enzymatic saccharose and raffinose hydrolysis[3]): 567–74. – Inactivation of barley β-amylase by sodium dodecyl sulfate[36]): 531–36. – Über die Inaktivierung der α-Malzamylase, 2: Inaktivierung durch Heparin[36]): **5** ('53) 177–85. – Starch degradation by salivary amylase, 1[44]): 317–26; ∼ 2: **7** ('54/55) 53–59; ∼ 3: Residual dextrins and the glucose formation[50]): 403–15. – Products of potato starch degradation by malt α-amylase[36]): **5** ('53) 365–78. – Action of heparin on barley β-amylase[36]): 477–88. – Starch degradation by the α-amylases [,1][44]): **6** ('53/54) 113–21; ∼ 2: Paper chromatography of low-molecular degradation products[50]): 417–25; ∼ 3: End-products of the salivary amylase action[50]): 443–54; ∼ 4: Maltase action of saliva[50]): 465–69. – Properties of Lintner starches[50]): **7** ('54/55) 291–314. – Inhibition of yeast invertase (saccharase) by metal ions, 1: The uranyl ion[50]): **8** ('55/56) 53–59; ∼ 2: Action of Ag^+, Cu^{++}, Cd^{++}, Zn^{++} and their complex formation with acetate ions: 393–400; ∼ 3: Inhibition by Ag^+ and the complex formation between Ag^+ and imidazole derivatives: **11** ('57) 47–55; ∼ 4: Inhibition by Ag^+ and the complexing of Ag^+ by certain sulfur-containing compounds[50]): 275–83; ∼ 5: Inhibition by mercury compounds: 471–79. – Studies on yeast invertase (saccharase). Localization of the enzyme in the cell and its liberation[50]): **8** ('55/56) 367–74. – Studies on yeast invertase, 2: Inactivation of invertase by iodine and by heavy metal ions[50]): **12** ('58) 203–18; ∼ 4: Action of impurities in the enzyme preparations on the inhibition of the enzyme by silver ions: **13** ('58/59) 153–66; ∼ 5: Inhibition by Ag^+ and the complex formation between Ag^+ and degradation products of nucleic acids[50]): 179–83; ∼ 6: Inhibition by Ag^+ and the complexing of Ag^+ by yeast nucleic acid[50]): 357–66; ∼ 8: Inhibition by sodium dodecyl sulfate[50]): **15** ('60) 379–85; ∼ 9: Inhibition by heparin[50]): 519–24; ∼ 10: Inactivation by cationic detergents: **16** ('60/61) 221–28; ∼ 11: Inhibition by organic bases, 1: Aniline: **17** ('61) 213–26; ∼ 12: ≈ 2: Some heterocyclic bases[50]): 227–35; ∼ 14: The binding of silver ion by the enzyme: **21** ('63/64) 221–37; Studies on yeast β-fructofuranosidase (invertase), 15: The binding of cupric ion by the enzyme: **24** ('65) 471–77; ∼ 17: Inhibition by 2-amino-2-hydroxymethylpropan-1,3-diol: **25** ('66) 315–20; ∼ 22: The reaction with the zinc ion, Zn^{2+}: **27** ('67) 507–14.

Ber. dtsch. chem. Ges. Nachruf auf L. Ramberg: **74A** ('41) 109. – Zuckerbestimmungen mittels Kupferacetats[22]): **75** ('42) 1739–43.

Biochemische Z. Über die Wirkungsweise des Eulerschen Z-Faktors[21]): **258** ('33) 118–33. – Über Gersten- und Malzamylase[30]): 158–71. – Freie und gebundene Amylase in der Gerste[30]): **285** ('36) 282–89. – Zur Kenntnis der Stärkespaltung durch pflanzliche Amylasen, 1: 290–93. – Trehalose und Hefe, 1[34]): **288** ('36) 329–37; ∼ 2: Trehalasewirkung von Hefepräparaten[34]): **291** ('37) 61–69; ∼ 3[34]): **292** ('37) 230–33. – Über die β-Amylase aus ungekeimter Gerste[34]): **293** ('37) 107–17. – Grenzdextrine und Stärke, 1: **297** ('38) 160–71; ∼ 2: Takadiastase und Maisstärke[1]): 172–78; ∼ 3: Trisaccharide unter den Abbauprodukten der Stärke: 179–83; ∼ 4: Über Grenzdextrine aus Maisstärke[34]): **303** ('39/40) 335–41; ∼ 5: Über die Vergärbarkeit von Stärkeabbauprodukten: **304** ('39/40) 147–59; ∼ 6: Grenzdextrine aus Kartoffelstärke mittels Pankreasamylase[34])[1]): **307** ('40/41) 49–52; ∼ 7: Schwerhydrolysierbare Glykosidbindungen in der Stärke[34])[1]): 53–68; ∼ 8: Die Konstitution eines Stärkegrenzdextrins; Nachweis α-glykosidischer 1,6-Bindungen in Dextrin und Stärke[1]): 69–78; ∼ 9: Primäre Spaltung der Stärke durch die Dextrinogenamylase des Malzes[34]): 123–28; ∼ 10: Primärprodukte der Stärkespaltung durch Dextrinogenamylase: 132–39; ∼ 11: Spaltung der Stärke durch die Dextrinogenamylase des Malzes: 140–58; ∼ 12: Darstellung und Konstitutionsbestimmung eines schwer hydrolysierbaren Disaccharids („Isomaltose") aus Stärke[1]): **308** ('40/41) 187–95; ∼ 13: Spezifität der Amylasen und Produkte ihrer Wirkung[1]): **311** ('41/42) 213–26; ∼ 14: Über die Wirkung der Dextrinogenamylase: 227–33; ∼ 15: Dextrinsäuren und ihre Spaltung durch die Amylasen[33]): 234–41; ~ 16: Über die Natur der α-Dextrine: 242–46; ~ 17: Über den Mechanismus der Spaltung durch Dextrinogenamylase[34]): **315** ('43/44) 233–39; ~ 18: Über Grenzdextrine aus Kartoffel-, Reis- und Weizenstärke[34])[1]): 240–49; ~ 19: Über die Phosphorsäure in Stärkedextrinen[19]): 250–58; ~ 20: Spaltung von Arrowstärke durch die Dextrinogenamylase[29]): **316** ('43/44) 414–23; ~ 21: Grenzdextrine aus Arrowrootstärke[34])[46]): 424–28; ~ 22: Die Spaltung der Maisstärke durch die Dextrinogenamylase[34]): 429–32; ~ 23: Die Spaltung der Gerstenstärke durch die Dextrinogenamylase[43])[33]): 433–43; ~ 24: Grenzdextrine aus Gerstenstärke[1])[34]): 444–48. – Amylasewirkung auf oxydierte Stärke [34]): **307** ('40/41) 129–31.

Brauwiss. Untersuchungen über Hefeinvertase, 13: Über den Molekularzustand des Enzyms in der Zelle: **14** ('61) 82–85.

Brewers Digest Action of malt amylases on starch and glycogen: **23** ('48) 41–44, 47.

C. R. Trav. Labor. Carlsberg, Sér. chim. Über den sogenannten Grenzabbau der Stärke[34])[1]): **22** ('38) 357–65.

Current Sci. Stable dextrins and the constitution of starch: **6** ('37) 47–50.

Enzymologia Über den Amylasegehalt von Gerste reiner Linien: **1** ('36/37) 280–87. – Über aktive und inaktive Amylase in Gerste[34]): **2** ('37/38) 305–09. – Vergärung von Grenzdextrinen, Stärke und Disacchariden[34])[1]): **3** ('37) 210–19. – Amylasebestimmungen in Gerste[34]): **7** ('39) 176–81; **9** ('40/41) 43–52. – In memoriam Hans von Euler-Chelpin: **29** ('65) 105–07. – Studies on yeast β-fructofuranosidase, 16: Partial purification[39]): 306–14 [m. deutscher Zusammenfassg.].

Ergebn. Enzymforsch. Co-Zymase: **2** ('33) 139–68. – Trehalose und Trehalase: **10** ('49) 168–90. – Stärke und Glykogen. Enzymatische Synthese und Hydrolyse[31]): **12** ('51) 1–88.

Hoppe-Seyler's Z. physiol. Chem. α-Glucosidase und Disaccharidspaltung: **205** ('32) 248–50. – Weitere Untersuchungen über die Hefen-Co-Zymase[8])[14]): **212** ('32) 7–25; **214** ('33) 184. – Sauerstoffaufnahme durch Vitamin-C-haltige Organe und durch Glucoredukton[8]) [21]): **217** ('33) 1–22. – Co-Zymase und Phosphatase: 249–52. – Weitere Versuche über die Co-Zymase der Hefe: **219** ('33) 173–76. – Zur Kenntnis der Co-Zymase, 1: Molekulargewicht: **225** ('34) 125–30; ~ 2: Isolierung[21]): 131–40; ~ 3: Titrationskurve: 199–210; ~ 4[34]): **233** ('35) 87–94; ~ 5: 95–119; ~ 6: Über Darstellung und Eigenschaften eines hochaktiven Co-Zymase-Präparates[34]): 148–53; ~ 7: Über Co-Zymase aus tierischen Organen: 154–58; ~ 8: Einwirkung der Adenylsäuredesaminase auf Co-Zymase[34]): **234** ('35) 254–58; ~ 9: Über Oxydation und Reduktion der Co-Zymase: 259–66; ~ 10: Phosphatase und Co-Zymase[34]): **241** ('36) 148–55; ~ 11: Über die Natur der reduzierenden Gruppe der Co-Zymase: 223–32. – Die freie Diffusion von Nucleinsäuren und Mononucleotiden als Mittel zur Bestimmung ihrer Molekülgröße[18]): **237** ('35) 159–64. – Über die Lactosegärung und die Lokalisation der Enzyme in der Hefezelle[48]): **277** ('43) 171–80.

IVA Mikrobielle Fettsynthese durch Lufthefezüchtung von Rhodotorula-Arten[7])[6])[53])[26]) [32]): **15** ('44) 252–67 [schwed.].

J. prakt. Chem. Der enzymatische Abbau der Stärke und der Bau der Stärkemakromoleküle: **162** ('43) 29–62.

Mededeelingen vlaamsche chem. Vereenig. Structure of starch: **9** ('47) 279–84.

Nature [London] Amylopectin and glycogen: products of irreversible and reversible synthesis[42]): **163** ('49) 410f.

Österreichische Chemiker-Ztg. Hefe und Trehalose [,1]: **42** ('39) 64f.; ~ 2: 336. – Tyrosin aus Hefe: 91. – Das Molekulargewicht von Dextrin: 299–302. – Hefe aus Molke [,1] [7])[26]): **45** ('42) 9–15; ~ 2[7])[26]): 34–38.

Skandinavisches Arch. Physiol. Wirkung der Amylasen auf einige Stärkeabbauprodukte[34]): **80** ('38) 334–40.

Soc. biol. Chemists, India Activity and stability of yeast invertase in acid solution: Silver Jubilee Souvenir **1955**, 204–10.

Suomalaisen Tiedeakatemian Toimituksia, Sarja A II Activity–pH curve of yeast invertase and the mechanism of hydrolase action: Nr. **60** ('55) 226–34.

Suomen Kemistilehti Die Konstitution und der enzymatische Abbau der Stärke [,1]: **12A** ('39) 19–29; ~ 2: **16A** ('43) 63–67 [schwed.].

Svensk farm. Tidskr. Über einige Enzyme mit bekanntem chemischen Aufbau: **41** ('37) 241–44, 253–57, 309–11, 369–72 [].

Svensk kem. Tidskr. Neuere Ansichten über die Chemie der alkoholischen Gärung: **44** ('32) 207–22 []. – Über die Grenzverzuckerung der Stärke und das sogenannte Komplement der Amylasen[30]): **45** ('33) 230–36 []. – Über die Darstellung einer Verbindung neuen Typs aus Hefe: **46** ('34) 211–19 []. – Trehalose in Preßhefe: **48** ('36) 55–61 []. – Die Wirkung der α-Glucosidase auf α-Methylglucosid und verschiedene Di- und Trisaccharide[30]): 64–68 []. – Über die chemische Natur der Co-Zymase: 100–03. [] – Hefe und Trehalose [,1]: **49** ('37) 24–26 []; ~ 2: **51** ('39) 36f. [schwed.]. – Die Bestimmung des Molekulargewichts der Grenzdextrine: **49** ('37) 145–52 []. – Die Grenzdextrine und die Konstitution der Stärke [,1]: Der Phosphorgehalt von Stärke und Dextrinen [1]): 216–30 []; Zur Konstitution der Grenzdextrine und der Stärke, 2: Über den Acetylbromidabbau von Stärke und Dextrinen: 271–

74 []; ~ 3: Trisaccharide durch enzymatischen Abbau der Stärke: **50** ('38) 27–31. – Über die Bestimmung von Mono- und Disacchariden mit Hypojodit[34]): 72–77. – Tyrosin aus Hefe: 129f. [schwed.]. – Über den Mechanismus der enzymatischen Amylolyse[34]): 168–74. – Über die sogenannte Amylobiose[34]): 185–89. – Wirkung der Amylasen auf Stoffe von niedrigem Molekulargewicht[34]): 284–98. – Die Oxydation der Aldosen durch Hypojodit, 1: **51** ('39) 7–11; ~ 2: 74–84; ~ 3: 149–58; ~ 4: 179–92; ~ 5: 206–17; ~ 6: Über die Oxydation des Glucosons (2-Keto-Glucose) durch Hypojodit: 225–29; ~ 7: Zur Kenntnis des Glucosamins und des N-Acetylglucosamins: **52** ('40) 21–30; ~ 8: Die Oxydation der Digitoxose durch Hypojodit: 200–03; ~ 9: 293–307. – Über die Bestimmung gewisser Intermediärprodukte des Stoffwechsels bei B_1-Avitaminose[20]): **51** ('39) 51–68 [schwed.]. – Ossian Aschan †: 246–48 [schwed.]. – V. I. Sihvonen †: 252 [~]. – Über die Vergärbarkeit der Cellobiose: **52** ('40) 101–03. – Über die Natur der Glykosidbindungen in der Stärke: 126–33. – Die alkoholische Gärung des Milchzuckers aus Molken[7]): 326–29 [schwed.]. – Über die Bildung von „Isomaltose" aus Glukose durch Reversion: **53** ('41) 67–77. – Hefe aus Molke, 1 [7])[26]): 96–108 [schwed.]; ~ 2 [7])[26]): 137–47 [~]. – Die Konstitution der durch Reversion aus Glukose gebildeten sogenannten Isomaltose: 264–69. – Azobenzol-p-carbonsäureester einiger Methylzucker und ihr Verhalten bei der chromatographischen Analyse[45]): 441–47. – Über das Reduktionsvermögen methylierter Zucker [12]): 461–68. – Verhalten der Zucker in Boratlösungen, 1: Die Oxydation mit Hypojodit[12]): **54** ('42) 17–21. – Zur Kenntnis der Hydrolyse langkettiger Moleküle. Mechanismus der enzymatischen Spaltung der Amylose[46]): 50–60. – Über die Haltbarkeit von Anourin-Natriumpyrophosphatlösungen[47])[19]): 97–100 [schwed.]. – Über die Spaltung der Gerstenstärke und den Mechanismus der Dextrinierung[43]): 103–15. – Über die enzymatische Dextrinierung der Stärke[23]): **55** ('43) 36–41. – Mikrobielle Fettsynthese unter Verwendung von Rhodotorula glutinis nach dem Lufthefeverfahren [32])[7])[26]): 41–51. – Zum Mechanismus der Stärkedextrinierung[46]): 178–88. – Über den Aufbau von Zweigmolekülen [,1][42]): 294–308; Zweigmoleküle, 2: Anwendung unseres Modells auf Stärke und Glykogen mit besonderer Berücksichtigung der enzymatischen Verzuckerung[42]): 311–23; ~ 3: Über die Verteilung der Glieder auf Ketten verschiedener Länge[42]): 354–63; ~ 4: Über die enzymatische Dextrinierung von Stärke und Glykogen[42]): **56** ('44) 60–72. – Über die Dextrinierung von Amylose durch α-Amylase[42]): 142–51. – Chemische Vitamin-B_1-Bestimmungen in Fleisch und Fleischkonserven[47]): 175–81. – Zustand des B_1-Vitamins in der Hefe [,1][47])[25]): 296–304; Vitamin B in der Preßhefe [,2]: Über Atmung und Gärung der Hefe[47]): 400–08; Vitamin B_1 in der Hefe, 3[47]): **57** ('45) 72–74. – Eine oxydierte Form von Co-Carboxylase[47])[27]): 124–33. – Die Darstellung und Konstitution von Grenzdextrinen aus Stärke: **58** ('46) 119–27. – Harry Willstaedt †: **60** ('48) 20f. [schwed.]. – Amylases in milling products. The use of hydroxyethyl starch for the determination of α-amylase[40]): **63** ('51) 250–59. – Über Enzyme in Hefe: **71** ('59) 188–96 [schwed.]. – Der Nobelpreis für Chemie 1961 (Melvin Calvin): **73** ('61) 605–13 [~]. – Hans von Euler-Chelpin, 1873–1964: **76** ('64) 711–13 [~].

Svensk Papperstidn. Über Struktur und Form des Stärkemoleküls: **50** ('47) 138–40 [].

Svenska Bryggarefören. Månadsbl. Fraktionierung des Eiweißes im Malz, 2[30]): **47** ('32) 27–32. – Amylase in Gerste und Malz, 1[30]): 90–112; ~ 2[30]): 161–75. – Enzymbestimmungen in Gerste aus der Ernte 1931 [30]): **48** ('33) 92–96. – Katalase- und Amylasebestimmungen in Gerstenmalz von 1932[30]): 216–19. – Neue Ergebnisse der Biochemie: 335–51. – Enzymbestimmungen in Gerste und Malz von 1933[21]): **49** ('34) 321–27. – Kohlenhydrat-, Eiweiß- und fettspaltende Enzyme: **50** ('35) 141–50, 217–24. – 50 Jahre Biochemie: 322–41. – Amylase und Katalase in Gerste und Malz der Ernte 1934[55]): 361–68. – Amylasegehalt der Gerste – eine Sorteneigenschaft: **51** ('36) 1–21. – Amylase in Gerste der Ernte 1935[34]): 413–17. – Stärkespaltung in der Gerste der Ernte des Jahres 1936 und in dem daraus hergestellten Malz, 1 [1])[34]): **52** ('37) 373–85; ~ 2[1]): 465–71. – Über Stärkedextrine, besonders in Würze[1]): **53** ('38) 45–52. – Über Dextrine aus Getreidestärke und dergleichen: 93–101. – Stärkeumsatz in Korn- und Malzproben der Ernte 1937[34]): 508–16. – Eine lehrreiche Geschichte über die Giftigkeit des Kupfers gegenüber Enzymen: **55** ('40) 137–51. – Über den Bau und die enzymatische Aufspaltung der Stärke: **57** ('42) 69–77, 105–12. – Hans von Euler-Chelpin, der Biochemiker: **58** ('43) 35f. – – [].

Tabulae biol. [Den Haag] Cozymase (Codehydrogenase I): **14** ('37) 110–12, 113–30 [].

Tekniska Samfundets Handl. Neue Untersuchungen über die Konstitution der Stärke: **1941**, 79–129 [].

Vestn. sloven. kem. Druš. Über die Grenzdextrine der α-Amylasen: **1** ('54) 109–12.

Wallerstein Labor. Commun. Structure of starch: **11** ('48) 209–19 [].

Wschr. Brauerei Über die Fraktionierung des Eiweißes in Malzextrakten[30]): **49** ('32) 20–23. – Katalase in schwedischer Braugerste [30]): 25–30. – Amylase in Gerste und Malz[30]): 246f.

Mit: [1]) K. Ahlborg; [2]) K. Bonner; [3]) U. Björklund; [4]) M. Borggård; [5]) B. Carlström; [6]) M.

Elander; 7) L. Enebo; 8) H. v. Euler; 9) K. Frostell; 10) H. Gelinder; 11) L.-G. Gjörling; 12) E. Gyllensvärd; 13) M. Hammarstrand; 14) H. Hellström; 15) N. Holmin; 16) T. Järnesström; 17) N. O. Johansson; 18) E. Jorpes; 19) B. Kihlberg; 20) A. Larsson; 21) H. Larsson; 22) E. Leissner; 23) B. Lundberg; 24) R. Lundén; 25) C.-E. Lundgren; 26) H. Lundin; 27) I. Magnell; 28) B. Magnusson; 29) B. Martelius; 30) S. Myrbäck; 31) G. Neumüller; 32) R. Nilsson; 33) G. Nycander; 34) B. Örtenblad; 35) P. J. Palmcrantz; 36) B. Persson; 37) S. Renvall; 38) U. Rosenquist; 39) W. Schilling; 40) H. Scholander; 41) E. Sihlbom; 42) L. G. Sillén; 43) G. Stenlid; 44) K. Svanborg; 45) C. O. Tamm; 46) W. Thorsell; 47) I. Vallin; 48) E. Vasseur; 49) C. A. Wachtmeister; 50) E. Willstaedt; 51) H. Willstaedt; 52) E. Bamann; 53) F. Berg; 54) P. D. Boyer; 55) G. Dahlgren; 56) H. Lardy; 57) J. B. Sumner.

VI **MYRBERG,** Pekka Juhana. Math. – 1926–38 Prof., Techn. Hochsch. Helsinki; '38–59 Prof., '52–62 Kanzler, Univ. Helsinki; '49–64 Präs., Staatskomitee f. wiss. Forschung. – '49 Dr. techn. h.c. (Techn. Hochsch. Helsinki); '55 Dr. phil. h.c. (Univ. Turku); '60 Dr. phil. h. c. (Univ. Stockholm).

*1892, Dez. 30, Wiipuri.

Zum 60. Geb.tag Festband: Suomalaisen Tiedeakatemian Toimituksia, Sarja A I, Nrn. **122/144** ('52); darin einleitend Biogr. (2 S.) [französ.] u. Schrverz. (5 S.) m. Bildn.

HZ. (Redakt.) Suomalaisen Tiedeakatemian Toimituksia, Sarja AI **1941–1974**.

S. 8. Skandinaviska Matematikerkongressen, Stockholm 1934 (Lund '35) 20–33: Über die analytische Darstellung der automorphen Funktionen. – 9. Skandinaavinen Matematikkokongressi, Helsinki 1938 (Helsinki '39) 23–38: Über die automorphen Funktionen. – 10. Skandinaviske Matematiker Kongres, København 1946 (København '47) 77–96: Über analytische Funktionen auf transzendenten Riemannschen Flächen. – 11. Skandinaviske Matematikerkongress, Trondheim 1949 (Oslo '52) 24–34: Über automorphe Funktionen und Riemannsche Flächen. – Proc. International congress of mathematicians, Amsterdam 1954, **3** (Groningen–Amsterdam '56) 118–26: Über automorphe Funktionen.

W. Differentiaali- ja integraalilaskennan harjoitustehtäviä (Helsinki '51) (Tiedekirjasto, 20); ('62) 112 S. – Differentiaaliintegraalilaskennan oppikirja (Otava '61) 466 S.

Acta math. Über die analytische Darstellung der automorphen Funktionen durch bedingt konvergente Reihen und Produkte: **59** ('32) 329–72. – Über die Existenz der Greenschen Funktionen auf einer gegebenen Riemannschen Fläche: **61** ('33) 39–79. – Über die analytische Darstellung der automorphen Funktionen bei hyperelliptischen Riemannschen Flächen: **65** ('35) 195–261. – Über analytische Funktionen auf transzendenten zweiblättrigen Riemannschen Flächen mit reellen Verzweigungspunkten: **76** ('44) 185–224. – Ernst Lindelöf in memoriam: **79** ('47) I–IV.

Annales sci. Ecole norm. sup. Sur les fonctions automorphes: **68** ('51) 383–424.

Annali Mat. pura ed appl. Über die analytische Darstellung der automorphen Funktionen bei Fuchsschen Gruppen vom Geschlecht Null: **17** ('38) 203–53.

Arkhimedes [Helsinki] The mathematical sciences in the ancient Academy of Turku: **1950**, Nr. 2, 7–13. – Mathematical dissertations from the University of Helsinki: **1952**, Nr. 1, 1–7. – Henri Poincaré, 1854–1912: **1957**, Nr. 1, 17–21 [finn.]. – Eine Verallgemeinerung des arithmetisch-geometrischen Mittels: **1958**, Nr. 1, 24–28 [finn.]. – Die Lösung der Funktionalgleichung $\varphi(u+v) + \varphi(u-v) = R(\varphi(u), \varphi(v))$, wo R eine rationale Funktion ihrer Argumente bezeichnet: **1959**, Nr. 1, 13–16 [finn. m. deutscher Zusammenfassg.]. – Über Funktionen, die ein quadratisches Multiplikationstheorem besitzen [,1]: **1960**, Nr. 1, 9–23 [finn. m. deutscher Zusammenfassg.]; ∼ 2: **1962**, Nr. 1, 1–7 [∼]. – Evariste Galois, 1811–1832: **1961**, Nr. 2, 1–3 [finn.]. – Martin Platzman, 1760–1786: **1963**, Nr. 1, 22f. [finn.]. – Ein Iterationsproblem im Zusammenhang mit kubischen Kurven: **1964**, Nr. 1, 1–8 [finn. m. deutscher Zusammenfassg.]. – Srinivasa Ramanujan, 1887–1920: **1965**, Nr. 2, 1–6 [finn.].

C.R. hebd. Séances Acad. Sci., Paris Sur une représentation nouvelle des fonctions automorphes: **197** ('33) 730–32. – Sur la représentation des fonctions automorphes appartenant aux groupes de genre zéro: **200** ('35) 372–74. – Sur la détermination du type d'une surface riemannienne simplement connexe: 1818–20. – Sur une généralisation de la moyenne arithmétique-géométrique de Gauss: **246** ('58) 3201–04.

J. Math. pures et appl. Sur les fonctions automorphes à multiplicateurs exponentiels: (9) **35** ('56) 261–75. – Sur l'itération des polynômes réels quadratiques: **41** ('62) 339–51.

J. reine u. angew. Math. Über stetige Funktionen einer reellen Variablen, welche ein algebraisches Additionstheorem besitzen: **170** ('33) 107–22.

Jahresber. dtsch. Mathematiker-Vereinig. Über die Gleichungen, welche zwischen den absoluten Beträgen zweier analytischer Funktionen herrschen können: **42** ('32/33) 61f.

Matemaattisten Aineiden Aikakauskirja Eräistä matematiikan keskeisistä: **1938**, Nr. 1.

Rend. Circolo mat. Palermo Über die Picardsche Gruppe: (2) **2** ('53) 169–76.

S.-Ber. berliner math. Ges. Über automorphe Thetafunktionen: **1954/55–1955/56** ('56) 30f.

S.-Ber. finn. Akad. Wiss. Über einige Probleme der Funktionentheorie: **1945** ('46) 229–33 [finn.]. — Martin Platzman, 1760–1786. Das Lebensschicksal eines finnischen Mathematikers: **1963** ('65) 137–40.

Suomalaisen Tiedeakatemian Toimituksia, Sarja A Über die Existenz von vierfachperiodischen Funktionen, deren Perioden den Riemannschen Bedingungen nicht genügen: **36**, Nr. 10 ('32) 20 S. — Über die Bestimmung des Typus einer Riemannschen Fläche: **45**, Nr. 3 ('35) 30 S. — Über die analytische Darstellung der automorphen Funktionen bei gewissen fuchsoiden Gruppen: **48**, Nr. 1 ('36) 25 S.
Suomalaisen Tiedeakatemian Toimituksia, Sarja A I Über den Fundamentalbereich der automorphen Funktionen: Nr. **2** ('41) 25 S. — Die Kapazität der singulären Menge der linearen Gruppen: Nr. **10** ('41) 19 S. — Über transzendente hyperelliptische Integrale erster Gattung: Nr. **14** ('43) 32 S. — Über Integrale auf transzendenten symmetrischen Riemannschen Flächen: Nr. **31** ('45) 20 S. — Über gewisse Cremonagruppen und ihre automorphen Funktionen, 2: Nr. **53** ('48) 14 S. — Über die analytische Fortsetzung von beschränkten Funktionen: Nr. **58** ('49) 7 S. — Réflexions sur la note précédente de H. Cartan: Sur un cas de prolongement analytique pour les fonctions de plusieurs variables complexes: Nr. **61** ('49) 4 S. — Über die Existenz von beschränktartigen automorphen Funktionen: Nr. **77** ('50) 7 S. — Beispiele von automorphen Funktionen zweier Variablen: Nr. **89** ('51) 16 S. — Über Primfunktionen auf einer algebraischen Riemannschen Fläche: Nr. **104** ('51) 16 S. — Über automorphe Thetafunktionen: Nr. **111** ('52) 13 S. — Über die Linearisierung der schlichten konformen Abbildungen: Nr. **145** ('53) 8 S. — Über die Iteration von algebraischen Funktionen: Nr. **164** ('54) 9 S. — Darstellung automorpher Funktionen durch Zusammensetzung von elliptischen und fuchsoiden Funktionen: Nr. **200** ('55) 9 S. — Über automorphe Thetafunktionen bei Fuchsschen Gruppen vom Geschlecht Null: Nr. **223** ('56) 11 S. — Über automorphe Thetafunktionen zweiter Ordnung bei Fuchsschen Gruppen beliebigen Geschlechts: Nr. **225** ('56) 11 S. — Über eine Klasse von automorphen Funktionen mehrerer Variablen, die vermittels periodischer Funktionen darstellbar sind, 1: Kommutative Gruppen: Nr. **235** ('57) 10 S.; ~ 2: Die nichtkommutativen Gruppen: Nr. **238** ('57) 16 S. — Eine Anwendung der Differenzengleichungen auf gewisse automorphe Funktionen zweier Variablen, deren Gruppe kommutativ ist: Nr. **248** ('58) 10 S. — Eine Verallgemeinerung des arithmetisch-geometrischen Mittels: Nr. **253** ('58) 19 S. — Iteration der reellen Polynome zweiten Grades [,1]: Nr. **256** ('58) 10 S.; ~ 2: Nr. **268** ('59) 13 S.; ~ 3: Nr. **336**,**3** ('63) 18 S. — Iteration von Quadratwurzeloperationen: Nr. **259** ('58) 16 S. — Reduktion der Verzweigungspunkte Riemannscher Flächen durch konforme Abbildung: Nr. **261** ('59) 7 S. — Inversion der Iteration für rationale Funktionen: Nr. **292** ('60) 14 S. — Analogon des Flächensatzes bei Funktionen mehrerer Variablen: Nr. **303** ('61) 7 S. — Über die analytischen Lösungen der Gleichung f(R(z)) = f(z) bei rationalem R(z): Nr. **308** ('62) 12 S. — Eine Verallgemeinerung der Abelschen Funktionalgleichung: Nr. **327** ('62) 18 S. — Iteration der Binome beliebigen Grades: Nr. **348** ('64) 14 S. — Iteration der Polynome mit reellen Koeffizienten: Nr. **374** ('65) 18 S. — Über ganze Funktionen mit rationalem Multiplikationstheorem: Nr. **414** ('68) 20 S. — Über ganze analytische Funktionen zweier Variablen, welche eine schlichte und volumentreue gelöcherte Abbildung vermitteln: Nr. **540** ('73) 12 S.

VI **MYSOVSKIJ,** Lev Vladimirovič. Physik (Radiol.). — 1922–39 Leiter d. physikal. Abteilg., Staatl. Radium-Inst. → Leiter d. Labor. f. natürl. radioaktive Elemente, Radium-Inst. d. Akad. Wiss. UdSSR, Leningrad; '31–36 Prof., '31 Begründer u. '31–36 Leiter d. Lehrstuhls f. Radiol., Physikal. Fak., Staatsuniv. Leningrad; '36–39 Prof. u. Leiter d. Lehrstuhls f. Physik, Landwirtsch. Inst. Leningrad; Dr. d. physikal. Wiss. (☒)
*1888, Febr. 18 (6), Saratov;
†1939, Aug. 28 (oder 29?).

Nekr. V. G. Chlopin, Usp. fizič. Nauk **23** ('40) Nr. 1, 1–12 (m. Bildn. u. Schr.verz. 51 Nrn.).

Zur Biogr. V. G. Chlopin, Trudy radiev. Inst. im. Chlopina **5** ('57) Nr. 2, 5–11.

Zum 75. Geb.tag M. G. Meščerjakov, N. A. Perfilov, Usp. fizič. Nauk **81** ('63) 575–77 (m. Bildn.).

S. Trudy Vsesojuznoj konferencii po izučeniju stratosfery [Arbeiten der Unionskonferenz zur Erforschung der Stratosphäre], Leningrad 1934 (Leningrad–Moskva '35) 339–99, 445–49: Historischer Überblick über die Entwicklung der Lehre von den kosmischen Strahlen in Verbindung mit der Erforschung größerer Höhen [russ.]. — Akademiku V. I. Vernadskomu k pjatidesjatiletiju naučnoj i pedagogičeskoj dejatel'nosti [Dem Akademiemitglied V. I. Vernadskij zur 50jährigen wissenschaftlichen und pädagogischen Tätigkeit] **1** (Moskva '36) 547–49: Kontinuierliches Spektrum der β-Strahlen aus Br mit einer Halbwertszeit von 36 Stunden nach den Beobachtungen in der Wilsonschen Nebelkammer [9)][4)][10)] [russ.].

W. Fizika (N. I. Dobronravov), **2**: Ėlektričestvo [Physik, Teil 2: Elektrizität] (Leningrad–Moskva '33) 200 S. – Novye idei v fizike atomnogo jadra [Neue Gedanken in der Physik des Atomkerns] (Moskva–Leningrad '35) 165 S.; [2]('36) 232 S.; [3]('40) 240 S.

C.R. (Dokl.) Acad. Sci. URSS Beobachtungen von Neutronen aus kosmischen Strahlen in einer Wilsonschen Kammer[5]): **1934** II, 221–24 [russ. u. deutsch]. – Fermi effect in phosphorus[9])[14])[15]): III, 221–25 [russ. u. engl.]. – On the possibility of disintegrating nuclei by neutrons with the emission of three heavy particles[9])[3])[7]): 230–32 [russ. u. engl.]. – Fermi effect in aluminium, 2[9])[8])[14])[15]): 422–24 [~]. – L'observation des noyaux de recul au bombardement de l'uranium par les neutrons[16]): **23** ('39) 135f. – Les traces des noyaux de recul à la désintégration de l'urane par les neutrons[16])[11]): 338f. – Observations sur la désintégration des noyaux de l'urane situés à l'intérieur de l'émulsion des plaques photographiques à couche épaisse et bombardés par des neutrons[16]): **25** ('39) 9f.

C.R. hebd. Séances Acad. Sci., Paris Sur un cas de radioactivité artificielle provoquée par un bombardement de neutrons, sans capture du neutron[8])[9])[13]): **200** ('35) 1201–03. – Au sujet de la capture de neutrons lents par un noyau[1])[9])[12]): 2159–62.

Izvest. Akad. Nauk SSSR, Ser. fizič. Diskussion zu dem Vortrag von I. E. Tamm: Das Problem des Atomkerns: **1936**, 333–36 [russ.].

Nature [London] Tracks on photographic plates of the recoil nuclei of disintegration of uranium[16]): **143** ('39) 794f.

Physikalische Z. Sowjetunion The energy of neutrons and the Fermi effect[9])[6])[14]): **7** ('35) 257–61. – Über Neutronenstreuung in Wasser und Blei[2])[9])[10]): 656–69.

Priroda [SSSR] Der Fermieffekt: **24** ('35) Nr. 6, 23–30 [russ.].

Trudy gos. radiev. Inst. Die physikalische Abteilung des Staatlichen Radium-Instituts: **4** ('38) 28–34 [russ.].

Usp. fizič. Nauk Laboratoriumsmethoden zur Darstellung schneller Elektronen und Protonen: **12** ('32) 580–610 [russ.]. – Neue Wege zur Untersuchung der Natur der kosmischen Strahlen: 625– [~]. – Der Durchgang der kosmischen Strahlen durch die Materie: **13** ('33) 518– [~]. – Über einen Fall künstlicher Radioaktivität, die durch eine Neutronenbeschießung ohne Einfangen des Neutrons hervorgerufen worden ist[8])[9])[13]): **93** ('67) 399f. [~].

Mit: [1]) L. Arzimovič; [2]) M. Deisenroth-Mysovskij; [3]) N. Dobrotin; [4]) R. A. Ėjchel'berger; [5]) M. S. Ėjgenson; [6]) M. Eremeev; [7]) I. Gurevič; [8]) B. V. Kurčatov; [9]) I. V. Kurčatov; [10]) G. D. Latyšev; [11]) M. Mysovskaja; [12]) P. Palibin; [13]) L. I. Rusinov; [14]) G. Ščcpkin; [15]) A. Wiebe; [16]) A. P. Ždanov.

Kolibri 360 GmbH
Ferdinand-Jühlke-Straße 7
99095 Erfurt, Deutschland
produktsicherheit@kolibri360.de